Reihe: Controlling · Band 26

Herausgegeben von Prof. Dr. Volker Lingnau, Kaiserslautern, Prof. Dr. Albrecht Becker, Innsbruck, Prof. Dr. Rolf Brühl, Berlin, und Prof. Dr. Bernhard Hirsch, München

Dr. Andreas Christoph Scherm

Rationalitätssicherung bei betrieblichen Investitionsentscheidungen

Experimentelle Erkenntnisse zur Support Theorie und Konsequenzen für Controller

Mit einem Geleitwort von Univ.-Prof. Dr. Bernhard Hirsch, Universität der Bundeswehr München

EUL VERLAG

Bibliografische Information der Deutschen Nationalbibliothek

Die Deutsche Nationalbibliothek verzeichnet diese Publikation in der Deutschen Nationalbibliografie; detaillierte bibliografische Daten sind im Internet über <http://dnb.d-nb.de> abrufbar.

Dissertation, Universität der Bundeswehr München, 2017, unter dem Titel: Rationalitätssicherung bei betrieblichen Investitionsentscheidungen – Experimentelle Erkenntnisse und Konsequenzen für Controller

ISBN 978-3-8441-0550-6
1. Auflage Mai 2018

JOSEF EUL VERLAG GmbH
Zeithstr. 356
53721 Siegburg
Tel.: 0 22 05 / 90 10 6-80
Fax: 0 22 05 / 90 10 6-88
E-Mail: info@eul-verlag.de
https://www.eul-verlag.de

Bei der Herstellung unserer Bücher möchten wir die Umwelt schonen. Dieses Buch ist daher auf säurefreiem, 100% chlorfrei gebleichtem, alterungsbeständigem Papier nach DIN 6738 gedruckt.

UNIVERSITÄT DER BUNDESWEHR MÜNCHEN

FAKULTÄT FÜR WIRTSCHAFTS- UND ORGANISATIONSWISSENSCHAFTEN

Thema der Dissertation: Rationalitätssicherung bei betrieblichen Investitionsentscheidungen – Experimentelle Erkenntnisse und Konsequenzen für Controller

Verfasser: Andreas Christoph Scherm

Promotionsausschuss:

Vorsitzender: Univ.-Prof. Dr. Michael Eßig

1. Berichterstatter: Univ.-Prof. Dr. Bernhard Hirsch

2. Berichterstatter: Univ.-Prof. Dr. Thomas Hartung

3. Berichterstatter: Univ.-Prof. Dr. Julia Thaler

4. Berichterstatter: Univ.-Prof. Dr. Stephan Kaiser

Tag der Prüfung: 18. Dezember 2017

Mit der Promotion erlangter akademischer Grad: Doktor der Wirtschafts- und Sozialwissenschaften (Dr. rer. pol.)

Neubiberg, den 13. März 2018

GELEITWORT

Investitionsentscheidungen sind für den zukünftigen Erfolg von Unternehmen von zentraler Bedeutung. Falsch allokierte Ressourcen können aufgrund großer Volumina der verausgabten Mittel im worst case gar den Fortbestand von Unternehmen gefährden. Deswegen sollten Manager, die solche Entscheidungen treffen, und die sie unterstützenden Controller besondere Sorgfalt walten lassen. Dies schließt das Wissen über potentielle Entscheidungsanomalien, also Festlegungen, die gegen das ökomische Rationalitätsverständnis verstoßen, und das Initiieren adäquater Gegenmaßnahmen mit ein.

Die psychologische Forschung beschäftigt sich seit den 1960er Jahren verstärkt mit Entscheidungsanomalien. Ein dort nachgewiesenes Phänomen ist der sogenannte Unpacking Bias, der darauf abstellt, dass menschliche Individuen dazu neigen, Wahrscheinlichkeiten unterschiedlich einzuschätzen, abhängig davon, ob der zugrundeliegende Sachverhalt als ein kompaktes Ereignis oder in seine Einzelszenarien aufgeschlüsselt dargestellt ist. Allerdings wurde der durchaus von den äußeren Bedingungen abhängende Unpacking Bias bisher nicht im ökonomischen Kontext untersucht, so dass dessen Auftreten bei Investitionsentscheidungen noch nicht empirisch nachgewiesen wurde. An dieser Stelle setzt die Arbeit von Andreas Scherm an. Ziel seiner Dissertationsschrift ist es, „den Unpacking Bias im Kontext einer betrieblichen Investitionsentscheidung nachzuweisen, mögliche Aktionen zu dessen Eindämmung zu testen und zu untersuchen, ob bestimmte Merkmale Einfluss auf die Ausprägung dieser Verzerrung haben, um daraus Implikationen für das Controlling abzuleiten".

Die Arbeit ist eingebettet in die Forschungsrichtung des Behavioral Accounting (BAR), in der zumeist experimentell untersucht wird, inwiefern sich Erkenntnisse der Psychologie auf Fragestellungen des Rechnungswesens und Controllings übertragen lassen. Auch Scherm wählt ein solches methodisches Vorgehen. Die Arbeit liefert vielfältige interessante Erkenntnisse für die BAR-Forschung: Durch die Neukonstruktion eines experimentellen Settings im Investitionskontext gelingt es Scherm, den Unpacking Bias auch für betriebliche Investitionsentscheidungen nachzuweisen. Die theoriegeleitete Ableitung möglicher Gegenmaßnahmen im Unternehmenskontext ermöglicht ihm darüber hinaus eine empirische Überprüfung dieser Maßnahmen. Dabei zeigt sich, dass die Formulierung von Wahrscheinlichkeiten als relative Häufigkeiten eine wesentliche Verbesserung der Entscheidungsqualität mit sich bringt, eine zusätzliche Formulierung von Hinweisen jedoch nicht.

Aus diesen Erkenntnissen lassen sich wichtige Rückschlüsse für die praktische Gestaltung von Investitionsvorlagen ableiten, sie tragen aber auch zum aktuellen wissenschaftlichen Diskurs bei. Scherms Arbeit ist deswegen eine weite Verbreitung in Wissenschaft und Unternehmenspraxis zu wünschen.

Neubiberg, im März 2018 Univ.-Prof. Dr. Bernhard Hirsch

VORWORT

„Denken ist schwer. Darum urteilen die meisten."
CARL GUSTAV JUNG

In Anlehnung an das obige Zitat stellen mangelhafte menschliche Beurteilungen, die für mich eines der reizvollsten Forschungsgebiete bilden, das Themengebiet meiner Dissertation dar. Umso mehr möchte ich, angesichts der Möglichkeit in diesem Bereich meine Doktorarbeit zu verfassen, verschiedenen Personen und Institutionen meinen tiefen Dank aussprechen.

Als erstes will ich meinem Doktorvater Herrn Univ.-Prof. Dr. Bernhard Hirsch für die Chance zur Promotion, die hochengagierte Betreuung meiner Arbeit und das regelmäßige systematische Feedback ganz herzlich danken. Herrn Univ.-Prof. Dr. Thomas Hartung danke ich für die Übernahme des Zweitgutachtens sowie die stets positive Begleitung.

Dem gesamten Team der Professur für Controlling an der Universität der Bundeswehr München danke ich für das äußerst angenehme kollegiale Umfeld und die vielen wertvollen Anregungen zu meiner Arbeit, ganz besonders meinen beiden ehemaligen BürokollegInnen Dr. Martina Volnhals und Dr. Olaf Mäder sowie Dr. Matthias Sohn und Dr. Christian Nitzl.

Ein spezieller Dank ergeht an alle, die mich bei der empirischen Untersuchung so bereitwillig unterstützt haben, v. a. an Herrn Dipl.-Kfm. Jens Ropers, die ControllerAkademie, sämtliche Professoren und Kursleiter, in deren Veranstaltungen ich erheben durfte sowie an alle Teilnehmer des Experiments. Ohne ihre Hilfe wäre diese Arbeit nicht zustande gekommen.

Ebenso möchte ich mich ganz herzlich bei den (Universitäts-)Professoren Dres. Iris Pigeot, Lars Fend, Charles „Chic" Fojtik, Miguel Ayerbe Linares und Rick Hesse bedanken, die durch ihr Vorbild in mir erst den Wunsch zur Anfertigung einer Doktorarbeit geweckt haben.

Für den wichtigen sozialen Ausgleich während meiner Promotionszeit haben v. a. Holli, Angie, Christian, Tim, die „Tofu-Chinoa"-Mittagsrunde, der SV Niederroth und die Schermhof-Bewohner gesorgt. Besonders danke ich meinen Eltern, meiner Schwester Birgit, Erika sowie am meisten meiner Lebensgefährtin Andrea und meinen Söhnen Jakob und Johannes.

Dachau, im März 2018 Andreas Scherm

INHALTSVERZEICHNIS

ABBILDUNGSVERZEICHNIS

TABELLENVERZEICHNIS

ABKÜRZUNGSVERZEICHNIS

ANOVA .... Analysis of Variance

Bel (A) .... Glaubensmaß für den Eintritt eines Ereignisses A

BG .... Baugruppen

BWL .... Betriebswirtschaftslehre

bzw. .... Beziehungsweise

d. h. .... das heißt

E-Mail .... Electronic Mail

EDV .... Elektronische Datenverarbeitung

et al. .... et alii

etc. .... et cetera

f. .... folgend(e)

ff. .... fortfolgend(e)

FN .... Fußnote(n)

ggf. .... gegebenenfalls

H .... Hypothese(n)

h_n .... relative Häufigkeit eines Ereignisses n

IMA .... Institute of Management Accountants

IT .... Informationstechnologie

Kfz .... Kraftfahrzeug

MA .... Fahrgeschäft Maximum Acceleration

Mrd. .... Milliarden

Nr. .... Nummer

P(A) .... Wahrscheinlichkeit für das Eintreten eines Ereignisses A

Pl (A) .... Plausibilitätsfunktion für den Eintritt eines Ereignisses A

rH und rel. Häufigk. .... relative Häufigkeiten

REO .... Risikoentschärfungsoperator

RST .... Random Support Theorie

S. .... Seite(n)

s(A) .... Support für den Eintritt eines Ereignisses A

SEU .... Subjective Expected Utility

Sp. .... Spalte

u. .... und

u. a. .... unter anderem

UG .... Untersuchungsgruppe(n)

US .... United States

usw. .... und so weiter

v. a. .... vor allem

vgl. .... vergleiche

Vol. .... Volume

vs. .... Versus

VW .... Volkswagen

XT .... Fahrgeschäft X-treme Turn

z. B. .... zum Beispiel

z. T. .... zum Teil

1 EINLEITUNG

„Die Herren in dunklen Anzügen und einige wenige Frauen, die sich am Donnerstag vergangener Woche im Konferenzsaal E2 bei der Deutschen Bank in Frankfurt trafen, bewegen Milliarden. Mehr als 200 Fondsmanager, Finanzanalytiker und Aktienhändler international tätiger Banken und Investmentfirmen gaben sich ein Stelldichein – um an einem Psycho-Test teilzunehmen.

Das Ergebnis war ernüchternd. Denn am Ende standen die hoch bezahlten Spezialisten da wie eine Herde Schafe, die sich, von Instinkten und reflexhaftem Handeln geleitet, spielend leicht an der Nase herumführen lässt. Ausgerechnet von Universitätsprofessoren, den egg-heads, die nicht mehr an der Börse anlegen als das, was von ihrem bescheidenen C4-Gehalt übrig bleibt, ausgerechnet von ihnen mussten sich die Praktiker von der Front bescheinigen lassen, dass sie nicht mit mehr Verstand Entscheidungen fällen, als die Studenten der Herren Hochschullehrer.

Das Experiment bestätigte die Erkenntnisse einer noch recht jungen, aus den Vereinigten Staaten stammenden Forschungsrichtung – der behavioral finance. Deren Kernaussage lautet: Anleger an der Börse, egal ob Anfänger oder Profis, handeln irrational und neigen zu bestimmten, immer wiederkehrenden Fehlern."[1]

Derartige Resultate stehen in deutlichem Widerspruch zu dem im wirtschaftlichen[2] und insbesondere im Bereich der Finanzanlagen[3] nach wie vor weit verbreiteten Menschenbild des Homo Oeconomicus. „Dieser streng rationale und logisch denkende ökonomische Akteur strebt an, unter Berücksichtigung seiner Ressourcenausstattung den eigenen, in einer mathematischen Funktion abbildbaren Nutzen zu maximieren"[4], was ihm nach dort herrschender Auffassung im Regelfall auch gelingt.[5] Wie die obigen Zeilen allerdings bereits erahnen lassen und ein Blick in die Realität zeigt, beschränken sich weit reichende Fehleinschätzungen und in deren Folge unzureichende Entscheidungen von Menschen nicht nur auf experimentel-

---

1 Rudzio (1999), S. 1.

2 Vgl. Hardman (2009), S. 4; Plumpe (2007), S. 319 ff.; Wallacher (2008), S. 5; Weißenberger/Hirsch (2013), S. 18; Ehalt (2007), S. X ff.; Ward et al. (2007), S. 1 ff.; Weber et al. (2003), S. 8.

3 Vgl. Langenohl (2012), S. 109; Kädtler (2014), S. 174; von Lüde (2012), S. 129. Dabei betonen alle drei Autoren die Unzulänglichkeit dieser klassischen Rationalitätsannahme und stellen erweiterte oder alternative Konzepte von höherer Realitätsnähe vor.

4 Weißenberger/Hirsch (2013), S. 18.

5 Vgl. Rubinstein (1998), S. 7 ff.; Tisdell (1996), S. 4 f.; Tröger (1999), S. 1; McFadden (1999), S. 73; Dörenbach (1982), S. 5 u. 15 ff.; Machina (1999), S. 107; Manski (1999), S. 64.

le Untersuchungen oder das Gebiet der Börse, sondern sind regelmäßig in allen Bereichen des menschlichen Lebens vorzufinden.[6] Speziell bei Investitionen, die eines der bedeutendsten Felder menschlichen Handelns[7] darstellen und in deren Vorfeld oft viel Aufwand betrieben wird, um die bestmöglichen Festlegungen zu treffen,[8] treten die Folgen solcher Defizite besonders deutlich zutage. Dort werden beispielsweise immer wieder Kosten und Realisationszeiten zu niedrig angesetzt sowie Risiken oder Schwierigkeiten unterschätzt bzw. komplett ausgeblendet, während gleichzeitig Bedarfe oder Erlöse zu hoch prognostiziert werden,[9] mit entsprechend gravierenden Konsequenzen.

Im Bereich der öffentlichen Hand sind in den letzten Jahren vor allem der Flughafen Berlin-Brandenburg (BER),[10] der Tiefbahnhof Stuttgart sowie die Hamburger Elbphilharmonie negativ in die Schlagzeilen geraten. Bei allen drei Großprojekten kam es hinsichtlich Kosten wie auch Realisationszeiten jeweils zu einer Verdoppelung bis Vervierfachung der ursprünglich angesetzten Werte. In absoluten Zahlen bedeutet dies z. B. zehn anstelle von drei Jahren Bauzeit oder rund sieben statt anfangs 1,7 Milliarden Euro Baukosten.[11] Während bei solchen öffentlichen Maßnahmen noch gewisse Rahmenbedingungen, wie eine anfängliche bewusste Kostenuntertreibung, um überhaupt die Genehmigung für das Vorhaben zu erhalten sowie nicht entsprechend ausgebildete verantwortliche Personen wie Politiker und Verwaltungsbeamte als schlüssige Erklärungen dienen,[12] die mit einem prinzipiell rationalen Menschenbild in Einklang zu bringen sind, ist dies bei Großinvestitionen privater Unternehmen nicht mehr der Fall. Dennoch kommt es auch hier immer wieder zu vergleichbaren negativen Verläufen,

---

6 Vgl. Baron (1999), S. 109. Als ein Beispiel für den Privatbereich sei angeführt, dass 35 % aller Ehen in Deutschland, die als bewusste lebenslange Entscheidung für einen Partner gedacht sind, innerhalb von 25 Jahren wieder geschieden werden, vgl. Conrad (2015). Auch stabil deutlich über 100.000 Privatinsolvenzen jährlich in Deutschland können als Beleg für weit verbreitete unzulängliche Situationsbewertungen gesehen werden, vgl. Statista (2016).

7 Im Jahr 2015 betrugen die Inlandsinvestitionen deutscher Unternehmen über 539 Milliarden Euro, die der öffentlichen Hand mehr als 66 Milliarden Euro. Die hohe Relevanz der Investitionen zeigt sich bereits daran, dass diese neben Konsumausgaben sowie der Differenz aus Import und Export einen eigenen Bestandteil des BIP bilden, der 2015 knapp 19 % ausmachte, vgl. Statistisches Bundesamt (2016).

8 Vgl. hierzu die späteren Ausführungen zu den einzelnen Phasen des Investitionsprozesses unter Kapitel 4.3, anhand derer deutlich wird, wie viele Einzelschritte, die ihrerseits wiederum sehr aufwendig sein können, zur ordentlichen Abwicklung einer Investition notwendig sind.

9 Vgl. Diekmann (2014), S. 1 f.; Kwasniewski (2013), S. 1; Weber et al. (2002), S. 294; Linder (2004), S. 48.

10 Siehe hierzu auch die nachstehende Abbildung 1 mit der Entwicklung der prognostizierten Baukosten. Als Fertigstellungstermin wurde ursprünglich der Oktober 2011 anvisiert, Ende August 2017 lautete der Stand, dass ein neuer Eröffnungstermin nicht vor Weihnachten 2017 bekanntgegeben wird, vgl. Appenzeller (2017), S. 1.

11 Vgl. Diekmann et al. (2013), S. 3 ff.

12 Vgl. Diekmann et al. (2013), S. 1 f.; Kramer/Keilus (2007), S. 288.

sei es bei Minenerschließungen, der Errichtung ausländischer Produktionsstätten, privaten Großbauprojekten oder der Entwicklung grundlegend neuer Produkte.[13]

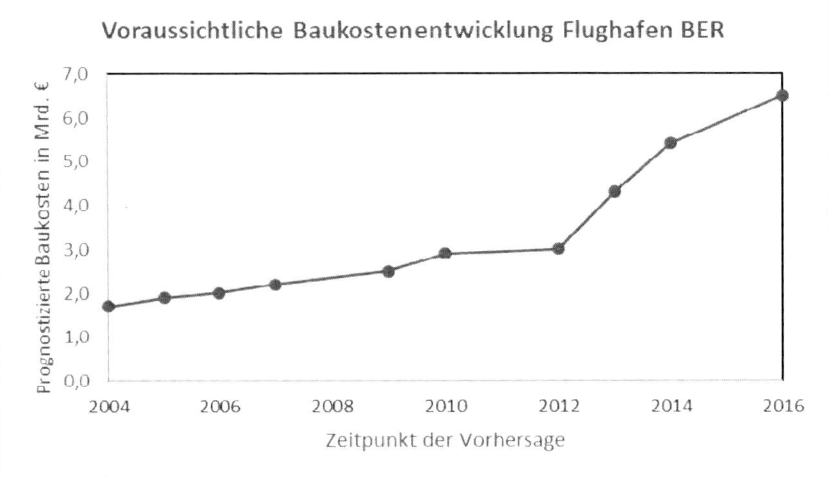

Abbildung 1: Entwicklung der vorhergesagten Kosten für den Bau des Flughafens Berlin-Brandenburg (BER) (eigene Grafik, in Anlehnung an die Daten aus den in der nachstehenden Fußnote genannten Quellen)[14]

Das Auftreten derart massiver Unzulänglichkeiten ist aufgrund der im Vorfeld aufgebrachten Mühen[15] sowie der Tatsache, dass sich die hierarchisch am höchsten gestellten Manager eines Unternehmens dieses Feld vorbehalten, dabei besonders bemerkenswert.[16] Nachdem das Treffen von Entscheidungen einen bedeutenden Teil der Tätigkeit des Managers ausmacht,[17] von denen die Investitionsfestlegungen die wichtigsten darstellen,[18] ist für das Controlling, in der in dieser Arbeit zugrunde gelegten Funktion als Business Partner mit großer Nähe zum Management,[19] eine hohe Relevanz dieses Bereiches gegeben. Um ihrer Aufgabe angemessen

[13] Vgl. Diekmann (2014), S. 1 f. Am gravierendsten sind im Übrigen generell die Kostenüberschreitungen bei IT-Projekten, die aufgrund ihres immateriellen Charakters besonders schwer zu handhaben sind, aber deshalb zugleich weniger im Fokus nicht unmittelbar beteiligter Personen stehen, da die Fehlschläge nicht so augenfällig werden wie bei baulichen Maßnahmen, vgl. Diekmann (2015), S. 1 f.

[14] Vgl. Kornitzky (2017); Metzner (2015); Anonymus (2016); Beeger (2014).

[15] Vgl. Pape (2015), S. 313; Schulte (2007), S. 32; Zimmermann (2003), S. 14; Hölscher (2010), S. 12; Bieg et al. (2016), S. 31; Adam (2000), S. 11; Götze (2014), S. 24 f.; Mensch (2002), S. 13.

[16] Vgl. Zayer/Hirsch (2006), S. 647; Weber et al. (2006), S. 9.

[17] Vgl. Löhner (2005), S. 89 f.; Spyros et al. (1980), S. 11 ff.; Küpper (1997), S. 13.

[18] Vgl. Jackson (2008), S. 352; ter Horst (2009), S. 1; Betge (2000), S. 5.

[19] Vgl. Goretzki et al. (2013), S. 41; Quinn (2014), S. 23; Weber/Schäffer (2013), S. 70; Järvenpää (2007), S. 100; Goretzki/Messner (2014), S. 10; Biel (2014), S. 8 f.

nachzukommen ist es für die Controller somit unerlässlich, menschliche Defizite bei Investitionen angemessen mit ins Kalkül zu ziehen und diesen wirksam zu begegnen.[20]

Ein grundlegender Punkt bei Investitionsentscheidungen ist die Unsicherheit. Diese besteht vor allem hinsichtlich der zukünftigen Entwicklung des Umfeldes,[21] der Angemessenheit getätigter Ergebnisprognosen,[22] zur Verfügung stehender bzw. sich später noch eröffnender Handlungsmöglichkeiten[23] sowie bezüglich der erfolgreichen Umsetzung beabsichtigter Maßnahmen.[24] Vorrangig wird zur Handhabung von Unwägbarkeiten in der Theorie wie in der Praxis auf das Konstrukt der Wahrscheinlichkeiten zurückgegriffen, wobei bevorzugt mit exakten Zahlen und somit numerischen Punktwahrscheinlichkeiten gearbeitet wird.[25]

Auch in Verbindung mit diesem Konzept sind zahlreiche konkrete menschliche Unzulänglichkeiten bekannt, von denen die in der Support Theorie beschriebenen Effekte, die nachstehend meist als Unpacking Bias bezeichnet werden, ein besonders plakatives Beispiel bilden. Die Kernaussage der Support Theorie lautet, dass durch die Aufspaltung eines impliziten Sachverhalts in seine konkreteren expliziten Bestandteile die subjektive Wahrscheinlichkeit einer Person für den Eintritt des betreffenden Ereignisses systematisch erhöht werden kann.[26] Dieses Phänomen wurde in der Vergangenheit bereits in einigen Bereichen nachgewiesen, jedoch nicht für den Kontext einer Investitionsentscheidung. Hier ergibt eine gesonderte Betrachtung aber Sinn, da Investitionen neben ihrer hohen Bedeutung für die Unternehmen weitere spezielle Merkmale wie Nüchternheit der Thematik oder die vorrangige Ausrichtung an objektiven Fakten aufweisen, die einem rationalen Urteil äußerst zuträglich sind.[27] Zudem

---

20 Vgl. Drews/Friedrichsen (2008), S. 45; Blohm et al. (2012), S. 2; Weber/Schäffer (2016), S. 27.

21 Vgl. Bamberg et al. (2012), S. 18 f.; Eisenführ et al. (2010), S. 23 f.; Laux et al. (2012), S. 32 f.

22 Vgl. von Nitzsch (2014), S. 157 ff.; Hardman (2009), S. 11 ff.

23 Vgl. Eisenführ et al. (2010), S. 20 f.; Bazerman (1986), S. 4.

24 Vgl. Zimmermann (2003), S. 14; Bleis (2012), S. 7; ter Horst (2009), S. 29; Adam (2000), S. 12 f.

25 Vgl. Hora (2007), S. 129; Glöckner et al. (2010), S. 439; Brenner et al. (2005), S. 64; Fox/Weber (2002), S. 477; Monahan (2000), S. 5; Brenner (2003), S. 87; Sellmaier (2000), S. 13 f.; Manz et al (1993), S. 7 f. Weitere Optionen, die tendenziell in der Praxis ein höheres Gewicht als in der Theorie besitzen, bestehen u. a. in Amortisations- oder Sensitivitätsrechnungen, Simulationen, der aktiven Beeinflussung der Entscheidungsparameter, der Anwendung einfacher heuristischer Daumenregeln, Realoptionen als weiterhin bestehende Handlungsmöglichkeiten nach Durchführung der Investition, erweiterten Wahrscheinlichkeitsansätzen, diversen Risikomaßen oder grundlegend anderen Überzeugungsmaßen; vgl. beispielhaft jeweils Hölscher (2010), S. 33 ff. u. 123 ff.; Obermaier/Saliger (2013), S. 69; Durand-Lasserve et al. (2010), S. 5108 f.; Kruschwitz/Löffler (1997), S. 287 f.; Eisenführ et al. (2010), S. 154 f. u. 215 ff.; Recke/Strüve (2014), S. 2 ff.; Huber (2004), S. 127 ff.; Gigerenzer/Brighton (2009), S. 118 ff.; Spinler/Huchzermeier (2004), S. 67 f.; Shafer (1976); Ott (2001), S. 3; Klos et al. (2005), S. 1777; Yechiam et al. (2008), S. 493 ff.; Norrman et al. (2006), S. 107; Teigen (1983), S. 175 ff.

26 Vgl. v. a. Tversky/Koehler (1994), S. 548 ff.; Rottenstreich/Tversky (1997), S. 406 ff.; Idson et al. (2001), S. 230 ff.; Fox/Rottenstreich (2003), S. 200; Sloman et al. (2004), S. 573 ff.; Ayton (1995), S. 99 ff.

27 Vgl. Pape (2015), S. 308 ff.; Schulte (2007), S. 6; Hölscher (2010), S. 8; Hax (1985), S. 9; Hirth (2012), S. 6 f.; Mensch (2002), S. 3 f.

sind sie, zumindest in gewissen Teilbereichen wie dem für die weitere Betrachtung gewählten Schritt der Bewertung, sehr gut erforscht, so dass dem Entscheider ferner zahlreiche ausgefeilte Methoden als Hilfsmittel zur Verfügung stehen.[28]

Solche Attribute sind umso relevanter, da die bisherigen Untersuchungen zur Support Theorie in erster Linie zu unverbindlichen Sachverhalten wie dem Ausgang von Sportereignissen,[29] Wetterprognosen,[30] Parameter von Urlaubseinkäufen[31] oder Examensschwerpunkte von Studenten[32] abgehalten wurden. Nachdem die oben genannten Gebiete beliebte unverfängliche Gesprächsthemen bilden, liegt es nahe, dass dort seitens der Teilnehmer verstärkt Meinungen, anstelle belastbarer Einschätzungen abgegeben wurden. Dieser Punkt wiegt besonders schwer, da laut den Vertretern der bedeutendsten Richtung innerhalb der Statistikwissenschaft, den Frequentisten, subjektive Einzelfallwahrscheinlichkeiten ohnehin nur individuelle Ansichten darstellen, jedoch niemals objektive Parameter im Sinne der Statistik sein können.[33] Zugleich hängen die durch die Support Theorie prognostizierten Muster durchaus von den externen Umständen ab, da diese unter bestimmten Bedingungen nicht auftreten bzw. sogar ins Gegenteil verkehrt werden können.[34]

Somit würde das Auftreten der plastischen Verzerrungen laut Support Theorie im sehr rationalen Feld der Investitionsfestlegung einen wirklich belastbaren Beleg bilden, dass das Controlling in Verbindung mit subjektiven Wahrscheinlichkeitsurteilen stets mit menschlichen Unzulänglichkeiten zu rechnen hat und diese unbedingt, am besten bereits vor deren Wirksamwerden, eindämmen sollte. Neben der Wahl eines solch einfachen Musters, das zudem eines der drei Grundaxiome der Wahrscheinlichkeitstheorie verletzt, tragen auch die überdurchschnittlich gut geeigneten Probanden dazu bei,[35] einen Gradmesser dafür zu erhalten, wie weit systematische Defizite menschliche Einschätzungen beeinflussen können.

Desweiteren wird die grundsätzliche zentrale Forderung der Accounting-Forschung erfüllt, Erkenntnisse aus anderen Wissenschaftsbereichen, insbesondere der Psychologie nicht einfach unreflektiert zu übernehmen, sondern gesonderte Untersuchungen im eigenen Themen-

---

28 Vgl. Linder (2004), S. 48; Weber et al. (2002), S. 292.
29 Vgl. Tversky/Koehler (1994), S. 554 u. 558.
30 Vgl. Fox/Rottenstreich (2003), S. 196 f.
31 Vgl. Kruger/Evans (2004), S. 588 f.
32 Vgl. Rottenstreich/Tversky (1997), S. 410 ff.
33 Vgl. von Mises (1972), S. 88 f.; Dürr/Mayer (2017), S. 19; Schira (2016), S. 225; Oberhofer (1993), S. 20; Fisz (1989), S. 2; Storm (2007), S. 18.
34 Vgl. Sloman et al. (2004), S. 575 ff.; Idson et al. (2001), S. 232 ff.; Rottenstreich/Tversky (1997), S. 412 f.
35 Siehe hierzu die näheren Ausführungen unter Kapitel 8.6.1.

gebiet mit seinen speziellen Rahmenbedingungen durchzuführen.[36] Dies gilt umso mehr, da es für Konstellationen im Accounting-Bereich, dem die im internationalen Sprachgebrauch meist als Management Accountants bezeichneten Controller zuzurechnen sind,[37] üblich ist, die verantwortlichen Personen, die jeweils abweichende Fähigkeiten und Merkmale besitzen, mit verschiedenen Hilfsmitteln auszustatten.[38] Entsprechend sind die bisherigen Untersuchungen aus der Psychologie ohne Einsatz stabilisierender Gegenmaßnahmen für Zwecke des Accounting zusätzlich unvollständig. Daher ist es das Ziel dieser Arbeit, das Unpacking Bias im Kontext einer betrieblichen Investitionsentscheidung nachzuweisen, mögliche Aktionen zu dessen Eindämmung zu testen sowie zu untersuchen, ob bestimmte menschliche Merkmale Einfluss auf die Ausprägung dieser Verzerrung haben, um daraus Implikationen für das Controlling abzuleiten.

Hierdurch wird zum einen der Kenntnisstand bezüglich der Effekte der Support Theorie durch deren Überprüfung in einem grundlegend anderen, als den bislang untersuchten Feldern erweitert. Insbesondere kann beurteilt werden, ob die Verzerrungen auch in für das Accounting relevanten Themengebieten mit nüchternen Rahmenbedingungen und hoher Bedeutung auftreten[39] und nicht nur bei den deutlich unverbindlicheren Sachverhalten, die in der Vergangenheit analysiert wurden.[40] Ferner wurde in den bisher durchgeführten Erhebungen nicht nur die vorwiegend auftretende Erhöhung subjektiver Wahrscheinlichkeiten durch Sachverhaltsaufgliederung beobachtet,[41] sondern teils auch das entgegen gesetzte Muster einer Bedeutungsverringerung durch Aufspaltung[42] sowie keine[43] oder unsystematische Wirkungen.[44] Folglich liefert die spätere Untersuchung zudem weitere Erkenntnisse darüber, welche konkreten Konstellationen eine bestimmte Richtung des Unpacking Bias auslösen.

---

36 Vgl. Gibbins/Jamal (1993), S. 451 ff.; Libby/Luft (1993), S. 425 f.; Hogarth (1993), S. 411.

37 Vgl. IMA (2008), S. 1 f.; Järvenpää (2007), S. 99 f.; Goretzki et al. (2013), S. 41 ff.; Lambert/Sponem (2012), S. 565 ff.; Goretzki/Messner (2014), S. 8 ff.

38 Vgl. Libby/Luft (1993), S. 427 ff.; Gibbins/Jamal (1993), S. 452 u. 455 ff.; Spires (1991), S. 259; Chong (1996), S. 419 f.; Hogarth (1993), S. 412 ff. sowie allgemein für Unternehmen Göbel (2014), S. 163 f.

39 Vgl. Pape (2015), S. 308 ff.; Hölscher (2010), S. 8; Schulte (2007), S. 6; Hirth (2012), S. 6 f.; Hax (1985), S. 9; Mensch (2002), S. 3 f.

40 Vgl. Kruger/Evans (2004), S. 588 f.; Fox/Rottenstreich (2003), S. 196 f.; Tversky/Koehler (1994), S. 554 u. 558; Rottenstreich/Tversky (1997), S. 410 ff.

41 Vgl. u. a. Fox/Rottenstreich (2003); Tversky/Koehler (1994); Rottenstreich/Tversky (1997); van der Pligt et al. (1987); Johnson et al. (1993); Fiedler/Armbruster (1994), S. 633; Fischhoff et al. (1978).

42 Vgl. Macchi et al. (1999); Sloman et al. (2004); Idson et al. (2001).

43 Vgl. Sloman et al. (2004); Fox/Clemen (2005), S. 1427; Fox/Rottenstreich (2003), S. 200; Windschitl (2000), S. 195 f.

44 Vgl. Robinson van Wallendael/Hastie (1990); Robinson/Hastie (1985).

Auf der anderen Seite wird eine zusätzliche Einschätzungsanomalie im Accounting-Kontext untersucht. In vorangegangenen Studien wurden, um nur einige Beispiele zu nennen,[45] bereits der Halo Effekt,[46] Reihenfolge- und Zeitpunkteinflüsse,[47] Commitment-Fehler,[48] Curse of Knowledge[49] oder der Dilution-Effekt[50] nachgewiesen. All diese Bewertungsdefizite machen deutlich, dass auch im Accounting-relevanten Bereich Urteilsverzerrungen vorkommen und somit das Auftreten des Unpacking Bias im Kontext einer betrieblichen Investitionsentscheidung realistisch ist, wie es in der späteren empirischen Untersuchung angenommen wird.

Außerdem wird das Wissen um mögliche Maßnahmen zur Eindämmung von Einschätzungsverzerrungen erweitert. Durch die erste Aktion, die in der Umstellung des Wahrscheinlichkeitsformats von Prozentwerten auf relative Häufigkeiten besteht, konnten in anderen Studien bereits andere Unzulänglichkeiten wie die Base Rate[51] und Conjunction Fallacy[52] sowie das Overconfidence Bias[53] deutlich verringert und generell zutreffendere Einstufungen[54] erzeugt werden. In Einzelfällen gab es aber auch negative Tendenzen.[55] Bei Verwendung zusätzlicher Hinweise, als zweite geplante Handlung, zeigte sich in der Vergangenheit ein gemischtes Bild. Zum einen konnten Verbesserungen erzielt werden,[56] die aber teils von bestimmten äußeren Bedingungen abhängig waren.[57] Ebenso existieren Untersuchungen, in denen keine Verbesserung durch diese Maßnahme erreicht wurde,[58] darüber hinaus ist unter ungünstigen Bedingungen sogar eine Verschlechterung durch die zusätzlichen Daten infolge eines Information Overload möglich.[59] Gerade zu diesem inkonsistenten Muster bei der zweiten Maßnahme sollen aufgrund der genauen Kenntnis der Erhebungsbedingungen einige nähere Erläuterungen geliefert werden.

Schließlich wird in der folgenden empirischen Erhebung nicht nur der Einfluss bestimmter Veränderungen an der objektiven Untersuchungskonstellation, wie die beiden im vorherigen

45 Für weitere Effekte, siehe Bonner (1999), S. 386 ff.
46 Vgl. O'Donnell/Schultz (2005).
47 Vgl. Arnold et al. (2000).
48 Vgl. Jermias (2001).
49 Vgl. Kennedy (1995).
50 Vgl. Hoffman/Patton (1997).
51 Vgl. Gigerenzer (1991), S. 92 ff.
52 Vgl. Tversky/Kahneman (1983), S. 309; Gigerenzer (1991), S. 90 ff.; Gigerenzer/Hoffrage (1995), S. 700.
53 Vgl. Price (1998), S. 283 ff.; Gigerenzer (1991), S. 87 ff.
54 Vgl. Siegrist/Keller (2011); Gigerenzer et al. (2007); Mata et al. (2005); Price (1998); Gigerenzer/Hoffrage (1995).
55 Vgl. Reyna/Brainerd (2008), S. 94.
56 Vgl. Dieckmann et al. (2012); Bowden (1997).
57 Vgl. Moss et al. (2011); Rogers et al. (2000); Dominowski/Jenrick (1972).
58 Vgl. Anglim (2013); Parasuraman/Manzey (2010); Luedtke/Moebus (2005); Haider/Frensch (1996).
59 Vgl. Bawden (2001); Grisé/Gallupe (2000); Volnhals (2010); Schick et al. (1990).

Absatz genannten Maßnahmen analysiert, sondern ebenso die Konsequenzen konkreter individueller Merkmalsausprägungen auf das Ausmaß des Unpacking Bias. Bisher standen in Verbindung mit den Effekten der Support Theorie v. a. die Auswirkungen von Variationen an externen Größen wie Repräsentativität,[60] Anzahl[61] oder Unterschiedlichkeit der Unterkategorien[62] auf die individuellen Urteile im Mittelpunkt oder ob Wahrscheinlichkeiten oder Einstufungen für die Beweisstärke bei einem Sachverhalt zu bilden waren.[63] Jedoch können auch persönliche Eigenschaften einen Ansatzpunkt zur Veränderung einer Situation bilden, sofern diese Einfluss auf die Einstufungen eines Individuums ausüben. In diesem Fall können jene entweder mittels geeigneter Maßnahmen verbessert und dadurch zutreffendere Urteile erzielt werden[64] oder durch die Auswahl von Personen, die günstige Ausprägungen bei den relevanten Attributen besitzen.

Aufgrund des Themenkomplexes der Bildung subjektiver Wahrscheinlichkeiten stehen in der späteren Untersuchung insbesondere die Merkmale numerische Fähigkeiten und Erfahrung einer Person sowie deren Einstellung zum Konstrukt der Wahrscheinlichkeiten im Mittelpunkt der Betrachtungen. Beim ersten Merkmal sind diverse Studien bekannt, in denen eine positive Wirkung der Numeracy eines Menschen nachgewiesen wurde,[65] wobei diese jedoch nicht immer eintritt[66] und in Einzelfällen sogar negative Tendenzen beobachtet wurden.[67] Darüber hinaus wird die Art des Vorgehens durch die numerischen Fertigkeiten beeinflusst,[68] was für die Eigenschaft der Erfahrung ebenso gilt,[69] die ferner bei höherer Ausprägung ebenfalls häufig positivere Resultate bedingt.[70] Im Bereich des Accountings ist dies jedoch eher selten der Fall[71] oder es spielen zumindest andere Merkmale eine wichtigere Rolle.[72] Über die

---

60 Vgl. Sloman et al. (2004), S. 576 ff.; Macchi et al. (1999), S. 210 ff.; Idson et al. (2001), S. 234 ff.

61 Vgl. Tversky/Koehler (1994), S. 551 f.

62 Vgl. Rottenstreich/Tversky (1997), S. 410 f.

63 Vgl. Idson et al. (2001), S. 244 f.; Rottenstreich/Tversky (1997), S. 413.

64 Vgl. Vicki (2010), S. 19; Carrington (2007), S. 25; Light (2002), S. 18 ff.

65 Vgl. z. B. Banks/Oldfield (2007), S. 143 ff.; Chan/Elbel (2012), S. 1847 ff.; Reyna et al. (2009), S. 943 ff.; Peters et al. (2010), S. 1369 ff.; Huhman/McQuitty (2009), S. 270 ff.; Siegrist/Keller (2011), S. 1041; Smith et al. (2010), S. F379; Chapman/Liu (2009), S. 34; Chesney/Obrecht (2012), S. 420 ff.

66 Vgl. Dickert et al. (2011), S. 646 ff.; Dieckmann et al. (2009), S. 1484 f.; Klaczynski (2014), S. 1 ff.; Siegrist/Keller (2011), S. 1041; Liberali et al. (2012).

67 Vgl. Peters et al. (2006).

68 Vgl. Chapman/Liu (2009), S. 34; Chesney/Obrecht (2012), S. 420 ff.; Reyna et al. (2009), S. 943 ff.

69 Vgl. Armel/Rangel (2008), S. 167; Wright/Deacon (2010), S. 1 f.; Frederickson et al. (1999), S. 151 f.; Cohen/Kudryavtsev (2012), S. 11; Gupta/Sharma (2011), S. 139; Collins et al. (2011), S. 967; Shon/Young (2011), S. 861 ff.; East (1992), S. 167; Knill et al. (2012), S. 241.

70 Vgl. z. B. Kida et al. (2010), S. 21; Perkins/Rao (1990), S. 1; Huff/Prybutok (2008), S. 41 f.; Fisher et al. (2003), S. 170 f.; Thomas/Morwitz (2009), S. 81; Hansson et al. (2008), S. 1027.

71 Vgl. Chen et al. (2007); Arnold et al. (2000); Chung/Monroe (2000); Kennedy (1995); Choo/Trotman (1991).

72 Vgl. Taylor (1975); Fisher et al. (2003); Kida et al. (2010).

Auswirkungen der Einstellung einer Person auf die Qualität ihrer Einstufungen sind noch keine Untersuchungsergebnisse bekannt.

Zur Erfüllung der vorgenannten Zwecke ist die Arbeit wie folgt aufgebaut:

Nachdem die Untersuchung Erkenntnisse für das Controlling liefern soll, wird in Kapitel 2 zunächst auf diese Unternehmensfunktion eingegangen. Insbesondere werden die hier zugrunde gelegte Konzeption des Business Partners mit ihren Auswirkungen auf die Tätigkeit des Controllers näher betrachtet und dessen Bezug zu betrieblichen Entscheidungen, inklusive der zu diesen führenden Einschätzungen, herausgearbeitet. Dabei wird auch die internationale Forschung berücksichtigt und das dortige Pendant des Management Accountants behandelt, nachdem das Controlling ein spezielles Phänomen des deutschsprachigen Raumes darstellt.[73]

Im dritten Abschnitt werden das Grundmodell der präskriptiven Entscheidungstheorie sowie die Erkenntnisse der deskriptiven Richtung und somit der grundlegende Bezugsrahmen für diese Arbeit vorgestellt. Neben der Unterteilung der Entscheidung in ihre gängigen Teilkomponenten Handlungsalternativen, Umwelteinflüsse, Handlungskonsequenzen und Ziele sowie der Behandlung der Gesamtmodellbildung werden dabei das in der späteren empirischen Studie umgesetzte Problem der Unsicherheit sowie dessen Handhabung im Rahmen der entscheidungstheoretischen Ansätze näher betrachtet.

Die betriebliche Investition, die eines der bedeutendsten Teilfelder unternehmerischer Entscheidungen darstellt,[74] wird in Teil 4 der Arbeit behandelt. Dabei wird deutlich, dass bei dieser die kritischen Merkmale von Entscheidungen, wie besagte Unsicherheit,[75] Komplexität,[76] Langfristigkeit[77] und Prozesscharakter[78] besonders stark ausgeprägt sind und jene somit nicht nur hohe Relevanz für das jeweilige Unternehmen besitzt, sondern ebenso ein sehr anspruchsvolles Betätigungsfeld darstellt. Zugleich sorgen jedoch weitere Eigenschaften wie das Vorhandensein diverser Modelle zur systematischen Handhabung jener sowie die vorrangige Ori-

---

73 Vgl. Scherm/Pietsch (2004), S. V.

74 Vgl. Linder (2004), S. 47; Weber et al. (2002), S. 291; ter Horst (2009), S. 1; Betge (2000), S. 5; Wöhe et al. (2016), S. 471.

75 Vgl. Hölscher (2010), S. 8; Zimmermann (2003), S. 13; Hax (1985), S. 9; Adam (2000), S. 1 f.

76 Vgl. Pape (2015), S. 311; Adam (2000), S. 1; Blohm et al. (2012), S. 2; Weber et al. (2006), S. 9; Götze (2014), S. 314 ff.; Bleis (2012), S. 7; Mensch (2002), S. 33 f.

77 Vgl. Hirth (2012), S. 6; Bieg et al. (2016), S. 32; Wöhe et al. (2016), S. 466; Mensch (2002), S. 1; Betge (2000), S. 5; Götze (2014), S. 1.

78 Vgl. Zayer/Hirsch (2006), S. 649; Linder (2004), S. 47 f.; Bleis (2012), S. 6 f.; Zimmermann (2003), S. 14 f.

entierung an objektiven, quantitativen Fakten für ein Umfeld, das letztlich einem rationalen Urteil besonders zuträglich ist.[79]

Da die Unsicherheit einen zentralen Aspekt der betrieblichen Investitionsentscheidung bildet, werden in Kapitel 5 mögliche Maßnahmen zu deren Beherrschung diskutiert. Am detailliertesten wird auf das Konstrukt der Wahrscheinlichkeiten, als am weitesten verbreiteter[80] und daher in der anschließenden empirischen Untersuchung aufgegriffener Ansatz, eingegangen. Darüber hinaus werden andere Optionen aus Theorie und Praxis mit ihren Vor- und Nachteilen, Hintergründen sowie Anwendungsgebieten betrachtet. Hierdurch wird ein umfassender Einblick in die Thematik der Unsicherheit sowie rund um das Konzept der Wahrscheinlichkeiten erreicht. Anschließend wird mit der im späteren Experiment im Mittelpunkt stehenden Support Theorie ein erweitertes Modell zur Abbildung menschlichen Schätzverhaltens bei Wahrscheinlichkeiten, das von den Vorgaben der normativen Entscheidungstheorie teilweise abweicht, behandelt. Zum Abschluss des Kapitels werden mögliche Maßnahmen zur Ausschaltung des dort beschriebenen Unpacking Bias diskutiert. Durch deren Einsatz sollen in der folgenden empirischen Erhebung, trotz der vorhandenen menschlichen Unzulänglichkeiten, die rationalen subjektiven Urteile eines Homo Oeconomicus weitgehend erreicht werden.

Nachdem mit den Kapiteln 2 bis 5 die notwendigen theoretischen Bestandteile abgehandelt wurden, können im Abschnitt 6 die Hypothesen für die wissenschaftliche Untersuchung formuliert und weitere potentielle Einflussgrößen für die spätere Analyse abgeleitet werden.

Im siebten Teil werden der Aufbau und Ablauf der empirischen Studie beschrieben. Als Erstes werden die grundsätzlich in Frage kommenden Optionen diskutiert, von denen das Experiment, als am besten geeignete Methode zur Erreichung der verfolgten Forschungsziele, ausgewählt wird. Danach wird die Umsetzung der angestrebten Untersuchungsinhalte in die konkrete Fallstudie erläutert. Bei der Schilderung der Erhebungsdurchführung stehen schließlich das Verhalten der Probanden aufgrund der gewählten Variante der Paper-and-Pencil-Erhebung, Intention und Umsetzung der monetären Incentivierung der Teilnehmer, die Reali-

[79] Vgl. Schulte (2007), S. 6; Hölscher (2010), S. 8; Pape (2015), S. 308 ff.; Hirth (2012), S. 6 f.; Mensch (2002), S. 3 f.; Hax (1985), S. 9.

[80] Vgl. hierzu Hora (2007), S. 129; Glöckner et al. (2010), S. 439; Brenner et al. (2005), S. 64; Fox/Weber (2002), S. 477; Monahan (2000), S. 5; Brenner (2003), S. 87; Sellmaier (2000), S. 13 f.; Manz et al (1993), S. 7 f.

sierung der zufälligen Verteilung der verschiedenen Fragebögen auf die einzelnen Personen[81] sowie die Einhaltung konstanter Rahmenbedingungen über sämtliche Erhebungstermine im Mittelpunkt.

Die Auswertung der Ergebnisse zu den zentralen Forschungsinhalten des grundsätzlichen Auftretens des Unpacking Bias im Kontext einer Investitionsentscheidung, dessen Beherrschbarkeit durch ausgewählte Maßnahmen sowie des Einflusses zentraler individueller Merkmalsausprägungen auf diese Muster erfolgt in Kapitel 8.

Unter Abschnitt 9 werden anschließend die Implikationen aus den erhaltenen Resultaten unter Einbezug bereits vorhandener theoretischer Erkenntnisse abgeleitet und Limitationen der Untersuchung aufgezeigt, bevor die Arbeit mit dem Schlusskapitel 10 endet.

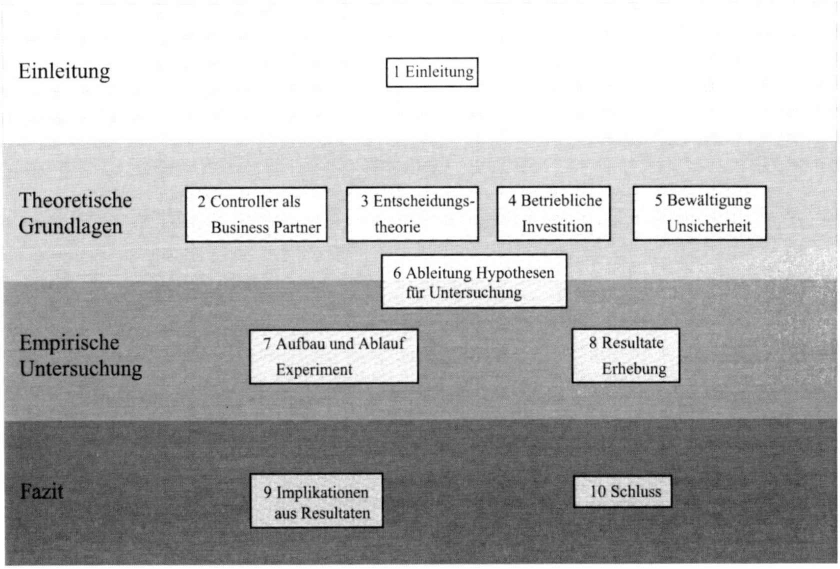

Abbildung 2: Gliederung Arbeit (eigene Darstellung)

81 Wie später noch näher beschrieben wird, existieren Unterschiede hinsichtlich der Zuteilung auf eine der sechs möglichen Gruppen, ebenso variieren, um Reihenfolgeeffekte zu vermeiden, die Abfolgen der zu bewertenden Sachverhalte.

2 DER CONTROLLER ALS BUSINESS PARTNER

2.1 Entwicklung und Inhalt des Controllings

Wenn von Controlling gesprochen wird, ist im Gegensatz zu vielen anderen Themengebieten oft gar nicht klar, was damit konkret gemeint ist. Dies belegen Aussagen wie „Controlling als schillernden Begriff, als deutsches Unikum oder Ähnliches zu bezeichnen und darunter zu verstehen, was immer man will, hat bereits eine längere Tradition“[82] oder „Controlling wie Controllership gehören – wie bereits angedeutet – nicht gerade zu den am klarsten definierten betriebswirtschaftlichen Begriffen. Begriffs- und Konzeptvielfalt kennzeichnet die Theorie und die Praxis gleichermaßen“[83]. Maßgeblich hierfür verantwortlich ist, dass Controlling vorrangig ein Phänomen der Praxis ist und erst als Folge seiner weiten Verbreitung in der betrieblichen Realität ab Ende der 1960er Jahre nach und nach auch eine wissenschaftliche Durchdringung dieses Gebiets im deutschsprachigen Raum erfolgte. Dadurch fehlte von Anfang an ein umfassendes einheitliches Begriffsverständnis, wie es seitens der Theorie normalerweise vorliegt.[84]

Entsprechend nahm lange Zeit die Entwicklung unterschiedlicher Konzeptionen eine bedeutende Rolle in der Controllingforschung ein. Als wichtigste Bezugsrahmen, die nach wie vor stark von den Gegebenheiten der Praxis geprägt waren, sind zunächst das Controlling als Informationsversorgungsfunktion,[85] als erfolgszielbezogene Steuerung[86] sowie später als koordinierendes Element innerhalb des Führungssystems einer Unternehmung[87] zu nennen. Ende der 1990er Jahre erfolgte dann ein vermehrter Einbezug verhaltenswissenschaftlicher Erkenntnisse und somit eine stärkere interdisziplinäre Analyse durch Berücksichtigung vor allem psychologischer und soziologischer Elemente. Daraus resultierten u. a. der kognitions-[88], der reflexionsorientierte[89] sowie der Rationalitätssicherungsansatz[90]. Durch die Öffnung gegenüber anderen Forschungsdisziplinen wurden die konzeptionelle Basis und zugleich die

82 Scherm/Pietsch (2004a), S. V.
83 Weber/Schäffer (2016), S. 1.
84 Vgl. Pietsch/Scherm (2004), S. 925; Küpper (1997), S. 1 ff.; Weber/Schäffer (2016), S. 1 ff.
85 Vgl. Heigl (1989), S. 3; Link (1982), S. 261 ff.; Hoffmann (1972), S. 85; Müller (1974), S. 683 f.
86 Vgl. Mann (1973), S. 11 f.; Hahn (1987), S. 6; Siegwart (1986), S. 109; Krüger (1979), S. 160.
87 Vgl. Küpper (1997), S. 12 ff.; Horvath (1996), S. 138 ff.
88 Vgl. Lingnau (2006).
89 Vgl. Pietsch/Scherm (2004).
90 Vgl. Weber/Schäffer (2016), S. 27 u. 37 ff.

generelle theoretische Fundierung des Controllings deutlich erweitert. Im Rahmen der neuen Vielfalt wurden die einzelnen Ansätze nicht mehr nur in der jeweiligen Reinform weiterentwickelt, ebenso wurde vermehrt eine Verbindung der Grundgedanken unterschiedlicher Konzeptionen vorgenommen.[91]

Die in diesem Stadium bereits vorzufindende Einbindung in Entscheidungsprozesse sowie die Steuerung einer Unternehmung[92] wurde in der späteren Idee des Controllers als Business Partner oder sogar Co-Manager nochmals verstärkt und klarer hervorgehoben.[93] Zu jener weiteren Wandlung in den derzeitigen Vorzeigetypus haben mehrere Faktoren beigetragen. Zunächst erleichtern die Fortschritte in der elektronischen Datenverarbeitung dem Controlling die Erfüllung seiner Informationsversorgungsaufgabe bzw. ermöglichen sogar die Auslagerung zumindest standardisierter Teile dieses Feldes auf andere Institutionen, wie z. B. Shared Service Center.[94] Auch sind die Manager inzwischen immer besser betriebswirtschaftlich ausgebildet und kommen so zunehmend mit Sachverhalten zurecht, zu deren Beherrschung in der Vergangenheit noch die Hilfe des Controllings notwendig war.[95]

Dadurch werden bei den Controllern Kapazitäten frei, die mit anderen Aufgaben ausgefüllt werden können. Die Ergreifung managementorientierter Tätigkeiten ist dabei besonders populär, da sie eine Aufwertung der Position des Controllers bedeutet.[96] Auch für das Management ist es häufig sinnvoll das Controlling stärker einzubinden. „ControllerInnen sind in der Regel gut ausgebildet und besitzen eine ausgeprägte Informationskompetenz sowie Kenntnisse über Ursache-Wirkungs-Beziehungen."[97] Entsprechend wird deren Arbeitskraft bei der Erfüllung einfacher Aufgaben, die ebenso von weniger gut ausgebildeten Kräften abgedeckt werden können, nicht optimal eingesetzt. Vielmehr können sie durch die Betätigung in qualifizierteren Feldern einen höheren Wertbeitrag zum Unternehmenserfolg leisten,[98] da die Manager aufgrund der schwierigen Rahmenbedingungen oft eine Auslegung der bereitgestellten Daten

91 Beispielsweise wurden im kontributionsorientierten Ansatz Annahmen der Koordinations- und Reflexionsorientierung miteinander verknüpft, vgl. Link (2004), S. 417. Ebenso wurden bei Überlegungen zur Ausgestaltung des Supply Chain Controllings gleichzeitig Gedanken des reflexionsorientierten und des Rationalitätssicherungsansatzes einbezogen, vgl. Stölzle/Placzek (2004), S. 619 f.

92 Vgl. Lingnau (2006), S. 18 f.; Scherm/Pietsch (2004b), S. 11; Weber/Schäffer (2016), S. 47; Pietsch/Scherm (2004), S. 926.

93 Vgl. Weber/Schäffer (2013), S. 79 f.; Biel (2014), S. 9; Goretzki/Messner (2014), S. 9.

94 Vgl. Burns et al. (2014), S. 37; Järvenpää (2007), S. 100; Quinn (2014), S. 25; Goretzki/Messner (2014), S. 10; Lambert/Sponem (2012), S. 566.

95 Vgl. Weber/Schäffer (2013), S. 41 f.; Biel (2014), S. 7.

96 Vgl. Goretzki et al. (2013), S. 42.

97 Vgl. Goretzki/Messner (2014), S. 10.

98 Vgl. Järvenpää (2007), S. 100; Goretzki/Messner (2014), S. 10 f.

und eine darüber hinaus gehende Beratung benötigen. Folglich kann der Prozess der zunehmenden Beteiligung an Aufgaben des Managements von beiden Seiten ausgehen, da er für jede Partei Vorteile bringt und darüber hinaus dem Wohl des Gesamtbetriebs zuträglich ist.[99]

Zu betonen ist in diesem Zusammenhang, dass die deutschsprachige Auffassung für das Controlling sowie die international, besonders im angelsächsischem Raum vorherrschende Definition des Management Accountings für den Gedanken des Business Partners faktisch deckungsgleich sind.[100] Dies war in der Vergangenheit bei anderen, früher zugrunde gelegten Konzepten nicht zwangsläufig so.[101] Entsprechend soll für den weiteren Verlauf der Arbeit die nachstehende Begriffseingrenzung des Institute of Management Accountants (IMA) als Grundlage gelten, wenn es um die aktuell sehr populäre Anschauung des Business Partnerings geht: „Management accounting is a profession that involves partnering in management decision making, devising planning and performance management systems, and providing expertise in financial reporting and control to assist management in the formulation and implementation of an organization's strategy."[102]

Der Vollständigkeit halber sei angemerkt, dass die im ersten Absatz dieses Kapitels erwähnten, für das Controlling durchaus typischen Unterschiede in den Auffassungen zwischen z. B. Theorie und Praxis, innerhalb der Theorie sowie zwischen verschiedenen Unternehmen trotzdem auch in der Gegenwart weiter vorhanden sind, in grundsätzlichen ebenso wie in Detailfragen.[103] Weitgehende Einigkeit besteht jedoch zumindest dahingehend, dass die neue Business-Partner-Rolle nicht für alle Personen geeignet ist und zudem eine Notwendigkeit für Controller mit unterschiedlichen Spezialisierungen und Schwerpunkten besteht.[104] Dennoch verkörpert die Tendenz zur stärkeren Management-Orientierung einen generellen Trend im Controlling.[105] Dabei wird das Konzept wie jeder neue Ansatz von den verschiedenen Akteuren lediglich unterschiedlich konsequent umgesetzt. Dies ändert allerdings nichts an seiner

---

99 Vgl. Goretzki et al. (2013), S. 42 ff.; Järvenpää (2007), S. 100 f. u. 132 f.; Goretzki/Messner (2014), S. 9 f.

100 Vgl. hierzu beispielhaft Quinn (2014), S. 26; Järvenpää (2007), S. 132 sowie Goretzki/Messner (2014) vs. Goretzki et al. (2013).

101 Vgl. IMA (2008), S. 1 vs. Küpper (1997), S. 12 und Pietsch/Scherm (2004), S. 925 f. Entsprechend wurde das Controlling auch lange Zeit als deutsche oder zumindest deutschsprachige Besonderheit bezeichnet, vgl. Scherm/Pietsch (2004a), S. V.

102 IMA (2008), S. 1.

103 Vgl. IMA (2008), S. 1; Lambert/Sponem (2012), S. 565 f. u. 587 f; Paulsson (2012), S. 391; Järvenpää (2007), S. 133; Goretzki et al. (2013), S. 59.

104 Vgl. Paulsson (2012), S. 391 f.; Burns et al. (2014), S. 37; Biel (2014), S. 10; Goretzki/Messner (2014), S. 12 f.

105 Vgl. Quinn (2014), S. 22; Goretzki et al (2013), S. 41 f.; Järvenpää (2007), S. 99 f.; Lambert/Sponem (2012), S. 566.

grundsätzlich hohen aktuellen Bedeutung, weshalb die Auffassung des Business Partners im Zentrum dieser Arbeit steht.

2.2 Relevanz der Unsicherheit für den Business Partner

Durch den Fokus auf die Variabilität subjektiver Wahrscheinlichkeiten, je nach Art der Darstellung des zugrundeliegenden Sachverhalts, wird der Schwerpunkt auf den Aspekt der Entscheidungsbegleitung aus der obigen Definition gelegt, wobei die Erkenntnisse auch für die Gestaltung des Planungsrahmens nützen.[106] Der gewählte Untersuchungsbereich bietet sich für die Ansicht des Business Partners deshalb besonders an, da nicht mehr nur deterministische unternehmensinterne Finanzzahlen der Vergangenheit, sondern vermehrt entscheidungsrelevante Daten und damit auch Prognosen über zukünftige Geschehnisse bei der Unterstützung und Informationsversorgung der Manager im Mittelpunkt stehen.[107] In diesem Zusammenhang nimmt das Konstrukt der Wahrscheinlichkeiten als vorherrschende Option zur Handhabung unsicherer Sachverhalte[108] eine wichtige Rolle ein. Jenes besitzt vor allem für bedeutende Entscheidungen aufgrund zahlreicher möglicher Verläufe der relevanten Parameter, aber auch für eine solide Planung, die stets mit diversen Unwägbarkeiten zurechtkommen muss, hohe Bedeutung. In beiden Fällen üben die Controller durch ihre Beteiligung an den jeweiligen Prozessen sowie vor allem aufgrund der Gestaltung wichtiger Rahmenbedingungen starken Einfluss aus.[109] Somit ist es unabdingbar über die dort eingesetzten, meist notwendigerweise subjektiven Einschätzungen ein realitätsnahes Wissen zu entwickeln, was die zutreffende Beachtung und Eindämmung möglicher menschlicher Unzulänglichkeiten in diesem Feld beinhaltet.

Wie in der Einleitung erwähnt existieren zum besonders plakativen Gebiet der Support Theorie bereits Forschungsergebnisse aus früheren psychologischen Untersuchungen. Trotzdem soll nochmals eine gesonderte Studie durchgeführt werden. Einen Auslöser hierfür bildet der eingangs bereits erwähnte Schwachpunkt, dass die Erhebungen bislang quasi ausschließlich

[106] Vgl. IMA (2008), S. 1; Weber/Schäffer (2013), S. 70 f.; Biel (2014), S. 8 f.
[107] Vgl. Mia/Chenhall (1994), S. 1 f.; Paulsson (2012), S. 378 f.; Baldvinsdottir et al. (2009), S. 879.
[108] Vgl. hierzu nochmals Hora (2007), S. 129; Glöckner et al. (2010), S. 439; Brenner et al. (2005), S. 64; Fox/Weber (2002), S. 477; Monahan (2000), S. 5; Brenner (2003), S. 87; Sellmaier (2000), S. 13 f.; Manz et al. (1993), S. 7 f.
[109] Vgl. Weber/Schäffer (2013), S. 68 ff.; IMA (2008), S. 2; Biel (2014), S. 8 f.; Vogt (2008), S. 3.

zu sehr unverbindlichen Sachverhalten durchgeführt wurden.[110] Insbesondere soll aber der zentralen Forderung der Accounting-Wissenschaft nachgekommen werden, nach der Untersuchungen in dem konkreten Bereich erfolgen sollen, für den anschließend auch die Rückschlüsse und Handlungsempfehlungen gelten werden. Ansonsten besteht die Gefahr, dass entscheidende spezielle Faktoren nicht korrekt berücksichtigt werden, sei es, weil sie nur in diesem Kontext auftreten oder dort gerade nicht zutreffen bzw. zumindest nicht zur Geltung kommen, weil sie von anderen Parametern dominiert werden.[111]

Eine derartige Relevanz der individuellen Rahmenbedingungen zeigt sich nicht zuletzt in der Realität an den abweichenden praktischen Herangehensweisen in verschiedenen Fachgebieten des Accountings, die aus dem Zusammenspiel zwischen den Anforderungen des jeweiligen Umfeldes sowie den menschlichen Möglichkeiten und Fähigkeiten resultieren. Insbesondere bauen dort ergriffene Maßnahmen zur Ausschaltung möglicher Fehler auf dem Verständnis der konkreten Umstände auf, da erst aus der genauen Kenntnis eines Prozesses zutreffende Gegenaktionen abgeleitet werden können. Für normative Vorgaben, die zumindest vorrangig nicht einmal auf unspezifischen empirischen Befunden basieren, gilt die Notwendigkeit der Überprüfung im konkreten Kontext im Übrigen nochmals in besonderer Weise.[112] Wie geringfügig grundsätzlich die Unterschiede in den Voraussetzungen manchmal nur sein müssen, damit ein zuvor förderliches Verhalten sich als suboptimal erweist, zeigt beispielhaft und sehr prägnant die Tatsache, dass ein aufwendigeres Informationsnutzungsverhalten von Managern in Situationen mit hohen Unwägbarkeiten zu einer besseren Performance führt, während es sich bei Konstellationen von niedrigerer Unsicherheit als kontraproduktiv erweist.[113]

Mit dem Feld der betrieblichen Investition wurde ein besonders nüchterner und rationalitätsbetonter Kontext gewählt,[114] um so weit wie möglich auszuschließen, dass die anvisierten Effekte zumindest teilweise durch die Rahmenbedingungen bedingt sind. Ferner werden im späteren Experiment stabilisierende Elemente, wie sie für das Accounting in Form von u. a. Richtlinien, Standards, Dokumentationsabläufen, Hinweisen, Checklisten, Formularen oder unterstützenden Grafiken üblich sind, für einen wesentlichen Teil der Probanden eingebaut. Aufgrund dieser beiden Punkte wird die Bildung der geforderten subjektiven Einstufungen

---

110 Vgl. Kruger/Evans (2004), S. 588 f.; Fox/Rottenstreich (2003), S. 196 f.; Tversky/Koehler (1994), S. 554 u. 558; Rottenstreich/Tversky (1997), S. 410 ff.

111 Vgl. Gibbins/Jamal (1993), S. 452; Hogarth (1993), S. 416.

112 Vgl. Libby/Luft (1993), S. 425.

113 Vgl. Chong (1996), S. 419 f.

114 Vgl. Kamoto (2009), S. 39 ff.; Guiso/Parigi (1999), S. 185 f.; Hayes/Garvin (1982), S. 71; Cyert et al. (1978), S. 712 ff.

erleichtert.[115] Zugleich können hierdurch Erkenntnisse darüber gewonnen werden, welches Ausmaß die Unzulänglichkeit menschlicher Einschätzungen insgesamt erreichen und wie sehr der Controller durch geeignete Eingriffe Einfluss auf die Urteilsgüte nehmen kann.

Aufgrund des gewählten Themengebietes der subjektiven Wahrscheinlichkeitsschätzungen, die einen wichtigen Teilschritt bei Festlegungen bilden, wird nachstehend als Erstes das Grundmodell der präskriptiven Entscheidungstheorie vorgestellt. Dieses bildet den generellen Bezugsrahmen für die Untersuchungsthematik. Alle in den späteren Kapiteln angesprochenen Ansätze, auch erweiterte, die über das Modell des Homo Oeconomicus hinausgehen, lassen sich in diese Systematik eingliedern.[116]

[115] Vgl. Libby/Luft (1993), S. 435 f.; Demirer et al. (2006), S. 106 f.; Hogarth (1993), S. 411; Gibbins/Jamal (1993), S. 453 f. und ähnlich Lüdtke/Möbus (2005), S. 1 f.; Anglim (2013), S. 1.

[116] Vgl. Weißenberger/Hirsch (2013), S. 18; Rommelfanger/Eickemeier (2002), S. 35 ff.; Ott (2001), S. 11; Yamagishi (2002), S. 137 ff.; Windschitl (2000), S. 195 ff.; Tversky/Koehler (1994), S. 548 ff.; Rottenstreich/Tversky (1997), S. 406 ff.; Teigen (1983a), S. 104.

3 ENTSCHEIDUNGSTHEORIE

Im vorangegangenen Kapitel wurden die hohe Relevanz von Entscheidungen und die diese mit bedingenden Einschätzungen für das Controlling in seiner Funktion als Unterstützer und Begleiter des Managements hervorgehoben. In einem ersten Schritt soll nun überprüft werden, inwieweit es theoretische Konzepte gibt, die einer rationalen Entscheidung zuträglich sind und somit seitens des Controllings zur Verbesserung subjektiver Einstufungen herangezogen werden könnten. Mit der Entscheidungstheorie existiert in diesem Bereich sogar eine eigene wissenschaftliche Disziplin. Dieser kommt „die Aufgabe zu, einerseits Erkenntnisse über das menschliche Entscheidungsverhalten zu gewinnen und diese andererseits für die Lösung konkreter Entscheidungsprobleme zur Verfügung zu stellen.“[117] Dabei werden innerhalb der Entscheidungstheorie zwei Forschungsrichtungen unterschieden, der präskriptive und der deskriptive Ansatz.[118]

Die präskriptive oder auch normative Theorie will nicht die Realität beschreiben, sondern Verhaltensempfehlungen für alternative Entscheidungssituationen geben.[119] Wie dem Namen bereits zu entnehmen ist, will eine so verstandene Entscheidungstheorie dem Menschen vorschreiben, wie er sich zu verhalten hat, um seine Ziele bestmöglich zu erreichen.[120]

Im Gegensatz dazu versucht der deskriptive Ansatz die Frage zu beantworten: „Wie werden Entscheidungen in der Wirklichkeit getroffen und warum werden sie so und nicht anders getroffen?“ Festlegungen in der Realität weichen häufig vom Rationalitätspostulat der präskriptiven Theorie ab, so dass lediglich von intendiert rationalem Handeln ausgegangen werden kann.[121] Ziel der deskriptiven Entscheidungstheorie ist es, Gesetzmäßigkeiten zu finden, mit deren Hilfe erklärt werden kann, warum in der Realität anzutreffendes Wahlverhalten speziell in dieser Form zu beobachten war. Dadurch können für diese bekannten Konstellationen zutreffendere Prognosen angestellt werden,[122] woraus ebenfalls eine verbesserte Entscheidungsqualität resultieren kann, da der Erfolg der von einer Person erwogenen Alternativen oft von den Festlegungen anderer Individuen abhängt.[123]

---

117 Obermaier/Saliger (2013), S. 1.

118 Vgl. dazu z. B. Bamberg et al. (2012), S. 1 ff.; Eisenführ et al. (2010), S. 1 f.; Laux et al. (2012), S. 16 f.; Obermaier/Saliger (2013), S. 1.

119 Vgl. Laux et al. (2012), S. 16 f.; Scholl (2001), S. 41; Bull/Mehde (2009), S. 194.

120 Vgl. Obermaier/Saliger (2013), S. 1.

121 Vgl. Bamberg et al. (2012), S. 3 ff.

122 Vgl. Obermaier/Saliger (2013), S. 1.

123 Vgl. Laux et al. (2012), S. 17.

Diese gängige Einteilung wird in diesem Kapitel übernommen, indem zunächst auf die präskriptive Entscheidungstheorie eingegangen wird und anschließend die in der Realität auftretenden Beschränkungen des normativen Grundmodells diskutiert werden. Wie im allgemeinen Sprachgebrauch üblich, ist von einer Entscheidung primär dann zu sprechen, wenn ein umfassendes Wahlproblem von besonderer Bedeutung gegeben ist.[124]

3.1 Die präskriptive Entscheidungstheorie

3.1.1 Grundlagen der präskriptiven Entscheidungstheorie

Den Ausgangspunkt der präskriptiven Entscheidungstheorie bildet die Tatsache, dass der Mensch Schwierigkeiten im Umgang mit neuartigen, nicht routinisierten Entscheidungssituationen hat. Die Probleme der entscheidenden Personen entstehen aus Faktoren wie der Unsicherheit der Zukunft, des Abwägens und Bewertens mehrerer, häufig konfliktärer Ziele, zu vieler oder zu wenig bekannter Alternativen oder der grundsätzlichen Komplexität einer Entscheidungssituation, wenn viele Faktoren bei der Auswahl zu berücksichtigen sind.[125] Die präskriptive Entscheidungstheorie versucht für derartige Konstellationen Abhilfe zu schaffen, indem aufgezeigt wird, wie Entscheidungen rational getroffen werden können.[126]

Dabei wird in der präskriptiven Entscheidungstheorie eine eigene Definition verwendet. „Im allgemeinsten Sinne setzt das Rationalitätspostulat lediglich voraus, dass der Entscheidungsträger über ein in sich widerspruchsfreies Zielsystem verfügt und sich seinem Zielsystem entsprechend verhält.“[127] Diese Interpretation des Rationalitätsbegriffs stellt keine Anforderungen an den substantiellen Inhalt der Ziele, z. B. deren Übereinstimmung mit religiösen oder gesellschaftlichen Wertvorstellungen.[128] Sie betrifft lediglich die Form des Zielsystems, so dass von formaler Rationalität gesprochen wird. Die Entscheidungstheorie geht nur von der

---

124 Zwar erfolgt im Rahmen der Entscheidungstheorie prinzipiell eine Ausweitung des Entscheidungsbegriffes, so dass er alle Wahlakte umfasst und darunter ganz allgemein die mehr oder weniger bewusste Auswahl einer von mehreren möglichen Handlungsalternativen zu verstehen ist, vgl. Laux et al. (2012), S. 3. Allerdings werden von den Autoren dann doch vorrangig komplexere Sachverhalte mit weitreichenden Auswirkungen zugrunde gelegt, vgl. z. B. Eisenführ et al. (2010), S. 2 f., was alleine aus Effizienzgesichtspunkten bei der aufwendigen tieferen Durchdringung der jeweiligen Konstellation sinnvoll ist.

125 Vgl. Eisenführ et al. (2010), S. 2 f.; Zimmermann et al. (2006), S. 13 f.; Paul (2007), S. 458; Rau (2004), S. 2; Fischer (2004), S. 1; Pauli (2009), S. 47.

126 Vgl. Göbel (2014), S. 29; Laux et al. (2012), S. 4.

127 Bamberg et al. (2012), S. 3.

128 Vgl. Obermaier/Saliger (2013), S. 1; Scheule (2009), S. 27; Koubek (2010), S. 132.

Voraussetzung formaler und nicht von substantieller Rationalität aus, da sonst ihr Anwendungsbereich auf bestimmte Gesellschaftssysteme, Organisationstypen etc. begrenzt wäre.[129]

Weiter wird, je nach den an die faktischen Entscheidungsprämissen zu stellenden Anforderungen, zwischen objektiver und subjektiver Rationalität unterschieden. Kann der Wahlakt von einem objektiven Beobachter nachvollzogen werden, handelt es sich um die erste Form. Glaubt der Entscheidungsträger hingegen aufgrund mangelhafter Information oder Informationsverarbeitung nur, rational zu handeln, dann ist diese Rationalität subjektiv.[130] Bei einer Forderung nach objektiver Rationalität entstünde der Vorteil, das Entscheidungsverhalten unmittelbarer empirischer Beobachtung und wissenschaftlicher Erklärung zugänglich zu machen. Hierzu ist jedoch die Annahme der vollkommenen Voraussicht des Entscheidungsträgers notwendig. Nachdem diese in der Realität so gut wie nie erfüllt ist, würde ein derartiger Ansatz die Entscheidungstheorie für praktische Situationen unbrauchbar machen. Dort hängt das Handeln stets vom subjektiven Informationsstand des Individuums ab.[131] Daher wird auf den Begriff der subjektiven Rationalität zurückgegriffen, nach dem eine Entscheidung dann als optimal gilt, wenn sie in Übereinstimmung mit den subjektiv wahrgenommenen Informationen des Entscheidungsträgers steht.[132]

Somit ist „die präskriptive Entscheidungstheorie als Analyse von Entscheidungen unter dem Postulat subjektiver Formalrationalität“[133] zu verstehen. Die Rationalität wird daran bemessen, inwiefern bestimmte Anforderungen oder Prinzipien bei der Entscheidung eingehalten werden.[134] „Hierbei gilt nicht „Rationalität: Ja oder Nein“, sondern vielmehr „Rationalität: Mehr oder weniger“.[135] Dieses Verständnis von Rationalität lässt in einem bestimmten Rahmen viele situative Komponenten zu und stützt sich daher nicht auf eine allgemeine und in allen Fällen gültige Nutzenfunktion des Individuums.[136] Daher ist es wichtig, zwischen einer rationalen und einer erfolgreichen Entscheidung zu unterscheiden. Der Zweck erhöhter Rationalität besteht zwar darin, erfolgreichere Entscheidungen zu produzieren, aber bei unsicheren Ergebnissen kann die betroffene Person im Einzelfall Glück oder Pech haben.[137]

129 Vgl. Göbel (2014), S. 38; Heinen (1985), S. 45; Bamberg et al. (2012), S. 3 f.
130 Vgl. Gäfgen (1968), S. 33; Kahle (2001), S. 11; Heinen (1985), S. 45.
131 Vgl. Obermaier/Saliger (2013), S. 1; Bamberg et al. (2012), S. 4; Gutenberg (1990), S. 80.
132 Vgl. Bamberg et al. (2012), S. 4.
133 Bamberg et al. (2012), S. 5.
134 Vgl. von Nitzsch (2014), S. 146 ff.; Eisenführ et al. (2010), S. 5.
135 Von Nitzsch (2002), S. 84. Vgl. sinngemäß Eisenführ et al. (2010), S. 4.
136 Vgl. von Nitzsch (2002), S. 84.
137 Vgl. Eisenführ et al. (2010), S. 5; Rau (2004), S. 2.

Nachdem die Realität in der Regel für eine hinreichende intellektuelle Durchdringung zu komplex ist, ist die Bildung von Modellen, als vereinfachte Abbilder realer Entscheidungssituationen notwendig. Trotz der Zweckmäßigkeit und Notwendigkeit dieser Komplexitätsreduzierung muss stets im Bewusstsein bleiben, dass es sich bei den Modellen um eine eingeschränkte Betrachtung der Realität handelt, vor allem bei der Beurteilung der Ergebnisse.[138] Im Rahmen der präskriptiven Entscheidungstheorie existiert ein allgemeines Grundmodell, das für jede Art von Entscheidung Unterstützung bietet, insbesondere aber für betriebliche Wahlsituationen wie Investitionen geeignet ist.[139] Dieses beruht darauf, dass trotz der Heterogenität, die bei den unterschiedlichen Sachverhalten grundsätzlich vorliegt, eine allgemeine Struktur existiert, auf die alle Probleme zurückgeführt werden können.[140] Es wird im folgenden Abschnitt mit seinen einzelnen Bestandteilen näher vorgestellt.

3.1.2 Das entscheidungstheoretische Grundmodell

„Als „Entscheidungsmodell" bezeichnen wir im folgenden ganz allgemein das Ergebnis eines Versuches, die für wesentlich gehaltenen Elemente und Beziehungen einer als „Problem" empfundenen Handlungssituation in einer formalisierten Sprache so zu definieren, dass aus dem resultierenden Strukturkomplex die Problemlösung als logische Implikation abgeleitet werden kann."[141] Dabei sind für die verschiedenen Aspekte von Entscheidungen häufig Modifikationen des nachstehend aufgeführten Grundmodells vorzunehmen, die z. B. der Begrenztheit der Rationalität, der Unsicherheit der Daten und ihrer Erfassung oder deren Veränderungen im Zeitablauf Rechnung tragen.[142] In seiner Basisversion enthält das Modell, durch das zugleich jede Problemstellung eine Strukturierung erhält, folgende Komponenten:

- Die *Handlungsalternativen,* die auch als *Aktionen, Strategien, Handlungsweisen* bezeichnet werden.

- Die *Umweltzustände* oder *Umwelteinflüsse, Ereignisse, Entscheidungsparameter.*

---

[138] Vgl. Fleßa (2010), S. 32; Peters et al. (2005), S. 25 f.; Obermaier/Saliger (2013), S. 2; Tropp (2004), S. 57; Scholl (2001), S. 15 f.; Rau (2004), S. 2; Pauli (2009), S. 48; von der Schulenburg (2005), S. 185.

[139] Vgl. Hagenloch (2009), S. 2 f.; Fleßa (2010), S. 91 f.; Kruschwitz (2014), S. 5; Kahle (2001), S. 39; Fischer (2004), S. 1.

[140] Vgl. Laux et al. (2012), S. 29.

[141] Bretzke (1980), S. 8.

[142] Vgl. Göbel (2014), S. 154 ff.; Kahle (2001), S. 39.

- Die *Ergebnisse* bzw. *Handlungskonsequenzen, Aktionsresultate* oder in spieltheoretischer Terminologie: *Auszahlungen.*

- Die *Ziele* oder *Präferenzen* bzw. *Zielvorstellung* des Entscheiders.[143]

Die Handlungsalternativen, Umweltzustände und Ergebnisse werden gemäß Abbildung 3 unter dem Oberbegriff Entscheidungsfeld, sämtliche Ziele oder Präferenzen des Entscheiders in der Zielfunktion oder als Zielsystem bzw. Entscheidungsregel zusammengefasst.[144]

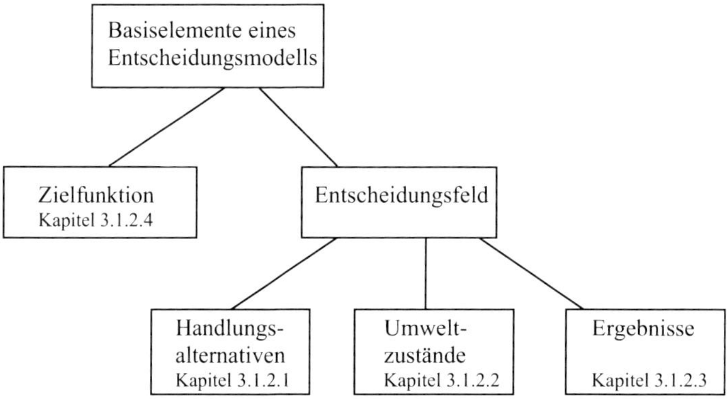

Abbildung 3: Die Basiselemente eines Entscheidungssystems (eigene Grafik in Anlehnung an Laux et al. (2012), S. 30)

3.1.2.1 Die Handlungsalternativen

Einem Entscheidungsträger stehen in einem bestimmten Zeitpunkt gewisse Handlungsalternativen $a_1, a_2, \ldots, a_m$ offen. Die Menge $A = \{a_1, a_2, \ldots, a_m\}$ der zur Debatte stehenden Aktionen heißt *Alternativenmenge (Aktionsraum, Entscheidungsraum* etc).[145] Ein Entscheidungsproblem liegt nur vor, wenn mindestens zwei Alternativen gegeben sind.[146] Die Optionen müssen sich zum einen gegenseitig ausschließen (Exklusionsprinzip), zum anderen den subjektiven

143 Vgl. Fleßa (2010), S. 92; Laux et al. (2012), S. 30 f.; Eisenführ et al. (2010), S. 20; Bamberg et al. (2012), S. 15 ff.; Dinkelbach/Kleine (1996), S. 1; Adam (1996), S. 7; Obermaier/Saliger (2013), S. 3 ff.; Kahle (2001), S. 39; von Nitzsch (2014), S. 147; Schiemenz/Schönert (2005), S. 28 f.

144 Vgl. Hagenloch (2009), S. 3; Laux et al. (2012), S. 30; Bamberg et al. (2012), S. 15.

145 Vgl. Scholl (2001), S. 42; Dinkelbach/Kleine (1996), S. 1; Bamberg et al. (2012), S. 15 f.; Fleßa (2010), S. 92.

146 Vgl. Rau (2004), S. 59; Laux et al. (2012), S. 30.

Informationsstand des Entscheiders bezüglich seiner Wahlmöglichkeiten, einschließlich des Unterlassens bestimmter Handlungen, umfassend beschreiben.[147] Eine mögliche Strategie kann entsprechend auch darin bestehen, so fortzufahren wie bisher.[148]

Weiter müssen für alle Handlungsweisen gleiche Ausgangsbedingungen bestehen, um eine vollständige Vergleichbarkeit zu gewährleisten.[149] Dieser Forderung stehen nicht nur praktische Schwierigkeiten wie unterschiedliche Kapitalbedarfe der einzelnen Aktionen, sondern häufig auch die Voreingenommenheit des Entscheidungsträgers gegenüber, der vorab bereits Präferenzen für eine Option hat und versucht diese gegenüber allen weiteren zu verteidigen.[150]

Bei einer sehr großen Anzahl von Alternativen sind geeignete Strategien zur Beschränkung zu ergreifen. Von Anfang an sollten nur solche Möglichkeiten erwogen werden, die auf mindestens eine Zielgröße Einfluss haben. Ebenso können diejenigen Aktionen eliminiert werden, die bei allen Kriterien schlechter oder maximal gleich gut abschneiden wie eine konkurrierende Option.[151] Darüber hinaus scheiden Handlungen aus, die gegen Vorgaben wie Gesetze, Normen oder Unfallverhütungsvorschriften sowie innerbetriebliche Beschränkungen verstoßen.[152] Ferner ist die Festlegung gewisser Mindestanforderungen denkbar.[153]

Eine unendliche Anzahl der Alternativen wird bei stetigen Entscheidungsvariablen erreicht, die u. a. auftreten können, wenn der Aktionenraum durch ein System von Ungleichungen etwa mit „größer gleich" oder „kleiner gleich" beschrieben wird.[154] Bei diesen kontinuierlichen Werten von Alternativen sind andere Entscheidungstechniken heranzuziehen als bei einer diskreten Verteilung der Aktionen.[155]

Häufig kann auch die gegenteilige Situation vorliegen, dass zu Beginn der Problemstellung noch keine akzeptablen Alternativen bekannt sind. Ein bedeutender Teil der Bemühungen besteht dann darin, mögliche Strategien zu generieren. Dabei entsteht die Frage, wann der

---

147 Vgl. Luhmann (2006), S. 125; Obermaier/Saliger (2013), S. 5; Scholl (2001), S. 42; Bamberg et al. (2012), S. 16; Scheule (2009), S. 51.
148 Vgl. Schmidt (1995), S. 23 f.; Hutzschenreuter (2009), S. 15.
149 Vgl. Kahle (2001), S. 48 f.
150 Vgl. Kahle (2001), S. 49 f.; Rau (2004), S. 2.
151 Vgl. Neumann/Morlock (2004), S. 735; Obermaier/Saliger (2013), S. 5.
152 Vgl. Kahle (2001), S. 50.
153 Vgl. Eisenführ et al. (2010), S. 22.
154 Vgl. Bamberg et al. (2012), S. 17; Jung (2006), S. 186.
155 Vgl. Schiemenz/Schönert (2005), S. 30. Im Fall einer endlichen Anzahl von Alternativen können z. B. Entscheidungsmatrix oder Entscheidungsbäume eingesetzt werden. Zur Behandlung kontinuierlicher Sachverhalte bieten sich Modelle der mathematischen Programmierung an, vgl. ebenda.

Prozess beendet und die Entscheidung gefällt werden soll. Teilweise bestimmen Zeit- oder Budgetrestriktionen das Ende, ansonsten sind die Nachteile eines Aufschiebens der Entscheidung sorgfältig gegen die Chancen abzuwägen noch eine bessere Lösung zu finden.[156]

Grundsätzlich begehen Personen aber in Entscheidungssituationen häufig den Fehler, die zur Verfügung stehenden Alternativen als fest vorgegeben zu sehen, obwohl noch viel bessere Aktionen existieren, auf die sie in der vorliegenden Situation nur nicht kommen.[157] Ein Grund liegt darin, dass sich Menschen durch ihren Hang zur Schonung kognitiver Ressourcen gerne am naheliegenden und leicht vorstellbaren orientieren. Dies kann aber ebenso mit motivationalen Ursachen zusammenhängen. Entscheidet sich die Person für eine von der Norm abweichende Handlungsweise, wächst das Commitment und damit die Risikoscheu vor Misserfolgen, so dass der Verbleib beim Gewohnten bevorzugt wird.[158] Auch kann die Relevanz einer Alternative für eine Problemstellung nicht sofort erkennbar sein, wodurch ein vorzeitiges Abblocken später möglicherweise optimaler Strategien eine Gefahr darstellt.[159]

3.1.2.2 Die Umweltzustände

Nicht nur die Wahl einer Alternative hat Auswirkungen auf das Ergebnis einer Entscheidung, dieses hängt außerdem von Faktoren ab, die der Entscheidungsträger nicht beeinflussen kann.[160] Diese Größen werden als (entscheidungsrelevante) Daten bezeichnet.[161] Eine denkbare Konstellation der in einer bestimmten Situation ausschlaggebenden Daten wird als *Zustand* (der *(Um-)Welt*, des *Umfelds*, der *Natur*, der *Realität)*[162] oder *Ereignis*[163] bezeichnet. Jeder Zustand repräsentiert damit eine Wertkombination aller relevanten Umfelddaten wie Marktstruktur, konjunkturelle Entwicklung, Gesetzgebung oder mögliche Konkurrenzsituationen. Die Menge $Z = \{z_1, z_2, \ldots, z_n\}$ der bedeutsamen Umfeldzustände $z_1, z_2, \ldots, z_n$ wird Zustands-

156 Vgl. Jung (2006), S. 185; Eisenführ et al. (2010), S. 20 f.
157 Vgl. von Nitzsch (2014), S.155. Hilfreich können hier das Heranziehen von Idealalternativen, von denen ausgehend durch möglichst geringe Veränderungen eine realisierbare Aktion gefunden werden soll, eines von hinten her aufgebauten Einflussdiagramms oder von Kreativitätstechniken sein, vgl. von Nitzsch (2014), S. 155 f. sowie für weitere Methoden z. B. Schlicksupp (2004), S. 57 ff. oder Fleßa (2010), S. 43 f.
158 Vgl. von Nitzsch (2014), S. 155.
159 Vgl. Kahle (2001), S. 49.
160 Vgl. Fleßa (2010), S. 92; Scholl (2001), S. 42; Götze (2014), S. 37 f.; Jung (2006), S. 186; Laux et al. (2012), S. 32.
161 Vgl. z. B. Götze (2014), S. 37; Laux et al. (2012), S. 32; Bamberg et al. (2012), S. 18.
162 Vgl. Bamberg et al. (2012), S. 18.
163 Vgl. Eisenführ et al. (2010), S. 24.

raum genannt.[164] Bei diesen aus mehreren Einzeleinflüssen zusammengesetzten Ereignissen wird von Szenarien gesprochen.[165] Ist lediglich ein Parameter von Interesse, so entspricht jeder Ausprägung dieses Faktors ein Umweltzustand.[166]

Wie bei den Alternativen gilt das Prinzip der Vollständigkeit, das relevante Umfeld ist im Zustandsraum umfassend abzubilden sowie das Exklusionsprinzip, indem genau ein Umweltzustand im Modell dem real eintretenden Szenario zu entsprechen hat. Nicht möglich ist hingegen ein der Effizienzbetrachtung für den Aktionsraum entsprechendes Ausscheiden von Ereignissen. Allerdings ist es in der Praxis zur Beherrschbarkeit des zu entscheidenden Sachverhaltes häufig unausweichlich, ähnliche Konstellationen zusammenzufassen.[167]

Welche Zustände als relevante Parameter in einem konkreten Entscheidungsmodell zu erfassen sind, hängt zunächst von den äußeren Umständen der zu entscheidenden Situation ab.[168] Ferner ist es unabdingbar, dass der Entscheider nur Ereignismengen verwendet, die mit seinen Zielen zusammenhängen, da unendlich viele Möglichkeiten zur Beschreibung der Umwelt existieren, weshalb die Zustandsmenge unbedingt zielgeleitet formuliert werden muss. Falls beim Entscheidungsträger Unklarheit darüber herrscht, was er erreichen will, ist die Identifikation der relevanten Umweltzustände für ihn nicht durchführbar.[169] Eine Begrenzung der Anzahl der Zustände kann vor allem dadurch erfolgen, dass die Einhaltung eines bestimmten Grenzwerts entscheidend ist, z. B. der Anteil defekter Stücke bei einer Warenlieferung, wodurch der Zustandsraum auf wenige Elemente reduziert wird.[170]

In vielen Situationen ist die Annahme, dass die Umwelt dem Entscheidungsträger neutral gegenübersteht und der Eintritt eines Zustands zufallsbedingt ist, zu ändern. Dies ist der Fall, wenn bei einer Konstellation bewusst handelnde Gegenspieler auftreten, die daraus entstehende Konfliktsituation wird als Spiel bezeichnet.[171] Die besondere Schwierigkeit entsteht dadurch, dass „sich mehrere Entscheider mit konfliktären Interessen gegenüberstehen“[172], von

[164] Vgl. Götze (2014), S. 37; Bamberg et al. (2012), S. 18.
[165] Vgl. Eisenführ et al. (2010), S. 25. Der Zustandsraum kann dabei für praktische Anwendungen sehr schnell anwachsen. So sind bei vier Einflussgrößen und nur drei möglichen Zustandsausprägungen mit „gut“, „mittel“ und „schlecht“ bereits $3^4 = 81$ Konstellationen möglich, vgl. ebenda.
[166] Vgl. Laux et al. (2012), S. 32.
[167] Vgl. Obermaier/Saliger (2013), S. 6.
[168] Vgl. Bamberg et al. (2012), S. 18.
[169] Vgl. Eisenführ et al. (2010), S. 33 f.; Rau (2004), S. 2; Gäfgen (1968), S. 95 f.
[170] Vgl. Bamberg et al. (2012), S. 18 f.
[171] Vgl. Obermaier/Saliger (2013), S. 188; Bones (2009), S. 2 f.
[172] Eisenführ et al. (2010), S. 368.

denen Jeder autonom entscheidet.[173] Entsprechend hängen die Konsequenzen der Handlungen eines Akteurs von den Strategien ab, die die anderen Personen ergreifen. Derartige Bedingungen treten bei fast allen bedeutsamen Konfliktsituationen ökonomischer, politischer oder militärischer Natur sowie unter trivialeren Umständen bei Gesellschaftsspielen auf.[174]

In Zusammenhang mit der Spieltheorie ist auf einen häufig zu beobachtenden Fehler bei betrieblichen Entscheidungen hinzuweisen. Dieser besteht darin, dass Reaktionen der Konkurrenz auf die eigene Strategie nicht mit ins Kalkül gezogen werden. Stattdessen treffen die verantwortlichen Manager fälschlicherweise ihre Entscheidungen unter der Annahme konstanter Umweltbedingungen.[175] Allgemein hat die Berücksichtigung der Verhaltensweisen anderer Entscheidungsträger oder der Umwelt zur Folge, dass die Konsequenzen des eigenen Handelns nicht eindeutig bestimmt werden können.[176] Je nach Kenntnisstand über die tatsächliche Umfeldkonstellation sind drei charakteristische Fälle zu unterscheiden:

Bei *Sicherheit* weiß der Entscheider, welcher Zustand eintreten wird und welche Ausprägungen die relevanten Daten somit annehmen werden. Entsprechend kann er für jede Alternative das Ergebnis bestimmen, das bei Wahl der entsprechenden Aktion eintritt.[177] Sind wenigstens zwei zukünftige Zustände denkbar, für die objektive oder zumindest subjektive Wahrscheinlichkeiten existieren, liegt die Situation des *Risikos* vor.[178] Ist lediglich bekannt, dass eines von mehreren konkreten Ereignissen eintreten wird, ohne dass Wahrscheinlichkeiten für deren Auftreten ermittelbar sind, ist die Konstellation der *Ungewissheit* gegeben.[179] Die vierte denkbare Option, dass nur unzureichende *Vorstellungen über die Art der möglichen Umweltkonstellationen* existieren, wird in der präskriptiven Entscheidungstheorie nicht behandelt.[180]

---

173 Vgl. Eisenführ et al. (2010), S. 368.

174 Vgl. Bamberg et al. (2012), S. 155; Gäfgen (1968), S. 106 f.

175 Vgl. Heinen (1985), S. 37.

176 Vgl. Kahle (2001), S. 51.

177 Vgl. Hagenloch (2009), S. 7; Fleßa (2010), S. 94; Gäfgen (1968), S. 107; Laux et al. (2012), S. 33; Scholl (2001), S. 43.

178 Vgl. Scholl (2001), S. 43; Rau (2004), S. 66 f.; Witte (2007), S. 146; Gäfgen (1968), S. 107; Hagenloch (2009), S. 7; Bamberg et al. (2012), S. 19.

179 Vgl. Fleßa (2010), S. 94; Hirth (2012), S. 5; Scholl (2001), S. 43; Hagenloch (2009), S. 7; Bamberg et al. (2012), S. 19; Rau (2004), S. 67. Hierzu zählen auch die Konstellationen der eben behandelten Spieltheorie, da der Ausgang eines Spiels unsicher ist und keine Wahrscheinlichkeiten über das Verhalten der einzelnen Akteure angegeben werden können, vgl. Obermaier/Saliger (2013), S. 188.

180 Vgl. z. B. Laux et al. (2012), S. 33; Bamberg et al. (2012), S. 19; Kahle (2001), S. 51; Obermaier/Saliger (2013), S. 6 f. Dieser Fall ist für die im Fokus der Entscheidungstheorie stehenden weitreichenden Aufgabenstellungen offenbar deshalb irrelevant, da sich bei ausreichender Beschäftigung mit einem Sachverhalt stets Erwartungen über die Zukunft bilden lassen, vgl. z. B. Kaplan/Barish (1967), S. B-569. Vielmehr klammern einzelne Autoren sogar noch die Konstellation der Ungewissheit als zu „realitätsfern und theoretisch dubios" aus, vgl. Eisenführ et al. (2010), S. 23 u. 303 f. Ausnahmen bilden Fleßa (2010), S. 28 ff. und Korndörfer (2003), S. 464, der in diesem Zusammenhang von objektiv unsicheren Erwartungen spricht.

Häufig ist für den Entscheidungsträger die Möglichkeit gegeben, seinen Kenntnisstand durch Einschaltung eines Informationssystems zu verbessern. Dabei stellt die Festlegung, ob Informationen überhaupt beschafft werden sollen und welches der zur Verfügung stehenden Verfahren angewandt wird, wiederum ein eigenes Entscheidungsproblem dar, das der eigentlich zu lösenden Konstellation voranzustellen ist.[181]

3.1.2.3 Die Ergebnisse

Wenn eine Handlungsalternative *a* gewählt wurde sowie eine bestimmte Umweltkonstellation z eingetreten ist und damit bei der Entscheidung eventuell noch vorhandene Unsicherheiten beseitigt sind, ergeben sich eindeutige *Handlungskonsequenzen,* auch *Aktionsresultate, Ergebnisse* oder, in der Terminologie der Spieltheorie, *Auszahlungen* genannt.[182] Entscheidet sich ein Individuum dafür, keinen Regenschirm zum Spaziergang mitzunehmen und nimmt das Wetter die Umweltausprägung des Regens an, so wird die betreffende Person als Konsequenz im Normalfall nass.[183] Zwar sind die Aktionsresultate meist nicht derart trivial, können aber vom Entscheidungsträger aufgrund der Kenntnis bestehender natur-, sozialwissenschaftlicher oder sonstiger Gesetzmäßigkeiten bestimmt werden.[184] In komplexeren Situationen ist die Verwendung eines Wirkungsmodells sinnvoll, das den Zusammenhang zwischen unabhängigen Variablen und Resultat, etwa in einer Gleichung, widerspiegelt.[185] Die Zuordnung, die für jede Kombination (a,z) aus Aktionen und Umweltzuständen die jeweiligen Handlungskonsequenzen angibt, wird als Ergebnisfunktion g bezeichnet:

$$(a,z) \quad \xrightarrow{g} \quad x = g(a,z).$$ [186]

Anhand der Folgen kann letztendlich erst die Einschätzung der gesamten Entscheidungssituation erfolgen. Bereits bei der Diskussion der Handlungsalternativen und Umweltzustände wurde auf die Notwendigkeit der Zielausrichtung hingewiesen, was sich beim Resultat fortsetzt. Eine Aktion bringt in der Regel zahlreiche Konsequenzen mit sich, wobei es jedoch ausreicht sich auf die Parameter zu beschränken, deren Ausprägungen für den Entscheider

181 Vgl. Bamberg et al. (2012), S. 19 ff. u. 128 f.
182 Vgl. Bamberg et al. (2012), S. 22 f.; Eisenführ et al. (2010), S. 34.
183 Vgl. Schmidt (1995), S. 24.
184 Vgl. Gäfgen (1968), S. 97 und 106; Bamberg et al. (2012), S. 22.
185 Vgl. Eisenführ et al. (2010), S. 34.
186 Vgl. Bamberg et al. (2012), S. 22.

von Bedeutung sind, die sogenannten Zielgrößen. Als Ergebnis wird eine Wertekonstellation dieser relevanten Variablen bezeichnet. Andere Auswirkungen, die keine Effekte auf die angestrebten Ziele haben, können vernachlässigt werden.[187]

Um Handlungskonsequenzen überhaupt in das Entscheidungsmodell miteinbeziehen zu können, ist es wie bei den Alternativen und Umweltzuständen notwendig, kreative Prozesse in Gang zu setzen, um die für den Entscheider relevanten Ergebnisarten zu ermitteln und anschließend Prognosen über deren Ausprägungen zu treffen. Dabei handelt es sich um menschliches Urteilsprozesse, bei denen es einmal mehr zu Unzulänglichkeiten kommen kann,[188] nicht zuletzt da die Aufgabe der Resultatsvorhersage komplex ist. So steht zunächst selbst bei der Wahl einer bestimmten Aktion a sowie nach Eintreten eines konkreten Umfeldereignisses z das Ergebnis nicht unbedingt fest. Analog zur Situation bei den im vorherigen Teilkapitel diskutierten Umweltzuständen können auch die Konstellationen des Risikos oder der Ungewissheit[189] vorliegen.[190] Desweiteren besteht häufig nicht nur die Notwendigkeit, die Konsequenzen x_{ij} bezüglich des Informationsstandes des Entscheiders zu disaggregieren. Nur beispielhaft seien noch die Aspekte der Ziele[191] und Zeitpunkte[192] genannt, um zu verdeutlichen, was in dem kurzen Symbol x_{ij} alles enthalten sein kann.[193]

„Zusammenfassend lässt sich die Beschreibung von Handlungskonsequenzen als eine Ergebnismessung kennzeichnen, die auf die Erfassung der unterschiedlichen Merkmalsausprägung bezüglich Ergebnishöhe, Ergebnisart sowie Zeitpunkt der Ergebnisrealisation gerichtet ist. In der Information über den wahren Zustand drückt sich der Sicherheits- bzw. Unsicherheitsgrad

---

187 Vgl. Laux et al. (2012), S. 31.

188 Vgl. von Nitzsch (2014), S. 157 ff.; Camphausen et al. (2008), S. 53.

189 Bei Risiko sind die tatsächlich eintretenden Konsequenzen durch die Kombination (a,z) nur stochastisch festgelegt und können z. B. im Sinne einer Normalverteilung um einen bestimmten Mittelwert streuen. Im Fall der Ungewissheit sind lediglich die möglichen Folgen bekannt, jedoch nicht deren Eintrittswahrscheinlichkeiten, vgl. Bamberg et al. (2012), S. 23; Hirth (2012), S. 5.

190 Vgl. Bamberg et al. (2012), S. 22 f.; von der Schulenburg (2005), S. 188 f.

191 Den Gegebenheiten der Wirklichkeit wird die Annahme einer einzigen Zielsetzung kaum gerecht, da fast immer weitere Konsequenzen, z. B aufgrund gesellschaftlicher und moralischer Werte mit einfließen. Bei Verfolgung von r Zielen $k_1, k_2, \ldots, k_r$ ist x_{ij} als r-Tupel reeller Zahlen zu betrachten: $x_{ij} = (x^1_{ij}, \ldots, x^r_{ij})$. Dabei gibt der Messwert x^p_{ij} ($p = 1, 2, \ldots, r$) den Realisationsgrad in Bezug auf das Ziel k_p bei Durchführung der Aktion a_i und Vorliegen des Zustands z_j an, vgl. Töpfer (2005), S. 66; Bamberg et al. (2012), S. 25; Fleßa (2010), S. 148 f.; von der Schulenburg (2005), S. 185; Hagenloch (2009), S. 10; Adam (1996), S. 8 f.; Rau (2004), S. 2 und 72 ff.

192 Bei einer zusätzlichen Differenzierung der x^p_{ij} nach den erwarteten Zeitpunkten t_h mit $h = 1, \ldots, q$ der Resultatrealisation entspricht jedem relevanten Moment eine Ergebnismaßgröße x^{hp}_{ij}. Dadurch wird berücksichtigt, dass auch der Augenblick der Verfügbarkeit eine Rolle spielt, vgl. Bamberg et al. (2012), S. 25 f.; Obermaier/Saliger (2013), S. 8 f.; Fleßa (2010), S. 148 u. 167 f.

193 Vgl. Bamberg et al. (2012), S. 25 f.; Berndt/Cansier (2007), S. 10 f.; Obermaier/Saliger (2013), S. 8 f.

der einer Aktion zugeordneten Konsequenz aus."[194] Wie die obigen Ausführungen sowie die nachstehende Abbildung 4 verdeutlichen, kann das Modell schnell eine hohe Komplexität erreichen, sobald zur Erfüllung höherer Realitätsnähe eine Disaggregation hinsichtlich zusätzlicher Aspekte erfolgt. Die Komplexität bezieht sich sowohl auf die anspruchsvolle Berechnung der jeweiligen x^{hp}_{ij}, wie auch auf Umfang und Dimensionen der einzelnen Spalten und Zeilen des Modells. Bereits wenige mögliche Zustände, Aktionen, Zeitpunkte und Ziele ergeben aufgrund der vielfältigen Kombinationsmöglichkeiten eine umfangreiche Matrix mit zahlreichen Einzelpositionen.

Eintrittswahrscheinlichkeiten (falls gegeben)				p_1			...			p_n		
Zustände				z_1			...			z_n		
Ziele		k_1	...	k_p	...	k_r	...	k_1	...	k_p	...	k_r
Aktionen	Zeit t_1	x_{11}^{11}	...	x_{11}^{1p}	...	x_{11}^{1r}	...	x_{1n}^{11}	...	x_{1n}^{1p}	...	x_{1n}^{1r}
	.	.	.	.	.	.	...	.	.	.	.	.
	.	.	.	.	.	.	...	.	.	.	.	.
	.	.	.	.	.	.	...	.	.	.	.	.
a_1	t_h	x_{11}^{h1}	...	x_{11}^{hp}	...	x_{11}^{hr}	...	x_{1n}^{h1}	...	x_{1n}^{hp}	...	x_{1n}^{hr}
	.	.	.	.	.	.	...	.	.	.	.	.
	.	.	.	.	.	.	...	.	.	.	.	.
	.	.	.	.	.	.	...	.	.	.	.	.
	t_q	x_{11}^{q1}	...	x_{11}^{qp}	...	x_{11}^{qr}	...	x_{1n}^{q1}	...	x_{1n}^{qp}	...	x_{1n}^{qr}
.	.	.	.	.	.	.	...	.	.	.	.	.
.	.	.	.	.	.	.	...	.	.	.	.	.
.	.	.	.	.	.	.	...	.	.	.	.	.
	t_1	x_{m1}^{11}	...	x_{m1}^{1p}	...	x_{m1}^{1r}	...	x_{mn}^{11}	...	x_{mn}^{1p}	...	x_{mn}^{1r}
	.	.	.	.	.	.	...	.	.	.	.	.
	.	.	.	.	.	.	...	.	.	.	.	.
	.	.	.	.	.	.	...	.	.	.	.	.
a_m	t_h	x_{m1}^{h1}	...	x_{m1}^{hp}	...	x_{m1}^{hr}	...	x_{mn}^{h1}	...	x_{mn}^{hp}	...	x_{mn}^{hr}
	.	.	.	.	.	.	...	.	.	.	.	.
	.	.	.	.	.	.	...	.	.	.	.	.
	.	.	.	.	.	.	...	.	.	.	.	.
	t_q	x_{m1}^{q1}	...	x_{m1}^{qp}	...	x_{m1}^{qr}	...	x_{mn}^{q1}	...	x_{mn}^{qp}	...	x_{mn}^{qr}

Abbildung 4: Disaggregierte, bereits relativ komplexe Ergebnismatrix bei Einbezug mehrerer Ziele sowie des Aspekts Zeit (eigene Grafik in Anlehnung an Bamberg et al. (2012), S. 26)

194 Bamberg et al. (2012), S. 26.

3.1.2.4 Die Ziele

Bei jedem der einzelnen Elemente des Entscheidungsfeldes wurde auf die Notwendigkeit des Zielbezugs hingewiesen, der bei der Formulierung der jeweiligen Aktionen, Ereignisse und Resultate zu beachten ist. Das Vorhandensein von Zielvorstellungen beim Entscheidungsträger gehört unabdingbar zur Entscheidung als rationalem Wahlakt, weil diese das Kriterium für die Auswahl des zu realisierenden Verhaltens liefern. Erst aufgrund der Zielvorstellungen lassen sich einerseits die relevanten Konsequenzen ermitteln und in eine Ordnungsreihenfolge bringen, so dass eine rationale Festlegung ermöglicht wird.[195] Ebenso sind bei den genannten Alternativen nur solche auszuwählen, „die auf mindestens eine Zielgröße Einfluß haben“[196], sowie die relevanten Umweltzustände für eine Person aus ihren Zielen herzuleiten, da prinzipiell unendlich viele Möglichkeiten existieren, das Umfeld zu beschreiben.[197]

Als *Ziel* „wird ein angestrebter Sachverhalt bezeichnet“[198], der sich vom gegenwärtigen (Ausgangs-)Zustand unterscheidet.[199] Das *Ziel besteht aus* einer *Eigenschaft*, die auch als *Zielvariable, Attribut* oder *Zielgröße* bezeichnet wird, einer Angabe über die *Präferenz* des Entscheidungsträgers *bezüglich dieser Eigenschaft* sowie einem *zeitlichen Bezug* der Zielgröße.[200] Dabei ist sich der Entscheider über seine subjektiven Präferenzen bzw. Ziele in der Regel nicht schlüssig,[201] weshalb mehrere Methoden als Hilfestellung entwickelt wurden, um jene zu ermitteln. Eine Option besteht darin, den Entscheider unmittelbar nach seinen Zielen zu befragen. Alternativ kann versucht werden, diese aus dem gezeigten Wahlverhalten in früheren Situationen oder bei einfachen Problemstellungen herzuleiten. Bei der dritten Möglichkeit wird von der Person des Entscheidungsträgers abstrahiert und dessen Rolle[202] in der vorliegenden Situation betrachtet.[203]

An unternehmerische Ziele wird eine Reihe von Anforderungen gestellt, denen das Zielsystem entsprechen muss, sofern es als Grundlage für die Lösung betrieblicher Entscheidungsprobleme dienen soll. Besonders wichtig sind drei Prämissen. Zunächst muss das Zielsystem

---

195 Vgl. Kahle (2001), S. 26; Rau (2004), S. 2; Schiemenz/Schönert (2005), S. 32.
196 Obermaier/Saliger (2013), S. 5.
197 Vgl. Eisenführ et al. (2010), S. 33 f.
198 Schmidt-Sudhoff (1967), S. 16.
199 Vgl. Laux et al. (2012), S. 34.
200 Vgl. Eisenführ et al. (2010), S. 35 ff.; Schiemenz/Schönert (2005), S. 32 f.; Obermaier/Saliger (2013), S. 3 f.
201 Vgl. Eisenführ et al. (2010), S. 35.
202 Dabei wird angenommen, dass der Rollenträger sein Handeln an bestimmten, seitens der Gesellschaft mit der Rolle verbundenen Vorstellungen ausrichtet, vgl. Saliger (2003), S. 4.
203 Vgl. Saliger (2003), S. 4; Eisenführ et al. (2010), S. 35 ff.

vollständig sein. Sind einzelne Zielgrößen nicht enthalten oder für diese keine Präferenzen vorhanden, ist eine rationale Wahl mit Hilfe des Grundmodells der Entscheidungstheorie nicht möglich.[204] Weiter sollte die Formulierung der Ziele möglichst *operational* sein,[205] da die Bestimmung der optimalen Aktion eine konkrete Angabe des voraussichtlichen Zielrealisationsgrades aller Alternativen voraussetzt.[206] Die dritte Forderung, dass Ziele *koordinationsgerecht* sein müssen, ergibt sich aus der Notwendigkeit, das betriebliche Entscheidungsfeld in Teilentscheidungskomplexe aufzuteilen. Jene werden isoliert voneinander von meist unterschiedlichen Instanzen gelöst, wodurch bestehende Interdependenzen verloren gehen. Um dennoch eine für das Gesamtsystem geeignete Lösung zu erhalten, müssen diese Zusammenhänge in den Zielgrößen der einzelnen Teilentscheidungen berücksichtigt werden.[207]

Neben diesen formalen Dimensionen werden von der *empirischen Zielforschung* die materiellen Ausprägungen typischer betrieblicher Zielsysteme betrachtet, die sich permanent verändern. Obwohl es gemäß der getroffenen Definition subjektiver Formalrationalität keine verbindlichen Ziele gibt, sind diese Erkenntnisse für die Entscheidungstheorie wichtig, da ihre Empfehlungen bei Annahme atypischer Ziele an der Realität vorbeigehen würden.[208]

Orientiert sich ein Entscheidungsträger an mehreren Zielen, bestehen zwischen den einzelnen Zielen Beziehungen. Dabei werden die fünf Grundtypen *Zielidentität, Zielneutralität, Zielkomplementarität, Zielantinomie* sowie *Zielkonkurrenz* unterschieden, je nachdem, ob die Ziele übereinstimmen,[209] völlig unkorreliert[210] oder förderlich füreinander sind,[211] sich gegenseitig ausschließen[212] oder eine Verbesserung bei einem Ziel zu Lasten des anderen geht.[213] Der Zusammenhang muss nicht für den gesamten Wertebereich einer Konstellation gelten, z. B. kann sich wie die Abbildung 5 unterstreicht eine anfängliche Komplementarität in Zielkonkurrenz wandeln.[214]

---

204 Vgl. Bamberg et al. (2012), S. 30; von der Schulenburg (2005), S. 190.
205 Vgl. von der Schulenburg (2005), S. 190; Schiemenz/Schönert (2005), S. 33.
206 Vgl. Bamberg et al. (2012), S. 30 f.
207 Vgl. Bamberg et al. (2012), S. 31 f.; von der Schulenburg (2005), S. 185; Günther/Tempelmeier (2005), S. 25.
208 Vgl. Kahle (2001), S. 34 f.
209 Vgl. Kahle (2001), S. 29; Scheule (2009), S. 68.
210 Vgl. Schiemenz/Schönert (2005), S. 34; Peters et al. (2005), S. 22; Adam (1996), S. 107.
211 Vgl. Adam (1996), S. 107; Obermaier/Saliger (2013), S. 33.
212 Vgl. Kahle (2001), S. 29 f.
213 Vgl. Peters et al. (2005), S. 22; Schiemenz/Schönert (2005), S. 34.
214 Vgl. Schiemenz/Schönert (2005), S. 35 f.; Kahle (2001), S. 30 ff.; Adam (1996), S. 107. So ist eine Umsatzerhöhung zunächst meist mit einem Gewinnanstieg verbunden. Ab einem bestimmten Niveau kann ein Zuwachs jedoch nur noch durch Sonderkonditionen erreicht werden, ferner werden Kapazitätsgrenzen erreicht, so dass Überstundenzuschläge oder höherer Verschleiß entstehen. Entsprechend wächst zwar der

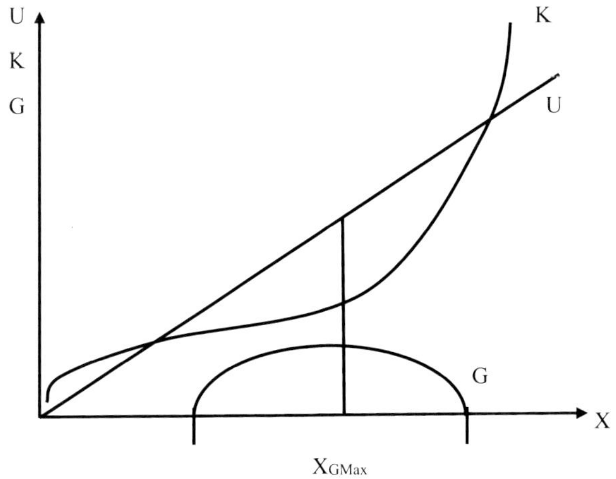

Abbildung 5: Umschlag von Zielkomplementarität in Zielkonkurrenz (eigene Darstellung in Anlehnung an Kahle (2001), S. 32)

Den am weitesten verbreiteten Fall bildet die Zielkonkurrenz. So ist z. B. eine Alternative die profitabelste, dafür bringt die zweite Strategie ein höheres Renommee mit sich, während die dritte Aktion dem Unternehmen die geringste Flexibilität abverlangt. Herrscht hingegen zwischen allen Zielen Komplementarität, ist die Lösung sehr einfach, da es meist nur eine effiziente und damit dominante Strategie gibt.[215] Ein betriebliches Zielsystem, das die Interessen mehrerer unterschiedlicher Gruppen in sich vereint, weist komplementäre Ziele wie die Sicherung der Existenz der Unternehmung, ebenso aber konkurrierende Ziele wie Image- und Machtziele des Managements vs. Renditeinteressen der Kapitaleigner auf.[216]

Die Verfolgung mehrerer, teils konfliktärer Ziele macht die Bestimmung einer Präferenzrelation, unter Gewichtung der einzelnen Ziele, notwendig. Dabei wird eine Zielgröße als Standardmaß des Nutzens festgelegt und alle übrigen Attribute in dieses Maß umgerechnet.[217] Desweiteren müssen Präferenzen des Individuums bezüglich der Ausprägung der jeweiligen Eigenschaften gegeben sein. Zum einen kann eine Maximierung angestrebt werden, z. B. bei Gewinn oder Umsatz. Eine Minimierung ergibt für Kosten, Durchlaufzeiten oder Lieferfristen

Umsatz weiter, jedoch ist ab einer gewissen Menge jede weitere Produkteinheit mit Verlust behaftet. Die beiden Ziele sind somit nur in einem bestimmten Intervall komplementär, danach herrscht Konkurrenz zwischen ihnen, Adam (1996), S. 107.

215 Vgl. Obermaier/Saliger (2013), S. 33 f.

216 Vgl. Göbel (2014), S. 58 f.; Schiemenz/Schönert (2005), S. 43 f.

217 Vgl. Bamberg et al. (2012), S. 27 f.

Sinn. Sofern ein exakt festgelegter Wert erreicht werden soll, liegt der Fall der Fixierung vor, der sich u. a. für die Kapazitätsauslastung anbietet. Schließlich ist die als Satisfizierung bezeichnete Erfüllung eines bestimmten Mindestniveaus der Zielgröße noch denkbar,[218] auf die gerade bei komplexen Konstellationen gerne zurückgegriffen wird.[219]

Nachdem die Konsequenzen einer Alternative meist nicht mit Sicherheit vorhergesagt werden können, muss desweiteren eine Risiko- bzw. Unsicherheitspräferenzrelation miteinbezogen werden,[220] wobei es sehr anspruchsvoll ist, Risikoeinstellungen der Entscheider zu ermitteln und realitätsgetreu wiederzugeben.[221] Als wichtigste Entscheidungsprinzipien unter Risiko sind das μ- sowie das (μ,σ)-Prinzip zu nennen.[222] Ebenso existieren für den Fall der Ungewissheit zahlreiche Entscheidungsregeln und Handlungsempfehlungen.[223]

3.1.2.5 Der Prozess der Modellbildung

Aus der getrennten Darstellung der vier Bestandteile des Grundmodells der Entscheidungstheorie in den vorigen Teilkapiteln ergibt sich der Eindruck eines statischen Modells,[224] bei dem jede Komponente einzeln für sich entwickelt wird. Dieser täuscht jedoch, vielmehr ist es kaum möglich Handlungsalternativen, Umwelteinflüsse, Konsequenzen und Ziele unabhängig voneinander zu modellieren. Grundsätzlich bedingt eine Veränderung an einer Stelle auch Angleichungen in anderen Bereichen, weshalb der Entscheidungsträger immer wieder auf die einzelnen Bausteine zurückkommt, um sie optimal aneinander anzupassen. Dabei wird von rekursiver Modellierung gesprochen, die nachfolgend näher erläutert werden soll.[225]

---

218 Vgl. Göbel (2014), S. 54; Dinkelbach/Kleine (1996), S. 16 ff.; Laux et al. (2012), S. 34; Scholl (2001), S. 45.

219 Vgl. Schiemenz/Schönert (2005), S. 33; Hüttner/Heuer (2004), S. 16.

220 Vgl. Bamberg et al. (2012), S. 28; Laux et al. (2012), S. 35 f.; Göbel (2014), S. 55.

221 Vgl. Bamberg et al. (2012), S. 104.

222 Vgl. Laux et al. (2012), S. 100 ff.; Hagenloch (2009), S. 55 ff.; Kruschwitz/Husmann (2012), S. 101 ff.; Fleßa (2010), S. 104 ff.; Schmidt (1995), S. 35 f.; Sorger (2000), S. 28 ff.; Neumann/Morlock (2004), S. 738; Laux/Schabel (2009), S. 72 ff.; Rau (2004), S. 82 f.

223 Die gängigsten Entscheidungsregeln stellen die Minimax-, Minimin-, Optimismus-Pessimismus- oder auch Hurwicz-Regel sowie die Laplace-, Savage-Niehans- oder Minimax-Regret- und die Krelle-Regel dar, vgl. Rau (2004), S. 92 f.; Fleßa (2010), S. 113 ff.; Rehkugler/Schindel (1990), S. 117 ff; Bamberg et al. (2012), S. 112 ff.; Laux et al. (2012), S. 83 ff.; Neumann/Morlock (2004), S. 736 ff; Berndt/Cansier (2007), S. 11 ff.

224 Vgl. Rau (2004), S. 66.

225 Vgl. Eisenführ et al. (2010), S. 37 f.; Adam (1996), S. 31 f.

Bereits die weiter oben gewählte allgemeine Definition des Ziels als „angestrebter Sachverhalt“[226] weist auf diese rekursive Modellierung hin, ebenso die eher unscharfe Formulierung der Ziele im Entscheidungsmodell.[227] Derart unpräzise Begriffseingrenzungen erweisen sich als zweckmäßig, denn „Wer eine rationale Entscheidung treffen und hierbei das Optimum für seine Person herausholen möchte, weiß ja noch gar nicht, was er in den einzelnen Zielen erreichen kann.“[228] Wie empirische Studien gezeigt haben, ist bei realen Entscheidungsprozessen entsprechend eine Änderung der Ziele im Zeitablauf zu beobachten.[229]

Wird in Unternehmen ein größeres Entscheidungsproblem relevant, existieren meist bereits Grundvorstellungen über mögliche Aktionen, Umfeldeinflüsse, Ergebnisse und Ziele. Häufig ergeben sich bei der anschließenden Suche jedoch noch wesentlich bessere Optionen, woraus nicht nur eine Erweiterung des Aktionenraums resultiert, sondern ebenso neue, anspruchsvollere Ziele, da die ursprünglichen Werte leicht erfüllt werden können.[230] Ebenso ist der gegenteilige Fall denkbar, dass sich die gesetzten Ziele nach Auslotung aller möglichen Alternativen als unerreichbar herausstellen und das Entscheidungsproblem somit nicht lösbar ist. Dann ist eine Senkung des Zielgrößenniveaus denkbar.[231]

Ein besserer Informationsstand kann weiter dazu führen, dass neue relevante Umfeldzustände oder Handlungskonsequenzen erkannt werden. Ebenso können sich die Rahmenbedingungen aufgrund von Gesetzgebung oder markanten Ereignissen grundlegend ändern. Als günstiger wahrgenommene äußere Umstände induzieren höhere Zielniveaus, während die Beachtung zusätzlicher Auswirkungen auch in der Zielsetzung ihren Niederschlag finden muss. Die Verfolgung neuer Ziele wiederum kann zur Beachtung weiterer Umwelteinflüsse führen, die dann erst relevant werden. Ebenso bestehen Wechselwirkungen zwischen Umwelt und Alternativen, wenn gelockerte Vorschriften zusätzliche Aktionen eröffnen oder neu hinzugekommene Optionen die Beachtung einzelner Ereignisse überflüssig machen.[232]

So wird das Modell mit seinen einzelnen Komponenten permanent weiterentwickelt und überarbeitet. Nichtsdestotrotz muss der Entscheidungsträger irgendwann zu einem Entschluss

226 Schmidt-Sudhoff (1967), S. 16.
227 Heinen fasst Ziele entsprechend als generelle Imperative auf, die nicht unmittelbar in eine Handlung übertragen werden können, vgl. u. a. Heinen (1985).
228 Von Nitzsch (2014), S. 151.
229 Vgl. Eisenführ/Weber (2003), S. 33.
230 Vgl. Eisenführ et al. (2010), S. 38 f.
231 Vgl. Obermaier/Saliger (2013), S. 33.
232 Vgl. Eisenführ et al. (2010), S. 39.

kommen und anhand der bis dahin vorliegenden Fakten seine Festlegungen treffen. Die Wahl des richtigen Zeitpunkts für die Entscheidung stellt bei der gezeigten Dynamik des Modells eine weitere wichtige Herausforderung an den Entscheidungsträger dar.[233]

3.2 Die deskriptive Entscheidungstheorie

3.2.1 Grundlagen der deskriptiven Entscheidungstheorie

In Gegensatz zur präskriptiven Entscheidungstheorie, die Anweisungen erteilt wie Entscheidungen rational zu treffen sind, beschäftigt sich die deskriptive Richtung damit, wie diese in der Realität ablaufen.[234] Zweck ist nicht die Optimierung von Entscheidungen, sondern die Beschreibung und Erklärung tatsächlichen Verhaltens.[235] Wie für eine Realwissenschaft üblich, sollen empirisch gehaltvolle Hypothesen über das menschliche Entscheidungs- und Problemlösungsverhalten aufgestellt werden.[236] Dadurch weitet sich der Betrachtungsbereich aus. Es werden auch Prozesse der Zielbildung, Informationsbeschaffung und -verarbeitung sowie der persönlichen und organisatorischen Konfliktbewältigung untersucht, die im Rahmen der normativen Theorie nicht weiter von Interesse sind.[237]

Obwohl sich die deskriptive Richtung nicht primär damit befasst, wie Entscheidungen rational getroffen werden können, kann auch sie zu deren Verbesserung beitragen. Zum einen lassen sich aus ihr, bei gewisser zeitlicher Konstanz von Verhaltensweisen, Prognosen über das Handeln anderer Personen ableiten, von dem oft der Erfolg der eigenen Entscheidung abhängt.[238] Zum anderen droht eine ausschließlich normative Entscheidungstheorie ohne Beachtung verhaltenswissenschaftlicher Erkenntnisse realitätsfern zu werden. Dies würde zu einem Verlust an Anwendbarkeit und damit einer niedrigeren Qualität bei den getätigten Festlegungen führen, da Empfehlungen einer praxistauglichen Entscheidungstheorie nicht nur objektiv richtig, sondern ebenso subjektiv möglich und eingängig sein müssen.[239]

---

233 Vgl. Jung (2006), S. 185; Eisenführ et al. (2010), S. 21 u. 39 f.
234 Vgl. Bamberg et al. (2012), S. 5.
235 Vgl. Göbel (2014), S. 24 f.; Rehkugler/Schindel (1990), S. 12.
236 Vgl. von Nitzsch (2014), S. 7; Sieben/Schildbach (1990), S. 3.
237 Vgl. Fleßa (2010), S. 94 ff.; Rehkugler/Schindel (1990), S. 12; Bamberg et al. (2012), S. 5 ff.
238 Vgl. Laux et al. (2012), S. 17; Obermaier/Saliger (2013), S. 1.
239 Vgl. Fleßa (2010), S. 169 u. 172; Heinen (1985), S. 37; Kahle (2001), S. 24 f.; Laux et al. (2012), S. 17.

Grundsätzlich gelingt es mit den Erkenntnissen der deskriptiven Lehre, die den Sozialwissenschaften zuzuordnen ist und von Psychologen und Soziologen mitgestaltet wurde,[240] Dunkelfelder der normativen Richtung aufzuhellen und jene auf ihre Zweckmäßigkeit hin zu überprüfen. Ist ein Individuum z. B. aufgrund seiner beschränkten kognitiven Kapazitäten nicht in der Lage, bedingte Wahrscheinlichkeiten zu empfinden, sind theoretische Überlegungen hierzu überflüssig.[241] Das bedeutet jedoch nicht, dass von der präskriptiven Theorie keine Vorgaben mehr erfolgen sollten, die vom bisherigen Verhalten der Menschen abweichen. Diese müssen lediglich erfüllbar sein. Grundsätzlich sollten Einschränkungen der Rationalität keinen Verzicht auf das Streben nach dieser nach sich ziehen.[242] Vielmehr ist nicht auszuschließen, „dass aus der zunehmenden Durchdringung der Wirtschaftswissenschaften mit präskriptiven Rationalmodellen des Entscheidungsverhaltens und mit der zunehmenden Verbreitung solcher Modelle in der Wirtschaftspraxis tief greifende Veränderungen des tatsächlichen Entscheidungsverhaltens"[243] einhergehen.

3.2.2 Inhalte der deskriptiven Entscheidungstheorie

Wie erwähnt hat die deskriptive Richtung ihren Schwerpunkt in einer verhaltenswissenschaftlichen und interdisziplinären Analyse der kognitiven Prozesse, die den Entscheidungen zugrunde liegen.[244] Die allgemeine Tendenz in den Verhaltenswissenschaften zu einer großen Zahl relativ unverbunden nebeneinander stehender Einzelerkenntnisse,[245] schlägt sich auch in der deskriptiven Entscheidungstheorie nieder, die sich noch in einem frühen Stadium befindet.[246] Im Gegensatz zum präskriptiven Ansatz gibt es bislang kein allgemein anerkanntes Grundmodell, es existieren lediglich Einteilungsschemata.

Ein besonders hilfreiches ähnelt dem klassischen Investitionsprozess,[247] hier wird in Situationsdefinition, Suchverhalten im Entscheidungsprozeß, Psycho-Logik der Problemhandhabung, Kontexte der Situationsdefinition und der Problemhandhabung sowie Handhabung so-

240 Vgl. Göbel (2014), S. 24 f.; Rehkugler/Schindel (1990), S. 12 f.
241 Vgl. von Nitzsch (2014), S. 31 ff.; Manz et al. (1993), S. 5; Scholl (2001), S. 41 f.
242 Vgl. Kahle (2001), S. 25.
243 Bamberg et al. (2012), S. 6 f.
244 Vgl. Bamberg et al. (2012), S. 7; Göbel (2014), S. 24 f.
245 Vgl. z. B. Göbel (2014), S. 167 ff.; Frey (1990), S. 78.
246 Vgl. Eisenführ/Weber (2003), S. 395; Bamberg et al. (2008), S. 6.
247 Jener wird noch detailliert unter 4.3 behandelt. In Anlehnung an mehrere gängige Einteilungen werden dort Zielbildung, Problemerkennung, Suchphase, Prognose, Bewertung, Entscheidung, Realisation und Kontrolle unterschieden.

zialer Abhängigkeiten aufgegliedert.[248] Zentral ist dabei der Begriff Problemhandhabung, weil eine wirkliche Lösung, die allen Anforderungen entspricht, in der Realität selten gelingt. Dadurch fällt die Entscheidung den verantwortlichen Personen häufig so schwer und es werden Optionen gewählt, die nur vorläufig, unvollständig und unbefriedigend sind, gerade wenn damit keine größere Festlegung verbunden ist.[249]

Prinzipiell treten die Entscheidungsschwierigkeiten aufgrund unvollkommener Information und damit Unsicherheit auf.[250] Dadurch ist es fast nicht möglich, zu einer eindeutigen Präferenzordnung und damit zu einer allen anderen Aktionen überlegenen, tatsächlichen Lösung zu gelangen. Mit Hilfe der Entscheidungsregeln wird nur die Schwierigkeit gehandhabt, von der Präferenzordnung der Ergebnisse zu einer Reihenfolge der Alternativen zu gelangen.[251] Hinzu kommt die auch bei einer Individualentscheidung nicht auszublendende Handhabung sozialer Aspekte. Gerade im Bereich der betrieblichen Investitionsentscheidung ist der Entscheider in ein Netz von Abhängigkeiten und Gesamtzusammenhängen eingebunden, wodurch er stets soziale Komponenten sowie diverse Interpendenzen berücksichtigen muss.[252]

Insgesamt stellt in Abhandlungen zur deskriptiven Entscheidungstheorie die Schilderung und Auflistung von einzelnen oder mehreren Effekten, Heuristiken oder Paradoxa, die vom geforderten Rationalprinzip der präskriptiven Herangehensweise abweichen, eine bedeutende Richtung dar.[253] Ebenso werden Theorien aus den Verhaltenswissenschaften herangezogen, die den Ablauf menschlichen Verhaltens in unterschiedlichen Phasen, Teilbereichen oder dem gesamten Entscheidungsprozess beschreiben.[254] Ein dritter Weg besteht darin, Modelle der präskriptiven Entscheidungstheorie als Grundlage zu nehmen und in einzelnen Punkten zu erweitern, um eine höhere Realitätsnähe zu erreichen.[255]

Die letztgenannte Vorgehensweise wirft insoweit Probleme auf, da die neuen Modelle komplexer sind, weshalb elegante Lösungsverfahren meist nicht mehr eingesetzt werden und so-

---

248 Vgl. Kirsch (1998), S. 11 ff. u. ähnlich Göbel (2014), S. 154 ff.
249 Vgl. Göbel (2014), S. 156 f.; Kirsch (1998), S. 8.
250 Vgl. Göbel (2014), S. 154; Fleßa (2010), S. 31; Ashton (1982), S. 104.
251 Vgl. Kirsch (1998), S. 8.
252 Vgl. Fleßa (2010), S. 127 ff.; Göbel (2014), S. 157 ff.; Kirsch (1998), S. 8 f; Heinen (1985), S. 45; von Nitzsch (2014), S. 123.
253 Vgl. exemplarisch von Nitzsch (2014), S. 20-36; Eisenführ et al. (2010), S. 395-411; Göbel (2014), S. 167 ff.; Haug (1998), S. 129-137; Pechtl (2003).
254 Vgl. hierzu z. B. Bamberg et al. (2012), S. 8-11; Manz et al. (1993), S. 59-70; Rehkugler/Schindel (1990), S. 201-247; Sieben/Schildbach (1990), S. 177-194.
255 Vgl. Laux et al. (2012), S. 145 ff.; Sorger (2000), S. 117 ff.; Battenfeld (2005), S. 271 ff.; Fox/See (2003), S. 286 ff.; Idson et al. (2001), S. 232 f.; Tversky/Koehler (1994); Eisenführ et al. (2010), S. 414 ff.

mit Sachverhalte weniger detailliert berücksichtigt werden können. Die Ergebnisse liegen kaum mehr in Form von Trade-Offs und Je-Desto-Aussagen vor.[256] Zum Teil müssen, um in der erweiterten Variante belastbare Aussagen zu erhalten, neue Annahmen eingeführt werden, durch die die neue Version sogar weniger wirklichkeitsnah werden kann als das Grundmodell. Ebenso kann das zentrale Ausgangsproblem durch all die Veränderungen verloren gehen.[257]

Der Betriebswirtschaftslehre als entscheidungsorientierter Wissenschaft[258] kommt eine Erklärungs- wie auch Gestaltungsfunktion zu. Während die präskriptive Richtung v. a. letztere Aufgabe wahrnimmt, steht bei der deskriptiven Vorgehensweise der Erklärungsanspruch im Vordergrund. Dabei ist die präskriptive Theorie nur auf gut-strukturierte Probleme[259] anwendbar, die deskriptive Entscheidungstheorie hat hingegen ihren Schwerpunkt im Bereich der unzureichend definierten Situationen.[260] Bei der Mehrzahl der betriebswirtschaftlichen Problemstellungen handelt es sich um schlecht-strukturierte Konstellationen, bei denen mindestens eine der Voraussetzungen gemäß vorvorheriger Fußnote nicht erfüllt ist, d. h. ein großes Gebiet ist durch die entscheidungslogischen Modelle nicht adäquat erfassbar.[261] Allerdings bedeutet das nicht, dass die jüngere deskriptive Richtung mit ihrem größeren Geltungsbereich eine Fortentwicklung der präskriptiven Lehre darstellt. Eine derartige Sichtweise lässt die unterschiedlichen Ansprüche der beiden Ansätze außer Acht. Außerdem ist die deskriptive Lehre mit ihrer in einem frühen Stadium befindlichen Theoriebildung noch nicht in der Lage, bereits Modelle mit echten Lösungen für schlecht-strukturierte Konstellationen anzubieten.[262]

3.3 Präskriptive und deskriptive Aufgaben einer betriebswirtschaftlichen Entscheidungstheorie

Die Relevanz der beiden Richtungen für die betriebswirtschaftliche Entscheidungslehre lässt sich am besten ermitteln, wenn vom Ziel der Betriebswirtschaftslehre ausgegangen wird. Die-

256 Vgl. Fleßa (2010), S. 39; Battenfeld (2005), S. 313.
257 Vgl. Battenfeld (2005), S. 312 f.
258 Vgl. Göbel (2014), S. 15 ff.; Bamberg et al. (2012), S. 11 f.; Kesting (2003), S. 5; Obermaier/Saliger (2013), S. 1; Sieben/Schildbach (1990), S. V; Rehkugler/Schindel (1990), S. 197.
259 Diese zeichnen sich v. a. durch eine wohl-definierte Problemstellung, sprich operationale Entscheidungskriterien, eine begrenzte Anzahl von Alternativen mit hinreichend bekannten Konsequenzen, Regeln zur Bildung einer eindeutigen Rangordnung sowie das Vorhandensein geeigneter Lösungsverfahren aus, vgl. Göbel (2014), S. 34; Adam (1996), S. 9 f.; Rehkugler/Schindel (1990), S. 198.
260 Vgl. Fleßa (2010), S. 38 f.; Rehkugler/Schindel (1990), S. 199.
261 Vgl. Göbel (2014), S. 155; Rehkugler/Schindel (1990), S. 199.
262 Vgl. Rehkugler/Schindel (1990), S. 312 f.

se ist eine angewandte Wissenschaft mit der Aufgabe, in betriebswirtschaftlichen Organisationen tätige Personen bei ihren Entscheidungen[263] sowie den Gesetzgeber bei der Erstellung unternehmensbezogener Regelungen beratend zu unterstützen. Dabei werden jedoch keine Empfehlungen über die zu verfolgenden Ziele selbst erteilt, sondern es wird aufgezeigt, wie das Verhalten der Individuen sein sollte, um die eigenen Ziele bestmöglich zu erreichen.[264]

Somit reicht es nicht aus, nur Erscheinungen der Realität und damit tatsächlich ablaufende Vorgänge erklären zu können. Daneben sollen auch die Prozesse beschrieben werden, die unter den vorliegenden Rahmenbedingungen ablaufen könnten. Neben dem Erkenntnisziel über die Realität verfolgen die BWL und damit die betriebswirtschaftliche Entscheidungstheorie die zweite pragmatische Intention, durch Verhaltensempfehlungen betriebliche Handlungen mit Blick auf die jeweils angestrebte Zielerreichung zu verbessern.[265]

Daraus ergibt sich die Notwendigkeit beider Bestandteile. Die deskriptive Richtung ist allein deshalb nicht ausreichend, da sie keine befriedigenden Handlungsvorgaben erteilen kann. Der Gestaltungsaufgabe der präskriptiven Theorie ist wiederum die Erklärungsaufgabe vorgelagert, da ohne deskriptive Modelle die nötigen erfahrungswissenschaftlichen Aussagen über verfolgte Ziele, mögliche Handlungen und Konsequenzen der einzelnen Aktionen fehlen würden.[266] Die betriebswirtschaftliche bzw. die Entscheidungslehre generell muss folglich aus einer Synthese von präskriptiver und deskriptiver Forschung bestehen und nicht aus einem Gegeneinander der beiden Ansätze oder dem Ausschluss einer Richtung.[267]

Das Zusammenspiel der beiden Richtungen besteht darin, dass die deskriptive Theorie mit ihren Erkenntnissen zunächst absteckt, wo freies Handeln überhaupt möglich ist. Nur dort macht der präskriptive Ansatz mit seinen Empfehlungen Sinn.[268] Weiter lässt sich aus der Empirie ableiten, welche Alternativen in einer Entscheidungssituation realisierbar und im Modell somit überhaupt zulässig sind.[269] Darüber hinaus helfen die deskriptiven Erkenntnisse der normativen Lehre bei der Zuordnung von Handlungskonsequenzen, wenn frei wählbare Aktionen durch Gesetze geregelte menschliche Verhaltensweisen induzieren. Stärker als bis-

263 Vgl. Göbel (2014), S. 15 u. 20; Heinen (1985), S. 5 f.; Fischer (2004), S. 1; Bamberg et al. (2012), S. 11; Rehkugler/Schindel (1990), S. 314 f.

264 Vgl. Bamberg et al. (2012), S. 11; Göbel (2014), S. 25; Rehkugler/Schindel (1990), S. 314 f.

265 Vgl. Göbel (2014), S. 20 ff.; Kahle (2001), S. 24; Gebhardt (2006), S. 132; Bull/Mehde (2009), S. 194; Bamberg et al. (2012), S. 11 f.; Rehkugler/Schindel (1990), S. 314.

266 Vgl. Bamberg et al. (2012), S. 11 f.; Rehkugler/Schindel (1990), S. 314; Kahle (2001), S. 24 f.

267 Vgl. Göbel (2014), S. 24 f. u. 197 f.; Rehkugler/Schindel (1990), S. 309; Bamberg et al. (2012), S. 12.

268 Vgl. Sieben/Schildbach (1990), S. 201.

269 Vgl. Laux et al. (2012), S. 16.

her muss die präskriptive Theorie die Grenzen berücksichtigen, die nach empirischem Wissen menschlichem Entscheidungsverhalten gesetzt sind und versuchen den verbleibenden Raum durch ihre Ratschläge auszufüllen.[270]

Der Beitrag der präskriptiven Wissenschaft ist zum einen in der entscheidungslogischen Fundierung betrieblicher Entscheidungsprozesse[271] sowie der Bereitstellung von Verarbeitungshilfen für die aus der Realität stammenden Informationen zu sehen. Zusätzlich entwickelt die vorschreibende Richtung die theoretische Basis, aus der Problemstellungen für die deskriptive Forschung abgeleitet werden können.[272] Nicht zuletzt ermöglichen erst die abstrahierenden und an der Rationalität ausgelegten Modelle einen systematischen Fortschritt im Entscheidungsverhalten der Menschen. Die ausschließliche Verwendung deskriptiver Theorie führt in letzter Konsequenz zu einer Anpassung an das Vorhandene. Menschliches Handeln wäre nur noch rational, da es von Menschen betrieben wird, nicht aber, weil ein bestimmtes Anspruchsniveau eingehalten wird.[273]

Praktische Rationalität weist somit empirische und normative Züge auf. Letztlich müssen deutliche Verletzungen präskriptiver Vorgaben in der Realität ernst genommen werden. Ebenso aber dürfen Rationalitätsintuitionen nicht fallen gelassen und an die deskriptive Theoriebildung abgegeben werden.[274]

3.4 Fazit zur Entscheidungstheorie

Mit dem Grundmodell der präskriptiven Entscheidungstheorie wurde eine Vorgehensweise vorgestellt, die einen rationalen Prozess sowie das bestmögliche Ergebnis garantiert, sofern sich ein Problem in dessen Systematik umwandeln lässt.[275] Der Ansatz ist nicht auf ökonomische Entscheidungssituationen begrenzt, sondern universell, z. B. ebenso bei sozialen, medizinischen oder politischen Problemstellungen einsetzbar. Sofern nicht zu viele Faktoren in das Grundmodell aufgenommen werden, ist jenes gut beherrschbar. Weiter bringt es klare quanti-

[270] Vgl. Sieben/Schildbach (1990), S. 201.
[271] Vgl. Bamberg et al. (2012), S. 12.
[272] Vgl. Laux et al. (2012), S. 16 f.
[273] Vgl. Kahle (2001), S. 25; Rehkugler/Schindel (1990), S. 311; Fleßa (2010), S. 32.
[274] Vgl. Schmidt (1995), S. 21 f.; Fischer (2004), S. 109.
[275] Vgl. Bamberg et al. (2012), S. 3 f.; Laux et al. (2012), S. 4 u. 19; Kahle (2001), S. 10.

tative Ergebnisse hervor, sobald eine Thematik in dessen Sprache übersetzt werden kann, was bei unerwartet vielen Sachverhalten der Fall ist.[276]

Wie aber bereits im Laufe der Ausführungen zum normativen Konzept, spätestens jedoch bei den an der Empirie ausgerichteten deskriptiven Überlegungen deutlich geworden sein dürfte, existieren zahlreiche Hemmnisse, die eine erfolgreiche Verwendung dieses Konstrukts stark erschweren. Diverse Probleme, die insbesondere mit der Ungewissheit der Zukunft, Begrenzungen beim Zugang zu Informationen, der (quantitativen) Erfassbarkeit von Tatbeständen sowie den kognitiven Begrenzungen von Menschen zusammenhängen, wurden aufgeführt.[277] Somit bietet das Grundmodell der präskriptiven Entscheidungstheorie zwar prinzipiell die Möglichkeit, eine Konstellation rational zu lösen, allerdings lassen sich die dazu notwendigen Voraussetzungen in den meisten Situationen nicht durchgängig schaffen.[278] Entsprechend ist eine optimale Lösung trotz Heranziehung dieses Ansatzes, der keinesfalls ein einfaches Patentrezept hierzu darstellt, nur schwer zu erreichen.

Grundsätzlich macht die mangelhafte Beherrschbarkeit realer Sachverhalte, die für eine hinreichende Durchdringung zu komplex sind, die Entscheidungstheorie überhaupt erst notwendig. Diese greift auf Modelle als vereinfachte Abbilder der realen Situationen zurück, um zumindest zu einer vernünftigen Lösung zu gelangen, die andernfalls kaum zu realisieren wäre.[279] Folglich stellt, wie die vorangegangenen Ausführungen zur Entscheidungstheorie auch verdeutlichen sollten, die Eindämmung menschlicher Unzulänglichkeiten bei unternehmerischen Festlegungen keinesfalls eine triviale Aufgabe dar.

Insbesondere eine unvollkommene Informationslage und die damit verbundene Unsicherheit verkomplizieren den Entscheidungsprozess für die Akteure.[280] Von den Konzepten zur ange-

---

276 Vgl. Eisenführ et al. (2010), S. 3; Riesenhuber (2006), S. 8.

277 Vgl. Eisenführ et al. (2010), S. 2; Zimmermann et al. (2006), S. 13 f.; Paul (2007), S. 458; Rau (2004), S. 2; Fischer (2004), S. 1; Pauli (2009), S. 47; Hirth (2012), S. 4.

278 Vgl. Rommelfanger/Eickemeier (2002), S. 8; Riesenhuber (2006), S. 34 f.; von Nitzsch (2014), S. 20.

279 Vgl. Peters et al. (2005), S. 25 f.; Obermaier/Saliger (2013), S. 2; Tropp (2004), S. 57; Scholl (2001), S. 15 f.; Rau (2004), S. 2; Pauli (2009), S. 48; von der Schulenburg (2005), S. 185; Götze (2014), S. 35.

280 Vgl. Ashton (1982), S. 104; von Nitzsch (2014), S. 20; Eisenführ et al. (2010), S. 2. Diese zieht sich durch den kompletten Entscheidungsprozess und betrifft zahllose Aspekte. Zur ansatzweisen Verdeutlichung, an welchen Stellen überall Zweifel auftreten können, seien nachstehend nur ein paar prägnante Beispiele genannt. Ungewissheit besteht u. a. über sich eröffnende Handlungsalternativen, mögliche Umweltzustände, eintretende Handlungskonsequenzen, eigene Ziele, die korrekte Erfassung und Operationalisierung aller Sachverhalte, die richtige Gewichtung bei eigenen konkurrierenden Zielen, die zutreffende Quantifizierung qualitativer Daten oder generelle künftige Entwicklungen. Oft eröffnet erst das Treffen einer Entscheidung einer Person die Möglichkeit so manche relevante Information für die zuvor getroffene Festlegung zu erhalten, die bei entsprechend nebulöser Faktenlage gefällt werden musste; vgl. u. a. Scholl (2001), S. 43; Rau

messenen Handhabung dieser an diversen Stellen auftretenden Unwägbarkeiten, stellt das der Wahrscheinlichkeiten die am weitesten verbreitete und ausgearbeitete Methode dar.[281] Während, wie unter den Kapiteln 5.1 und 5.2 noch näher ausgeführt wird, mit objektiven mathematischen und statistischen Wahrscheinlichkeiten zuverlässig gearbeitet werden kann, ist dies bei der meist vorkommenden Konstellation der subjektiven Wahrscheinlichkeiten nicht so ohne weiteres möglich.[282] Daher ist auch für das Forschungsgebiet der Entscheidungstheorie ein realistisches Bild, z. B. wo bedenkenlos mit diesem Instrument gearbeitet werden kann, in welchen Bereichen Probleme zu erwarten sind und welche wirksamen Maßnahmen zu deren Bekämpfung existieren, wie sie das spätere Experiment liefern soll, sehr wertvoll.

Die vorstehend aufgeführten Einschränkungen bedeuten keinesfalls, dass die theoretischen Erkenntnisse der Entscheidungstheorie nicht zur Lösung praktischer Probleme herangezogen werden können. Alleine als Ordnungsrahmen, der zugleich eine eindeutige gängige Terminologie liefert, ist das Grundmodell der normativen Richtung äußerst nützlich.[283] Desweiteren betreffen die Unzulänglichkeiten häufig nur Teilbereiche, weshalb in anderen Gebieten vollwertig mit dem Konstrukt gearbeitet werden kann. In Feldern mit Lücken kann jenes immerhin noch unterstützend eingesetzt werden.[284] Auch die Ergebnisse der deskriptiven Richtung können hilfreich sein, da sie u. a. aufzeigen, was bei Entscheidungen realistisch möglich ist, welche Gefahren drohen oder wo Problemgebiete liegen.[285] Folglich kann mit dem Wissen der Entscheidungstheorie ein mehr oder minder großer Teil eines Problems professionell bearbeitet werden, so dass nur der Rest auf andere Weise, etwa mittels Intuition oder Erfahrung, zu lösen ist.[286]

Schließlich stellt das Grundmodell der präskriptiven Lehre nicht nur einen relativ einfachen, sondern dadurch ebenso einen sehr flexiblen Handlungsrahmen dar, bei dem situationsspezifisch wichtige zielführende Anpassungen möglich sind. So existieren u. a. Modifikationen für unvollständige[287] oder unpräzise[288] Ergebnisräume, Informationslücken,[289] Intervall- anstelle

(2004), S. 66 f.; Eisenführ et al. (2010), S. 2 u. 23 f.; Witte (2007), S. 146; Gäfgen (1968), S. 107; von der Schulenburg (2005), S. 188 f.; Hagenloch (2009), S. 7; Bamberg et al. (2012), S. 19 ff.

281 Vgl. u. a. Bosch (2012), S. 13 ff.; Weichselberger (2001), S. 1; Glöckner et al. (2010), S. 439; Mosler/Schmid (2011), S. 1; Storm (2007), S. 15; Dürr/Mayer (2017), S. 13 f.; Tversky/Kahneman (1972), S. 430.

282 Vgl. beispielhaft Tversky/Kahneman (1983), S. 293; van der Pligt et al. (1987), S. 269 ff.; Bar-Hillel/Neter (1993), S. 1119 ff.; Johnson et al. (1993), S. 48; Borgida/Brekke (1981), S. 64 f.

283 Vgl. Korndörfer (2003), S. 438; Schierenbeck (2003), S. 101; Hutzschenreuter (2009), S. 59.

284 Vgl. sinngemäß z. B. Hölscher (2010), S. 12; Bieg et al. (2016), S. 31; Pape (2015), S. 313.

285 Vgl. Laux et al. (2012), S. 17.

286 Vgl. Sieben/Schildbach (1990), S. 201.

287 Vgl. Ben-Horim (1990), S. 106 ff.

von Punktwerten,[290] unscharfe statt scharfe Mengen[291] sowie subjektive Wahrscheinlichkeiten, die nicht axiomsgetreu gebildet werden.[292]

Anzahl der Zielsetzungen	Modelle mit einer Zielsetzung	
	Modelle mit mehreren Zielsetzungen	
Informationsstand des Entscheiders über den wahren Umweltzustand	Sicherheitssituation	
	Unsicherheitssituation	Risikosituation
		Ungewissheitssituation
Nicht beeinflussbarer Teil des Entscheidungsfeldes	Umwelt	
	Rational handelnde Gegenspieler	
Anzahl der Entscheidungsträger	Individuum	
	Entscheidungsgremium	
Zeitliche Interdependenz der zu Treffenden Entscheidungen	Einstufige Entscheidungsmodelle	
	Mehrstufige Entscheidungsmodelle	
Eindeutigkeit der Mengenabgrenzung	Unscharfe Mengen (Fuzzy Sets)[293]	
	Scharfe Mengen	

Abbildung 6: Teilaspekte des Gebiets der präskriptiven Entscheidungstheorie (eigene Grafik in Anlehnung an die Einteilungen von Bamberg et al. (2012), S. 38 ff. und Obermaier/Saliger (2013), S. 17 ff.)

Nicht ohne Grund bildet das präskriptive Modell daher auch die Basis für zentrale theoretische Ansätze in spezielleren Themengebieten, wie bei der betrieblichen Investitionsentschei-

[288] Vgl. Du/Budescu (2005), S. 1800 ff.

[289] Vgl. Manski (1999), S. 55 ff.; Bamberg et al. (2012), S. 19 ff.; Weber (1999), S. 71; Scholl (2001), S. 43; Rau (2004), S. 66 f.; Witte (2007), S. 146; Obermaier/Saliger (2013), S. 188; Gäfgen (1968), S. 107; Hagenloch (2009), S. 7; und speziell für Investitionen Tsekrekos (2001), S. 128 ff.; Nair (1995), S. 283 ff.; Prastacos (1983), S. 119 ff.

[290] Vgl. z. B. Weichselberger (2001), S. 4; Suppes (1974).

[291] Vgl. u. a. Rommelfanger/Eickemeier (2002), S. 35 ff.; Ott (2001), S. 10 f.

[292] Vgl. Kahneman/Tversky (1979), S. 275 ff.; Tversky/Koehler (1994), S. 548 ff.

[293] Vgl. z. B. Rommelfanger/Eickemeier (2002), S. 14 f.; Schaumann (2008), S. 5 ff.; Lutz/Wendt (2007), S. 901; Ott (2001), S. 3 sowie die Ausführungen unter Abschnitt 5.2.3.

dung, die im nachfolgenden Kapitel 4 behandelt wird. Zudem sollte es gemäß den erfolgten Ausführungen generell die Norm darstellen, an der sich die Bemühungen des Controllers ausrichten, wenn er sich in den Entscheidungs- und Planungsprozess eines Unternehmens einbringt. Da das Grundmodell der normativen Entscheidungstheorie entsprechend den zentralen Bezugsrahmen für diese Arbeit bildet, sind in der obigen Abbildung 6 besonders wichtige Charakteristika von Entscheidungssituationen nochmals auf einen Blick zusammengefasst. Weitere Punkte, die in dieser Grafik nicht enthalten sind, da sie von der Grundausrichtung des normativen Modells deutlicher abweichen, wie heuristische Herangehensweisen, aktive Beeinflussung von Parametern der Entscheidungssituation oder alternative subjektive Überzeugungsmaße werden im Kapitel 5 unter dem spezielleren Kontext der Wahrscheinlichkeiten diskutiert.

4 DIE BETRIEBLICHE INVESTITIONSENTSCHEIDUNG

4.1 Grundlagen von Investitionen

4.1.1 Alternative Investitionsbegriffe

Aufgrund der hohen Bedeutung der Zahlungsströme im finanzwirtschaftlichen Bereich wird meist ein zahlungsorientierter Investitionsbegriff verwendet. Dieser Sichtweise wird sich im weiteren Verlauf der Arbeit angeschlossen, da vor allem die finanzielle Vorteilhaftigkeit eines Projektes bei einer Investitionsentscheidung ausschlaggebend ist.[294] Insbesondere bilden die Zahlungen die relevanten Größen für die beiden monetären Ziele Gewinn und Liquidität sowie die darauf ausgerichtete Investitionsrechnung. Ferner ist eine mit der Finanzierung korrespondierende Abgrenzung der Investition gegeben.[295]

Bei der zahlungsorientierten Sichtweise steht die Zahlungsfolge im Mittelpunkt. Eine Investition ist demnach eine Reihe zusammenhängender Ein- und Auszahlungen, die zu unterschiedlichen Zeitpunkten anfallen, so dass die Betrachtung auf die ausgelösten Veränderungen des Zahlungsmittelbestandes reduziert wird. Ein- und Auszahlungen einer Periode können gegeneinander saldiert werden, die Differenzen werden als Einzahlungsüberschüsse oder Rückflüsse bezeichnet.[296] Ziel einer Investition ist die Erzielung eines möglichst hohen Einzahlungsüberschusses.[297] Im Normalfall ist eine Investition zu Beginn mit Auszahlungen verbunden, während später die Einzahlungen überwiegen.[298] Die Finanzierung ist hingegen genau umgekehrt aufgebaut, mit Einzahlungen am Anfang und Auszahlungen in den späteren Perioden.[299]

294 Vgl. Pape (2015), S. 309; Kruschwitz (2014), S. 4.

295 Vgl. Kruschwitz (2014), S. 4; Mensch (2002), S. 4; Matschke et al. (2002), S. 1 ff.

296 Vgl. Pape (2015), S. 308; Schulte (2007), S. 6; Hölscher (2010), S. 8; Mensch (2002), S. 3; Hax (1985), S. 9; Ballensiefen/Küpper (2001), S. 148.

297 Vgl. Schulte (2007), S. 7.

298 Vgl. Kruschwitz (2014), S. 4; Hax (1985), S. 9; Daum et al. (2016), S. 42; Pape (2015), S. 308; Mensch (2002), S. 3; Hölscher (2010), S. 8. Ausnahmen sind z. B. im Falle des Leasings gegeben, bei dem keine Anschaffungsausgabe anfällt, vgl. Bleis (2012), S. 4 oder wenn das Investitionsobjekt erst nach einer gewissen Probezeit zu bezahlen ist, innerhalb derer bereits erste Rückflüsse generiert werden können, vgl. Hirth (2012), S. 6.

299 Vgl. Daum et al. (2016), S. 42; Kruschwitz (2014), S. 4; Hirth (2012), S. 6 f.; Hax (1985), S. 9; Mensch (2002), S. 3. Auch hier sind wieder Ausnahmen möglich, wie ein Disagio oder eine Bearbeitungsgebühr, die bei einem Kredit vorab fällig werden, vgl. Bleis (2012), S. 4; Hirth (2012), S. 6 f.

Alternativ kann ein vermögensorientierter Investitionsbegriff zugrunde gelegt werden, der im Vergleich zur moderneren zahlungsorientierten Sichtweise das klassische Verständnis von Investitionsprojekten zum Ausdruck bringt, bei dem das gebundene Kapital bzw. die Umwandlung von Kapital in Vermögen im Mittelpunkt steht. Da hierdurch zusätzlich die Kapitalverwendung in das Blickfeld gerät, werden wie auch Abbildung 7 verdeutlicht neben finanzwirtschaftlichen zusätzlich leistungswirtschaftliche Aspekte berücksichtigt.[300]

Im Rahmen des kombinationsorientierten Investitionsbegriffs wird der Fokus auf den Umgang mit den bereitgestellten Gütern gelegt.[301] Folglich fällt der eigentliche Beschaffungsvorgang, etwa in Form eines Anlagenkaufes, nicht unter diesen Investitionsbegriff.[302] Die Investition ist demnach ein Vorgang, bei dem die beschafften materiellen Investitionsgüter entweder zu einer neuen Produktionsausrüstung kombiniert oder in einen vorhandenen Anlagenbestand eingegliedert werden.[303]

Eher selten wird der dispositionsbestimmte Begriff verwendet, der eine Investition als langfristige Festlegung finanzieller Mittel in Form von Anlagevermögen eingrenzt. Die damit einhergehende Kapitalbindung verringert die Dispositionsfreiheit des Unternehmens, da das Geld für andere Zwecke nicht mehr verfügbar ist.[304]

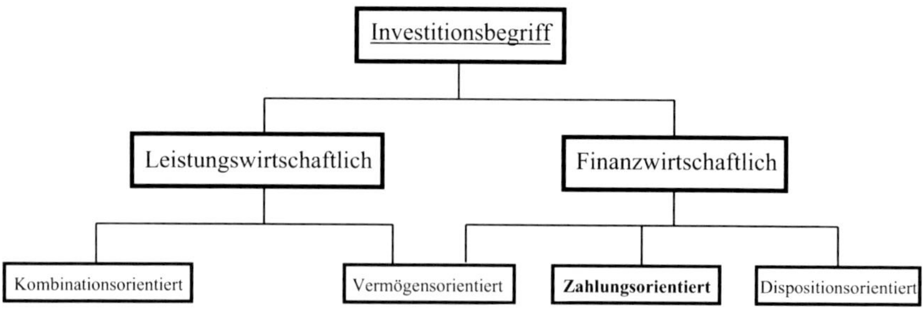

Abbildung 7: Aspekte des Investitionsbegriffes (eigene Darstellung in Anlehnung an Hölscher (2010), S. 7)

300 Vgl. Weber et al. (2006), S. 13; Hölscher (2010), S. 8; Pape (2015), S. 303 ff.; Schulte (2007), S. 7.
301 Vgl. Hölscher (2010), S. 8.
302 Vgl. Weber et al. (2006), S. 13.
303 Vgl. Götze (2014), S. 5; Schulte (2007), S. 8; Weber et al. (2006), S. 13; Hölscher (2010), S. 8.
304 Vgl. Weber et al. (2006), S. 14; Götze (2014), S. 5; ter Horst (2009), S. 8; Schulte (2007), S. 8.

4.1.2 Arten von Investitionen

Während bei den Investitionsbegriffen der Blickwinkel und damit abweichende Schwerpunkte ausschlaggebend sind, dient die Unterscheidung in die einzelnen Investitionsarten vor allem dazu, passende Methoden mit ihren jeweils relevanten Größen für die individuellen Konstellationen bereitzustellen. Letztere weisen oft abweichende Strukturmerkmale auf, weshalb je nach Situation unterschiedliche Verfahren am besten geeignet sind. Auch für die Abläufe zur Genehmigung von Investitionen in der Praxis ist diese Differenzierung bedeutsam.[305]

Die gängigste Unterteilung richtet sich nach dem *Investitionsobjekt.* Hierbei werden *Sach- oder Real-, immaterielle* sowie *Finanzinvestitionen* unterschieden.[306] Unter Sachinvestitionen fällt u. a. der Erwerb von Grundstücken, Gebäuden, Maschinen und Fahrzeugen, weshalb derartige Anschaffungen teilweise die Grundlage für die weitere Tätigkeit von Firmen bilden.[307]

Zu den immateriellen Investitionen zählen Ausgaben für Patente, Konzessionen, Lizenzen, Software sowie für den Aufbau von Potentialen etwa bei Forschung und Entwicklung, Ausbildung oder Werbung. Die Bedeutung immaterieller Investitionen hat in der Vergangenheit branchenübergreifend erheblich zugenommen, nicht selten sind deren Auswirkungen auf die langfristige Existenz und Erfolgssicherung einer Unternehmung mit denen grundlegender Sachinvestitionen vergleichbar. Daher gelten für den Entscheidungsprozess prinzipiell die gleichen Anforderungen wie im Realgüterbereich. Die Frage der bilanziellen Aktivierungsfähigkeit ist bei immateriellen Investitionen stets relevant, sollte aber keinesfalls die Investitionsentscheidung im Vorhinein determinieren.[308]

Bei den Finanzinvestitionen erfolgt eine Anlage von Geld in geldwerte Ansprüche. Hier wird zum einen zwischen Gläubiger- sowie Beteiligungsrechten und damit dem Auftreten als Eigen- oder Fremdkapitalgeber unterschieden. Ein weiteres Kriterium stellt die Dauer der Anla-

305 Vgl. Grob (2006), S. 4; Adam (2000), S. 7.

306 Vgl. z. B. Wöhe et al. (2016), S. 468; Kruschwitz (2014), S. 15; Daum et al. (2016), S. 41; Zimmermann (2003), S. 12; Bleis (2012), S. 5; ter Horst (2009), S. 12; Betge (2000), S. 10; Weber et al. (2006), S. 14; Hirth (2012), S. 9.

307 Vgl. Pape (2015), S. 304 f.; Wöhe et al. (2016), S. 468; Schulte (2007), S. 27; Kruschwitz (2014), S. 15; Weber et al. (2006), S. 14; Betge (2000), S. 10. Dies gilt nicht nur für Industriebetriebe, auch Handels- und Dienstleistungsunternehmen tätigen Sachinvestitionen in oft erheblichem Umfang, vgl. Pape (2015), S. 305.

308 Vgl. Götze (2014), S. 8; Pape (2015), S. 305 f.; Daum et al. (2016), S. 41; Bleis (2012), S. 5; Zimmermann (2003), S. 12; Betge (2000), S. 10; Schulte (2007), S. 27; Griebel (2008), S. 2; Chen/Edgington (2005), S. 279 f.; Hendricks (1976), S. 292; Goeree/Hinloppen (2008), S. 357 f.; Elias (1972), S. 215 f.

ge dar, je nachdem ob kurzfristige spekulative oder langfristige anlageorientierte Merkmale im Zentrum stehen. Auch nach börslichen und außerbörslichen Anlagen wird differenziert.[309]

Während Finanzinvestitionen sich nur auf die finanzwirtschaftliche Ebene beziehen, beeinflussen Sach- und immaterielle Investitionen auch die leistungswirtschaftliche Seite eines Unternehmens, da durch sie zusätzlich Potentiale geschaffen werden. Ein weiterer wichtiger Unterschied besteht in der Prognostizierbarkeit der Zahlungsfolge. Bei bestimmten Finanzinvestitionen ist diese relativ gut vorherzusagen, während die Rückflüsse aus den meisten Realinvestitionen bereits mit großen Unsicherheiten behaftet sind. Noch schwerer sind die finanziellen Konsequenzen immaterieller Investitionen abzuschätzen, z. B. sind die Zahlungsströme eines völlig neuen Forschungs- und Entwicklungsprojektes zu Beginn kaum absehbar.[310]

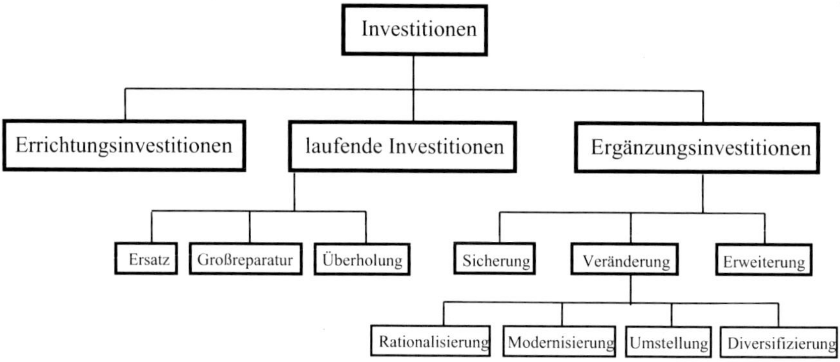

Abbildung 8: Abgrenzung von Investitionen nach Anlass (eigene Darstellung in Anlehnung an Schulte (2007), S. 28, ter Horst (2009), S. 12 und Hölscher (2010), S. 10)

Ein zweites Differenzierungsmerkmal bildet der *Anlass,* anhand dessen gemäß Abbildung 8 zwischen *Errichtungs-, laufenden* und *Ergänzungsinvestitionen* unterschieden wird. Für die Erstausstattung z. B. eines neu gegründeten Betriebs, einer weiteren Niederlassung oder zur Erschließung neuer Geschäftsbereiche, ergibt sich die Besonderheit, dass noch kein Betriebsmittelbestand existiert, der in die Berechnungen miteinzubeziehen ist.[311] Bei laufenden Investitionen soll mittels Großreparaturen, Generalüberholungen und Ersatzinvestitionen die Leis-

309 Vgl. Kruschwitz (2014), S. 15; Adam (2000), S. 5; Mensch (2002), S. 5; Bleis (2012), S. 5; ter Horst (2009), S. 12; Götze (2014), S. 8; Griebel (2008), S. 2; Hirth (2012), S. 9; Pape (2015), S. 306.

310 Vgl. Hölscher (2010), S. 9; Zimmermann (2003), S. 13.

311 Vgl. Schulte (2007), S. 28; Adam (2000), S. 9; Pape (2015), S. 307; Hölscher (2010), S. 9; ter Horst (2009), S. 12.

tungsfähigkeit des Unternehmens identisch erhalten werden. Da dessen Kapazität hierbei nicht verändert wird, reicht eine rein ausgabenorientierte Rechnung für die Entscheidung aus.[312] Diese genügt auch für einen Teil der Ergänzungsinvestitionen, wenn z. B. nach Rationalisierungen und Modernisierungen nach wie vor die gleichen Produkte hergestellt werden, nur auf günstigere Art und Weise. Bei Änderungen des Produktionsprogramms, wie im Fall der Umstellungs- und Diversifizierungsinvestitionen sind hingegen Ausgaben und Einnahmen betroffen, was entsprechend abzubilden ist.[313]

Als weiteres Kriterium wird die *Investitionshöhe* gesehen. In der einfachsten Ausprägung wird zwischen *Groß-* und *Kleininvestitionen* unterteilt, wobei die Wertgrenzen je nach Unternehmen oft unterschiedlich sind. Nachdem Großvorhaben deutlich höhere Chancen und Risiken mit sich bringen, werden diese in der Regel von zentralen Instanzen genehmigt und verfolgt, während kleinere Projekte meist dezentral gehandhabt werden.[314] Eine andere Einteilung richtet sich nach den *Investoren selbst,* dabei wird zwischen Investitionen von *Firmen,* der *öffentlichen Hand, privater Haushalte* oder *ganzer Volkswirtschaften* differenziert.[315] Ferner kann die *Häufigkeit* ein Merkmal bilden, je nachdem ob es sich um *einmalige* Investitionen oder ganze *Folgen*, die dann noch nach Art der Wiederholung differieren können, handelt.[316]

Somit sind in Abhängigkeit von den Investitionsarten variierende Verfahren anzuwenden, teils existieren sogar spezielle Ansätze für die einzelnen Kategorien, wie zur Optimierung von Ersatzinvestitionen.[317] In der Realität wird allerdings nur selten die Reinform einer Investitionsart gegeben sein.[318] Im späteren, unter Kapitel 7.2 beschriebenen Experiment bildet eine einmalige betriebliche Sach- und Großinvestition den Rahmen für die zu bildenden Wahrscheinlichkeitsurteile, wobei eine zahlungsorientierte Sichtweise eingenommen wird.

---

312 Vgl. Daum et al. (2016), S. 42; Wöhe et al. (2016), S. 472; Hirth (2012), S. 9; Kruschwitz (2014), S. 16; Adam (2000), S. 10; Hölscher (2010), S. 10; Schulte (2007), S. 28; Zimmermann (2003), S. 12; O-tal/Hjartarson (2010), S. 27; Bleis (2012), S. 5.

313 Vgl. Kruschwitz (2014), S. 16; Adam (2000), S. 10; Schulte (2007), S. 29.

314 Vgl. Weber et al. (2006), S. 14; Blohm et al. (2012), S. 11 f.

315 Vgl. Schulte (2007), S. 27; Bleis (2012), S. 5.

316 Vgl. Ballensiefen/Küpper (2001), S. 85 ff.; Bleis (2012), S. 5.

317 Vgl. Grob (2006), S. 4.

318 So wird z. B. bei einer, als Ersatzinvestition geplanten Maßnahme aufgrund des technischen Fortschritts meist automatisch eine Modernisierung und Rationalisierung eintreten. Ferner sind häufig zusätzliche Möglichkeiten gegeben, die eine Diversifizierung erlauben. Auch wird sich die Unternehmensleitung bei Ersatz einer größeren Anlage im Vorhinein darüber Gedanken machen, ob eine geänderte Ausrichtung und damit entsprechend angepasste Produktionsanlagen künftig sinnvoller sind, vgl. Pape (2015), S. 307; Hölscher (2010), S. 10; Hirth (2012), S. 9; Grob (2006), S. 3 f.; Schulte (2007), S. 29.

4.2 Eigenschaften und Bedeutung von Investitionen

Investitionen gehören für Unternehmen zum Alltagsgeschäft, da unabhängig vom Tätigkeitsfeld ständiger Investitionsbedarf gegeben ist. Veränderungen technischer, wirtschaftlicher oder gesellschaftlicher Art schaffen laufend neue Bedingungen, an die eine Anpassung erfolgen muss, um die eigene Existenz zu sichern und die gesetzten Ziele zu erreichen. Dabei kommt den Investitionen neben Entscheidungen über Beschaffungsquellen, Absatzwege, Organisation, Personalentwicklung oder Leistungsprogramm eine besondere Bedeutung zu, um z. B. auf Innovationen, verändertes Nachfrageverhalten oder Alterung der Produktionsmittel zu reagieren.[319]

Ohne von der zugrunde gelegten zahlungsorientierten Sichtweise abrücken zu wollen, ist nachstehend eine zweite sehr umfassende Beschreibung aufgeführt, die zahlreiche wichtige Eigenschaften einer Investition zum Ausdruck bringt:

„Eine Investition ist ein Projekt, mit dem Inhalt
der **langfristigen Bindung von Finanzmitteln (Kapital)**
durch Erwerb oder Schaffung von Nutzungspotentialen,
um aus deren langfristiger Nutzung
(mehr) Finanzmittel zu gewinnen oder sonstigen Nutzen zu erzielen (z. B. Ansehen)
bzw. einer rechtlichen oder moralischen Verpflichtung nachzukommen
(z.B. Sozialeinrichtungen oder Umweltschutzmaßnahmen).“[320]

Zentral ist der *Projekt*charakter, zumindest einer größeren und neuartigen Entscheidung, weshalb der Investitionsprozess zur Ermöglichung eines strukturierten Ablaufs in einzelne Phasen untergliedert wird. Dabei werden nicht nur die eigentliche Entscheidung sowie die Durchführung der Maßnahme beachtet, sondern ebenso vor- und nachgelagerte Stufen.[321] Den Ausgangspunkt für eine Systematisierung bildet die auch bei anderen Sachverhalten übliche Aufteilung in eine Planungs-, Realisations- und Kontrollphase,[322] an die sich alle gängigen Untergliederungen des Investitionsprozesses anlehnen. Fast immer wird die Planung weiter aufge-

---

[319] Vgl. ter Horst (2009), S. 1; Betge (2000), S. 5.
[320] Mensch (2002), S. 1.
[321] Vgl. u. a. Linder (2004), S. 47 f.; Zayer/Hirsch (2006), S. 649; Bleis (2012), S. 6 f.; Zimmermann (2003), S. 14 f.
[322] Vgl. Wöhe et al. (2016), S. 471; Götze (2014), S. 14 f.; Pape (2015), S. 310 ff.; Bieg et al. (2016), S. 29; Schulte (2007), S. 30 f.; Hölscher (2010), S. 11; Mensch (2008), S. 15 f.; Daum et al. (2016), S. 42.

splittet, weniger häufig Kontrolle und Realisation. Gängige Schemata variieren zwischen sechs[323] bis zwölf[324] Teilabschnitten. Gemäß Abbildung 9 werden hier acht Phasen gewählt, um die wichtigsten Komponenten eines Investitionsprozesses kompakt aufzuzeigen.

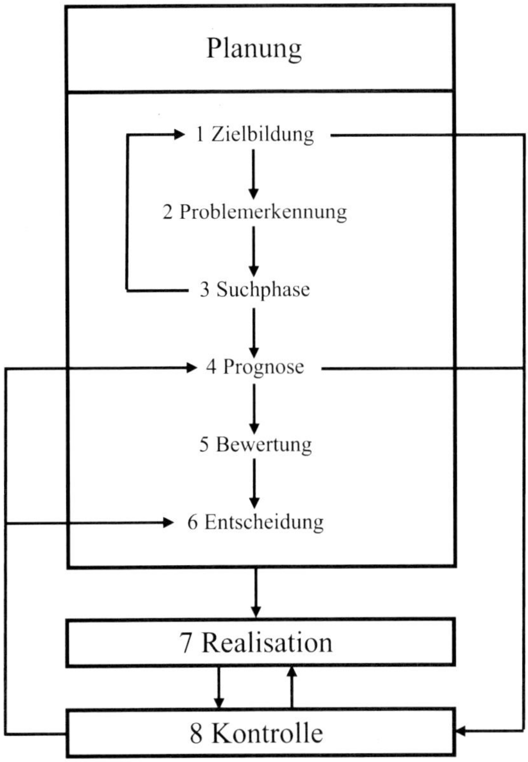

Abbildung 9: Phasen des Investitionsentscheidungsprozesses mit exemplarischen Sprüngen und Rückkoppelungen (eigene Darstellung in Anlehnung an Bieg et al. (2016), S. 30, Wöhe et al. (2016), S. 471, Schulte (2007), S. 31 u. Linder (2004), S. 48)

Normalerweise zeitlich deutlich vor den übrigen Schritten erfolgt die *Zielbildung*.[325] Aus den Zielen leitet sich die anschließende Formulierung der genauen Problemstellung in der *Investi-*

323 Vgl. u. a. Kruschwitz (2014), S. 7 f.; Zayer/Hirsch (2006), S. 649; Bieg et al. (2016), S. 29 f.; Bleis (2012), S. 6 f.; Hölscher (2010), S. 11; Schulte (2007), S. 30 f.

324 Vgl. Linder (2004), S. 47 f.

325 Vgl. Pape (2015), S. 312; Wöhe et al. (2016), S. 471; Mensch (2002), S. 12; Götze (2014), S. 19 f.

tionsanregungsphase, auch als *Problemerkennung* bezeichnet, ab.[326] Nach deren Lösung wird in der *Suchphase* geforscht, dabei stellen die verschiedenen Investitionsalternativen komplexe Handlungsbündel mit bestimmten Ausprägungen diverser Entscheidungsvariablen dar.[327] In der *Prognosephase* erfolgt die Ermittlung der Konsequenzen der ernsthaft in Frage kommenden Optionen. Aufbauend auf diesen Daten wird in der *Bewertungs-* oder *Beurteilungsphase* versucht, die Zielbeiträge der einzelnen Handlungsmöglichkeiten festzustellen.[328] Ebenso muss das mit diesen verbundene Risiko deutlich gemacht werden,[329] eine Abstimmung der Vorhaben mit der Gesamtplanung erfolgen sowie berücksichtigt werden, dass der durch die jeweilige Investition ausgelöste Kapitalbedarf gedeckt ist.[330] Alle durch die Bewertung gewonnenen Erkenntnisse werden in der *Entscheidungsphase* zu einem endgültigen Werturteil verdichtet.[331] Gewählt wird die Option mit dem besten Gesamturteil, wobei bei entsprechend positiven Bedingungen auch die Realisation mehrerer Projekte denkbar ist, selbst wenn ursprünglich nur eine Investition vorgesehen war.[332] Im folgenden Abschnitt der *Realisation* können durch Anpassungsmaßnahmen und die Investitionssteuerung noch zentrale Weichen für den Erfolg der Gesamtmaßnahme gestellt werden.[333] *Kontrollen* werden vor allem aus Gründen der Verhaltensbeeinflussung,[334] zur Identifizierung und Initiierung notwendiger Anpassungen[335] sowie zur Verbesserung künftiger Prognosen, Entscheidungen und Projekte durch Lernen durchgeführt.[336] Jene sollten nachlaufend wie mitlaufend erfolgen[337] und ma-

---

326 Vgl. ter Horst (2009), S. 20 f.; Mensch (2002), S. 12; Bieg et al. (2016), S. 31; Pape (2015), S. 313; Hölscher (2010), S. 12; Schulte (2007), S. 32 f.; Zimmermann (2003), S. 14; Weber et al. (2006), S. 17.

327 Vgl. Götze (2014), S. 20; Hölscher (2010), S. 12; Bieg et al. (2016), S. 29 ff.; Wöhe et al. (2016), S. 472; Mensch (2002), S. 13; Weber et al. (2006), S. 17; Bleis (2012), S. 6. Unbenommen davon bleibt, dass zur Vereinfachung in einer Vorauswahl offensichtlich ungeeignete oder nicht realisierbare Lösungen ausgeschlossen werden; vgl. ebenda, außer Weber et al. und Mensch.

328 Vgl. Pape (2015), S. 313; Wöhe et al. (2016), S. 472; Mensch (2002), S. 13; Bleis (2012), S. 6; Götze (2014), S. 22 ff.

329 Vgl. Hölscher (2010), S. 12; Bieg et al. (2016), S. 31; Pape (2015), S. 313; Zimmermann (2003), S. 14; Adam (2000), S. 11; Götze (2014), S. 24 f.; Mensch (2002), S. 13; Schulte (2007), S. 32.

330 Vgl. Blohm et al. (2012), S. 2; Pape (2015), S. 313; Götze (2014), S. 25; Bieg et al. (2016), S. 31; Zimmermann (2003), S. 14; Schulte (2007), S. 32 f.; Hölscher (2010), S. 12.

331 Vgl. Hölscher (2010), S. 12; Bieg et al. (2016), S. 31.

332 Vgl. Pape (2015), S. 314; Schulte (2007), S. 32; Götze (2014), S. 24 f.; Zimmermann (2003), S. 14; Mensch (2002), S. 13; Bleis (2012), S. 6.

333 Vgl. ter Horst (2009), S. 29 f.; Adam (2000), S. 12 f.; Zimmermann (2003), S. 14; Daum et al. (2016), S. 43; Betge (2000), S. 22; Bleis (2012), S. 7.

334 Vgl. Kramer/Keilus (2007), S. 276; Götze (2014), S. 27; ter Horst (2009), S. 31; Weber et al. (2002), S. 296 f.

335 Vgl. Götze (2014), S. 27; Pape (2015), S. 314; Wöhe et al. (2016), S. 473; Weber et al. (2002), S. 296 f.; Adam (2000), S. 14.

336 Vgl. Wöhe et al. (2016), S. 473; Weber et al. (2002), S. 296 f.; Götze (2014), S. 27; ter Horst (2009), S. 31; Pape (2015), S. 314.

337 Vgl. Bieg et al. (2016), S. 32; ter Horst (2009), S. 30 f.; Hölscher (2010), S. 12; Betge (2000), S. 23.

chen bereits ab dem ersten Prozessschritt Sinn, wenn etwa zugrunde gelegte Ziele oder Prognosen überprüft werden.[338]

Der geschilderte Investitionsverlauf muss in der Realität nicht in der dargestellten Abfolge von statten gehen, die sachlogischer Art ist. Es sind sowohl eine andere Reihenfolge, als auch Wiederholungen durch Vor- und Rücksprünge zwischen den einzelnen Phasen möglich.[339] Zentral für den kompletten Prozess ist, dass stets unvollkommene Information vorliegt, die Ableitung verlässlicher Daten zur Bestimmung der optimalen Entscheidung sehr schwierig ist und die Wahl geeigneter Verfahren sowie eine adäquate Abbildung der Unsicherheit ausschlaggebend für die Qualität der Entscheidung sind.[340] Weiter ist die Konstruktion und Auswertung von Modellen über den kompletten Prozess sehr wichtig.[341]

Sowohl in der Theorie wie in der Praxis sind die einzelnen Phasen unterschiedlich gut durchdrungen. Während der Teilprozess der Bewertung mehr als genug, vornehmlich quantitative Modelle bietet, ziehen andere Schritte deutlich weniger Interesse auf sich.[342] Insbesondere die geringe Beachtung der Kontrolle im Rahmen von Investitionsentscheidungen ist dabei schwer nachvollziehbar,[343] weitere Defizite sind bei der Generierung profitabler Investitionsanregungen sowie der Erzielung realistischer Prognosen festzustellen.[344] Abschließend sei noch angemerkt, dass die im späteren Experiment geforderte Bildung subjektiver Wahrscheinlichkeiten je nach Interpretation der mit den einzelnen Phasen verbundenen Schritte der Prognose oder der Bewertung zuzuordnen ist.

Als *zweites Charakteristikum* ist die *langfristige Ausrichtung* der Investitionen festzuhalten. Dies bedeutet nicht, dass im Misserfolgsfall kein Abbruch nach kurzer Zeit erfolgen kann. Die Absicht besteht jedoch in einer dauerhaften Bindung der eingesetzten, im Regelfall relativ

---

338 Vgl. Götze (2014), S. 28 f.; Kramer/Keilus (2007), S. 283.

339 Vgl. Mensch (2002), S. 14. So werden z. B. Ziele im Laufe des Planungsprozesses häufig angepasst oder erst konkretisiert, sprich es wird zur ersten Stufe zurückgegangen. Ferner erfolgt von der Kontrolle im Regelfall eine Rückkopplung zur Planung und die Problemstellung kann im Nachhinein auf mehrere Projekte erweitert werden, wenn die Prognosen entsprechend günstig ausfallen; vgl. ebenda.

340 Vgl. Weber et al. (2006), S. 17; Adam (2000), S. 11 f.

341 Vgl. Götze (2014), S. 25.

342 Vgl. Linder (2004), S. 48.

343 Vgl. Weber et al. (2002), S. 291 f. u. 296 f.; Kramer/Keilus (2007), S. 276.

344 Vgl. Linder (2004), S. 48.

hohen Beträge.[345] Gerade bei der im späteren Experiment zugrunde gelegten Sachinvestition ist zudem eine nachträgliche Rücknahme nur unter hohen finanziellen Einbußen möglich.[346]

Essentiell ist der Aufbau von *Nutzungs- oder Leistungspotentialen,* die mit der Investition geschaffen werden und die künftige Kosten- und Ertragslage sowie das Produktprogramm langfristig entscheidend prägen. Daher sind unterlassene, verspätete, fehlgeleitete oder fehlerhafte Investitionen besonders schädlich für die Wettbewerbsfähigkeit. Meist wird die Gefahr von Fehlinvestitionen betont, allerdings kann das Versäumen notwendiger Anpassungsmaßnahmen oder technischer Entwicklungen noch schlimmere Folgen haben, so dass ein Investitionsverzicht aus Angst vor falschen Festlegungen keinesfalls weiterhilft.[347] Hinter dem abstrakten Begriff der Nutzungspotentiale stecken Vermögensgegenstände wie Maschinen und Anlagen im Falle der Realinvestition, Fähigkeiten und Know-how von Mitarbeitern bei immateriellen sowie Beteiligungen bei Finanzinvestitionen.[348] Aufgrund der zentralen Bedeutung für die Wettbewerbfähigkeit eines Unternehmens behalten sich in der Regel Top-Manager das Treffen größerer Investitionsentscheidungen vor. Allerdings werden auch dadurch teils gravierende Fehlentscheidungen keinesfalls vermieden.[349]

Weiter ist kennzeichnend für Investitionen, dass sie sowohl mit *Ausgaben* wie mit *Einnahmen* verbunden sind, wobei die abgezinsten Rückflüsse die Abflüsse übersteigen sollten. Zeitlich fallen die Ausgaben in der Regel vor den Einnahmen an, werden aber aufgrund der positiven Erwartungen getätigt.[350] Die Einnahmen müssen der Unternehmung nicht immer in Form von Einzahlungen zufließen. Hierunter können auch bisherige Auszahlungen fallen, die künftig eingespart werden.[351] Die aus einer Investition resultierenden Einnahmen werden auch als Desinvestition bezeichnet, da die gebundenen Geldmittel so wieder freigesetzt werden und erneut verwendet werden können, z. B. für weitere Investitionen.[352]

Allerdings können ebenso andere Ziele ausschlaggebend sein, so dass nicht zwangsläufig ein Einnahmenüberschuss für eine gelungene Investition nötig ist. Hierunter fallen Motive wie

345 Vgl. Bieg et al. (2016), S. 32; Hirth (2012), S. 6; Wöhe et al. (2016), S. 466; Mensch (2002), S. 1; Betge (2000), S. 5; Götze (2014), S. 1.
346 Vgl. Weber et al. (2006), S. 9; Pape (2015), S. 311; Hölscher (2010), S. 8; Tsekrekos (2001), S. 127.
347 Vgl. ter Horst (2009), S. 1; Weber et al. (2006), S. 9; Nair (1995), S. 282; Pape (2015), S. 311; Bleis (2012), S. 4.
348 Vgl. Mensch (2002), S. 2; Hirth (2012), S. 9.
349 Vgl. Zayer/Hirsch (2006), S. 647; Weber et al. (2006), S. 9.
350 Vgl. Blohm et al. (2012), S. 1; Hax (1985), S. 9; Wöhe et al. (2016), S. 466.
351 Vgl. Bleis (2012), S. 2.
352 Vgl. Schulte (2007), S. 5; Bhaduri (2008), S. 412.

das Streben nach Macht und Prestige genauso wie soziales Verantwortungsgefühl.[353] Ferner kann dem Unternehmen aufgrund von Auflagen oder gesetzlichen Vorschriften keine andere Wahl bleiben als eine bestimmte Investition, z. B. zur Erfüllung von Emissions- oder Arbeitssicherheitsvorschriften, zu tätigen.[354] Obwohl von vornherein feststeht, dass die Maßnahme erfolgen muss, machen Investitionsrechnungen auch hier Sinn, wenn etwa eine Auflage durch mehrere Alternativen mit unterschiedlichem Kostenvolumen erfüllt werden kann.[355]

Zusätzlich zu diesen aus der obigen Definition abgeleiteten Charakteristika existieren weitere zentrale Eigenschaften von Investitionen. Jene besitzen einerseits noch einen *zukunftsorientierten* Charakter, da die möglichen Einnahmen und Ausgaben erst später anfallen. Dieses Attribut gilt nicht nur bei einer finanzwirtschaftlichen, sondern ebenso bei einer leistungswirtschaftlichen Sichtweise, weil sich auch die resultierenden Leistungspotentiale erst herausbilden müssen. Bei beiden Blickwinkeln ist somit erhebliche Unsicherheit über die Konsequenzen der Investition gegeben, die bei der Entscheidung miteinzubeziehen und zu handhaben ist.[356] Eine weitere Schwierigkeit besteht darin, dass zahlreiche qualitative Merkmale, wie Lärmbelästigung oder Imagewirkungen kaum zahlenmäßig erfasst werden können.[357]

Nicht nur aufgrund der Unsicherheit und schwierigen Quantifizierbarkeit vieler Sachverhalte ist schließlich eine hohe *Komplexität* in Verbindung mit Investitionsentscheidungen gegeben. Diese wird zudem durch die hohe Interdependenz mit anderen Unternehmensteilen wie dem Finanz-, Produktions-, Absatz- oder Beschaffungsbereich sowie die vielfältigen Auswirkungen einer Investition auf den Gesamtbetrieb aufgrund ihres weiten Geltungsbereichs und ihrer langfristigen Folgen bedingt.[358] Daher ist, wie bereits angesprochen, eine Vereinfachung durch den Einsatz von Modellen, die nur die wichtigsten Größen und Zusammenhänge aufgreifen, unabdingbar. Bei einer komplexen Materie wie der Investitionsentscheidung müssen

[353] Vgl. Hax (1985), S. 9; Betge (2000), S. 6; Fry (1975), S. 333.

[354] Vgl. Adam (2000), S. 7. Dann liegt eine Investition ohne Entscheidungsfreiheit vor, im Gegensatz zum gängigeren Fall mit Entscheidungsfreiheit, bei dem die Wahl zwischen Durchführung oder Unterlassung dem Belieben des Investors überlassen bleibt, vgl. ebenda.

[355] Vgl. Adam (2000), S. 7.

[356] Vgl. Hölscher (2010), S. 8; Zimmermann (2003), S. 13; Allen/Schuster (2004), S. 227; Hax (1985), S. 9; Adam (2000), S. 1 f.; Lagerkvist (2005), S. 1 ff.; Prastacos (1983), S. 118.

[357] Vgl. Bieg et al. (2016), S. 40 ff.; Kruschwitz (2014), S. 23; Hax (1985), S. 9; Blohm et al. (2012), S. 2.

[358] Vgl. Pape (2015), S. 311; Adam (2000), S. 1; Blohm et al. (2012), S. 2; Weber et al. (2006), S. 9; Götze (2014), S. 314 ff.; von Nitzsch (2014), S. 265; Allen/Schuster (2004), S. 225; Bleis (2012), S. 7; Mensch (2002), S. 33; Nair (1995), S. 282.

diese besonders stark von der Realität abstrahieren und können nur durch geschickte theoretische Annahmen überhaupt arbeiten, was bei der Bewertung der Ergebnisse zu bedenken ist.[359]

Unter Rückgriff auf die Sprache der Entscheidungstheorie liegt bei einer Investition eine schlecht-strukturierte Problemstellung mit offenem Entscheidungsfeld vor. Weder kann ein Teil der relevanten Kriterien angemessen quantitativ operationalisiert werden, noch sind alle Alternativen, z. B. Optionen, die sich durch technischen Fortschritt bald ergeben werden und umso weniger ihre Konsequenzen bekannt.[360] Von besonderer Bedeutung ist deshalb die Möglichkeit zusätzlicher Handlungen, die eine Anpassung der Investition ermöglichen.[361] Mithilfe der Realoptionsmethodik kann deren Wert in der Investitionskalkulation abgebildet werden.[362] Wie die vorherigen Ausführungen zum Prozessablauf bereits gezeigt haben, würde es daher zu kurz greifen, Investitionen und viele andere Entscheidungen nur als Wahlakt zwischen definitiv vorgegebenen Optionen, die zu sicher feststehenden Konsequenzen führen, aufzufassen.[363] Vielmehr ist während des gesamten Investitionsprozesses eine Steuerung und Beeinflussung zur bestmöglichen Zielerreichung vorzunehmen und nicht nur bei negativen Abweichungen einzugreifen, um die angestrebten Werte doch noch zu erreichen.[364]

4.3 Wichtige Faktoren und Probleme bei Investitionen in der betrieblichen Realität

Einen Kernpunkt bei betrieblichen Investitionen stellt das richtige Maß zwischen zentraler Steuerung und dezentralen Freiheitsgraden dar. Einerseits soll für die Entscheidungen das fundiertere Wissen in den Geschäftseinheiten genutzt werden, ebenso sollen langwierige Ge-

359 Vgl. von Nitzsch (2014), S. 265 ff.; Adam (2000), S. 6 u. 339 f. Für konkretes Beispiel solcher Modelle vgl. z. B. Lagerkvist (2005), S. 3 ff.; Tsekrekos (2001), S. 128 f.; Isik (2006), S. 21 f.

360 Vgl. Adam (1996), S. 9 f.; Rehkugler/Schindel (1990), S. 198; Adam (2000), S. 1 f.; Hax (1985), S. 9 f.

361 Vgl. Adam (2000), S. 338; Tsekrekos (2001), S. 127, Netessine et al. (2001), S. 5. Eine Option besteht in der Verschiebung der Entscheidung und dem Warten auf eine verbesserte Informationssituation für eine fundiertere Wahl; vgl. Braun (2009), S. 15 ff.; Spinler/Huchzermeier (2004), S. 67; Hirth (2012), S. 115; Stark (2000), S. 313 f.; Laux (1971), S. 93 f. Weitere denkbare Freiheitsgrade sind der Abbruch des Projekts, dessen vorübergehende Stilllegung, die Ausweitung oder Verringerung des Umfangs, dessen Betrieb auf variierende Art, die Anhebung auf ein höheres Leistungsniveau; vgl. Spinler/Huchzermeier (2004), S. 67 f.; Weber/Schäffer (2016), S. 362 f.; Li/Meissner (2011), S. 4945; Stark (2000), S. 314; oder die Umstellung der Fertigung auf andere, erfolgversprechendere Produkte; vgl. Weber/Schäffer (2016), S. 363.

362 Vgl. Spinler/Huchzermeier (2004), S. 66; Krychowski/Quelin (2010), S. 65; Tsekrekos (2001), S. 127; Pritsch/Weber (2004), S. 72; Huisman/Kort (2004), S. 705 ff.; Weber/Schäffer (2016), S. 360 f.

363 Vgl. hierzu Tsekrekos (2001), S. 127 sowie die noch folgende Diskussion zur aktiven Beeinflussung von Parametern der Entscheidungssituation im Teilabschnitt 5.2.4.4.

364 Vgl. Kramer/Keilus (2007), S. 288; Adam (2000), S. 12 f.; Weber et al. (2002), S. 297.

nehmigungsverfahren über mehrere Hierarchiestufen und unklare Zuständigkeiten vermieden werden. Andererseits drohen bei völliger Verlagerung der Befugnisse an die Basis Opportunismus und fehlende Objektivität, nicht zuletzt, weil einheitliche firmenweite Bewertungskriterien fehlen oder nur eingeschränkt passen.[365] Weiter bildet die beste Lösung aus Sicht des einzelnen Bereichs nicht unbedingt das Optimum für die Gesamtunternehmung.[366]

Wie dieses Spannungsfeld aufgelöst wird, hängt u. a. von den Zielen, geschäftlichen Aktivitäten oder der Organisationsstruktur des jeweiligen Betriebes ab. Ein einheitlicher Baustein besteht darin, Vorhaben ab einer gewissen Größe durch die Geschäftsleitung abzusegnen sowie eventuell zusätzlich durch eine zentrale Controllinginstanz und weitere Maßnahmen begleiten zu lassen.[367] Weiter wird versucht mittels klarer Regelwerke und Trainingsprogrammen für die investitionsverantwortlichen Mitarbeiter eine Standardisierung herzustellen, der aufgrund der Heterogenität der einzelnen Bereiche und Vorhaben aber Grenzen gesetzt sind.[368]

Spezifischere Lösungen können zum einen darin bestehen, Investitionsentscheidungen ab einer gewissen Größe sehr zentral zu halten, aufgrund hoher Transparenz und geeigneter Verfahren jedoch auch ohne das letzte Detailwissen gut entscheidbar zu machen.[369] Ein anderer Weg ist, die Vorgänge weitgehend dezentral zu belassen und durch Begleitung einer neutralen, betriebswirtschaftlich ausgebildeten Person, welche die Controllingfunktion ausübt, zusätzlich zur Genehmigungspflicht ab einer gewissen Summe, eine Harmonisierung der Investitionstätigkeit mit den Intentionen des Gesamtunternehmens zu erreichen.[370] Als dritte Strategie kann versucht werden, nur über Ziele, wie Unternehmenswertmaximierung, eine Lenkung der einzelnen Geschäftsfelder vorzunehmen.[371]

Modelle helfen in der Realität nicht nur bei der Vereinfachung der meist multikriteriellen, an mehreren Zielen ausgerichteten sequentiellen Entscheidungen unter zahlreichen internen und

365 Vgl. Demmer et al. (2004), S. 8; Beißel et al. (2004), S. 58 f.
366 Vgl. Bieg et al. (2016), S. 33.
367 Vgl. Rondé (2009), S. 36 f. u. 53; Beißel et al. (2004), S. 59; Demmer et al. (2004), S. 8.
368 Vgl. Weber/Veit (2004), S. 25 f.; Demmer et al. (2004), S. 8.
369 Vgl. Weber/Veit (2004), S. 30 f.
370 Vgl. Demmer et al. (2004), S. 9.
371 Vgl. Beißel et al. (2004), S. 59 ff. Bei dieser Variante sind jedoch ergänzend feste jährliche Absprachen über die anstehenden Investitionsvorhaben, das Setzen von Meilensteinen für größere Projekte sowie Mindeststandards in der Durchführung üblich; vgl. ebenda.

externen Unwägbarkeiten.[372] Daneben dienen sie der Strukturierung, Sammlung und Wiedergabe von Informationen, zur Verständniserleichterung sowie Handhabung der Risiken. Bei entsprechender EDV-Unterstützung, v. a. als Online-Version, bieten geeignete Modelle eine Kommunikationsplattform, um Antworten auf Fragen zu hinterlassen, Kommentare über Quellen und Auswirkungen von Unsicherheit abzugeben sowie ein gemeinsames Verständnis von einer Problemstellung, etwa in Bezug auf erfolgskritische Faktoren, zu entwickeln.[373] Auch deshalb ist eine gute IT-Struktur für die Unterstützung und den bestmöglichen Ablauf einer Investitionsentscheidung hochrelevant.[374]

Bei den anfangs des vorherigen Absatzes genannten anspruchsvollen Rahmenbedingungen verwundert es nicht, dass es bei Investitionen oft zu suboptimalen Verläufen kommt. Trotz der teils gravierenden Unterschiede zwischen den einzelnen Unternehmen hinsichtlich Betriebsgröße, Betätigungsfeld, Anlagenintensität oder Risiko, lassen sich zahlreiche gemeinsame Fehler und zugehörige Gegenmaßnahmen ermitteln. Dies ist darauf zurückzuführen, dass überall letztlich Menschen am Werke sind, deren Verhalten in zentralen Punkten übereinstimmt. Tatsächlich sind die häufigsten Schwachstellen vor allem auf Mängel im menschlich-psychologischen Bereich zurückzuführen.[375]

So sind u. a. fehlende Kenntnisse, Skepsis gegenüber der Prognostizierbarkeit weit in der Zukunft liegender, z. T. abstrakter Größen, schlechte frühere Erfahrungen, als die Verfahren noch weniger weit entwickelt waren, Emotionen und Vorurteile dafür verantwortlich, dass Investitionsrechnungen nicht, fehlerhaft oder nur zum Schein verwendet werden.[376] Bequemlichkeit und fehlender Mut sorgen dafür, dass die Entscheider kaum über Alternativen verfügen, obwohl faktisch bessere Optionen existieren.[377] Die Überbetonung kurzfristiger und damit die Vernachlässigung strategischer Aspekte sowie Abstimmungs- und Kontrollmängel

---

372 Vgl. z. B. Sutardi et al. (1995), S. 556; Held et al. (2009), S. S50 f.; Norrman (2006), S. 98 ff.; Demirer et al. (2006), S. 106; Hespos/Strassmann (1965), S. B244. Allein die hohe Menge an speziellen Modellen lässt einen diesbezüglichen Bedarf der Entscheidungsträger vermuten; vgl. dazu beispielhaft neben den vorgenannten Quellen Otal/Hjartarson (2010); Duckworth/Zervos (2000); Grammenos et al. (2008); Li/Meissner (2011); Fry (1975); Duckworth/Zervos (2001); Rees (2010); Rice/Borison (1981); Allen/Schuster (2004).

373 Vgl. Göbel (2014), S. 228; Davis/Hall (2003), S. 415 ff.; Ulvila et al. (1977), S. 614 f.

374 Vgl. Berens et al. (2004), S. 23; Weber/Veit (2004), S. 28 f. u. 31; Götze (2014), S. 33 f.

375 Vgl. Blohm et al. (2012), S. 2 f.; Hayes/Garvin (2001), S. 71 f.; van Zyl (2006), S. 60.

376 Vgl. Blohm et al. (2012), S. 29 u. 33 ff.; Bieg et al. (2016), S. 33; Rolfes (2003), S. 5; ter Horst (2009), S. 5; Adam (2000), S. 15 ff.

377 Vgl. von Nitzsch (2014), S. 155; ter Horst (2009), S. 4 f.; Blohm et al. (2012), S. 25 ff.

sind schließlich durch das Fehlen spezieller, zweckmäßiger Organisationsregelungen bedingt.[378]

Abhilfe kann einerseits eine aktive Einstellungsveränderung der verantwortlichen Mitarbeiter z. B. gegenüber organisatorischen Regelungen oder dem Unternehmen generell schaffen. Auch deren Schulung in Methoden der Investitionsrechnung oder –planung sollte sich positiv auswirken.[379] Ein offenes Unternehmensklima, in dem Anregungen und Ideen entstehen können und auch abwegige Optionen erwogen werden dürfen, stellt einen weiteren Baustein zur Qualitätsverbesserung bei Investitionsentscheidungen dar.[380] Desweiteren sollten zahlreiche organisatorische Maßnahmen ergriffen werden wie klare Festlegung von Zuständigkeiten, Sicherstellung des Mitwirkens neutraler Personen an der Planung, gewissenhafte Dokumentation, genügend Kontrollinstanzen sowie flexible Planungssysteme.[381]

Durch die starke Betonung der Investitionsrechenverfahren mit ihren gegebenen Daten gerät etwas in den Hintergrund, dass es für Unternehmen wie geschildert bei Investitionen von höchster Bedeutung ist, gegenüber den sich stetig verändernden Rahmenbedingungen handlungsfähig und flexibel zu bleiben. Dies kann in der Praxis konkret z. B. durch Belassung finanzieller Reserven, die Chance zur Ausübung zusätzlicher Optionen bzw. überhaupt das Erkennen gegebener Handlungsmöglichkeiten, flexible Fertigungssysteme, leicht veräußerbare Anlagengegenstände oder gut geschulte Mitarbeiter, die Funktionen anderer Stellen übernehmen können, gefördert werden. Dadurch kann nicht nur auf überraschende Wendungen reagiert werden, zusätzlich können Probleme verschiedenster Art und menschliche Unzulänglichkeiten, die sich nie ganz vermeiden lassen, besser aufgefangen werden.[382]

4.4 Zusammenfassung des Kapitels

Die Notwendigkeit betrieblicher Investitionen ergibt sich dadurch, dass Unternehmen zur Erbringung ihrer Leistungen Produktionsfaktoren benötigen, für die die entsprechenden Rück-

---

378 Vgl. ter Horst (2009), S. 2 ff.; Kramer/Keilus (2007), S. 276; Götze (2014), S. 28; Bieg et al. (2016), S. 32 f.; Pape (2015), S. 314; Blohm et al. (2012), S. 5 ff.; Adam (2000), S. 14; Hölscher (2010), S. 12.

379 Vgl. Blohm et al. (2012), S. 9 f. u. 14 f.

380 Vgl. Drews/Friedrichsen (2008), S. 45; Blohm et al. (2012), S. 26 f.; ter Horst (2009), S. 5.

381 Vgl. Blohm et al. (2012), S. 10 f. u. 18.

382 Vgl. Spinler/Huchzermeier (2004), S. 66; Krychowski/Quelin (2010), S. 65; Netessine et al. (2001), S. 6; ter Horst (2009), S. 4 u. 175; Pritsch/Weber (2004), S. 77; Stark (2000), S. 313 ff.

flüsse erst zu einem späteren Zeitpunkt eingehen.[383] Aufgrund dieser temporären Divergenz sind mit dem Mitteleinsatz stets auch Fragen der Beschaffung und der richtigen Disposition von Kapital verbunden.[384] Entsprechend wird vorwiegend auf einen zahlungsorientierten Investitionsbegriff zurückgegriffen. Dieser bietet gleichzeitig den Vorteil, dass er besonders stark vom tatsächlichen Geschehen abstrahiert, indem der Blick ausschließlich auf die Veränderungen des Zahlungsmittelbestandes gerichtet wird, was aufgrund der zahlreichen Facetten sowie der Komplexität einer Investition hilfreich ist.[385] Andere gängige Auffassungen beziehen hingegen zusätzlich die leistungswirtschaftliche Seite mit ein.[386]

Eine Vorstellung der unterschiedlichen Investitionsarten erfolgte, da je nach vorliegender Kategorie und Situation abweichende Verfahren die passende Grundlage für die zu treffende Entscheidung bilden.[387] In Abhängigkeit von der gegebenen Konstellation sind z. B. ausschließlich Ausgaben,[388] Ausgaben und Einnahmen,[389] verschiedene Unsicherheitsgrade[390] oder auch differierende Entscheidungsautomatismen in Unternehmen zu berücksichtigen.[391]

Zentral ist die Kenntnis der wichtigsten Merkmale betrieblicher Investitionen, die deren Prozesscharakter,[392] die langfristige Ausrichtung,[393] der Aufbau von Nutzungspotentialen,[394] die grundsätzliche Berücksichtigung von Ausgaben und Einnahmen,[395] ihre Zukunftsorientierung und damit starke Unsicherheit[396] sowie eine hohe Komplexität[397] bilden. Diese Eigenschaften sorgen dafür, dass die im vorangegangenen Kapitel 3 bereits beschriebenen Probleme bei rea-

---

383 Vgl. Schulte (2007), S. 1; Wöhe et al. (2016), S. 466; Behr et al. (2002), S. 7.

384 Vgl. Pape (2015), S. 1 ff.; ter Horst (2009), S. 10 f.; Hirth (2012), S. 3 u. 6 f.; Schulte (2007), S. 3; Mensch (2002), S. 1.

385 Vgl. Pape (2015), S. 308 u. 311; Schulte (2007), S. 6; Hölscher (2010), S. 8; Mensch (2002), S. 3.

386 Vgl. Weber et al. (2006), S. 13; Hölscher (2010), S. 8; Pape (2015), S. 303 ff.; Schulte (2007), S. 7 f.; Götze (2014), S. 5.

387 Vgl. Grob (2006), S. 4; Adam (2000), S. 7.

388 Vgl. Daum et al. (2016), S. 42; Hölscher (2010), S. 10; Zimmermann (2003), S. 12; Bleis (2012), S. 5.

389 Vgl. Adam (2000), S. 10; Schulte (2007), S. 29. Diese Situation ist beim späteren Experiment als Entscheidungsumfeld gegeben. Letztlich sind dort aber nur die Ausfallwahrscheinlichkeiten für die Fahrgeschäfte, die die maximal erzielbaren Einnahmen deutlich beeinflussen, konkret zu bestimmen.

390 Vgl. Hölscher (2010), S. 9; Zimmermann (2003), S. 13.

391 Vgl. Weber et al. (2006), S. 14; Blohm et al. (2012), S. 11.

392 Vgl. Linder (2004), S. 47 f.; Zayer/Hirsch (2006), S. 649; Bleis (2012), S. 6 f.; Zimmermann (2003), S. 14 f.

393 Vgl. Hirth (2012), S. 6; Mensch (2002), S. 1; Betge (2000), S. 5; Götze (2014), S. 1.

394 Vgl. ter Horst (2009), S. 1; Weber et al. (2006), S. 9; Nair (1995), S. 282; Pape (2015), S. 311.

395 Vgl. Hax (1985), S. 9; Blohm et al. (2012), S. 1; Bleis (2012), S. 2; Wöhe et al. (2016), S. 466 f.

396 Vgl. Hölscher (2010), S. 8; Zimmermann (2003), S. 13; Hax (1985), S. 9; Adam (2000), S. 1 f.

397 Vgl. Pape (2015), S. 311; Blohm et al. (2012), S. 2; Weber et al. (2006), S. 9; Götze (2014), S. 314 ff.; Bleis (2012), S. 7; Mensch (2002), S. 33.

len Entscheidungen, welche die durchgängige Anwendung der normativen Prinzipien nahezu unmöglich machen, bei Investitionen besonders stark ausgeprägt sind.[398]

Umso bedeutender sind die Vereinfachung der vorliegenden Sachverhalte, die Unterstützung der verantwortlichen Personen mittels geeigneter Modelle[399] sowie deren sachliche Herangehensweise an die zu lösende Aufgabe. Die schwierige Handhabbarkeit führt in der betrieblichen Praxis zu sehr unterschiedlichen Lösungen für die Investitionsabläufe in den einzelnen Unternehmen.[400] Desweiteren treten viele Unzulänglichkeiten zutage,[401] weshalb weiterhin verfügbare Handlungsspielräume nach dem Treffen der eigentlichen Investitionsentscheidung besonders wichtig sind.[402]

Auf der anderen Seite bieten betriebliche Investitionen zugleich Rahmenbedingungen, die rationalen Einschätzungen und Entscheidungen äußerst zuträglich sind. Es handelt sich um Sachverhalte, bei denen mit nüchternen, sehr realen Größen wie Zahlungen, Nutzungsdauern, Produktions- und Absatzmengen oder Leistungsangaben gearbeitet wird.[403] Zugleich sind bestimmte Teilphasen der Investition theoretisch wie praktisch exzellent durchdrungen und liefern zahlreiche ausgefeilte Methoden als Lösungshilfen.[404] Somit können bei guter Datenlage, z. B. aufgrund fundierter Erfahrungswerte und vieler objektiver Parameter, sowie nicht zu hoher Komplexität gerade in den ausreichend untersuchten Schritten der Bewertung und Prognose durchaus sehr günstige Voraussetzungen für rationale Akteursurteile vorliegen.

---

398 Vgl. Drews/Friedrichsen (2008), S. 42; Blohm et al. (2012), S. 2 ff.
399 Vgl. Adam (2000), S. 6 u. 339 f.
400 Vgl. Weber/Veit (2004), S. 30 f.; Demmer et al. (2004), S. 9; Beißel et al. (2004), S. 59 ff.
401 Vgl. Blohm et al. (2012), S. 2 ff.
402 Vgl. Spinler/Huchzermeier (2004), S. 66; Krychowski/Quelin (2010), S. 65; Netessine et al. (2001), S. 6; ter Horst (2009), S. 4 u. 175; Stark (2000), S. 313 ff.; Adam (2000), S. 338; Tsekrekos (2001), S. 127.
403 Vgl. Pape (2015), S. 310 f.; Hölscher (2010), S. 8; Zimmermann (2003), S. 13; Mensch (2002), S. 4.
404 Vgl. Linder (2004), S. 48.

5 DAS KONZEPT DER WAHRSCHEINLICHKEITEN

Wahrscheinlichkeiten nehmen bei Entscheidungen generell sowie aufgrund der dort besonders stark ausgeprägten Unsicherheit bei betrieblichen Investitionen im Speziellen einen hohen Stellenwert ein.[405] Zugleich existiert für sie ein umfassendes mathematisches Instrumentarium als Unterstützung, das einen hohen Bekanntheitsgrad besitzt.[406] Folglich werden jene als konkretes Themengebiet im geplanten Experiment verwendet. In diesem Kapitel werden zunächst deren Eigenschaften und die unterschiedlichen Arten vorgestellt, bevor Probleme mit der in der Realität am häufigsten auftretenden Kategorie der subjektiven Wahrscheinlichkeiten aufgeführt werden. Anschließend wird auf die Support Theorie eingegangen, deren besonders plastische Effekte bei subjektiven Wahrscheinlichkeitsurteilen den Inhalt der späteren Experimentkonstellation bilden. Nachdem dort neben dem Nachweis auch die Eindämmung der Verzerrungen eine wichtige Rolle spielt, werden abschließend mögliche Maßnahmen zur Stabilisierung der individuellen Einschätzungen erörtert.

5.1 Arten von Wahrscheinlichkeiten

Das Konstrukt der Wahrscheinlichkeiten ist wie alle mathematischen Konzepte dem Menschen nicht von Natur aus gegeben, sondern wurde erst mit der Zeit entwickelt. Die ersten Anfänge datieren aus dem 17. Jahrhundert,[407] als versucht wurde Gewinnchancen bei Glücksspielen zu berechnen.[408] Im Laufe der Zeit wurden die Erkenntnisse und Verfahren auf Probleme der Gesellschaft und der Naturwissenschaften übertragen.[409] Der Status einer exakten mathematischen Theorie wird der Wahrscheinlichkeitstheorie ab 1933 zugeschrieben, als Kolmogorov die axiomatische Grundlegung gelang.[410] Ziel der Wahrscheinlichkeitsrechnung und der auf ihr aufbauenden Statistik ist es den Geltungsbereich der exakten Wissenschaften

---

405 Vgl. Daum et al. (2016), S. 43; Pelletier/Wortmann (2009), S. 721 ff.; Peeta et al. (2010), S. 1708 ff.

406 Vgl. Dürr/Mayer (2017), S. 13 f.; Weichselberger (2001), S. 1; Glöckner et al. (2010), S. 439; Storm (2007), S. 15 bzw. als konkrete Beispiele für die Auswirkungen der mathematischen Grundlagen bei Problemstellungen in der Praxis Saccomanno et al. (2007), S. 406 ff.; Otal/Hjartarson (2010), S. 27 ff.; Allen/Schuster (2004), S. 225; Knosola (1991), S. 344 ff.; Cahan et al. (2003), S. 763 ff.; Krumpal et al. (2008), S. 3 ff.

407 Vgl. u. a. Daston (1988), S. 3; Zimmer (1983), S. 159; Storm (2007), S. 15; Dürr/Mayer (2017), S. 13; Schira (2016), S. 219.

408 Vgl. u. a. Dürr/Mayer (2017), S. 13; Bosch (2012), S. 15; Schira (2016), S. 219 f.; Storm (2007), S. 15.

409 Vgl. Storm (2007), S. 15.

410 Vgl. Bauer (2002), S. IX; Daston (1988), S. 3; Mosler/Schmid (2011), S. 17; Storm (2007), S. 15; Dürr/Mayer (2017), S. 14.

auszudehnen,[411] eine Beschreibung von Informationen mit eingeschränktem Geltungsbereich zu erreichen[412] bzw. „mathematische Einsichten in vom Zufall gesteuerte Abläufe zu gewinnen und insbesondere Gesetzmäßigkeiten bei solchen Abläufen aufzudecken und zu erforschen"[413]

In Abhängigkeit von der vorliegenden Situation, wird zwischen klassischen, statistischen und subjektiven Wahrscheinlichkeiten unterschieden. Nachdem sich für die beiden ersten Arten die Werte personenunabhängig ergeben, werden diese auch als objektive Wahrscheinlichkeiten zusammengefasst.[414]

Die klassischen oder mathematischen Wahrscheinlichkeiten können aufgrund analytischer Überlegungen vorab berechnet werden, etwa beim Glücksspiel, dem Ausgangspunkt der Entwicklung der Wahrscheinlichkeitstheorie.[415] Dort liegen stets gleichwahrscheinliche Ausgänge vor, auch Elementarereignisse genannt,[416] von denen ein Teil günstig ist. Entsprechend lässt sich die Wahrscheinlichkeit für ein bestimmtes Szenario als Verhältnis aus der Anzahl der günstigen zur Summe der möglichen Verläufe bilden.[417] Abgesehen davon, ob sich in der Realität derartige Laplace[418]-Experimente darstellen lassen, bei denen jedes Elementarereignis exakt dieselbe Wahrscheinlichkeit hat, ist deren Geltungsbereich gering. Eine Eignung ist v. a. für Glücksspielsituationen und einfach aufgebaute Zufallsexperimente gegeben.[419]

Sofern die Wahrscheinlichkeit eines Ereignisses sich nicht im Vorfeld berechnen lässt, können als zweite Option Schätz- oder Näherungswerte für dieses bestimmt werden. Dabei wird z. B. n-mal ein Experiment durchgeführt und notiert, wie häufig das interessierende Ereignis

411 Vgl. Porter (1986), S. XI.

412 Vgl. Weichselberger (2001), S. 1 f.

413 Bauer (2002), S. IX.

414 Vgl. Dürr/Mayer (2017), S. 18 f.; Schira (2016), S. 219 ff.; Bosch (2012), S. 13 ff.; Weichselberger (2001), S. 2 f.; Mosler/Schmid (2011), S. 39.

415 Vgl. Laux et al. (2012), S. 88 f.; Mosler/Schmid (2011), S. 39; Dürr/Mayer (2017), S. 19; Schira (2016), S. 219 f.

416 Es wird immer von perfekten Bedingungen ausgegangen. Unter diesen beträgt z. B. die Wahrscheinlichkeit für Kopf oder Zahl beim Münzwurf jeweils 0,5, beim Würfeln 1/6 für jede Augenzahl sowie 1/37 für jede Zahl beim französischen Roulette; vgl. Bosch (2012), S. 16 f.; Schira (2016), S. 220 f.; Mosler/Schmid (2011), S. 17 f.; Dürr/Mayer (2017), S. 19.

417 Vgl. Rau (2004), S. 87; Mosler/Schmid (2011), S. 17; Schira (2016), S. 220. Dabei kann sich das interessierende Ergebnis aus einem einzelnen, z. B. einer „Fünf" beim Würfeln, ebenso wie aus der Kombination mehrerer Elementarereignisse ergeben, wenn etwa auf eine gerade Zahl beim Würfeln gesetzt wird; vgl. Bosch (2012), S. 17.

418 Die Bezeichnung geht auf Pierre-Simon Marquis de Laplace zurück, der die klassische Wahrscheinlichkeitstheorie zu einem gewissen Abschluss brachte; vgl. Dürr/Mayer (2017), S. 14; Schira (2016), S. 219; Storm (2007), S. 15 u. 25 f.

419 Vgl. Schira (2016), S. 221; Dürr/Mayer (2017), S. 20; Laux et al. (2012), S. 89.

eintritt. Der Wahrscheinlichkeitswert wird hier durch die relative Häufigkeit h_n des Ereignisses P(A) ausgedrückt. Den Hintergrund dieser Vorgehensweise bildet das Gesetz der großen Zahlen, nach dem ein Grenzwert existiert, gegen den, wie die nachstehende Abbildung 10 verdeutlicht, nach einer ausreichenden Anzahl von Versuchen die relative Häufigkeit konvergiert. Folglich ließen sich generell die klassischen durch statistische Wahrscheinlichkeiten ersetzen, allerdings ist die tausendfache Wiederholung eines Experiments deutlich aufwendiger als eine meist einfache Berechnung.[420]

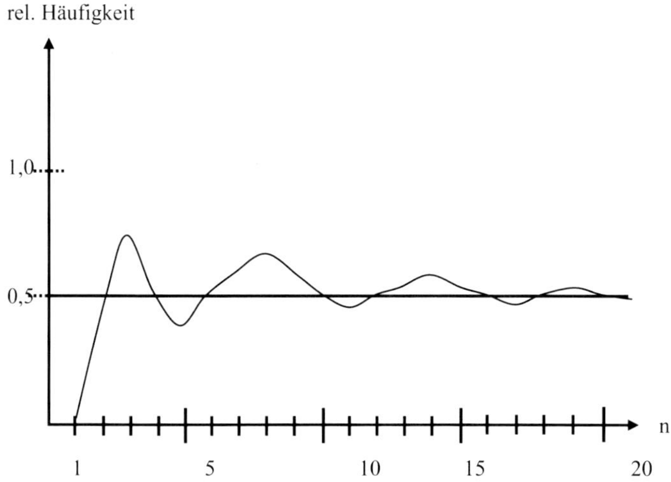

Abbildung 10: Grafisches Beispiel für die Konvergenz relativer Häufigkeiten gegen den festen Grenzwert von 0,5 (eigene Darstellung in Anlehnung an Oberhofer (1993), S. 19)

Neben derartigen Versuchsanordnungen erfüllen soziale Massenvorgänge die Voraussetzungen der Häufigkeitstheoretiker.[421] Beispielsweise stehen im Versicherungsbereich Daten von Millionen Mitgliedern zur Verfügung, so dass das Gesetz der großen Zahlen bei der Ableitung von Eintrittswahrscheinlichkeiten bestimmter Ereignisse dort ebenfalls greift. Hier, wie auch bei den vorgenannten Experimenten, gilt aber stets, dass sich die äußeren Bedingungen nicht ändern dürfen und ein Vorgang nicht auf einem vorherigen aufbauen darf. Dann bilden die ermittelten relativen Häufigkeiten einen hinreichend genauen Schätzwert für die tatsächlichen

---

420 Vgl. Bosch (2012), S. 62; Schira (2016), S. 222 ff.; von Mises (1972), S. 11 ff.; Mosler/Schmid (2011), S. 38 f.; Dürr/Mayer (2017), S. 26 f.

421 Vgl. von Mises (1972), S. 12 ff.; Dürr/Mayer (2017), S. 19.

Wahrscheinlichkeiten innerhalb der vorliegenden Grundgesamtheit und können für Berechnungen verwendet werden.[422] Aufgrund der notwendigen Voraussetzungen konstanter Rahmenbedingungen, unabhängiger Vorgänge sowie zahlreicher Datensätze ist allerdings auch das Anwendungsgebiet der statistischen Wahrscheinlichkeiten in der Realität begrenzt.[423]

Falls die äußeren Umstände die Bildung objektiver Wahrscheinlichkeiten nicht zulassen, kann auf Werte zurückgegriffen werden, die den personenabhängigen Grad der Überzeugung für den Eintritt eines Ereignisses wiedergeben. Diese fallen trotz identischer Ausgangssituation von Person zu Person unterschiedlich aus und stellen somit subjektive Wahrscheinlichkeiten dar.[424] Da schon geringe Veränderungen bei diesen Einstufungen zu wechselnden Vorteilhaftigkeiten der vorliegenden Alternativen führen können, wird ein erster Nachteil jenes Konzeptes schnell offensichtlich. Dennoch ist es nachvollziehbar, dass auf solche subjektiven Urteile zurückgegriffen wird, wenn keine anderen Wahrscheinlichkeitsinformationen vorliegen.

Für diesen Bayes'schen[425] Ansatz bildet ein umfassenderer Wahrscheinlichkeitsbegriff die Grundlage. Es werden nicht mehr nur relative Häufigkeiten zugelassen, die durch Zufallsexperimente oder Analyse umfangreichen Datenmaterials ermittelt werden, sondern allgemein Wahrscheinlichkeiten für unbekannte Parameter bzw. die Plausibilität von Aussagen.[426] Besonders überzeugte Vertreter der subjektiven Auffassung lehnen sogar generell die Existenz einer objektiven Wahrscheinlichkeit und die Sinnhaftigkeit jedes objektiven Wahrscheinlichkeitsbegriffes ab.[427]

Im täglichen Leben nehmen subjektive Wahrscheinlichkeitseinschätzungen eine vorherrschende Rolle ein, gerade bei betrieblichen Investitionen. Diese sind extrem unsicher[428] und äußerst komplex[429], weshalb die analytische Vorabberechnung mathematischer Wahrscheinlichkeiten nur an einzelnen Stellen realisierbar ist. Nachdem sie hohe Summen binden[430] und

422 Vgl. Bosch (2012), S. 62.
423 Vgl. Schira (2016), S. 223 ff.; Mosler/Schmid (2011), S. 38.
424 Vgl. Laux et al. (2012), S. 90 f.; Bosch (2012), S. 13; Mosler/Schmid (2011), S. 39.
425 Die Theorie wurde nach dem englischen Mathematiker Thomas Bayes (1702-1761) benannt, da diese Art der Wahrscheinlichkeitsauffassung auf ihn zurückgeht, vgl. z. B. Tschirk (2014), S. 2 f.
426 Vgl. Laux et al. (2012), S. 90 f.; Koch (2000), S. 1 f.
427 Vgl. Schira (2016), S. 225. Diese Einstellung ist nicht von der Hand zu weisen, da nie mit Sicherheit davon ausgegangen werden kann, dass z. B. ein Würfel nicht manipuliert oder unsauber gearbeitet ist oder sich Bedingungen gegenüber einer vorangegangenen Versuchsreihe verändert haben, vgl. ebenda.
428 Vgl. nochmals Hölscher (2010), S. 8; Zimmermann (2003), S. 13; Hax (1985), S. 9; Adam (2000), S. 1 f.
429 Vgl. hierzu nochmals Pape (2015), S. 311; Adam (2000), S. 1; Blohm et al. (2012), S. 2; Weber et al. (2006), S. 9; Götze (2014), S. 314 ff.; Bleis (2012), S. 7; Mensch (2002), S. 33.
430 Vgl. Bieg et al. (2016), S. 33; Hespos/Strassmann (1965), S. 244.

langfristig ausgelegt[431] sind, kommen sie selten großzahlig in vergleichbarer Form vor. Ferner werden Investitionen meist erst wieder durchgeführt, wenn das alte Gebrauchsobjekt nicht mehr wirtschaftlich verwendet werden kann,[432] so dass aufgrund dieser Langfristigkeit die Konstanz der Rahmenbedingungen fraglich ist. Schließlich besteht ein Zusammenhang zwischen vorhandenen und neuen Investitionen, wodurch die Unabhängigkeit der einzelnen Entscheidungen nicht gewährleistet ist.[433] Durch das weitgehende Fehlen dieser drei zentralen Voraussetzungen scheiden auch die statistischen Wahrscheinlichkeiten meist aus.

Dennoch besitzen objektive Wahrscheinlichkeiten eine gewisse Relevanz, da durch sie zumindest für Teilbereiche verlässliche Zahlen generiert werden können. Oft sind technische Systeme oder Naturgesetze involviert, die probabilistische Merkmale aufweisen,[434] wie Stromnetze,[435] Gaspipelines,[436] Metalle[437] oder Umweltemissionen.[438] Für jene können Wahrscheinlichkeiten für bestimmte Sachverhalte mathematisch vorab, zumindest als Näherungswerte, bestimmt werden. Ferner werden Investitionen häufig in Bereichen getätigt, in denen umfangreiches Datenmaterial für statistische Berechnungen existiert, wie bei Infrastrukturmaßnahmen[439] oder in Gebieten, wo Kundeninformationen[440] bzw. umfassendes Wissen über interne Prozesse[441] vorliegen oder menschliche Demographie eine Rolle spielt.[442]

Weiter können aus ähnlichen Situationen mit bekannten Daten Schlüsse gezogen werden, ebenso sind manchmal objektive Wahrscheinlichkeiten für Teilelemente eines Ereignisses bekannt.[443] Grundsätzlich werden fast immer Erfahrungswerte existieren, die nach Vornahme kleinerer oder größerer Anpassungen in die vorzunehmenden Rechnungen einbezogen werden können. Entsprechend können zunächst all diese objektiven Richtwerte verarbeitet werden, die in der Regel um einen subjektiven Faktor zu korrigieren sind, um der konkret vorliegenden Situation mit ihren speziellen Rahmenbedingungen Rechnung zu tragen.[444] Die verblei-

---

431 Vgl. Hespos/Strassmann (1965), S. 244.
432 Vgl. Schulte (2007), S. 27 ff.
433 Dies impliziert bereits die gängige Unterteilung in Ersatz-, Erweiterungs- und Rationalisierungsinvestitionen; vgl. Staehelin (2005), S. 129.
434 Vgl. Knosola (1991), S. 344 ff.
435 Vgl. Willems/Morbee (2010), S. 786 f.; Otal/Hjartarson (2010), S. 26 ff.
436 Vgl. Pelletier/Wortmann (2009), S. 721 ff.
437 Vgl. Norrman et al. (2006), S. 100.
438 Vgl. Held et al. (2009), S. S50 f.; Durand-Lasserve et al. (2010), S. 5108 f.; Gollier/Treich (2003), S. 77 ff.
439 Vgl. Kong et al. (2008), S. 876; Saccomanno et al. (2007), S. 406 ff.; Srinivas et al. (2010), S. 1708 f.
440 Vgl. Blankenhorn (2002), S. 20.
441 Vgl. Netessine et al. (2001), S. 5.
442 Vgl. Kalemli-Ozcan (2008), S. 557.
443 Vgl. Mosler/Schmid (2011), S. 40; Schira (2016), S. 224 f. u. sinngemäß Zimmermann et al. (2006), S. 14 f.
444 Vgl. Davis/Hall (2003), S. 416; Ulvila et al. (1977), S. 614.

benden Lücken[445] müssen dann mit immer ungestützteren subjektiven Urteilen, die trotzdem möglichst professionell zustande kommen sollten, geschlossen werden.[446]

5.2 Probleme des Konzeptes subjektiver Wahrscheinlichkeiten

Unter einer Wahrscheinlichkeit P(A) wird „ein Maß zur Quantifizierung des Grades der Gewissheit, den man dem Eintreten eines Ereignisses A beimessen will"[447] verstanden.[448] Wie jedes mathematische Teilgebiet benötigt die Wahrscheinlichkeitstheorie ein System von nicht beweisbaren Grundannahmen, die Axiome, aus denen alle weiteren Grundaussagen abgeleitet werden können. Diese gelten unabhängig davon, ob klassische, statistische oder subjektive Wahrscheinlichkeiten vorliegen.[449] Dabei handelt es sich inklusive abgeleiteter Forderungen um relativ lockere Vorgaben, die eine Wahrscheinlichkeitsfunktion erfüllen muss.[450] Entsprechend garantiert selbst deren exakte Einhaltung keine rationalen Urteile. Bei den klassischen und statistischen Wahrscheinlichkeiten ist dies unkritisch, da jene auf genau vorgegebene Art ermittelt werden und hierdurch bei guter Methodenkompetenz ein korrekter Wert gewährleistet ist sowie mögliche Inkonsistenzen bereits im Vorfeld eliminiert werden.[451]

Bei den subjektiven Einstufungen eines Individuums ist die Situation jedoch eine andere. Selbst die Erfüllung der extra zusätzlich aufgestellten Bedingungen für diese garantiert keine objektiv richtigen, nicht einmal inter- oder intrapersonell konstante Schätzungen, da der einzelnen Person nach wie vor genügend Freiheitsgrade offenstehen.[452] Im Teilabschnitt 5.2.1 werden mehrere derartige Faktoren, die Variationen in den subjektiven Urteilen für einen identischen Sachverhalt bedingen können, vorgestellt.

---

445 Vgl. Eisenführ et al. (2010), S. 178 f.

446 Vgl. Sutardi et al. (1995), S. 556; Sandberg/Söderström (2003), S. 1632 f.; Ulvila et al. (1977), S. 598 f.; Davis/Hall (2003), S. 415 ff. Von den Autoren wird dabei die Bedeutung eines methodischen Vorgehens in Form einer Technik oder eines Modells betont, das ein durchgehend strukturiertes Arbeiten, eine effizientere Informationsversorgung, gezielteres Feedback sowie ein besseres gemeinsames Verständnis als ohne diese Unterstützung ermöglicht.

447 Schira (2016), S. 219.

448 Vgl. für inhaltlich übereinstimmende Begriffsfestlegungen ferner Bosch (2012), S. 18 oder Dürr/Mayer (2017), S. 29.

449 Vgl. Dürr/Mayer (2017), S. 29 f.; Mosler/Schmid (2011), S. 13 f.; Schira (2016), S. 226.

450 Vgl. Tiede/Voß (2000), S. 30 ff.; Eisenführ et al. (2010), S. 7 ff.; Bosch (2012), S. 59 ff.; Schira (2016), S. 227 ff.; Dürr/Mayer (2017), S. 30. Die drei Grundaxiome der Wahrscheinlichkeitstheorie sind in der nachfolgenden Abbildung 11 aufgeführt. Auf eine konkrete Beschreibung der ausführlicheren abgeleiteten Prämissen wird hingegen verzichtet, da diese für den weiteren Verlauf der Arbeit im Detail nicht relevant und in nahezu jedem gängigen Lehrbuch zu finden sind. Bei näherem Interesse wird auf die anfangs dieser Fußnote genannten Quellen verwiesen.

451 Vgl. Storm (2007), S. 21 f.; Schira (2016), S. 227; Bosch (2012), S. 14 u. 59 f.

452 Vgl. Wolfe/Reyna (2010), S. 219; Krumpal et al. (2008), S. 4 f.

Axiom K1:	$P(A) \geq 0$, für jedes $A \in \mathbf{E}$ Die Wahrscheinlichkeit $P(A)$ jedes Ereignisses A ist eine nichtnegative reelle Zahl.
Axiom K2:	$P(\Omega) = 1$ Das sichere Ereignis hat die Wahrscheinlichkeit 1.
Axiom K3:	$P(A \cup B) = P(A) + P(B)$, falls $A \cap B = \emptyset$ Additionsregel für disjunkte Ereignisse.

Abbildung 11: Die drei Grundaxiome der Wahrscheinlichkeit gemäß Kolmogorov (eigene Darstellung in Anlehnung an u. a. Schira (2016), S. 227)

Unter 5.2.2 werden als weiterführender Schritt dann konkrete Verletzungen der grundlegenden oder abgeleiteten Postulate der Wahrscheinlichkeitstheorie aufgeführt. Da diese zahlreich sind, erfolgt bereits eine Fokussierung auf Effekte, die mit dem im späteren Experiment verwendeten Themengebiet der Support Theorie in Verbindung stehen und bei denen durch die Form der Beschreibung eine systematische Beeinflussung des subjektiven Wahrscheinlichkeitsurteils von Individuen gegeben ist.[453]

In 5.2.3 werden erweiterte Konzepte, die geringere Ansprüche an die Anwender stellen als eine mögliche Form der Abhilfe für die Probleme bei der Bildung und Verwendung subjektiver Punktwahrscheinlichkeiten skizziert. Die teils innerhalb der präskriptiven Theorie entwickelten Ansätze belegen zugleich, dass diese Schwierigkeiten in Fachkreisen bereits seit längerem bekannt sind.[454]

Abschließend werden in 5.2.4 Alternativen zum Konstrukt der Wahrscheinlichkeiten präsentiert. Diese verdeutlichen einerseits, dass Wahrscheinlichkeiten nicht die einzige Möglichkeit darstellen, mit Unsicherheit umzugehen.[455] Ferner verstärken sie die Zweifel daran, dass ausgerechnet dieses Konzept stets zutreffende Einschätzungen gewährleistet, da andere Optionen zwar Überschneidungsbereiche aufweisen, aber zugleich auch abweichende Bereiche des Er-

453 Vgl. Tversky/Koehler (1994), S. 547.
454 Vgl. Weichselberger (2001).
455 Vgl. Teigen (1983b), S. 175.

gebnisraumes abdecken.[456] Bei weiteren Vorgehensweisen spielen hingegen Maße der Überzeugung über den Eintritt zukünftiger Ereignisse nur eine stark untergeordnete[457] oder gar keine Rolle,[458] was die Bedeutung der Wahrscheinlichkeiten ebenfalls relativiert.

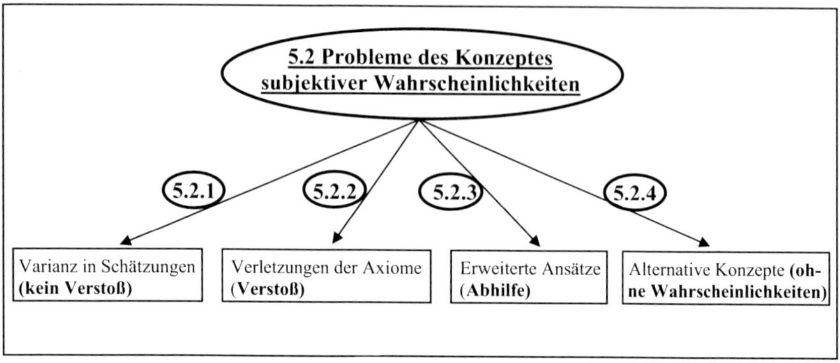

Abbildung 12: Teilkapitel zu Abschnitt 5.2, Probleme subjektiver Wahrscheinlichkeiten (eigene Darstellung)

5.2.1 Varianz subjektiver Wahrscheinlichkeitsurteile

Nachdem subjektive Einschätzungen nicht nach einem verbindlichen Schema gebildet werden, können zahllose Kriterien deren Wert beeinflussen. Im Folgenden werden mehrere derartige Faktoren vorgestellt, die in der präskriptiven Lehre kaum Beachtung finden.

Als Erstes wurde in Experimenten mehrfach ein Unterschied bei Entscheidungen in Abhängigkeit davon festgestellt, ob den Probanden numerische Wahrscheinlichkeiten vorgegeben wurden oder ob sie diese erst durch Erfahrung generieren mussten.[459] Dabei wurde von einem Muster analog der Prospect Theory ausgegangen,[460] mit risikofreudigem Verhalten für Gewinne mit niedriger sowie Verluste mit hoher Eintrittswahrscheinlichkeit und Risikoaversion

456 Vgl. Teigen (1983b), S. 175 f.

457 Vgl. Schulte-Mecklenbeck/Huber (2003), S. 228; Ranyard et al. (2001), S. 152 f.; Huber (2004), S. 127 ff.; Williamson et al. (2000), S. 20 f.

458 Vgl. u. a. Gigerenzer/Todd (1999), S. 15; Read/Grushka-Cockayne (2011), S. 23 f.

459 Vgl. Hertwig et al. (2004), S. 534 f. Rakow/Newell (2010), S. 1 ff.; Fiedler/Unkelbach (2011), S. 99 ff.; Camilleri/Newell (2009), S. 518 ff.; Hadar/Fox (2009), S. 317 ff.

460 Vgl. Kahneman/Tversky (1979), S. 277 ff.; Tversky/Kahneman (1992), S. 306 ff.; Tversky/Kahneman (1986), S. S258 ff.; Hadar/Fox (2009), S. 317.

für wahrscheinliche Gewinne und unwahrscheinliche Verluste.[461] Im Fall der Ermittlung durch Erfahrung wird das zunächst unvollständige Wissen des Entscheidungsträgers durch Informationen, die zumindest teilweise aus einem Stichprobenprozess stammen, komplettiert.[462] Werden die Wahrscheinlichkeiten so gebildet, ändert sich das Entscheidungsverhalten in Risikoaversion bei unwahrscheinlichen Gewinnen[463] und risikofreudiges Verhalten bei wenig wahrscheinlichen Verlusten, während die Resultate bei höheren Wahrscheinlichkeiten uneinheitlich sind.[464]

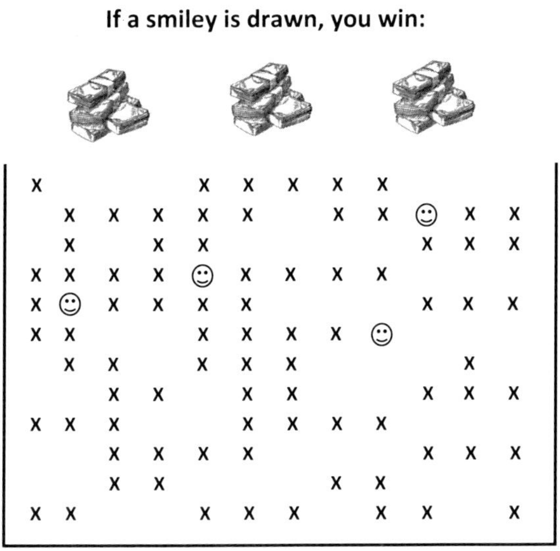

Abbildung 13: Grafik, die eine Möglichkeit zur Umsetzung des Erfahrungsmodus für Wahrscheinlichkeiten in Experimenten darstellt (eigene Darstellung in Anlehnung an Fiedler/Unkelbach (2011), S. 101, siehe hierzu auch FN 462).

Eine erste Begründung für dieses Muster besteht darin, dass bei niedrigen Wahrscheinlichkeiten das lange Warten auf den Eintritt eines Ereignisses dessen Attraktivität bzw. Schrecken im

461 Vgl. Rakow/Newell (2010), S. 3; Hadar/Fox (2009), S. 317; Camilleri/Newell (2009), S. 518.

462 Vgl. Hadar/Fox (2009), S. 318; Glöckner et al. (2010), S. 439 f. In Experimenten werden hierzu Simulationen mit vielen Wiederholungen zur Erschließung der Grundkonstellation oder wie die Abbildung 13 exemplarisch illustriert eine räumliche Darstellung der Wahrscheinlichkeiten und Ergebnisse benutzt; vgl. Rakow/Newell (2010), S. 2; Barron/Erev (2003), S. 215 ff.; Camilleri/Newell (2009), S. 518; Hadar/Fox (2009), S. 323 f.; Fiedler/Unkelbach (2011), S. 100 ff.

463 Vgl. Fiedler/Unkelbach (2011), S. 113 f.; Rakow/Newell (2010), S. 3; Hadar/Fox (2009), S. 317 f.

464 Vgl. Hadar/Fox (2009), S. 317 f.; Rakow/Newell (2010), S. 3.

Vergleich zu einer vorgegebenen Wahrscheinlichkeit verändert. Dadurch verschiebt sich dessen Gewicht im Entscheidungsprozess und möglicherweise die Alternativenwahl.[465] Zweitens können verschiedene tatsächliche Informationen ausschlaggebend sein.[466] So kann ein Individuum ein seltenes Ereignis, das im Erfahrungsprozess nicht auftritt, kaum einbeziehen. Ebenso wird ein sicheres Ereignis, das in der Stichprobe stets aufgetreten ist, nicht als solches angesehen, wenn durch irgendwelche Umstände Zweifel an dieser Eigenschaft hervorgerufen werden.[467] Folglich sind andere zugrundegelegte Wahrscheinlichkeiten für das abweichende Verhalten verantwortlich. Bei Herstellung eines identischen Informationsstandes konnte experimentell auch übereinstimmendes Verhalten erzielt werden.[468] Drittens können unterschiedliche Prozesse bezüglich Lernen, Erinnerung, Codierung, Wissensmodellierung usw. angestoßen werden.[469] So nimmt der Entscheidungsträger bei vorgegebenen Wahrscheinlichkeiten einen stark probabilistischen Fokus ein, während im Erfahrungsformat eine nicht-probabilistische Sichtweise vorherrschend ist.[470] Dies ist darauf zurückzuführen, dass bei der ersten Konstellation die Wahrscheinlichkeiten im Mittelpunkt stehen, während sie im zweiten Fall nie explizit erwähnt werden.[471] Für die Realität existieren Belege, dass bei Entscheidungen in Unternehmen die Wahrscheinlichkeiten für die einzelnen Konsequenzen häufig nicht explizit berücksichtigt werden.[472]

Eine zweite Diskrepanz bei subjektiven Wahrscheinlichkeiten besteht darin, dass eine Differenz zwischen der logischen Wahl gemäß den geäußerten Einschätzungen und der tatsächlichen Entscheidung einer Person vorliegen kann.[473] Diese ist nicht nur auf die Schwierigkeit zurückzuführen, einem Individuum seine Meinung korrekt zu entlocken.[474] Vielmehr stellen Bewertung und Entscheidung eigenständige Prozesse dar, so dass das gängige Zwei-Stufen-Modell, nach dem zunächst die Wahrscheinlichkeiten gebildet werden und anschließend aufbauend auf diesen die Entscheidung erfolgt,[475] nicht zutrifft.[476] So kann es z. B. zunächst zu

465 Vgl. Fiedler/Unkelbach (2011), S. 100 ff.
466 Vgl. Fox/Hadar (2006), S. 159 ff.
467 Vgl. Hadar/Fox (2009), S. 323.
468 Vgl. Hadar/Fox (2009), S. 318 ff. Allerdings ist die subjektive Repräsentation der Wahrscheinlichkeiten für das Entscheidungsverhalten ausschlaggebend. Hier können durch viele Störfaktoren sowie eine unterschiedliche Verarbeitung im Erfahrungsfall doch relativ leicht Abweichungen entstehen; vgl. Hadar/Fox (2009), S. 324.
469 Vgl. Rakow/Newell (2010), S. 1 u. 3 ff.
470 Vgl. Camilleri/Newell (2009), S. 526 f.
471 Vgl. Rottenstreich/Kivetz (2006), S. 76; Camilleri/Newell (2009), S. 527.
472 Vgl. Jeske/Werner (2008), S. 49 ff.; Rottenstreich/Kivetz (2006), S. 75 f.
473 Vgl. Glöckner et al. (2010), S. 440; Döbeli/Vanini (2010), S. 1400 f.
474 Vgl. z. B. Sellmaier (2000), S. 19 f.; Eisenführ et al. (2010), S. 184 ff; Mosler/Schmid (2011), S. 38 ff.; Laux et al. (2012), S. 288; Wendt (1966), S. 55.
475 Vgl. Fox/Tversky (1998), S. 880.

einer zu hohen Einstufung niedriger Wahrscheinlichkeiten, anschließend aber einer unterproportionalen Berücksichtigung dieser bei der Alternativenwahl kommen. Bei der Bewertung rückt in den Vordergrund, dass jede aufgeführte Option eine gewisse Relevanz besitzen muss,[477] während für die Entscheidung auf eine relativ kleine Stichprobe der letzten Ausgänge zurückgegriffen wird, in der die unwahrscheinlichen Ereignisse nur selten vorkommen.[478] Ebenso ist der gegenteilige Fall z. B. nach Terroranschlägen oder Erdbeben zu beobachten, wenn die Wahrscheinlichkeit für deren baldiges nochmaliges Auftreten als sehr gering angesehen, aber dennoch ein vorsichtigeres Verhalten an den Tag gelegt wird.[479] Somit liegt keine sichere Ableitung der Wahl aus der gebildeten Einstufung eines Sachverhalts vor. Die Werte können variieren, je nachdem ob sie als numerisches Urteil anzugeben sind oder das tatsächliche Entscheidungsgewicht darstellen.

Als dritte Ursache für die Varianz subjektiver Wahrscheinlichkeiten sind personenabhängige Unterschiede zu nennen. Diese werden in der klassischen präskriptiven Entscheidungstheorie, trotz ihrer vielfach nachgewiesenen, beträchtlichen Auswirkungen auf menschliche Urteile[480] ebenfalls kaum behandelt und sollen deshalb an dieser Stelle genauer thematisiert werden.

Eine erste Forschungsrichtung beschäftigt sich mit den individuellen intellektuellen Fähigkeiten als Auslöser. Beispielsweise konnte experimentell nachgewiesen werden, dass Menschen mit höherer Reflektionsfähigkeit, größerem Arbeitsgedächtnis und besseren Fertigkeiten im Umgang mit Wahrscheinlichkeiten häufiger die Wahl treffen, die sich nach dem Erwartungswertprinzip ergibt.[481] Ferner wurde in Studien gezeigt, dass demographische Merkmale wie Berufserfahrung oder Alter Einfluss auf die Art der Entscheidung, die Einbeziehung von In-

476 Vgl. Camilleri/Newell (2009), S. 526 f.

477 Vgl. Erev et al. (1994), S. 519 f.; Barron/Yechiam (2009), S. 457.

478 Vgl. Barron/Yechiam (2009), S. 457. Genau das gleiche Muster, wenngleich aus anderen Motiven, wurde in einer Untersuchung festgestellt, bei der Privatpersonen bezüglich ihres Verhaltens getestet wurden, strukturierte Finanzprodukte erstmalig zu erwerben. Auch hier waren die im Fragebogen genannten Wahrscheinlichkeiten über die eigene Kaufbereitschaft deutlich höher als deren tatsächliches Gewicht bei den Entscheidungen im anschließenden Feldexperiment; vgl. Döbeli/Vanini (2010), S. 1400 f.

479 Vgl. Barron/Yechiam (2009), S. 455 ff. Nachdem derartige Ereignisse tendenziell über eine längere Zeit gar nicht und dann geballt auftreten, entspricht dieses tatsächliche Verhalten den Gegebenheiten der Realität besser als die Wahrscheinlichkeitsschätzungen; vgl. ebenda.

480 Vgl. Cokely/Feltz (2009b), S. 18 f.; Morsanyi/Handley (2008), S. 21 f.; Siegrist/Keller (2011), S. 1041; Stanovich/West (1998), S. 161; Krumpal et al. (2008), S. 4 f.; Feltz/Cokely (2009), S. 342 f.; Cokely/Feltz (2009a), S. 356 ff.

481 Vgl. Cokely/Kelley (2009), S. 21 f. u. 29 f.; Siegrist/Keller (2011), S. 1041. Dies bedeutet jedoch nicht automatisch die Durchführung von Kalkulationen nach dem Erwartungswertprinzip, vgl. ebenda. Vielmehr werden meist relativ einfache, mehrheitlich heuristische Prozesse verwendet, die zu einem gleichwertigen Ergebnis führen. Dabei sind v. a. eine größere Genauigkeit bei deren Durchführung und höhere Fertigkeiten für das vorteilhaftere Resultat verantwortlich, vgl. Cokely/Kelley (2009), S. 21 f.; Peters et al. (2008), S. 621.

formation sowie die Präzision der internen numerischen Repräsentation ausüben.[482] Drittens sind subjektive Urteile nicht einmal intraindividuell konstant. So kann der gleiche Mensch aufgrund variierender Tagesform, Stimmung, verfügbarer Zeit usw. an verschiedenen Terminen zu abweichenden Wahrscheinlichkeitswerten gelangen.[483] Weitere relevante Eigenschaften der jeweiligen Situation oder Person bestehen in der Schwierigkeit der Informationsbeschaffung für den Einzelnen,[484] dem individuellen Wissensstand,[485] persönlichen Einstellungen[486] oder darin, was bei der Entscheidung für den jeweiligen Menschen auf dem Spiel steht.[487] Entsprechend existieren nicht nur keine objektiv richtigen Werte für subjektive Wahrscheinlichkeiten, vielmehr kann sogar für die einzelne Person nicht immer ein korrekter Wert bestimmt werden.[488]

5.2.2 Verstöße gegen die Axiome der Wahrscheinlichkeitstheorie

Mit der Diskussion im vorherigen Teilkapitel wurde die Beeinflussbarkeit subjektiver Wahrscheinlichkeiten durch bestimmte Größen verdeutlicht. Dabei war nicht ausschlaggebend, ob diese Variation einen Verstoß gegen die Axiome der Wahrscheinlichkeitstheorie beinhaltet, weshalb darauf nur am Rande eingegangen wurde. Im Folgenden werden nun als nächster Schritt explizite Verletzungen der normativen Vorgaben betrachtet. Mit Blick auf das spätere Experiment erfolgt eine Konzentration auf Verzerrungen, die durch die unterschiedliche Beschreibung eines identischen Sachverhaltes ausgelöst werden und zum großen Teil entscheidend zur Entstehung oder weiteren Ausgestaltung der Support Theorie beigetragen haben.

Das wohl bekannteste Beispiel stellt die sogenannte Conjunction Fallacy dar, bei der von Probanden das gleichzeitige Vorliegen zweier Eigenschaften für wahrscheinlicher gehalten wurde, als die Erfüllung nur einer der beiden Voraussetzungen. Ausschlaggebend war, dass die

[482] Vgl. Holm/Rikhardsson (2008), S. 552; Sah (2011), S. 7 ff.; Siegrist/Keller (2011), S. 1041; Sah et al. (2010), S. 207 f.; Peters et al. (2008), S. 630. So sensibilisierte in einer Untersuchung im Immobilienbereich höhere Erfahrung mit den zugrundeliegenden Sachverhalten Probanden für die Wichtigkeit einiger Merkmale, die von Novizen übersehen wurden. Dadurch ergab sich eine intensivere Informationsnutzung durch die sogenannten Experten, vgl. Sah et al. (2010), S. 214; Sah (2011), S. 7 ff.; Nicht nur aufgrund der hier genannten Erkenntnisse werden die Merkmale numerische Fähigkeiten und berufliche Erfahrung in die spätere Untersuchung einbezogen.

[483] Vgl. Brenner (2003), S. 90 f.; Krumpal et al. (2008), S. 4 f.; Wolfe/Reyna (2010), S. 219.

[484] Vgl. Bamberg et al. (2012), S. 18 ff.; Eisenführ et al. (2010), S. 33 f.; Ashton (1982), S. 104.

[485] Vgl. Obermaier/Saliger (2013), S. 1; Bamberg et al. (2012), S. 4 f.; Tversky/Kahneman (1983), S. 293; Sherman et al. (1989), S. 285.

[486] Vgl. Bosch (2012), S. 13; Tversky/Kahneman (1983), S. 293.

[487] Vgl. Wendt (1966), S. 47 f. u. 79; Siegrist/Keller (2011), S. 1041.

[488] Vgl. Tversky/Kahneman (1983), S. 293.

zusammengesetzten Ereignisse repräsentativer wirkten als die zugehörigen Einzelkategorien.[489] So wurde z. B. bei einer als farblos beschriebenen, männlichen Person die Chance dafür, dass diese in ihrer Freizeit Jazz spielt und gleichzeitig Buchhalter von Beruf ist, höher eingeschätzt als die Wahrscheinlichkeit für das Hobby der Jazzmusik allein.[490] Folglich kann bei entsprechend eingängiger Beschreibung bereits ein Teilszenario höher eingestuft werden als das Gesamtereignis, womit gegen das erste und dritte Axiom der Wahrscheinlichkeitstheorie sowie die Monotonieeigenschaft des Wahrscheinlichkeitsmaßes verstoßen wird.[491]

Im Rahmen der Untersuchungen zur Base Rate Fallacy wurde festgestellt, dass Probanden bekannte A-priori-Wahrscheinlichkeiten einer Population vernachlässigen, wenn konkrete Informationen über das einzelne Untersuchungsobjekt vorliegen. So spielte es für die Testpersonen nur eine untergeordnete Rolle, ob sich eine Grundgesamtheit von einhundert Personen in siebzig Ingenieure und dreißig Rechtsanwälte unterteilte oder das Verhältnis umgekehrt war. Wesentlich größere Bedeutung bei der Beurteilung der Gruppenzugehörigkeit eines willkürlich herausgegriffenen Individuums hatte die konkrete Beschreibung der Person sowie deren Erfüllung des Stereotyps einer der beiden Gruppen. Sogar für die Einstufung irrelevante Informationen führten zu einem Verlassen der Grundwahrscheinlichkeiten.[492]

Fischhoff et al. stellten bei unterschiedlichen Ausgestaltungen eines Fehlerbaumes mit den Wahrscheinlichkeiten einzelner Ursachen für das Nichtanspringen eines Fahrzeugs fest, dass die Teilnehmer ausgelassene Kategorien nur unzureichend berücksichtigten. Je nach Manipulationsgrad wurden den Probanden bis zu sieben konkrete Fehlerquellen plus eine Sammelkategorie „alle übrigen Probleme" vorgegeben.[493] Dabei kam zum Vorschein, dass beim Auslassen einzelner Ursachenzweige deren Wahrscheinlichkeiten nur teilweise zur Sammelkategorie addiert wurden. Ein beträchtlicher Teil wurde sowohl von Laien, wie auch von erfahrenen Kfz-Mechanikern auf die verbliebenen namentlich aufgeführten Gründe verteilt.[494] Eine ähnliche unzulässige Abhängigkeit subjektiver Wahrscheinlichkeitsurteile von der vorgenommenen Sachverhaltsunterteilung wurde bei einer Befragung zu den Anteilen einzelner Energiear-

489 Vgl. Tversky/Kahneman (1983), S. 293. Der gleiche Effekt wird auch in den Experimenten zur Disjunction Fallacy beschrieben, in denen bei entsprechend prägnanten Fällen ein Teilelement als wahrscheinlicher angesehen wird als die übergeordnete Sammelkategorie, vgl. Bar-Hillel/Neter (1993), S. 1119 ff.

490 Vgl. Tversky/Kahneman (1983), S. 297 ff.

491 Vgl. u. a. Schira (2016), S. 227 ff.; Bosch (2012), S. 59 ff.; Tiede/Voß (2000), S. 30 ff.

492 Vgl. Kahneman/Tversky (1973), S. 238 ff.; Borgida/Brekke (1981), S. 64 f.; Kahneman/Tversky (1972), S. 432 ff.

493 Vgl. Fischhoff et al. (1978), S. 330 ff.

494 Vgl. Fischhoff et al. (1978), S. 330 ff.

ten an der Stromerzeugung festgestellt.[495] In beiden Fällen liegt damit insbesondere ein Verstoß gegen das dritte Grundaxiom der Wahrscheinlichkeitstheorie vor.[496]

Ein Auslöser für diese Verzerrungen liegt darin, dass Individuen zunächst jeder gegebenen Alternative die gleiche Wahrscheinlichkeit zuordnen und erst anschließend eine Anpassung der Werte nach ihren tatsächlichen Überzeugungen vornehmen. Da diese Korrekturen typischerweise unzureichend sind, erhalten seltene Kategorien zu hohe, häufige Ereignisse zu niedrige Werte.[497] Auch der Einbezug von Unsicherheit stellt eine mögliche Ursache für die zu geringe Anpassung dar. So kann jede Information, die ein Individuum erhält, fehlerhaft sein. Liegt nach den verfügbaren Daten eine Kategorie um 20 % über dem Wert, den eine Gleichverteilung ergäbe, wird diese Zahl nicht einfach übernommen. Vertraut die Person den vorliegenden Informationen zu 75 %, multipliziert sie diesen Grad der Sicherheit mit der Abweichung von 20 %, so dass die Kategorie nur um 15 % angehoben wird. Durch diese Tendenz zur Gleichverteilung ergibt sich bei Bildung mehrerer kleiner Teilgruppen für einen Sachverhalt eine höhere Summe als bei direkter Bewertung der großen Gesamtrubrik.[498]

Derartige Verzerrungen konnten nicht nur in Laborexperimenten, sondern auch in der Praxis nachgewiesen werden. So existieren zahlreiche Belege, dass Menschen ihre Versicherungen nicht nur nach rationalen Erwägungen abschließen. Vielmehr werden besonders eingängig wirkende Ereignisse in ihrer Vorkommenshäufigkeit weit überschätzt, während für abstrakter erscheinende Schadensszenarien nicht einmal durch Subventionen ein zufriedenstellender Deckungsgrad erreicht werden kann.[499] Auch spielt es eine große Rolle, ob eine bestimmte Absicherung laut Produktbeschreibung zusätzlich zu erwerben oder im Standardpaket enthalten und dadurch zur Einsparung der entsprechenden Prämie auf jene aktiv zu verzichten ist.[500]

Trotz der weiten Verbreitung und selbstverständlichen Verwendung subjektiver Wahrscheinlichkeiten ist das Problem, angemessene Urteile zu erhalten, auch den Vertretern der präskriptiven Lehre bekannt. So wird die direkte Befragung von Personen meist als zu ungenau oder

495 Vgl. van der Pligt et al. (1987), S. 269 ff.
496 Vgl. Schira (2016), S. 227; Dürr/Mayer (2017), S. 30; Bosch (2012), S. 59; Tiede/Voß (2000), S. 30.
497 Vgl. Fox/Clemen (2005), S. 1418; Fox/Rottenstreich (2003), S. 195 f.
498 Vgl. Fiedler/Armbruster (1994), S. 634 ff.; Kahneman/Tversky (1979), S. 289.
499 Vgl. Johnson et al. (1993), S. 36 ff.
500 Vgl. Johnson et al. (1993), S. 48. Das aufgrund dieser unterschiedlichen Ausgangsbedingungen differierende Verhalten der Versicherungsnehmer kann Erlösabweichungen von mehreren hundert Millionen US-Dollar jährlich nach sich ziehen; vgl. ebenda.

schwierig erachtet[501] und vorwiegend bei Experten die Möglichkeit gesehen, auf diese Weise eine verlässliche Einschätzung zu erhalten.[502] Ebenso taucht bei der indirekten Methode die Frage auf, ob mittels fiktiver Wetten auf bestimmte Sachverhalte[503] zuverlässig der genaue Überzeugungsgrad einer Person abgerufen wird.[504] Das Konzept der subjektiven Wahrscheinlichkeiten weist somit viele Schwachstellen auf, aber letztlich „bleibt aus praktischen Gründen nichts anderes übrig, als mit subjektiven Wahrscheinlichkeiten zu arbeiten"[505].

Unabhängig von dieser oft sicherlich notwendigen Pragmatik, darf eine zentrale Aussage der sogenannten Frequentisten nicht vergessen werden. Diese lautet, dass selbst bei Vorliegen einer großen Zahl von Vorgängen sowie der anderen Voraussetzungen für die Anwendung des statistischen Wahrscheinlichkeitsbegriffs „über das Eintreten oder Ausbleiben eines zufälligen Ereignisses A eines Ereignisfeldes $\mathcal{A}$ bei einem Einzelversuch nichts ausgesagt werden"[506] kann.[507] Entsprechend sind für den Einzelfall konkrete Werte im Falle statistischer und mathematischer Wahrscheinlichkeiten nur als Orientierungshilfe sowie bei subjektiven Urteilen lediglich als Vermutungen einzustufen. Gerade letztere können in der jeweiligen Situation dabei dank Intuition und Erfahrung durchaus richtig, aber ebenso falsch sein.[508]

Solange dieser Punkt im Auge behalten wird, ist gegen eine Verwendung derartiger Zahlen nichts einzuwenden. Allerdings wird im Rahmen der subjektiven Konzeption meist von einem „Ich halte die Fälle für gleich wahrscheinlich" auf ein „Die Fälle sind gleich wahrscheinlich" übergegangen.[509] Dies führt dazu, dass bloße Vermutungen an präzise ausgearbeiteten Vorgaben der Wahrscheinlichkeitstheorie gemessen werden. Alleine aufgrund des subjektiven Informationsstandes[510] und der daraus resultierenden Einschätzungen kann das Handeln einer Person von einem Außenstehenden gar nicht als falsch eingestuft werden.[511] Somit handelt es

---

501 Vgl. z. B. Eisenführ et al. (2010), S. 184; Sellmaier (2000), S. 19 f.; Laux et al. (2012), S. 288; Wendt (1966), S. 55.
502 Vgl. Mosler/Schmid (2011), S. 40.
503 Vgl. Mosler/Schmid (2011), S. 38 ff.; Eisenführ et al. (2010), S. 191 ff.; Sellmaier (2000), S. 20.
504 Vgl. Sellmaier (2000), S. 23 f.; Ott (2001), S. 2; Gigerenzer (1991), S. 88 f.
505 Eisenführ et al. (2010), S. 179. Nicht zuletzt aus dieser Not geboren, wird in der neueren präskriptiven Entscheidungslehre kaum zwischen objektiven und subjektiven Wahrscheinlichkeiten unterschieden. Diese werden gleichwertig verwendet (vgl. exemplarisch Bamberg et al. (2012), S. 67 f.; Obermaier/Saliger (2013), S. 68) bzw. gleich ein subjektiver Erwartungsbegriff (vgl. Laux et al. (2012), S. 33).
506 Vgl. Storm (2007), S. 21.
507 Vgl. sinngemäß auch Fisz (1989), S. 2 und Storm (2007), S. 18.
508 Vgl. von Mises (1972), S. 88 f.; Dürr/Mayer (2017), S. 19; Schira (2016), S. 224 f.; Oberhofer (1993), S. 20.
509 Vgl. von Mises (1972), S. 88.
510 Vgl. Obermaier/Saliger (2013), S. 1; Bamberg et al. (2012), S. 4.
511 Vgl. Bosch (2012), S. 72; Schmidt (2009), S. 2; Bamberg et al. (2012), S. 4 f.; Gigerenzer (1991), S. 97.

sich bei den festgestellten Abweichungen weniger um Verstöße, vielmehr führt die Anwendung der Axiome auf dafür nicht vorgesehene Konstellationen zu den Differenzen.

Außerdem gilt, „that subjective probabilities are not direct representations of people's perceptions of certainty and that they are in some respects highly artificial representations"[512]. Die Bildung numerischer subjektiver Punktwahrscheinlichkeiten stellt kein naturgegebenes Verhalten von Menschen dar. Vielmehr existiert dieses Konstrukt erst seit ein paar Jahrhunderten, als formale zahlenbasierte Wahrscheinlichkeitssysteme erstmalig von Wissenschaftlern entwickelt wurden.[513] Entsprechend greifen Individuen in vielen Situationen nicht auf numerische Wahrscheinlichkeiten zurück bzw. verwenden diese nur unzureichend oder fehlerhaft.[514]

Aufgrund der aufgeführten Probleme mit dem Konzept subjektiver Punktwahrscheinlichkeiten werden im nächsten Kapitel weniger restriktive Ansätze behandelt. Mit diesen wird nicht das Konstrukt der Wahrscheinlichkeiten grundsätzlich in Frage gestellt, sondern versucht durch geringere Anforderungen eine bessere Anwendbarkeit in der Realität zu erreichen.

5.2.3 Erweiterte Wahrscheinlichkeitsbegriffe

Zum einen sind in vielen Situationen qualitative, verbale Urteile besser als numerische Punktwahrscheinlichkeiten geeignet.[515] Zwar sind diese auf den ersten Blick ungenauer und teils schwieriger zu interpretieren, aber oft fällt es Menschen leichter, ihre Unsicherheit mit Worten statt als Zahlen wiederzugeben.[516] Nachdem derartige Einstufungen Teil der Sprache sind und mit ihnen Implikationen zum Ausdruck gebracht werden können, kommt es jedoch sogar häufig vor, dass sie zugleich besser verstanden werden.[517] Verglichen mit den genannten Schwierigkeiten und den damit oft verbundenen falschen Schlüssen bei numerischen

---

[512] Windschitl (2000), S. 196. Vgl. sinngemäß auch Windschitl/Wells (1996), S. 345 f.; Tversky/Rottenstreich (2003), S. 199.

[513] Vgl. Daston (1988), S. 3; Zimmer (1983), S. 159.

[514] Vgl. Windschitl (2000), S. 196. Gerade im medizinischen Bereich sind zahlreiche auf die BWL übertragbare Beispiele bekannt, bei denen aufgrund fehlerhafter Wahrscheinlichkeitseinschätzungen falsche Entscheidungen getroffen werden, vgl. Mata et al. (2005); Cahan et al. (2003); Gigerenzer (1991), S. 94 f.

[515] Vgl. Raufaste et al. (2003), S. 198 f.; Teigen/Brun (2003), S. 125 f.; Zimmer (1983), S. 180; Berndt/Cansier (2007), S. 13 f.

[516] Vgl. Teigen/Brun (2003), S. 125 f.

[517] Vgl. Teigen/Brun (2003), S. 141 f. So kann die Äußerung, dass Erfolg möglich ist, wie beabsichtigt als ermutigend aufgefasst werden, ebenso die Bemerkung, etwas sei nicht sicher, als Aufforderung, vorsichtig zu agieren. Eine Wahrscheinlichkeit von 45 % stellt hingegen zwar einen präzisen Wert dar, es bleibt aber unklar, ob die Unsicherheit oder die Möglichkeiten im Mittelpunkt der Aussage stehen; vgl. ebenda.

Wahrscheinlichkeiten, liegt die Validität bei qualitativen Beschreibungen deutlich höher.[518] Zwar gibt es auch bei verbalen Skalen Abweichungen, diese bleiben aber hinter denen der numerischen zurück.[519]

Als zweite Alternative existieren Intervallschätzungen mit unteren und oberen Wahrscheinlichkeiten. Dabei geben die Personen den Mindestwert, den sie einem Ereignis auf jeden Fall zuschreiben, wie auch die maximal vorstellbare Zahl an. Derartige Intervalle entsprechen dem Naturell und den Fähigkeiten der Menschen deutlich besser als die dezimalstellengenauen Punktschätzungen der klassischen subjektiven Wahrscheinlichkeitstheorie.[520] Desweiteren ermöglichen sie ein angemesseneres Arbeiten in Situationen, in denen der Informationsstand stark eingeschränkt und beispielsweise nur die Struktur eines Problems bekannt ist.[521]

Die Evidenztheorie von Shafer erweitert das Konzept der Wahrscheinlichkeiten, indem statt einem ein- ein zweidimensionales Maß verwendet wird. So tritt ein Ereignis, das zu 70 % sicher ist, nicht mehr automatisch zu 30 % nicht ein. Eine nähere Aussage über dieses Gegenereignis kann nur gemacht werden, sofern auch dafür ein konkret beobachteter Wert vorliegt. Ansonsten werden diese 30 % der Menge aller Hypothesen zugesprochen. Folglich ergibt sich ein Wahrscheinlichkeitsbereich der vom Glaubensmaß Bel (A) als untere Schranke bis zur Plausibilitätsfunktion Pl (A) als obere Grenze reicht. Bel (A) stellt das totale Maß an Glauben dar, das mit Sicherheit der Aussage A zugewiesen wird. Die Plausibilitätsfunktion Pl (A) bezieht hingegen jeden Glauben ein, der mit der Aussage A konsistent ist. In der Evidenztheorie ist der Fall der klassischen Punktwahrscheinlichkeiten als Spezialfall enthalten, bei dem Glaubensmaß, Plausibilitätsfunktion und Wahrscheinlichkeitswert zusammenfallen.[522]

Eine nochmals andere Lockerung gegenüber der klassischen Wahrscheinlichkeitstheorie stellt die Fuzzy-Logik dar. Diese wird zur Lösung von Problemstellungen mit ungenauen Aussagen verwendet, da subjektive Punktschätzungen dafür als nicht belastbar genug angesehen werden.[523] Im Rahmen der Fuzzy-Theorie wird mit unscharfen Mengen bzw. Zugehörigkeitsfunktionen gearbeitet. Beispielsweise stellt die 0,99 eine hohe Wahrscheinlichkeit dar und würde im Rahmen der von 0 bis 1 definierten Zugehörigkeitsfunktion die Zahl 1 erhalten. Einem

518 Vgl. Windschitl (2000), S. 217.
519 Vgl. Krumpal et al. (2008), S. 22 ff.
520 Vgl. Suppes (1974), S. 163.
521 Vgl. Weichselberger (2001), S. 4.
522 Vgl. Shafer (1976), S. 42 ff.; Beierle/Kern-Isberner (2008), S. 419 ff.; Paetzmann (2008), S. 78 f.; Trouwain (2002), S. 46 ff.; Spreckelsen/Spitzer (2005), S. 508.
523 Vgl. Lutz/Wendt (2007), S. 901; Ott (2001), S. 3.

Wert von 0,7 würden z. B. 0,8 entsprechen, die 0,5 würde zu dieser Menge noch mit 0,3 passen und die Wahrscheinlichkeit 0,2 hätte keine Zugehörigkeit mehr und bekäme die Zahl 0 zugeteilt.[524] Wie Abbildung 14 hervorhebt wird durch diese Vorgehensweise ein gleitender Übergang, v. a. an den Schwellen von Kategorien geschaffen. Dieser ist wichtig, da solche Grenzwerte ohne verbindliche Kriterien festgelegt werden müssen und so stets einer gewissen Willkür unterworfen sind.[525] Die klassische Theorie, auch als scharfe Menge bezeichnet, wird als Spezialfall innerhalb der Fuzzy-Theorie angesehen, bei der nur die Werte 0, sofern das Element nicht zur betreffenden Klasse passt und 1, falls es zu dieser gehört, auftreten.[526]

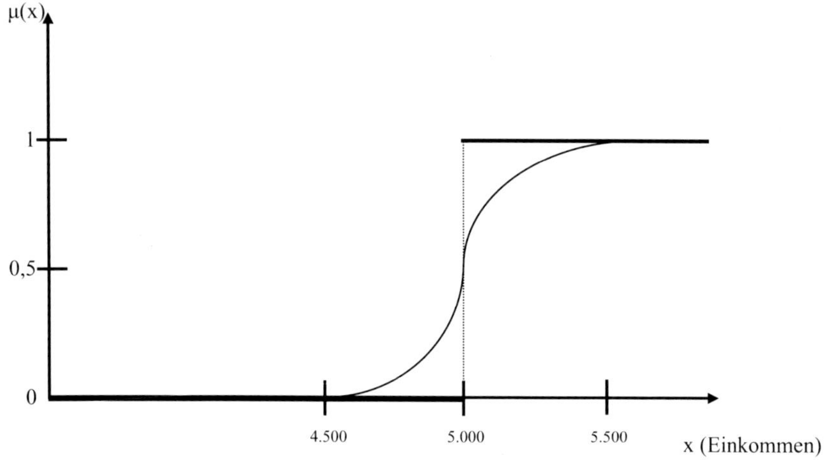

Abbildung 14: Wahrscheinlichkeitsfunktionen dafür, bei einem Schwellenwert von 5.000 Geldeinheiten bei scharfer (dicke) und unscharfer Menge (dünne Linie) der Gruppe mit hohem Einkommen zugeteilt zu werden (eigene Darstellung in Anlehnung an Ott (2001), S. 15).

Die häufig gegen erweiterte Ansätze geäußerte Kritik, die bessere deskriptive Aussagekraft werde durch präskriptive Inkonsistenzen erkauft, trifft nicht zu. So weisen nicht nur die eben beschriebenen Konzepte ein umfangreiches axiomatisches Fundament auf,[527] auch in anderen Fällen genügt der Verzicht auf einzelne, eher unwichtige Axiome, um eine realitätsnähere Theorie zu entwickeln.[528] Ein präskriptiver Alleinvertretungsanspruch der klassischen Wahrscheinlichkeitstheorie für ein rationales Entscheiden unter Unsicherheit ist daher nicht gege-

524 Vgl. sinngemäß mit anderem Beispiel Schaumann (2008), S. 5 ff.
525 Vgl. Ott (2001), S. 14 f.
526 Vgl. Lutz/Wendt (2007), S. 901 f.; Schaumann (2008), S. 8.
527 Vgl. Suppes (1974), S. 165 ff.; Shafer (1976), S. 4 ff., 11 ff., 19 ff. usw.; Ott (2001), S. 14 ff.
528 Vgl. Lindstädt (2004), S. 497 ff.

ben.[529] Vielmehr dürften die höhere mathematische Komplexität sowie Ergebnisse mit Interpretationsspielraum, anstelle einer eindeutigen Zahl, der stärkeren Verbreitung dieser benutzerfreundlicheren Konstrukte bislang im Wege stehen.[530]

5.2.4 Alternativen zu Wahrscheinlichkeiten

Während die eben vorgestellten Konzepte den Problemen von Menschen durch eine Lockerung der Anforderungen begegnen, dabei aber grundsätzlich am Konstrukt der Wahrscheinlichkeiten festhalten, werden in den folgenden Teilkapiteln alternative Ansätze für den Umgang mit Unsicherheit vorgestellt. Zuerst wird der Begriff des Risikos betrachtet, der je nach Definition noch einen mehr oder minder großen Übereinstimmungsbereich mit den Wahrscheinlichkeiten aufweist. Anschließend werden komplett andere Überzeugungskonzepte behandelt. Da diese abweichende Wertintervalle besitzen, sind berechtigte Zweifel angebracht, dass ausgerechnet durch das Konstrukt der Wahrscheinlichkeiten stets menschliche Einstufungen korrekt abgebildet werden. Als Drittes werden mit den Heuristiken Lösungsstrategien diskutiert, die ohne Überzeugungsmaße auskommen. Eine weitere Option besteht schließlich darin, die vorhandene Ausgangssituation nicht als unabänderlich hinzunehmen, sondern negativen Konsequenzen einer Alternative durch geeignete Maßnahmen aktiv zu begegnen.

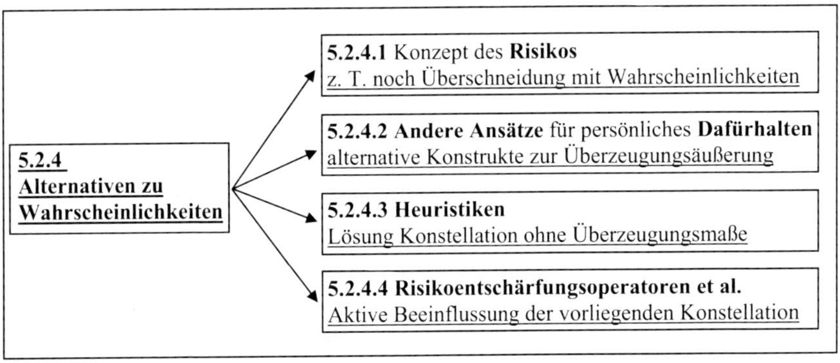

Abbildung 15: Unterkapitel zu Abschnitt 5.2.4, Alternativen zu Wahrscheinlichkeiten (eigene Darstellung)

---

529 Vgl. Lindstädt (2004), S. 495.

530 Vgl. Guo/Tanaka (2010), S. 447 ff.; Teigen/Brun (2003), S. 125 f. u. 141 f.; Wallsten et al. (1993), S. 176 f.; Windschitl/Wells (1996), S. 344 f.; Yager/Kreinovich (1999), S. 196 f.; Bellman/Zadeh (1970), S. B-163.

5.2.4.1 Der Begriff des Risikos

Ganz allgemein kann Risiko zunächst „als Möglichkeit von ungewissen Folgen eines Ereignisses oder einer Handlung“[531] definiert werden. Bei dieser Festlegung sind positive Konsequenzen mitenthalten, da unsichere Auswirkungen auch zu angenehmen Überraschungen führen können.[532] Zahlreiche statistische Maße für das Risiko wie Standardabweichung,[533] Varianz, Erwartungswert,[534] Schiefe und Wölbung[535] sind ebenfalls für sich neutral und liefern Parameter über Lage und Verteilung der interessierenden Größe zur grundsätzlichen Abbildung der vorherrschenden Unsicherheit.[536] Meist bleibt es aber nicht bei einer solch umfassenden Betrachtungsweise. Vielmehr wird Risiko typischerweise in engeren Festlegungen „auf ungewisse Konsequenzen von Ereignissen oder Handlungen, die direkt oder indirekt zu Beeinträchtigungen von Leben, Gesundheit und Umwelt beitragen“[537] beschränkt.[538]

Bei finanziellen Sachverhalten, nicht zuletzt auch Investitionen steht meist der Verlust als ungewollte Folge im Mittelpunkt. „Equating risk with the probability of a loss … “[539], „risk is the possibility of loss, where “loss“ may be relative and related to ruin.“[540] sowie weitere sinngleiche Begriffseingrenzungen sind charakteristisch[541] und weisen teilweise eine hohe Gemeinsamkeit mit dem Konstrukt der Wahrscheinlichkeiten auf. Wie die zweite Definition zeigt, wird vielfach das Augenmerk auf den Punkt gelegt, an dem ein Bankrott bzw. das Scheitern eines Projektes droht.[542] Die vorherrschende negative Auslegung des Risikos wirkt auf den ersten Blick zu einseitig, da Abweichungen ebenso Chancen bieten. Nachvollziehbarer wird dieser Fokus durch Blick auf die Konsequenzen, die bei ungünstigem Verlauf mit

531 Renn/Klinke (2003), S. 23. Vgl. sinngemäß auch Shapira (1994), S. 116.
532 Vgl. ebenda.
533 Vgl. Klos et al. (2005), S. 1777.
534 Vgl. Alderfer/Bierman (1970), S. 341.
535 Vgl. Alderfer/Bierman (1970), S. 350.
536 Vgl. Sortino/van der Meer (1991), S. 27. Auch durch die gerade bei Investitionen oft eingesetzten Instrumente der Simulation und der Sensitivitätsrechnung kann ein besseres Gespür für den Ablauf und die Empfindlichkeit einer vorliegenden Konstellation entwickelt werden; vgl. z. B. Obermaier/Saliger (2013), S. 69; Schulte (2007), S. 159 ff.; von Nitzsch (2014), S. 209 f.; Mensch (2002), S. 200 ff.; Biethahn et al. (2004), S. 2 f.; Götze (2014), S. 388 ff.; Durand-Lasserve et al. (2010), S. 5108 f.; Norrman et al. (2006), S. 107.
537 Renn/Klinke (2003), S. 23; vgl. sinngemäß auch Kunreuther (1983), S. 1.
538 Vgl. MacLean et al. (2004), S. 937; Sortino/van der Meer (1991), S. 27.
539 Klos et al. (2005), S. 1777.
540 Machol/Lerner (1969), S. 476.
541 Vgl. u. a. Yechiam et al. (2008), S. 493 f.; Browne (1995), S. 937; Hertz (1964), S. 95, die, ohne eine konkrete Definition anzuführen, Risiko ebenfalls mit der Gefahr des Unterschreitens einer gewissen finanziellen Grenze gleichsetzen.
542 Vgl. u. a. Abraham (1987), S. 695; Cummins/Mahul (2003), S. 121; Browne (1995), S. 937; Joy/Barron (1974), S. 763; Machol/Lerner (1969), S. 476; Josa-Fornbelida/Rincón-Zapatero (2006), S. 81.

dem Abbruch eines Projektes, möglichen Unternehmensschließungen etc. deutlich schwerer wiegen als die positiven Folgen bei unerwartet guter Entwicklung.[543]

Eintrittswahrscheinlichkeit

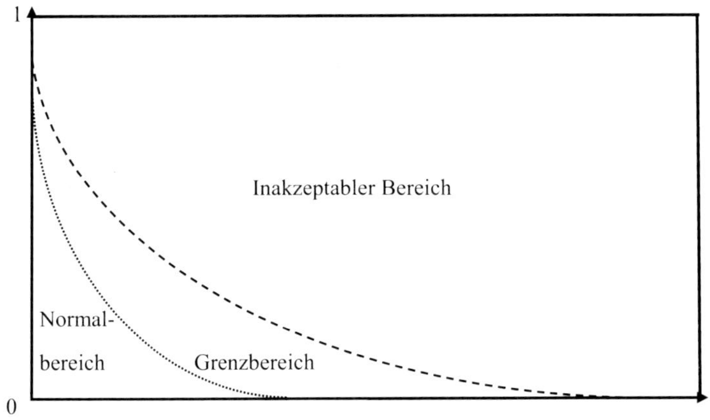

Schadensausmaß

Abbildung 16: Differenzierung von Risikobereichen in Abhängigkeit von Schadensausmaß und Eintrittswahrscheinlichkeit (eigene Darstellung, angelehnt an Renn/Klinke (2003), S. 31)

Prinzipiell existiert für den Begriff des Risikos keine allgemein gültige Definition.[544] Einigkeit herrscht darüber, dass dessen Reduzierung ein wünschenswertes Ziel ist, ansonsten gibt es aber, häufig situationsabhängig, höchst unterschiedliche Auffassungen darüber, was dieser Parameter bedeutet. Nachdem oft Obergrenzen für das hinnehmbare Risiko bestehen, wird jenes auch als Beschränkung des Möglichkeitenraums bzw. der vorliegende Sachverhalt als Optimierung unter Nebenbedingung gesehen.[545] Stets bedeutsam ist, was auf dem Spiel steht.[546] In extremen Fällen fokussieren Menschen nur auf die negativen Konsequenzen und

[543] Vgl. Stark (2000), S. 314; Kennan/Snow (2002), S. 267 ff.; Miao (2005), S. 2621 f.; Spinler/Huchzermeier (2004), S. 67 f.

[544] Vgl. Klos et al. (2005), S. 1777. Weitere übliche Begriffseingrenzungen sind u. a. der maximal mögliche Verlust, vgl. Alderfer/Bierman (1970), S. 350 oder der Erwartungswert des Verlustes, sofern ein Verlust eintritt. Als zusätzliche operative Maße existieren neben den bereits genannten Lage- und Verteilungsparametern z. B. noch standardisierte Streumaße oder die Wahrscheinlichkeit, in einem festgelegten Intervall um den langfristig eintretenden Erwartungswert zu landen, vgl. Klos et al. (2005), S. 1777 f. u. 1788.

[545] Vgl. Göbel (2014), S. 223; Joy/Barron (1974), S. 763; Machol/Lerner (1969), S. 488.

[546] Vgl. Sortino/van der Meer (1991), S. 27.

lassen die Eintrittshäufigkeiten weitgehend außer Acht,[547] ebenso kann das Ausmaß einer drohenden Konsequenz Auswirkungen auf die Höhe der angegebenen Wahrscheinlichkeiten haben.[548] Die vorstehende Abbildung 16 zeigt, wie grundsätzlich der Abgleich zwischen Eintrittswahrscheinlichkeiten und Schadensausmaß zur Einstufung des Risikos eines Sachverhaltes erfolgen kann.

Risiken können je nach Situation von Einzelnen, jedem Einzelnen oder Institutionen wie dem Staat übernommen bzw. zumindest innerhalb gewisser Bahnen gehalten werden.[549] Zudem existieren Optionen des Selbstschutzes, unter dem Maßnahmen zur Verringerung der Eintrittswahrscheinlichkeit eines negativen Ereignisses subsumiert werden sowie der Versicherung, durch welche die Größe des Verlustes verringert wird.[550] Das Risikoverhalten einer Person hängt einerseits von individuellen Faktoren ab,[551] ferner ergibt sich ein sozialer Einfluss in Gruppen oder wenn das Verhalten anderer Individuen beobachtet werden kann.[552] Die im späteren, in Abschnitt 7.2 näher beschriebenen Experiment von den Teilnehmern zu bildenden Ausfallwahrscheinlichkeiten können gemäß einigen der oben angeführten Definitionen zweifelsohne auch als Risiken aufgefasst werden.

5.2.4.2 Andere Konzepte für den Grad persönlichen Dafürhaltens

Unabhängig von ihrer weiten Verbreitung stellen Wahrscheinlichkeiten weder eine naturgegebene Vorgehensweise des Menschen,[553] noch die einzige Option dar, um den Grad des persönlichen Dafürhaltens anzugeben.[554] Als alternative Konstrukte existieren u. a. Hoffnung[555], Überzeugung und Unsicherheit[556], Glauben[557], Möglichkeiten[558], Unentschiedenheit, Zweifel, Angst, Glück, Unglück und Skepsis.[559] Von hoher Bedeutung ist in diesem Zusammenhang, dass laut nachstehender Abbildung 17 die einzelnen Ansätze zwar oft deutliche Überschnei-

547 Vgl. Sunstein (2003), S. 121 f. Dies ist z. B. bei Katastrophen oder Terroranschlägen der Fall; vgl. ebenda.
548 Vgl. Krumpal et al. (2008), S. 22.
549 Vgl. Renn/Klinke (2003), S. 23 ff.; Quiggin (2002), S. 133.
550 Vgl. di Mauro/Maffioletto (1996), S. 53; Quiggin (2002), S. 135. Die genannten Punkte werden noch ausführlicher im Teilabschnitt 5.2.4.4 zu den Risikoentschärfungsoperatoren behandelt.
551 Vgl. Ronay/von Hippel (2010), S. 473.
552 Vgl. Yechiam et al. (2008), S. 498; Carlin/Robinson (2009), S. 385.
553 Vgl. Suppes (1974), S. 162; Windschitl (2000), S. 19; Spoerhase (2007), S. 1 f.
554 Vgl. Idson et al. (2001), S. 244 f.; Raufaste et al. (2003), S. 197 f.; Windschitl/Wells (1996), S. 345 f.
555 Vgl. Hammelstein/Roth (2002), S. 191 ff.; Teigen (1983), S. 175 ff.
556 Vgl. Peterson/Pitz (1988), S. 85 ff.; Teigen (1983), S. 175 ff.
557 Vgl. Suppes (1974), S. 160 ff.; Spohn (2001), S. 34 ff.; Teigen (1983), S. 175 ff.
558 Vgl. Benetto et al. (2006), S. 114 ff.; Raufaste et al. (2003), S. 197 ff.; Legrenzi et al. (2003), S. 147 ff.
559 Vgl. Teigen (1983), S. 175 ff.

dungsbereiche, jedoch keine vollständige Übereinstimmung aufweisen.[560] Weiter existieren Belege dafür, dass Begriffe, die als austauschbar angesehen werden, dies nicht sind.[561]

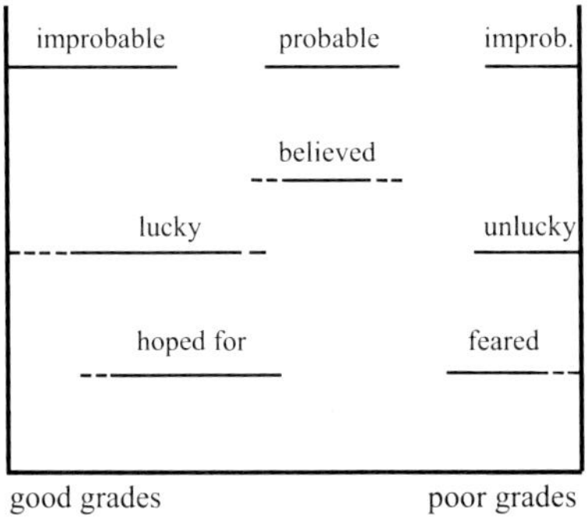

Abbildung 17: Überschneidungs- und Abweichungsbereiche verschiedener Ausdrucksmöglichkeiten für empfundene Unsicherheit (eigene Darstellung in Anlehnung an Teigen (1983b), S. 176)

Diese Tatsachen nähren Zweifel daran, dass durch das Konstrukt der Wahrscheinlichkeiten für jede Konstellation der Grad menschlichen Dafürhaltens korrekt gemäß den Vorgaben der präskriptiven Entscheidungstheorie abgebildet wird.[562] So stellt sich die Frage, ob nicht, zumindest ab und an, ein anderer der vielen alternativen Ansätze subjektive Einstellungen gegenüber unsicheren Ereignissen genauer anzeigt. Zweitens belegen dort ebenfalls vorzufindende Inkonsistenzen wiederum grundlegende Schwierigkeiten von Menschen damit, ihre Überzeugungen durch abstrakte quantitative Punktwerte zum Ausdruck zu bringen.[563] Folglich ist auch unter diesen Gesichtspunkten die vorrangige Verwendung exakter numerischer Wahrscheinlichkeiten in der heutigen statistischen Theorie[564] eher auf pragmatische Gesichtspunkte als auf eine generelle Überlegenheit dieses Konzeptes zurückzuführen. Insbesondere

560 Vgl. Teigen (1983), S. 175 f.

561 Vgl. Peterson/Pitz (1988), S. 85. Es wurde sogar nachgewiesen, dass die beiden Bezeichnungen Überzeugung und Unsicherheit sich auf verschiedene kognitive Prozesse beziehen und eine Person daher unter bestimmten Bedingungen zugleich an Überzeugung und Unsicherheit zulegen kann, vgl. ebenda.

562 Vgl. Idson et al. (2001), S. 244 f.; Tversky/Rottenstreich (2003), S. 199; Windschitl (2000), S. 196; Teigen (1983b), S. 189 f.

563 Vgl. Windschitl (2000), S. 196; Teigen/Brun (2003), S. 125 f.; Tversky/Rottenstreich (2003), S. 199; Mata et al. (2005), S. 538; Cahan et al. (2003), S. 764 ff.; Wallsten et al. (1993), S. 176.

564 Vgl. u. a. Schmidt (2009), S. 193 ff.; Schira (2016), S. 213 ff.; Dürr/Mayer (2017), S. 13 f.; Bosch (2012), S. 13 ff.; Storm (2007), S. 15 ff.; Mosler/Schmid (2011), S. 1; Oberhofer (1993), S. 15 ff.; Bauer (2002), S. 1 ff.; Fisz (1989), S. 17 ff. als Beispiele für Statistikfachbücher, in denen durchgängig nur mit Wahrscheinlichkeiten als Überzeugungsmaß gearbeitet wird.

dessen fein ausgearbeitetes formales Instrumentarium ist hervorzuheben, gerade deshalb, weil andere Überzeugungsmaße überhaupt keine mathematische Fundierung besitzen.[565]

Allerdings soll auch ein sehr positiver Effekt der Vorherrschaft des Konzepts der Wahrscheinlichkeiten nicht unerwähnt bleiben. Durch deren weite, stetig zunehmende Verbreitung im täglichen Leben, dem damit verbundenen Lernen, der höheren Vertrautheit,[566] zunehmender Benutzerfreundlichkeit und -adäquanz der Modelle durch Weiterentwicklungen[567] und der einhergehenden Veränderung im Verhalten der Menschen ist eine kontinuierliche Verbesserung der Entscheidungsergebnisse gegeben.[568] Diese kommt vor allem dadurch zustande, dass eine systematische und reflektierte Herangehensweise an die Problemstellungen erfolgt.[569] In erster Linie erscheint es somit wichtig, irgendein plausibles, theoretisch gut entwickeltes Konstrukt hervorzubringen, das weithin benutzt wird. Durch die Konzentration entsteht ein großer Erfahrungsschatz, der stetige Verbesserungen und damit mittelfristig die Verwendung des Ansatzes auf einem hohen Niveau erlaubt. Ob das Konzept tatsächlich das, eventuell sogar nur um Nuancen, am besten geeignete ist, ist zunächst vernachlässigbar und kann vertieft werden, wenn das Wissen über die normativen Methoden bei der Mehrzahl der relevanten Personen ein solides Basisniveau erreicht hat.

5.2.4.3 Heuristiken[570]

Eine weitere Möglichkeit Unsicherheit bei Entscheidungen zu bewältigen besteht darin, sich nicht näher mit Überzeugungsmaßen auseinanderzusetzen, sondern einfache Daumenregeln, sogenannte Heuristiken, zu verwenden. Durch selbige wird zwar kein exaktes Optimum für eine Problematik erzielt, dies ist bei bestimmten Konstellationen, die nicht analytisch zu lösen sind, aber ohnehin nicht möglich und bei vielen anderen Sachverhalten nur mit unverhältnismäßigem Aufwand.[571] Bezüglich der Vor- und Nachteile dieses Ansatzes gehen die Meinungen weit auseinander. Kritische Betrachter bestreiten zwar nicht die schnellere Form der Entscheidungsfindung, verweisen jedoch vor allem auf die Gefahr, zu fatalen Fehlurteilen zu

565 Vgl. Teigen (1983b), S. 175; Teigen/Brun (2003), S. 125; Laux et al. (2012), S. 121 ff.; Sellmaier (2000), S. 18 ff.; Eisenführ et al. (2010), S. 175 ff.
566 Vgl. Vicki (2010), S. 18 f.; Overton (2009), S. 21 f.; Anonymus (2011), S. 4; Carrington (2007), S. 24 ff.
567 Vgl. Rehkugler/Schindel (1990), S. 320 ff.
568 Vgl. Bamberg et al. (2012), S. 6 f.
569 Vgl. Korndörfer (2003), S. 438; Schierenbeck (2003), S. 101; Hutzschenreuter (2009), S. 59.
570 Der Begriff Heuristik stammt aus dem Griechischen und bedeutet soviel wie „dazu da, um etwas herauszufinden oder zu entdecken", vgl. Gigerenzer/Brighton (2009), S. 108.
571 Vgl. Read/Grushka-Cockayne (2011), S. 23.

gelangen.[572] Die Befürworter betonen hingegen neben der Einfachheit die Genauigkeit der Heuristiken und sehen jene in vielen Situationen als überlegene Methode an.[573]

Grundsätzlich sind beide Argumentationslinien nachvollziehbar und vom Kernansatz her sogar ähnlich, da jede Seite zum Beleg ihrer Ansichten auf Extrembeispiele zurückgreift.[574] Mit den Heuristiken wird eine einfache, verzerrte aber zugleich robuste und spezialisierte Strategie eingesetzt und nicht wie von der präskriptiven Lehre gefordert ein komplexer, perfekt kalibrierter, jedoch störanfälliger sowie universeller Algorithmus.[575] Letzterer ist in Bezug auf das ausgewertete Datenmaterial auf jeden Fall genauer, kann jedoch hinsichtlich künftiger Ereignisse weniger gut passen,[576] da in vergangenen Erfahrungen nicht nur relevante Informationen, sondern auch Störeinflüsse enthalten sind. Diese gehen mit in die Prognose ein, wodurch bei deren starker Ausprägung die Vorhersagen solch ausgefeilter Modelle trotz richtiger Kalibrierung zu weit danebenliegen.[577]

Mittels der Heuristiken erfolgt hingegen eine starke Vereinfachung bzw. Nichtbeachtung von Information, wodurch auch der Anteil irrelevanter Daten reduziert wird.[578] Ein besseres Abschneiden ergibt sich folglich immer dann, wenn mit den weggelassenen Informationen überproportional viele Nebengeräusche herausgefiltert werden und damit die vorhandene Verzerrung kompensiert wird.[579] Bei den Heuristiken wird nicht eine Strategie generell angewandt, vielmehr kommen unterschiedliche Regeln in Abhängigkeit von der Klasse des Problems zum Einsatz.[580] Diese untersuchen auf individuelle Weise die spezifische Struktur des vorliegenden Sachverhalts und treffen darauf aufbauend adaptive Entscheidungen. Dabei bleibt die Menge der Heuristiken aufgrund ihrer Einfachheit, mit der eine gewisse Robustheit gegenüber Umfeldveränderungen einhergeht, beherrschbar.[581] Die ausgefeilteren Algorithmen wie multiple Regression sind hingegen universelle Methoden und müssen daher eine breite Palette an Mustern linearer und nichtlinearer Form abbilden können. Eine solche Fähigkeit ist mit dem

---

572 Vgl. exemplarisch Tversky/Kahneman (1986), S. 252; Tversky/Kahneman (1983), S. 294; Rottenstreich et al. (1999), S. 110 f.; Teigen (1983c), S. 27; Olson (1976), S. 599 f.

573 Vgl. Fiedler (2010), S. 21; Read/Grushka-Cockayne (2011), S. 23.

574 Siehe hierzu die Ausführungen im übernächsten Absatz bzw. dessen Fußnoten zur Conjunction Fallacy sowie Recognition Heuristik zur jeweiligen beispielhaften Verdeutlichung.

575 Vgl. Gigerenzer/Brighton (2009), S. 118 ff.

576 Vgl. Gigerenzer (2008), S. 22; Gigerenzer/Brighton (2009), S. 113.

577 Vgl. Gigerenzer (2008), S. 22; Gigerenzer/Brighton (2009), S. 117.

578 Vgl. Gigerenzer (2008), S. 22; Gigerenzer/Brighton (2009), S. 117.

579 Vgl. u. a. Todd/Gigerenzer (2000), S. 736 f.; Gigerenzer (2009), S. 79 f.; Gigerenzer/Brighton (2009), S. 118 ff.; Gigerenzer (2008), S. 25 f.; Gigerenzer et al. (1999), S. 18 ff.

580 Vgl. Gigerenzer et al. (1999), S. 32.

581 Vgl. Gigerenzer et al. (1999), S. 18.

Preis einer hohen Varianz verbunden, die sich in ungünstigen Fällen in einer zu weiten Abweichung niederschlagen kann.[582]

Anhand der geschilderten Mechanismen lassen sich für beide Richtungen spezielle Beispiele finden, mit denen sich der eigene Ansatz besonders gut untermauern lässt. Die mit einer kritischen Sichtweise ausgestatteten Vertreter der Heuristics-and-Biases-Richtung generieren entsprechend Konstellationen, bei denen die Schwächen einer schnellen näherungsweisen Lösungsstrategie deutlich zutage treten.[583] Von den Anhängern des Fast-and-Frugal-Heuristics-Ansatzes wird hingegen auf Situationen zurückgegriffen, für die der Einsatz von Heuristiken nicht nur zu einer schnelleren, sondern auch besseren Lösung führt.[584] Allerdings lassen die Vertreter beider Richtungen zumindest zwischen den Zeilen durchblicken, dass für die von ihnen gewonnenen Erkenntnisse doch Einschränkungen gelten.[585]

Tendenziell wird der Gebrauch von Heuristiken umso verständlicher, je realitätsnäher die jeweiligen Modelle ausgerichtet sind und vom Bild des Übermenschen weggehen, der alles weiß und kann und stets das Optimum ohne nennenswerten Aufwand erreicht.[586] Auch ist die Basierung der Entscheidung auf einem einzigen Grund, anstelle einer Kombination von Kriterien eingängig, da sie die kaum mögliche Umrechnung verschiedenster Faktoren wie Geld, Erfolg, Sicherheit, moralische Werte usw. in eine gemeinsame Währung vermeidet.[587] Andererseits zeigen Beobachtungen, dass Menschen doch zu kompensatorischem Verhalten neigen.[588] Auch der individuelle Faktor spielt wieder eine Rolle. Während manche Personen die Vorgaben der präskriptiven Wahrscheinlichkeitstheorie zuverlässig einhalten, verstoßen ande-

582 Vgl. Gigerenzer/Todd (1999), S. 18; Gigerenzer/Brighton (2009), S. 118 ff.

583 So wird zum Nachweis der Conjunction Fallacy eine sehr prägnante Kombination menschlicher Eigenschaften für eine konkrete Person erzeugt, vgl. Tversky/Kahneman (1983), S. 295 ff. Auf diese wird das Konzept der subjektiven Wahrscheinlichkeiten mit seinen in den vorherigen Kapiteln skizzierten Schwachpunkten und Eigenschaften angewandt, die bei solch einer Konstellation besonders deutlich zutage treten, vgl. von Mises (1972), S. 20; Fisz (1989), S. 2; Storm (2007), S. 18; Gigerenzer (1991), S. 86 ff.

584 Die Recognition Heuristik etwa, die gerne als Beleg verwendet wird und fehlendes Wissen als Informationsquelle benutzt, funktioniert vor allem, wenn etwa die Hälfte der genannten Beispiele bekannt und die andere Hälfte unbekannt ist. Je weiter die Ausgangssituation von dieser Idealverteilung weggeht, egal in welche Richtung, umso weniger lässt sich die Heuristik für die zu lösenden Fälle einsetzen; vgl. Goldstein (1998), S. 407 ff.

585 So räumen z. B. Tversky/Kahneman ein, dass das Eintreten der Conjunction Fallacy von der konkret vorliegenden Konstellation abhängt und die intuitiven Urteile von Probanden bei anderen Rahmenbedingungen durchaus auch korrekt ausfallen können, vgl. Tversky/Kahneman (1983), S. 310. Umgekehrt sehen Gigerenzer und seine Mitstreiter Heuristiken nicht per se, sondern nur für konkrete Konstellationen als besser geeignet an. Diese Vorteilhaftigkeit kann sich unter anderen Umständen auch ins Gegenteil verkehren, vgl. Gigerenzer/Brighton (2009), S. 112 u. 114; Gigerenzer (2008), S. 20 u. 22 f.

586 Vgl. Gigerenzer/Brighton (2009), S. 108.

587 Vgl. Gigerenzer/Todd (1999), S. 15.

588 Vgl. Glöckner/Herbold (2011), S. 72 f.

re durchgängig und signifikant gegen diese,[589] was u. a. davon abhängt, ob die Individuen in statistischen Prinzipien geschult oder völlig unerfahren sind.[590]

Insofern haben Befürworter und Kritiker einer heuristischen Vorgehensweise aus normativer wie aus deskriptiver Sicht ihre Berechtigung. Teils hängt es nur von der eingenommenen Sichtweise ab, ob fehlende kognitive Fähigkeiten oder unerlaubte Konstellationen als Auslöser für bestimmte Effekte unterstellt werden. Da manchmal die selbe Maßnahme zur Entschärfung der vorliegenden Problematik führt, verliert die Frage, ob dieser Eingriff als Rationalitätssicherung oder Schaffung zulässiger Voraussetzungen zu sehen ist, ohnehin viel an praktischer Relevanz.[591]

5.2.4.4 Aktive Beeinflussung von Parametern der Entscheidungssituation

Wie zu Beginn des Kapitels 5.1 angesprochen, entstand das Konstrukt der Wahrscheinlichkeiten in Verbindung mit dem Glücksspiel.[592] Im Laufe der Zeit wurden die dort gewonnenen Erkenntnisse auf andere Problembereiche angewandt.[593] An der relativ unreflektierten Übertragung dieses Konzeptes auf Entscheidungssituationen in der Realität, die völlig andere Merkmale aufweisen, wird bereits anhand theoretischer Überlegungen starke Kritik geübt.[594]

Desweiteren belegen die Ergebnisse mehrerer Experimente, dass in quasi-realistischen Entscheidungssituationen ein anderes menschliches Verhalten zu Tage tritt, als die vorgegebenen Werte und Wahrscheinlichkeiten genau in Erfahrung zu bringen, für unabänderlich hinzunehmen und die optimale Alternative zu berechnen. So sind Entscheidungsträger in einigen Situationen nicht aktiv an Wahrscheinlichkeitsinformationen interessiert. Bei einer Risikoentscheidung, bei der mindestens eine Alternative negative Konsequenzen haben kann, genügt oft bereits die Möglichkeit unerwünschter Folgen, damit vielmehr nach einer zusätzlichen

---

589 Vgl. Teigen (1983c), S. 104.

590 Vgl. Tversky/Kahneman (1983), S. 310 f.

591 Vgl. Tversky/Kahneman (1983), S. 299 u. 308 f. sowie Gigerenzer (1991), S. 88, 92 u. 94, die beide zur Reduzierung von Urteilsverzerrungen bei Wahrscheinlichkeiten von Prozentwerten erfolgreich auf das Format der relativen Häufigkeiten wechseln. Dabei sehen sie die gleiche Maßnahme jedoch unter verschiedenen Vorzeichen. Während erstere hoffen, die Kandidaten durch derartige Änderungen endlich zur Vernunft zu bringen, sieht Gigerenzer durch die Anpassung überhaupt erst eine fehlerfreie Ausgangssituation gegeben.

592 Vgl. Bosch (2012), S. 15; Dürr/Mayer (2017), S. 13; Schira (2016), S. 219.

593 Vgl. Storm (2007), S. 15.

594 Vgl. Huber (2004), S. 128 f.; Schulte-Mecklenbeck/Huber (2003), S. 228; Lipshitz/Strauss (1997), S. 149 ff.

Handlung zu deren Reduzierung gesucht wird.[595] Beispielsweise kann bei der Frage nach dem diesjährigen Urlaubsziel eines der in Frage kommenden Länder die mit Abstand attraktivste Alternative darstellen, jedoch das Risiko einer gefährlichen Krankheit mit sich bringen.[596] Als Handlung zur Abhilfe, die als Risikoentschärfungsoperator (REO) bezeichnet wird, ist in diesem Fall eine wirksame Impfung denkbar.[597]

Bei den Risikoentschärfungsoperatoren ist zu unterscheiden, ob es sich um einen Präventions-REO handelt, der das Eintreten einer negativen Auswirkung verhindert bzw. weniger wahrscheinlich macht oder einen Kompensations-REO, der die unerfreuliche Konsequenz zwar nicht aufhält, aber eine (teilweise) Wiedergutmachung des entstandenen Schadens gewährleistet, wie eine Versicherung[598] oder Derivate.[599]

Die Suche nach einem REO beginnt mit der Feststellung, dass eine attraktive Alternative negative Effekte haben kann. Danach muss entschieden werden, ob nach einem REO gesucht oder dies unterlassen wird. Wird die Suche aufgenommen und ist sie erfolgreich, ist festzulegen, ob der gefundene REO akzeptiert wird oder nicht. Bei dessen Annahme kann im günstigsten Fall die negative Konsequenz komplett eliminiert werden. Auch wenn dies nicht gegeben ist, wird bei Akzeptanz des REO die Alternative gewählt, für die dieser gesucht wurde.[600] Nachdem die Suche mit Kosten verbunden und ihr Erfolg unklar ist, wird bevorzugt nur für eine frühzeitig favorisierte Alternative gesucht, die später meist auch gewählt wird, sowie bei einer realistischen Chance fündig zu werden. Selbst das Aufspüren eines REO garantiert noch nicht dessen Annahme, da dieser wiederum mit Kosten, Zeit oder anderen unerwünschten Wirkungen verbunden sein kann. Wie bei der Suche besteht eine Abhängigkeit von der Attraktivität der Alternative und der Stärke der negativen Konsequenzen, denen Aufwand, Nutzen sowie Sicherheit des Effektes des REO gegenübergestellt werden.[601]

---

595 Vgl. Göbel (2014), S. 223; Schulte-Mecklenbeck/Huber (2003), S. 228; Williamson et al. (2000), S. 20 f.; Ranyard et al. (2001), S. 152 f.

596 Vgl. Huber (2004), S. 127.

597 Vgl. Huber (2004), S. 130 f. Ebenso ist es bei einer Investitionsentscheidung am Kapitalmarkt hilfreich, auf Gelder zurückzugreifen, die bis auf weiteres nicht für andere Zwecke benötigt werden, da über längere Zeiträume die Werte gängiger Anlageobjekte fast immer steigen, vgl. Machol/Lerner (1969), S. 476 u. 487 f.

598 Vgl. Schulte-Mecklenbeck/Huber (2003), S. 228.

599 Vgl. Willems/Morbee (2010), S. 786.

600 Vgl. Huber (2004), S. 130.

601 Vgl. Huber (2004), S. 131.

Grundsätzlich nehmen Menschen die Suche nach einem REO von sich aus in Angriff, so dass es sich um eine natürliche Vorgehensweise handelt,[602] was durch Ergebnisse aus der nicht-experimentellen Forschung[603] sowie Analysen von Managerentscheidungen[604] zusätzlich untermauert wird. Allerdings lassen sich die Suchaktivitäten durch textliche Variationen, die unterschiedliche Erfolgsaussichten für das Aufspüren eines REO suggerieren, beeinflussen. Gleiches gilt für das Bemühen um Informationen über die Eintrittswahrscheinlichkeit der negativen Konsequenz. Das geringe Interesse an Wahrscheinlichkeiten in einigen Situationen ist somit in erster Linie darauf zurückzuführen, dass die Personen unter den konkreten Umständen wenig Hoffnung auf die Gewinnung näherer Erkenntnisse haben.[605]

Durch den REO erhält der Entscheider zumindest teilweise Kontrolle über die drohenden Gefahren, wobei die wahrgenommene Beherrschbarkeit einen wichtigen Faktor bei der Einstufung von Risiko darstellt. Kontrollierbares Risiko bzw. die Annahme die Geschehnisse aktiv beeinflussen zu können, führen zu einer geringeren Gefahreneinschätzung sowie höheren Erfolgserwartungen.[606]

Eine andere, allgemeinere Form, um Parameter von Entscheidungskonstellationen zu verändern, besteht in der Investition in Potentiale. So führt die Schulung von Mitarbeitern dazu, dass diese in allen Unternehmensbereichen besser entscheiden.[607] Durch diese gelungenere Umsetzung von Vorgaben stehen für künftige Wahlsituationen bessere Optionen zur Verfügung. Ebenso bedingt eine weitergehende Ausbildung, dass Angestellte flexibler eingesetzt werden können, was bei Planungsentscheidungen zusätzliche Möglichkeiten eröffnet.[608] In anderen Fällen verändern Investitionen gegen die negativen Folgen von Naturkatastrophen die Ausgangslage, da diese z. B. zu einer geringeren Anfälligkeit oder besseren Reaktionsmöglichkeiten im Notfall führen.[609] Auch der Aufbau und Einsatz unterstützender Modelle für konkrete Entscheidungen[610] oder das z. T. kostenintensive Einholen zusätzlicher Informatio-

602 Vgl. Schulte-Mecklenbeck/Huber (2003), S. 228.
603 Vgl. Lipshitz/Strauss (1997), S. 153.
604 Vgl. Shapira (1995), S. 116.
605 Vgl. Huber (2004), S. 133.
606 Vgl. Weinstein (1984); S. 431 f.; Zayer/Hirsch (2006), S. 650.
607 Vgl. Nitzan/Paroush (1980), S. 547.
608 Vgl. Netessine et al. (2001), S. 5 f.
609 Vgl. Nilson (1985), S. 734 f.
610 Vgl. Allen/Schuster (2004), S. 225; Sutardi et al. (1995), S. 557 ff.; Costeniuc et al. (2008), S. 1039 f.; Li/Meissner (2011), S. 4946 f.

nen[611], beeinflussen die vorliegende Konstellation,[612] ebenso kann auf bestimmte Umweltparameter teilweise Einfluss genommen werden.[613]

Somit kann eine Person auf vielfältige Weise die Ausgangssituation in eine vorteilhaftere Richtung verändern, bevor es zur Entscheidung kommt. Dies ist oft mit geringen Mitteln möglich,[614] weshalb es unrealistisch erscheint, dass bei einem Entscheidungsproblem ein anspruchsvolles Rechenmodell bemüht wird, die grundsätzlichen Gegebenheiten hingegen nicht angetastet werden. Ein solches Vorgehen ist nur bei Problemstellungen sinnvoll, bei denen die Eintrittswahrscheinlichkeiten im Vorfeld gut zu bestimmen sind, die eigentliche Konstellation jedoch kaum durch irgendwelche Maßnahmen verändert werden kann.[615] Hilfsweise kann argumentiert werden, dass das Prozedere der normativen Entscheidungslehre erst Anwendung finden soll, nachdem alle Optionen zur Verbesserung der Grundsituation ausgeschöpft sind. Dies wird seitens der präskriptiven Theorie jedoch nicht herausgestellt.

5.3 Die Support Theorie

Im ersten Teil dieses Kapitels wurde das Konzept der Wahrscheinlichkeiten näher vorgestellt. Mit der anschließenden Diskussion im zweiten Abschnitt wurden die Unzulänglichkeiten dieses Konstruktes aufgezeigt, indem Probleme, Erweiterungen und Alternativen behandelt wurden. Die Abhandlung dort erfolgte noch auf einem allgemeinen Niveau, wenngleich bei den Verstößen gegen die Axiome der Wahrscheinlichkeitstheorie bereits der Fokus auf Konstellationen gelegt wurde, bei denen durch die Form der Beschreibung eine systematische Beeinflussung des Wahrscheinlichkeitsurteils von Individuen gegeben ist. Nachstehend wird nun mit der Support Theorie ein konkretes Modell zur Erklärung bestimmter Effekte aus dem zuletzt genannten Bereich näher erläutert. Die darin beschriebenen empirischen Gesetzmäßigkeiten werden im späteren Experiment für den bislang noch nicht untersuchten Bereich betrieblicher Investitionsentscheidungen, die besondere individuelle Eigenschaften aufweisen, umgesetzt und damit für diese spezielle Thematik genau analysiert. Außerdem wird versucht,

611 Vgl. Battenfeld (2005), S. 32; Bamberg et al. (2012), S. 19; Laux et al. (2012), S. 300 ff.
612 Sowohl die Weiterbildung von Menschen wie auch zusätzliche Informationen oder bessere Modelle modifizieren die geistige Repräsentation einer Entscheidungssituation. Es erfolgt eine realistischere Abbildung, zusätzliche Optionen werden bewusst, weitere Einflussgrößen einbezogen oder bessere quantitative Einschätzungen erreicht; vgl. von Nitzsch (2014), S. 155 f.; Eisenführ et al. (2010), S. 39.
613 Vgl. Schiemenz/Schönert (2005), S. 29; Pauli (2009), S. 50.
614 Vgl. Huber (2004), S. 127 f.; Lipshitz/Strauss (1997), S. 153.
615 Vgl. Huber (2004), S. 132.

mittels mehrerer Veränderungen eine aktive Eindämmung der prognostizierten Verzerrungen zu erreichen. Die notwendigen theoretischen Grundlagen für diese Gegenmaßnahmen werden im nächsten Abschnitt 5.4 noch vertieft.

5.3.1 Theoretische Annahmen der Support Theorie

Die Support Theorie wurde 1994 von Tversky/Koehler im Rahmen des Heuristics and Biases Research Program entwickelt.[616] Sie stellt ein deskriptives Modell, jedoch mit präskriptiven Implikationen,[617] sowie eine Erweiterung des klassischen Ansatzes dar, indem der Aufspaltungrad einer Beschreibung als relevante Variable für die Ausprägung einer subjektiven Wahrscheinlichkeit zusätzlich miteinbezogen wird.[618] Damit folgen sie Autoren, die bereits in anderen Teilbereichen Überarbeitungen vorgenommen haben.[619] Der darin abgebildete Verstoß gegen die Axiome der Wahrscheinlichkeitstheorie fügt sich nicht nur nahtlos in die unter Kapitel 5.2.2 beschriebenen Effekte ein, vielmehr haben die meisten der dort geschilderten Phänomene wesentlich zur Entstehung der Support Theorie beigetragen.[620]

Den Ausgangspunkt bildet die Annahme, dass sich die Wahrscheinlichkeitsurteile von Menschen nicht auf bestimmte Sachverhalte A' und B', sondern auf deren Beschreibungen A und B, auch Hypothesen genannt, beziehen. Es wird von einer endlichen Menge T mit mindestens zwei Elementen ausgegangen, die mögliche Umweltzustände repräsentieren. Hierbei kann stets nur genau ein Zustand eintreten, der als Ereignis bezeichnet wird. Sofern H die Menge der Hypothesen repräsentiert, welche die Zustände in T beschreiben, korrespondiert jede Hypothese $A \in H$ mit einem spezifischen Ereignis $A' \subset T$, wobei mehrere Beschreibungen auf eine identische Konstellation passen können. H ist ebenfalls begrenzt und enthält mindestens eine Formulierung für jede Umweltausprägung.[621]

Ein identisches Wahrscheinlichkeitsurteil für gleiche Mengen umfassende, aber unterschiedlich dargestellte Sachverhalte ist nicht gewährleistet, da die Werte auf den Beschreibungen A

616 Vgl. Ayton (1997), S. 99.
617 Vgl. Tversky/Koehler (1994), S. 564.
618 Vgl. Tversky/Koehler (1994), S. 547.
619 Vgl. z. B. Suppes (1974), Shafer (1976) oder Zadeh (1978).
620 Tversky/Koehler (1994) heben Fischhoff et al. (1978), Tversky/Kahneman (1983) und Johnson et al. (1993) am ausführlichsten hervor, vgl. S. 547 f. Ebenso sind aber, ohne Anspruch auf Vollständigkeit, Fiedler/Armbruster (1994), van der Pligt et al. (1987) oder Bar-Hillel/Neter (1993) zu nennen.
621 Vgl. Tversky/Koehler (1994), S. 548.

und *B* beruhen, wie sie von der jeweiligen Person aufgenommen werden, und nicht auf den tatsächlichen Ereignissen *A′* und *B′*. Laut Support Theorie agieren Individuen mit einer Verhältnisskala *s*. Diese stellt das Ausmaß des Supports dar, das die Darstellung eines Ereignisses mit sich bringt, und ordnet jeder Hypothese aus *H* eine nichtnegative reelle Zahl zu. Der Wert einer Wahrscheinlichkeitsschätzung basiert auf diesem Support, so dass im Fall zweier sich gegenseitig ausschließender Hypothesen $A, B \in H$ folgender Zusammenhang gilt:

(1) $$P(A, B) = s(A)/[s(A) + s(B)].$$ [622]

Desweiteren ist die Unterscheidung zwischen expliziten und impliziten Oder-Verknüpfungen zentral. Eine Hypothese *A* ist implizit, wenn sie weder die Gesamtmenge noch eine leere Menge der Hypothesen umfasst und nicht explizit ist, d. h. es existieren sich gegenseitig ausschließende Hypothesen *B* und *C*, so dass $A = B \vee C$. So ist etwa die Bezeichnung Naturwissenschaften implizit, da sie in die expliziten Bestandteile Biologie, Chemie und Physik aufgeteilt werden kann. Allerdings ist die Unterteilung in explizit sowie implizit unscharf, nicht immer möglich und von der Perspektive des Betrachters abhängig.[623] Beispielsweise kann die Physik in weitere Gebiete aufgespalten[624] und diese können nochmals untergliedert werden, was aber nur unter gewissen Gegebenheiten sinnvoll ist. Umgekehrt gibt es Fälle, in denen keine impliziten Verknüpfungen existieren, da manche Ereignisse nur durch ihre einzelnen Bestandteile sinnvoll zu beschreiben sind.[625]

Anhand empirischer Ergebnisse wird die Annahme aufgestellt, dass der Support einer impliziten Verbindung *A* maximal gleich dem der einen identischen Bereich umfassenden Verknüpfung aus den expliziten Hypothesen $C \vee D$ ist. Folglich gilt, sofern sich zwei Hypothesen *C* und *D* gegenseitig ausschließen, *A* implizit ist und $A' = (C \vee D)'$, der Zusammenhang

(2) $$s(A) \leq s(C \vee D) = s(C) + s(D).$$ [626]

---

[622] Vgl. Tversky/Koehler (1994), S. 548. *P(A, B)* ist die subjektive Wahrscheinlichkeit dafür, dass die Beschreibung *A* und nicht *B* eintreten wird. Sie ist für alle sich gegenseitig ausschließenden $A, B \varepsilon H$ definiert und nur nicht vorhanden, falls *A* den Wert Null annimmt; vgl. ebenda, S. 550.

[623] Vgl. Tversky/Koehler (1994), S. 548.

[624] Vgl. z. B. Neuheuser (2009), S. 15; Hoffmann et al. (1998), S. 1956. Teilgebiete der Physik sind z. B. Mechanik, Thermodynamik, Elektrik, Optik oder Atom- und Kernphysik; vgl. ebenda.

[625] Vgl. Tversky/Koehler (1994), S. 548.

[626] Vgl. Tversky/Koehler (1994), S. 548.

Für die Bewertungskonstellation aus Gleichung (1) mit einer Kernhypothese *A* und einer Gegenhypothese *B*, die sich gegenseitig ausschließen, bedeutet dies, dass sich das Wahrscheinlichkeitsempfinden einer Person für *A* durch die Unterteilung in *C* und *D* gegenüber der Alternative *B* erhöht,

(3) $$P(A, B) \leq P(C \vee D, B) = P(C, D \vee B) + P(D, C \vee B).$$[627]

Es wird davon ausgegangen, dass das bewertende Individuum die jeweilige Ausschließlichkeit von *A* und *B* wahrnimmt, jedoch nicht unbedingt deren Bestandteile komplett auflisten kann. Enthaltene Teilelemente einer Beschreibung werden somit richtig erkannt und zugeordnet, allerdings besteht annahmegemäß keine perfekte Erinnerung.[628]

Gemäß Gleichung (2) ist deshalb der Support additiv für explizite und subadditiv für implizite Verknüpfungen. Dies bedeutet, dass die einzelnen Bestandteile einer übergeordneten Kategorie im ersten Fall mit Faktor 1,0 in das zu bildende Gesamturteil eingehen, in der zweiten Situation hingegen einen Abschlag erfahren. Laut Support Theorie stellt die Subadditivitätsannahme ein Grundprinzip menschlicher Bewertung dar.[629] Allerdings gibt es ebenso Vertreter von Superadditivität,[630] Additivität[631] sowie einer unabhängigen Behandlung der einzelnen Wahrscheinlichkeiten[632] in der wissenschaftlichen Diskussion.[633]

Die Subadditivität entsteht, da Menschen bei der Bildung ihrer Wahrscheinlichkeiten eine implizite Hypothese nicht wie in der normativen Theorie gefordert in ihre Einzelbestandteile aufspalten und den Support aller Komponenten addieren. Vielmehr tätigen sie eine Gesamteinschätzung, die sich v. a. auf repräsentative und leicht erinnerbare Fälle stützt. Da diese Art der Urteilsbildung eher selektiv als erschöpfend ist, verstärkt das als Unpacking bezeichnete Zerlegen in die Einzelkomponenten, tendenziell den Support für einen Sachverhalt.[634] Hierfür sind zwei Gründe verantwortlich. Die Grenzen des Merkvermögens führen dazu, dass die bewertende Person sich trotz deren fehlerfreier Unterscheidung nicht alle Fälle einer Katego-

---

627 Vgl. Tversky/Koehler (1994), S. 549. Umgekehrt funktioniert der Effekt natürlich auch bei der Gegenhypothese *B*. Wird diese weiter unterteilt, steigt deren Wahrscheinlichkeit gegenüber *A*; vgl. ebenda.

628 Vgl. Tversky/Koehler (1994), S. 548.

629 Vgl. Tversky/Koehler (1994), S. 548 f.

630 Vgl. Macchi et al. (1999); Sloman et al. (2004); Idson et al. (2001).

631 Vgl. de Finetti (1989); Mosler/Schmid (2011), S. 14; Schira (2016), S. 227 ff.; Sloman et al. (2004).

632 Vgl. Robinson van Wallendael/Hastie (1990); Robinson/Hastie (1985).

633 Hierauf wird am Ende dieses Teilkapitels noch näher eingegangen. Die einzelnen Vertreter können für ihre Positionen ebenfalls empirische Belege liefern.

634 Vgl. Tversky/Koehler (1994), S. 549. Der Einfluss der Aufgliederung eines Sachverhaltes auf das subjektive Urteil einer Person wird künftig daher auch als Unpacking Bias bezeichnet.

rie ins Gedächtnis rufen kann. Prinzipiell ist sie aus dem realen Leben eine unvollständige Alternativenliste gewöhnt, da dort eine erschöpfende Aufstellung aller Optionen so gut wie nie vorliegt.[635] Somit beziehen Menschen zum einen konkret aufgeführte Bestandteile bei ihrer Urteilsbildung mit ein, die sie sonst vergessen würden.[636] Zweitens erhöht die ausdrückliche Erwähnung einer Konsequenz deren wahrgenommene Bedeutung und damit ihren Support.[637]

Den Hauptgegenstand der Support Theorie bilden Wahrscheinlichkeitsschätzungen, allerdings kann sie ebenso auf Entscheidungen unter Unsicherheit[638] und weitere Bereiche des menschlichen Lebens ausgedehnt werden.[639] Die geschilderten Effekte treten häufig, jedoch nicht zwangsläufig auf. So sind Situationen denkbar, in denen durch die Aufspaltung einer Thematik weder die Erinnerung noch die subjektive Relevanz von Möglichkeiten gesteigert wird.[640]

Nachdem die individuelle Einstufung, auch objektiver Sachverhalte, ausschlaggebend ist, spielt in den Support stets eine subjektive Komponente hinein, die zu den geschilderten unterschiedlichen Bewertungen identischer Ereignismengen führen kann.[641] Folglich verläuft die Support-Funktion nicht-monoton. So kann $s(B)$ unter gewissen Voraussetzungen $s(A)$ übersteigen, obwohl A' das Ereignis B' als Teilmenge beinhaltet, wie es bei der Conjunction Fallacy[642] der Fall ist.[643] Nicht denkbar ist hingegen, dass $s(C)$ größer als $s(C \vee D)$ ist. Grundsätzlich ist die Funktion s, auf der die Support Theorie fußt, nicht direkt beobachtbar, sondern kann nur aus den Wahrscheinlichkeitsurteilen hergeleitet werden. Aus den obigen Gleichungen (1) bis (3) ergeben sich zahlreiche weitere Konsequenzen, wie binäre Ergänzung,[644] Proportionalität sowie die Unabhängigkeit dieser Proportionalität von anderen Hypothesen, die aufgrund ihrer fehlenden Relevanz für die weitere Arbeit hier aber nicht vertieft werden.[645]

---

635 Vgl. Teigen (1983a), S. 104.
636 Vgl. Tversky/Koehler (1994), S. 548.
637 Vgl. van der Pligt et al. (1987), S. 278 f.; Tversky/Koehler (1994), S. 548.
638 Vgl. Tversky/Koehler (1994), S. 548.
639 Vgl. z. B. Kruger/Evans (2004), nach deren Erkenntnissen Menschen die Zeitdauer für die Erledigung von Aufgaben länger und damit realistischer einschätzen, wenn sie diese zuvor in ihre Einzelschritte zerlegen.
640 Vgl. Fox/Rottenstreich (2003), S. 195 f.; Sloman et al. (2004), S. 576 ff.; Idson et al. (2001), S. 234 ff.; Ayton (1997), S. 110 ff.
641 Vgl. Tversky/Koehler (1994), S. 549.
642 Vgl. Tversky/Kahneman (1983), S. 295 und 297 ff. sowie nochmals Teilkapitel 5.2.2.
643 Vgl. Tversky/Koehler (1994), S. 549.
644 Diese besagt, dass die subjektiven Wahrscheinlichkeiten von Individuen für A und B im Zwei-Alternativen-Fall in Summe einen Wert von Eins ergeben, sprich additiv sind. Bei einer derartigen Konstellation werden die Urteile experimentell meist so ermittelt, dass ein Personenkreis den Wert für A schätzt, während eine zweite Gruppe die Wahrscheinlichkeit von B bestimmt; vgl. Idson et al. (2001), S. 230 u. 232.
645 Vgl. Tversky/Koehler (1994), S. 549 ff.

Im Gegensatz zur Subadditivitätsannahme der Support Theorie gilt in der klassischen Lehre die Prämisse der Additivität. Es wird keine Unterscheidung zwischen den Ereignissen selbst und ihrer Darstellungsform vorgenommen, weshalb für die Wahrscheinlichkeitsurteile zweier voneinander unabhängiger Ereignisse *A'* und *B'* bzw. für dessen Beschreibungen *A* und *B*

(4) $$P(A \cup B) = P(A) + P(B)$$

zugrunde gelegt wird. Damit ergibt sich unabhängig vom Grad der Aufspaltung stets ein identischer Wahrscheinlichkeitswert für die relevante Konstellation.[646]

Nach Überzeugung der Vertreter eines superadditiven Einschätzungsverhaltens weichen Menschen vom Axiom der Additivität ab, indem sie einer impliziten Kategorie eine höhere Wahrscheinlichkeit zuordnen, als sie sich aus den Werten ihrer Einzelkomponenten ergibt,

(5) $$P(A \cup B) \geq P(A) + P(B).$$[647]

Für dieses empirisch ebenfalls belegte und genau das Gegenteil der Aussagen der Support Theorie verkörpernde Phänomen werden v. a. zwei Ursachen in Betracht gezogen. Einerseits kann die bewertende Person angesichts ihrer Unwissenheit über alle Bestandteile eines Sachverhalts ein gewisses Maß an Wahrscheinlichkeit als Reserve zurückhalten und nicht auf die einzelnen Unterhypothesen verteilen. Nachdem die wesentlichen Bestandteile meist gut erinnert werden, ergibt sich durch deren Addition und die zusätzliche Einbeziehung dieses Aufschlags der höhere Wert für die implizite Kategorie.[648] Gemäß dem zweiten Erklärungsansatz tritt Superadditivität nur bei bestimmten Konstellationen auf, v. a. wenn eine repräsentative Oberkategorie gegeben ist, die in nicht prägnante Einzelkomponenten unterteilt wird.[649]

Neben Additivität, Sub- und Superadditivität bildet die unabhängige Behandlung einzelner Alternativen das vierte Muster bei subjektiven Wahrscheinlichkeiten. Diese äußert sich darin, dass Probanden bei Anpassung des Urteils für ein denkbares Ereignis keine oder nur geringe Änderungen an den Einstufungen der anderen Szenarien vornehmen. Die vorhandenen Hypo-

646 Vgl. Schira (2016), S. 227 f.; Storm (2007), S. 28; Schürger (1998), S. 7; Fisz (1989), S. 28 f.

647 Vgl. Idson et al. (2001), S. 232.

648 Vgl. Shafer (1976), S. 74 ff.

649 Vgl. Sloman et al. (2004), S. 573; Idson et al. (2001), S. 234. Ein Beispiel hierfür stellt ein Index aus Internetfirmen dar, der für Investoren gerade zu Beginn dieses Jahrtausends sehr attraktiv war. Der Kauf von Aktien einzelner Betriebe erschien aufgrund deren hohen Risikos hingegen weit weniger reizvoll und war daher unterproportional wahrscheinlich; vgl. Sloman et al. (2004), S. 581.

thesen teilen sich keine feste Gesamtsumme an Wahrscheinlichkeit, sondern werden als unabhängige Möglichkeiten angesehen.[650] Tauchen z. B. neue Daten auf, die eine Alternative plausibler werden lassen, steigt deren Wert, während die übrigen Optionen nicht oder nur geringfügig korrigiert werden. Sogar bei komplettem Entfall eines Ereignisses werden die restlichen Einschätzungen häufig nicht erhöht.[651] Eine derartige Vorgehensweise ist einerseits den begrenzten mentalen Ressourcen des Menschen geschuldet,[652] zum anderen ist sie an der Realität ausgerichtet, in der Konstellationen mit sich gegenseitig ausschließenden und erschöpfenden Möglichkeiten selten vorkommen. Die im Alltag daher anstelle der bayes'schen Vorgehensweise eingesetzten alternativen Lösungsstrategien wie die unabhängige Behandlung der Wahrscheinlichkeiten werden von den Probanden aus Gewohnheit dann auch in Laborsituationen mit kompletter Alternativenpalette herangezogen.[653]

5.3.2 Experimentelle Belege für das Unpacking Bias

Von Tversky/Koehler wurden zur empirischen Untermauerung ihrer Theorie diverse Experimente durchgeführt sowie bereits existierende Untersuchungen neu analysiert. U. a. wurden 120 Studenten bezüglich der Wahrscheinlichkeiten für verschiedene Todesursachen befragt. Dabei bewirkte die Aufspaltung impliziter Oberbegriffe wie natürliche und unnatürliche Todesursachen in speziellere Bestandteile wie Krebs und Herzerkrankung sowie anschließend nochmals in Brustkrebs, Leukämie, Krebs der Atemwege etc. wie vermutet jeweils eine Erhöhung der Einschätzungen. Der Grad der Subadditivität wurde durch den Unpacking Faktor gemessen, der die Summe der Werte der expliziten Bestandteile ins Verhältnis zur Einstufung für die implizite Gesamtkategorie setzt. Dabei wurden, je nach Sachverhalt und Anzahl der Teilelemente, Werte zwischen 1,2 und 2,19 ermittelt. Je höher die Anzahl der Komponenten war, in die ein Szenario zerlegt wurde, umso bedeutender fiel der Unpacking Faktor aus.[654]

In weiteren Experimenten wurde zum einen sichergestellt, dass die Subadditivität nicht durch die besondere Relevanz der Haupthypothese bedingt ist. Bei dieser Untersuchungsserie konnte durch Ausbildung von lediglich zwei Kategorien zudem die binare Additivität nachgewie-

650 Vgl. Robinson van Wallendael/Hastie (1990), S. 240 f.
651 Vgl. Robinson/Hastie (1985), S. 454 f.
652 Vgl. Robinson/Hastie (1985), S. 456.
653 Vgl. Robinson van Wallendael/Hastie (1990), S. 240 f.
654 Vgl. Tversky/Koehler (1994), S. 551 f.

sen werden.[655] Auch bei Expertenschätzungen von Medizinern und Börsenmaklern wurde Subadditivität im Mehr-Alternativen- sowie Additivität im Zwei-Optionen-Fall experimentell festgestellt,[656] so dass nicht nur Laien diesen Mustern unterliegen.[657] Als weitere Vorhersage der Support Theorie konnte der Enhancement Effekt belegt werden, gemäß dem bei neuen Indizien, die die Wahrscheinlichkeit einer Hypothese anheben, bei mehr als zwei Alternativen andere Optionen nicht zwangsläufig in ihrem Wert sinken müssen. Vielmehr besteht die Möglichkeit, dass durch neue Belege alle vorhandenen Hypothesen an Wahrscheinlichkeit zulegen.[658] Bei gleich gehaltener Informationsmenge wurde zudem nachgewiesen, dass die Einschätzungen und damit erneut das Ausmaß der Subadditivität ansteigen, je typischer die einzelnen Hypothesen für den vorliegenden Sachverhalt sind.[659]

Mittels der Support Theorie können nun empirisch festgestellte Phänomene wie die Conjunction Fallacy erklärt werden, wenn z. B. die Wahrscheinlichkeit für das generelle Auftreten einer Flutwelle niedriger eingeschätzt wird als diejenige für die gleiche Überschwemmung als Folge eines Erdbebens.[660] Laut Support Theorie wird von den bewertenden Personen die implizite Kategorie nicht in ihre Einzelbestandteile zerlegt, wie Flutwelle in Folge eines Erdbebens oder Flutwelle bedingt durch starke Regenfälle. Die Flutwelle bleibt so für die meisten Probanden relativ abstrakt, weshalb dem expliziten Teilereignis, das besser vorstellbar ist und daher mehr Support aufweist, eine höhere Wahrscheinlichkeit zugeordnet wird.[661]

Das Unpacking Bias wirkt sich nicht nur auf Einschätzungen, sondern auch direkt auf Entscheidungen aus. So waren Probanden bereit, gleich zwei ähnlich teure Versicherungen abzuschließen, von denen eine bei jeder Form von Krankheit und die andere bei jeder Art von Unfall eintritt, anstelle einer Police, die bei jedem Anlass greift und lediglich soviel wie eine der beiden vorherigen Versicherungen kostet.[662] Folglich stellt das hinter den Effekten stehende kognitive Muster ein generelles Charakteristikum menschlicher Bewertung dar.[663] So können

655 Vgl. Tversky/Koehler (1994), S. 553. Für weitere Studien, in denen Subadditivität bei mehr als zwei Möglichkeiten sowie Additivität im Zwei-Alternativen-Fall nachgewiesen wurde, vgl. Mehle et al. (1981); Tversky/Koehler (1994), S. 555 f.

656 Vgl. Tversky/Koehler (1994), S. 553 f.

657 Diese Tatsache wurde auch bei anderen Effekten festgestellt, vgl. Fischhoff et al. (1978), S. 341 f.; Dube-Rioux/Russo (1988).

658 Vgl. Tversky/Koehler (1994), S. 559 sowie allgemein Shafer (1976), S. 77 ff.

659 Vgl. Tversky/Koehler (1994), S. 560.

660 Vgl. Tversky/Kahneman (1983), S. 307 f.

661 Vgl. Tversky/Koehler (1994), S. 561.

662 Vgl. Johnson et al. (1993), S. 39 f. Ebenso entschieden sich bei einem Experiment Medizinstudenten in Abhängigkeit davon, ob bestimmte denkbare Diagnosen explizit aufgelistet waren oder nicht, verstärkt für eine konkrete Behandlungsmethode bei einem Patienten, vgl. Tversky/Koehler (1994), S. 562.

663 Vgl. Tversky/Koehler (1994), S. 562.

Unpacking-Effekte sogar bei Aufgaben auftreten, die nichts mit unsicheren Ereignissen zu tun haben, worauf unter 5.3.3 noch eingegangen wird.

Grundsätzlich beschreibt die Support Theorie die Art und Weise, wie Menschen Wahrscheinlichkeitsbewertungen vornehmen. Allerdings ergeben sich durch deskriptive Erkenntnisse stets auch präskriptive Implikationen.[664] So sollten bei der Gewinnung subjektiver Wahrscheinlichkeiten Konstellationen, die laut Support Theorie ein hohes Risiko für verzerrte Urteile mit sich bringen, vermieden oder in solchen Situationen auf andere Quellen zurückgegriffen werden. Desweiteren kann ein Korrekturfaktor bei systematisch abweichenden Schätzungen verwendet werden, ansonsten Hilfestellungen oder Abfragemodi, welche die Abweichungen minimieren.[665] Auch können aus derart speziellen Vorhersagen über menschliches Verhalten noch andere Implikationen abgeleitet werden, die zu einem geeigneteren Umgang mit subjektiven Wahrscheinlichkeiten führen.[666]

Nichtsdestotrotz stehen die festgestellten Schwierigkeiten im Mittelpunkt der Support Theorie. Nachdem verschiedene Einteilungen eines Sachverhaltes zu abweichenden Urteilen führen, kann von einer Bewertung nicht auf eine andere geschlossen werden, wie es die klassische Theorie voraussetzt. Dadurch muss das Konzept der subjektiven Wahrscheinlichkeiten nicht verworfen werden, es ist jedoch anfälliger als es die präskriptive Lehre einräumt. Die normativen Vorgaben sind nach wie vor unverzichtbar, jedoch in der Praxis kaum zu erreichen. Dennoch kann auf subjektive Wahrscheinlichkeiten nicht verzichtet werden, da bei vielen wichtigen Entscheidungen nur die intuitive menschliche Bewertung übrigbleibt. Von umso größerer Bedeutung ist deshalb die Gewinnung unverzerrter Urteile sowie effektiver Korrekturmechanismen in diesem Bereich. Hierzu trägt die Support Theorie bei, da aus ihr geeignete Maßnahmen abgeleitet werden können.[667]

5.3.3 Kritik und Erweiterungen der Support Theorie

Eine erste Überarbeitung der Support Theorie wurde von Tversky selbst gemeinsam mit Rottenstreich vorgenommen, indem Subadditivität nicht mehr nur bei impliziten, sondern auch

[664] Siehe hierzu nochmals die Ausführungen in Teilabschnitt 3.3 über die präskriptiven sowie deskriptiven Aufgaben der Entscheidungstheorie.
[665] Vgl. Tversky/Koehler (1994), S. 564 f.
[666] Vgl. Tversky/Koehler (1994), S. 551.
[667] Vgl. Tversky/Kahneman (1983), S. 313; Tversky/Koehler (1994), S. 565.

bei expliziten Sachverhalten zugrunde gelegt wird.[668] In der Ursprungsversion der Support Theorie wurde gemäß Gleichung (2) für eine implizite Hypothese A, die in zwei explizite Sachverhalte C und D aufgespalten wird, vom Zusammenhang

$$(2) \qquad s(A) \leq s(C \vee D) = s(C) + s(D)$$

ausgegangen.[669] Die linke Hälfte der abgebildeten Wirkungskette wird in der erweiterten Theorie als implizite Subadditivität bezeichnet. Jene ist von der expliziten Subadditivität zu unterscheiden, nach der zusätzlich ein Unterschied durch gemeinsamen sowie separaten Ausweis der konkreten Hypothesen C und D entstehen kann, weshalb neu

$$(6) \qquad s(A) \leq s(C \vee D) \leq s(C) + s(D)$$

gilt.[670] Als psychologische Mechanismen, die für die explizite Subadditivität verantwortlich sind, werden das Repacking sowie Anchoring and Adjustment genannt.[671]

Der Ausgangspunkt des Repacking besteht darin, dass die bewertende Person eine explizite Verknüpfung auch implizit auffassen kann. So werden die Wahrscheinlichkeiten eines Tores durch Mittelstürmer, Rechts- oder Linksaußen möglicherweise als Aussicht auf einen Stürmertreffer zusammengefasst, wenn sie nicht getrennt zu bewerten sind. Ein solches Repacking verringert den Support einer Konstellation und löst damit explizite Subadditivität aus. Bei ähnlichen Bestandteilen ist dieses Phänomen stärker ausgeprägt, da sie eher rückverpackt werden als weniger homogene Elemente.[672]

Eine zweite Quelle stellt das Anchoring-and-Adjustment-Prinzip dar. Nach diesem werden die expliziten Komponenten eines Ereignisses nicht einzeln bewertet und anschließend addiert, sofern das Individuum nicht dazu gezwungen ist. Vielmehr wird ein Element geschätzt, z. B. das größte oder vertrauteste und diese Einstufung dann nach oben angepasst, um die restli-

[668] Vgl. Rottenstreich/Tversky (1997), S. 407.
[669] Vgl. Tversky/Koehler (1994), S. 548.
[670] Vgl. Rottenstreich/Tversky (1997), S. 407.
[671] Vgl. Rottenstreich/Tversky (1997), S. 407 f.
[672] Vgl. Rottenstreich/Tversky (1997), S. 407.

chen Bestandteile zu berücksichtigen. Nachdem solche Korrekturen meist unzureichend sind, entsteht durch diese Heuristik ebenfalls explizite Subadditivität.[673]

Aufgrund beider Mechanismen wirkt es sich support- und damit wahrscheinlichkeitserhöhend aus, wenn Szenarien nicht nur separat ausgewiesen werden, sondern zugleich einzeln zu bewerten sind. Diese Annahme wird experimentell belegt, wobei Rottenstreich/Tversky darauf verweisen, dass „different partitions are likely to give rise to different patterns of subadditivity."[674] Dieser Gedanke wird in Verbindung mit Shafers Ansatz, der von Superadditivität ausgeht, weitergeführt und die Abhängigkeit der Verhaltensmuster von der vorliegenden Konstellation betont. So schließen die Autoren nicht aus, dass Superadditivität unter gewissen Bedingungen auftreten kann, jedoch eher als Ausnahme, denn als Regel.[675] In erster Linie kann diese bei der Bewertung der Beweisstärke einer Hypothese vorkommen, wenn eine relativ überzeugende Oberkategorie in weniger eingängige Einzelhypothesen unterteilt wird. Bei dieser Art der Beurteilung ist ausschlaggebend, wie stark die Daten für eine Hypothese sprechen, während bei Wahrscheinlichkeiten der subjektive Wert durch Belege für, ebenso wie gegen ein Ereignis beeinflusst wird.[676] Folglich sind für die beiden Einstufungsarten jeweils andere Regeln maßgeblich, wodurch es zu den abweichenden Schätzmustern kommen kann.[677]

Auch für Idson et al. liegt asymmetrische Informationsverarbeitung bei der Beweisstärke vor. Wie Tversky/Koehler sind sie der Überzeugung, dass sich das Wahrscheinlichkeitsurteil aus der wahrgenommenen Beweislage ableiten lässt. Nach ihren Ergebnissen ist aber bereits im Zwei-Alternativen-Fall Nicht-Additivität gegeben und je nach Belegen für oder gegen die einzelnen Alternativen Sub- oder Superadditivität möglich.[678] Grundsätzlich sehen sie das Konstrukt der numerischen Wahrscheinlichkeiten als kritisch an, um wahrheitsgetreue Urteile zu erhalten und bevorzugen daher Beweisstärke und qualitative Bewertungen. Superadditivität ist für sie nur bei numerischen Wahrscheinlichkeiten aufgrund des dort ablaufenden men-

---

[673] Vgl. Rottenstreich/Tversky (1997), S. 408. Ein Beispiel bildet die Schätzung der gemeinsamen Bevölkerung für die USA und Kanada. Die Einwohnerzahl der USA wird als Anker genommen, bevor ein unzureichender Aufschlag für die Kanadier erfolgt, wodurch der Gesamtwert zu niedrig ausfällt, vgl. ebenda.

[674] Rottenstreich/Tversky (1997), S. 412.

[675] Vgl. Rottenstreich/Tversky (1997), S. 412 f.

[676] Eine Wahrscheinlichkeit von 0,5 kann demnach dadurch entstehen, dass für eine Alternative sowohl starke Pro- wie auch Contra-Argumente existieren, aber ebenso, wenn weder nennenswerte Belege für, noch gegen diese Option vorliegen, vgl. Rottenstreich/Tversky, S. 413.

[677] Vgl. Rottenstreich/Tversky (1997), S. 413.

[678] Vgl. Idson et al. (2001), S. 227 ff.

talen Prozesses möglich. Bei qualitativen Bewertungen, die später in Zahlen umgewandelt werden, tritt in ihren Untersuchungen hingegen ausschließlich Subadditivität auf.[679]

Explizite Subadditivität wurde nicht nur von Rottenstreich/Tversky festgestellt, sondern auch von Ayton, der die Support Theorie am Beispiel von Buchmacherwetten überprüfte. Dabei zeigte sich sowohl implizite wie explizite Subadditivität, letztere damals noch in Widerspruch zur Ursprungsversion der Support Theorie. Allerdings kann ein Teil des Effektes mit den wirtschaftlichen Interessen der Buchmacher zusammenhängen, da eine derartige Gestaltung der Wetten zu besseren Margen führt. Nachdem es sich jedoch um einen Markt unter Wettbewerb handelt, müssen dann zumindest die Wettkunden einer Verzerrung unterliegen, da sie die nachteiligen Wetten sonst nicht abschließen würden.[680]

Die Untersuchungen von van Boven/Epley belegen, dass das Unpacking Bias nicht nur für Wahrscheinlicheits- und Häufigkeitsurteile, sondern allgemein für Bewertungen gilt. So wurden Schäden, die eine Ölfirma in einem sensiblen Naturgebiet anrichtet und die resultierenden Kompensationszahlungen, ebenso wie die empfundene Qualität sowie die vermutete eigene Zufriedenheit an konkreten Hochschulen höher eingestuft, wenn den Probanden eine ausführlichere Beschreibung mit höherem Detaillierungsgrad vorgelegt wurde.[681]

Kruger/Evans übertrugen die Systematik der Support Theorie auf die Planung von Tätigkeiten, wie Formatierung eines Dokuments, Kauf von Urlaubsgeschenken oder Vorbereitung auf ein Date. Dabei stellte sich heraus, dass Probanden, die dazu angehalten wurden, die Aufgabe vorab in ihre einzelnen Bestandteile zu zerlegen, die Erledigungsdauer signifikant höher und damit realistischer einschätzten. Ohne Unpacking kalkulierten die Teilnehmer, aufgrund der Einnahme einer verzerrten internen Sichtweise, deutlich zu wenig Zeit ein.[682]

Am häufigsten wurde von den Bestandteilen der Support Theorie die binare Additivität kritisch aufgegriffen. Neben Idson et al. stellte v. a. Yamagishi fest, dass die Wahrscheinlichkeiten eines Elements X, zu einer Kategorie C zu gehören, sowie nicht zu dieser zu passen, eine Summe von größer Eins ergeben, wenn X sehr passende wie auch stark abweichende Merk-

679 Vgl. Idson et al. (2001), S. 244 f. Siehe zu den qualitativen Urteilen auch Berndt/Cansier (2007), S. 13 f.

680 Vgl. Ayton (1997), S. 99 ff. Hervorzuheben ist, dass die Beobachtungen von Ayton Phänomene eines reellen Marktes beinhalten, dessen Mechanismen eindeutig sind. Daher greifen die üblichen Kritikpunkte gegenüber Laborexperimenten hier nicht.

681 Vgl. van Boven/Epley (2003), S. 263 ff.

682 Vgl. Kruger/Evans (2004), S. 586 ff.

male von C aufweist.[683] Windschitl konnte nicht nur binäre Nonkomplementarität zeigen, sondern sogar belegen, dass eine Summe von 1,0 im Zwei-Alternativen-Fall keine binäre Additivität bedeutet, da die angegebenen Wahrscheinlichkeiten nicht der von den Individuen empfundenen Sicherheit entsprechen. Nach seinen Ergebnissen überzeichnen numerische Erhebungen das Ausmaß, in dem sich die menschlichen Wahrnehmungen der Sicherheit zu Eins ergänzen.[684] Verbale Äußerungen sind in vielerlei Hinsicht geeigneter, ein valides Bild subjektiver Situationsbewertungen zu zeichnen.[685]

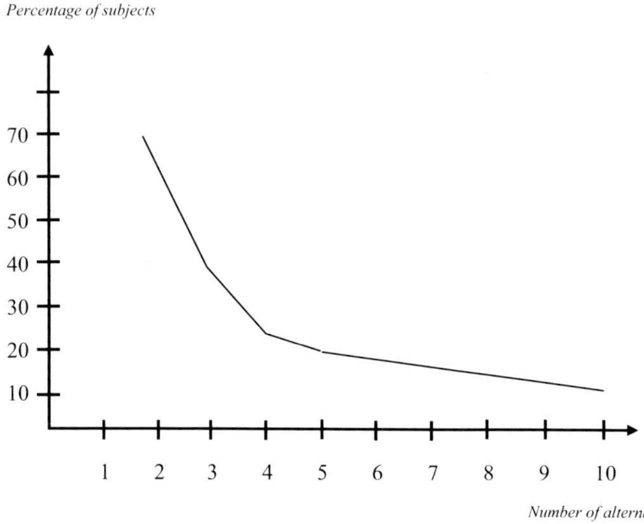

Abbildung 18: Anteil an Personen, die in Abhängigkeit von der Anzahl der aufgeführten Alternativen Wahrscheinlichkeiten abgeben, deren Summe 100 % beträgt (eigene Darstellung in Anlehnung an Teigen (1983a), S. 103)

Ähnlich argumentieren Raufaste et al., die menschlichen Urteilen einen qualitativen Kern zuordnen, daher ordinale Skalen als wirklichkeitsgetreuer ansehen und sich dabei auch auf die ordinale Erweiterung in der Ursprungsversion der Support Theorie beziehen.[686] Auf diese

683 Vgl. Yamagishi (2002), S. 152. Auch Untersuchungsergebnisse von Teigen (1983a), S. 98 ff., die in der obigen Abbildung 18 grafisch wiedergegeben sind, belegen bereits im Zwei-Alternativen-Fall einen beachtlichen Anteil an Personen, die gegen die Vorgabe verstoßen, dass sich die Wahrscheinlichkeiten der vorhandenen Alternativen zu 100 % addieren müssen. Mit jeder weiteren zur Auswahl stehenden Option, steigt die relative Zahl der Teilnehmer, die diese Prämisse nicht mehr einhalten, weiter an, was die geringe Verlässlichkeit numerischer Wahrscheinlichkeitsurteile ebenfalls eindrucksvoll unterstreicht.

684 Vgl. Windschitl (2000), S. 195 f.

685 Vgl. Windschitl/Wells (1996), S. 343; Windschitl (2000), S. 217.

686 Vgl. Raufaste et al. (2003), S. 197 f.; Tversky/Koehler (1994), S. 563.

ordinale Darstellung greift Bordley ebenfalls bei seiner Erweiterung der Entscheidungstheorie um unscharfe Mengen und Shafers Evidenztheorie zurück.[687]

Eine konkrete Anwendung erfährt die Support Theorie im Zwei-Stufen-Modell von Fox/Tversky. Nach diesem wird zunächst die subjektive Wahrscheinlichkeit nach den Prämissen der Support Theorie gebildet, bevor diese, gemäß Prospect Theory[688], durch eine Risikogewichtungsfunktion w nochmals umgewandelt wird. Das Modell wurde anhand mehrerer empirischer Studien u. a. mit Börsenmaklern getestet und bestätigt.[689]

Fox/Rottenstreich und Fox/Clemen betonen im Rahmen der Support Theorie die Aufgliederungsabhängigkeit von Wahrscheinlichkeitsurteilen und anderen Einschätzungen. So nehmen Individuen bei der Bildung ihrer Einstufungen zunächst eine Gleichverteilung über alle gegebenen Alternativen vor. Von diesem Wert 1/n aus erfolgt erst anschließend eine Anpassung in Richtung ihrer tatsächlichen Überzeugungen, die aber unzureichend ausfällt. Entsprechend werden Sachverhalte von geringer Relevanz systematisch überschätzt, während zentrale Konstellationen zu gering bewertet werden.[690] Folglich ergibt sich eine starke Beeinflussung der Urteile durch die eher willkürlichen und variierenden Vorgaben des Fragestellers.[691] Bei den Untersuchungen wurde ferner in Anlehnung an die Unterteilung in implizite und explizite Subadditivität[692] keine Wirkung der bloßen Nennung mehrerer Bestandteile einer Option festgestellt. Erst die Auflistung dieser Begriffe als eigene Alternativen übte einen Einfluss auf die Wahrscheinlichkeiten aus.[693] Somit war im Einklang mit den Voraussagen der Unterteilungsabhängigkeit nur explizite, aber keine implizite Subadditivität gegeben.[694]

Desweiteren ist die Tendenz zur Gleichverteilung umso stärker ausgeprägt, je weniger sonstige relevante Informationen vorhanden sind.[695] Diesem Punkt tragen Fox/Rottenstreich in einer Erweiterung der Support Theorie Rechnung. In dem neu aufgestellten Gleichungssystem fließt der Term der Beurteilung aufgrund konkreter Daten über die Sachlage mit Faktor λ ein,

---

687 Vgl. Bordley (2003), S. 256 f.

688 Vgl. Kahneman/Tversky (1979), S. 277 ff.; Tversky/Kahneman (1992), S. 306 ff.; Tversky/Kahneman (1986), S. S258 ff.; Hadar/Fox (2009), S. 317.

689 Vgl. Fox/See (2003), S. 286 ff.

690 Vgl. Fox/Rottenstreich (2003), S. 195 f.; Fox/Clemen (2005), S. 1418.

691 Vgl. Fox/Clemen (2005), S. 1417. Demnach hängen z. B. Wahrscheinlichkeitsurteile von der Setzung der Klassensprünge ab, je nachdem ob die unterste Kategorie von 0 bis 1.000 oder bis 5.000 Einheiten geht und die folgenden Klassen entsprechend größer oder kleiner ausfallen; vgl. Fox/Rottenstreich (2003), S. 195.

692 Vgl. Rottenstreich/Tversky (1997), S. 406 f.

693 Vgl. Fox/Clemen (2005), S. 1427.

694 Vgl. Fox/Rottenstreich (2003), S. 195; Fox/Clemen (2005), S. 1422; Rottenstreich/Tversky (1997), S. 406 f.

695 Vgl. Fox/Clemen (2005), S. 1427; Fox/Rottenstreich (2003), S. 200.

die Gleichverteilung der Wahrscheinlichkeiten über alle Optionen mit (1 – λ). Sofern λ = 1 ist, liegt eine äußerst gute Informationslage vor, bei der die betroffene Person ausschließlich aufgrund fachlicher Argumente entscheidet. Bei λ = 0 besitzt das Individuum keine Kenntnis über die Thematik und nimmt daher eine Gleichverteilung vor.[696] Die Bedeutungserhöhung eines Sachverhalts durch Aufspaltung in kleinere Kategorien in Folge unsicherer Informationslage wurde abseits der Support Theorie bereits von Fiedler/Armbruster thematisiert.[697]

Die aktuellste Ergänzung der Support Theorie stammt von Brenner, der die Kalibrierung subjektiver Wahrscheinlichkeiten in Abhängigkeit von bestimmten Umweltparametern abbildet. In der Ursprungsversion war der Zusammenhang zwischen den einzelnen Schätzungen zentral, nicht deren absolute Richtigkeit. Unter der Bezeichnung Random Support Theorie (RST) entwickelt er ein stochastisches Modell, das die Übereinstimmung zwischen subjektiven und objektiv korrekten Wahrscheinlichkeiten analysiert.[698] Dadurch wird dem Aspekt Rechnung getragen, dass nicht nur interindividuell, sondern auch intraindividuell abweichende Einschätzungen existieren.[699] Die Vorhersagen einer Person weisen ebenfalls eine gewisse Schwankungsbreite auf, wobei die Grundparameter der Verteilung wie Mittelwert oder Streuung von den speziellen Eigenschaften dieses Menschen abhängen.[700]

Ziel der Random Support Theorie ist es, den Einfluss von Umweltparametern aufzunehmen und daraus eine Vorhersage über die Genauigkeit einer Schätzung in konkreten Situationen zu treffen. Wie neue empirische Studien und Daten aus vorhandenen Expertenschätzungen zeigen, können durch das Modell verschiedene Verzerrungen sowie korrekte Urteile begründet werden. Die Theorie geht weg von der generellen Gültigkeit von Mustern wie Overconfidence oder unzureichender Anpassung der Wahrscheinlichkeitsurteile bei neuer Informationslage. Vielmehr können je nach Konstellation unterschiedliche dieser Effekte eintreten. Tendenziell richten sich Menschen jedoch zu stark am vorliegenden Sachverhalt aus und vernachlässigen allgemein gültige Informationen wie Grundwahrscheinlichkeiten für ein Gebiet.[701]

---

[696] Vgl. Fox/Rottenstreich (2003), S. 200.
[697] Siehe hierzu nochmals die Schilderungen in Teilabschnitt 5.2.2 sowie Fiedler/Armbruster (1994), S. 633 f.
[698] Vgl. Brenner et al. (2005), S. 64 f.
[699] Vgl. Brenner (2003), S. 90 f.
[700] Vgl. Brenner et al. (2005), S. 67.
[701] Vgl. Brenner et al. (2005), S. 77 f.; Brenner (2003), S. 108.

5.4 Maßnahmen zur Eindämmung des Unpacking Bias

In den Teilkapiteln 5.1 und 5.2 wurde zunächst das Konzept der Wahrscheinlichkeiten erläutert, bevor mögliche Schwierigkeiten mit diesem sowie Abhilfeversuche und weitere Formen der Handhabung von Unsicherheit in der Praxis vorgestellt wurden. Unter 5.3 wurde die Support Theorie als spezielles Teilgebiet behandelt, inklusive Erweiterungen und Gegenstimmen zu den dort getätigten Annahmen. Entsprechend wurden die Voraussetzungen gelegt, um nun nachstehend denkbare Maßnahmen zur Eindämmung des Unpacking Bias zu erörtern.

Prinzipiell kann eine Korrektur menschlichen Verhaltens nur erfolgen, sofern dieses nicht durch Automatismen vorbestimmt ist.[702] Davon ist nicht auszugehen, nachdem die Diskussion in Abschnitt 5.2 gezeigt hat, dass unterschiedliche menschliche Eigenschaften,[703] abweichende Erhebungsverfahren,[704] geringe Differenzen in der Ausgangslage,[705] andere Begrifflichkeiten[706] oder erweiterte Konzepte[707] zu völlig verschiedenen Ergebnissen führen können. Bei Wirksamkeit solcher, teils nur geringer Modifikationen liegt es nahe, dass das Unpacking Bias bei Einsatz geeigneter Mittel erfolgreich bekämpft werden kann.

Ein grundsätzlicher Schritt zur Ausschaltung von Verzerrungen besteht darin Rahmenbedingungen zu vermeiden, die sich bekanntermaßen negativ auf die Güte von Urteilen auswirken. Dazu zählen Zeitmangel,[708] hohe Informationsbelastung,[709] eine wenig transparente, schwer verständliche Form der Darstellung,[710] unklare Bezugsgrößen,[711] die Verwendung nicht geeigneter Indikatoren,[712] keine Unterstützung durch geeignete Methoden bei der Bewertung,[713]

702 Vgl. Sieben/Schildbach (1990), S. 200.

703 Vgl. Cokely/Kelley (2009), S. 21 f.; Peters et al. (2006), S. 407; Holm/Rikhardsson (2008), S. 552; Sah et al. (2010), S. 207 ff.; Peters et al. (2008), S. 630.

704 Vgl. z. B. Eisenführ et al. (2010), S. 187 ff.; Sellmaier (2000), S. 19 f.; Laux et al. (2012), S. 287 ff.; Wendt (1966), S. 55; Mosler/Schmid (2011), S. 38 ff.

705 Vgl. Fischhoff et al. (1978), S. 330 ff.; Johnson et al. (1993), S. 48; Calvillo/Penaloza (2009), S. 509; Fiedler/Armbruster (1994), S. 634 ff.

706 Vgl. hierzu Hammelstein/Roth (2002), S. 191 ff.; Teigen (1983b), S. 175 ff.; Peterson/Pitz (1988), S. 85 ff.; Suppes (1974), S. 160 ff.; Spohn (2001), S. 34 ff.; Raufaste et al. (2003), S. 197 ff.; Legrenzi et al. (2003), S. 147 ff.

707 Vgl. Raufaste et al. (2003), S. 199 f.; Teigen/Brun (2003), S. 125 f.; Zimmer (1983), S. 180; Berndt/Cansier (2007), S. 13 f.; Windschitl (2000), S. 217; Krumpal et al. (2008), S. 22 ff.; Suppes (1974); Weichselberger (2001), S. 4.

708 Vgl. Zayer/Hirsch (2006), S. 653; Gigerenzer/Brighton (2009), S. 112 u. 114; Gigerenzer (2008), S. 20 u. 22 f.

709 Vgl. Volnhals (2010), S. 60 ff.; Milord/Perry (1977), S. 131 ff.; Kroeber-Riel/Esch (2015), S. 19 ff.; Baddeley (2000), S. 418 f.; Anderson et al. (1996), S. 221; Haider/Frensch (1996), S. 332.

710 Vgl. Tversky/Kahneman (1983), S. 297 ff.; Weber/Schäffer (2016), S. 96.

711 Vgl. Macchi (2003), S. 180; Mata et al. (2005), S. 539; Gigerenzer et al. (2005), S. 623.

712 Vgl. Gigerenzer (1991), S. 87 ff.

fehlerhafte, unvollständige oder schwer verständliche Informationen,[714] geringe Motivation der agierenden Personen[715] oder hoher externer Druck.[716] Solche ungünstigen Umfeldausprägungen erschweren einen korrekten Bewertungsprozess und fördern somit allgemein fehlerhafte Einschätzungen. Dadurch wird ein generelles Bias oft noch verstärkt oder ist aufgrund des zusätzlichen unsystematischen Fehlerterms, gerade in einer empirischen Untersuchung, schwerer festzustellen. Auch die erfolgreiche Eindämmung der negativen Effekte wird dadurch beeinträchtigt. Folglich sind solch nachteilige Gegebenheiten zu vermeiden, auch wenn dadurch das Unpacking Bias selbst erst einmal nicht beseitigt wird.

Maßnahmen, mit denen dieser außer Kraft gesetzt werden kann, lassen sich zum einen unmittelbar aus der Support Theorie ableiten. Ein Schritt besteht darin, den Support für die Gegenhypothese anzuheben. Dadurch ergibt sich gemäß Gleichung (1) aus Kapitel 5.3 eine Reduzierung der Wahrscheinlichkeit für die Kernaussage.[717] Eine solche Relevanzsteigerung der Alternative kann z. B. durch deren besondere Betonung erreicht werden,[718] die mittels spezieller textlicher Hinführung,[719] optischer Hervorhebung im Text oder Unterstützung durch Grafiken[720] erfolgen kann. Weitere Optionen zur Bedeutungserhöhung bestehen darin, das Gegenszenario ebenfalls aufzuspalten,[721] es eingängiger zu beschreiben[722] oder klarer darzustellen.[723]

Natürlich kann auch direkt an der Kernhypothese angesetzt werden, dann sind Aktionen zu ergreifen, die in die entgegen gesetzte Richtung der eben genannten Ansätze für die Alternativoption gehen. Entsprechend wäre dann die Hauptaussage in eine geringere Zahl von Teilelementen aufzuteilen,[724] weniger schillernd[725] oder nicht so eindeutig darzustellen.[726] Eine weitere Option besteht darin, die expliziten Unterereignisse zwar in der Beschreibung anzu-

713 Vgl. Sandberg/Söderström (2003), S. 1623 ff.; Zayer/Hirsch (2006), S. 653.
714 Vgl. Davis/Hall (2003), S. 416; Zayer/Hirsch (2006), S. 653.
715 Vgl. Zayer/Hirsch (2006), S. 653.
716 Vgl. Zayer/Hirsch (2006), S. 655 f.
717 Vgl. Tversky/Koehler (1994), S. 547.
718 Vgl. McKenzie (1997), S. 141 ff.
719 Vgl. Tversky/Kahneman (1983), S. 299.
720 Vgl. Galesic et al. (2009), S. 211; Hichert (2005), S. 3; Garcia-Retamero/Galesic (2009), S. 2198 f.
721 Vgl. Tversky/Koehler (1994), S. 561.
722 Vgl. Bar-Hillel/Neter (1993), S. 1130; Borgida/Brekke (1981), S. 74 f.
723 Vgl. Shafer (1976), S. 42 ff.; Beierle/Kern-Isberner (2008), S. 419 ff.; Paetzmann (2008), S. 78 f.; Bordley (2003), S. 243 ff.; Tversky/Kahneman (1983), S. 297 ff.; Weber/Schäffer (2016), S. 55; Zayer/Hirsch (2006), S. 653.
724 Vgl. Tversky/Koehler (1994), S. 555.
725 Vgl. Bar-Hillel/Neter (1993), S. 1130; Borgida/Brekke (1981), S. 74 f.
726 Vgl. Shafer (1976), S. 42 ff.; Beierle/Kern-Isberner (2008), S. 419 ff.; Paetzmann (2008), S. 78 f.; Bordley (2003), S. 243 ff.; Tversky/Kahneman (1983), S. 297 ff.; Weber/Schäffer (2016), S. 55.

geben, jedoch nur Wahrscheinlichkeiten für die zusammengesetzte implizite Version abzufragen. In diesem Fall steigen die subjektiven Einstufungen zum einen deshalb moderater, weil vor der Urteilsbildung bereits wieder ein Repacking der Komponenten stattfindet. Ebenso kann der Anchoring-and-Adjustment-Effekt, nach dem für die unbedeutenderen Teilelemente bei gemeinsamer Bewertung ein zu geringer Aufschlag gebildet wird, die Erhöhung abmildern.[727]

Als weitere Gegenmaßnahme, die zwar nicht aus den Kernaussagen der Support Theorie hervorgeht, jedoch bereits in der Ursprungsversion frühzeitig auftaucht, kann das Darstellungsformat modifiziert werden. So spielte es im Einklang mit den Vermutungen von Tversky und Koehler in den experimentellen Untersuchungen eine Rolle, ob eine Wahrscheinlichkeit für ein Einzelelement oder die Gesamtmenge zu bilden war, obwohl der objektive Sachverhalt sich dadurch nicht verändert. Bei den Einzelfallwahrscheinlichkeiten war die Subadditivität stärker ausgeprägt als bei der so bezeichneten frequentistischen Variante,[728] da Menschen ein Ereignis stärker zerlegen, wenn die gesamte Population zu beurteilen ist und nicht nur ein konkretes Mitglied. Dies ist darauf zurückzuführen, dass in der Gesamtmenge zwangsläufig alle möglichen Ausprägungen enthalten sind, bei einem einzelnen Element hingegen nicht.[729]

A health survey was conducted in a sample of adult males in British Columbia, of all ages and occupations.

Please give your best estimate of the following values:

What percentage of the men surveyed have had one or more heart attacks?

What percentage of the men surveyed both are over 55 years old and have had one or more heart attacks?

A health survey was conducted in a sample of 100 adult males in British Columbia, of all ages and occupations.

Please give your best estimate of the following values:

How many of the 100 participants have had one or more heart attacks?

How many of the 100 participants both are over 55 years old and have had one or more heart attacks?

Abbildung 19: Alternative Beschreibungen für den selben Case mit Prozentwahrscheinlichkeiten sowie relativen Häufigkeiten (eigene Darstellung in Anlehnung an Tversky/Kahneman (1983), S. 308 f.)

Eine Weiterentwicklung dieses Grundgedankens besteht darin, für die Wahrscheinlichkeiten anstelle von Prozentwerten relative Häufigkeiten zu verwenden. Tversky/Kahneman gelang es durch diese, in der vorstehenden Abbildung 19 wiedergegebene Modifikation das Auftreten der Conjunction Fallacy von 65 % auf 25 % zu reduzieren.[730] Die Verbesserung führen sie

727 Vgl. Rottenstreich/Tversky (1997), S. 407 f.
728 Vgl. Tversky/Koehler (1994), S. 552 u. 557.
729 Vgl. Tversky/Koehler (1994), S. 550.
730 Vgl. Tversky/Kahneman (1983), S. 308 f.

darauf zurück, dass „explicit reference to the number of individual cases encourages subjects to set up a representation of the problems in which class inclusion is readily perceived and appreciated.“[731] Fiedler kommt in seinen Untersuchungen auf sogar noch geringere Fehlerquoten.[732] Auf diese Experimente sowie zusätzliche eigene und fremde Erhebungen bezieht sich Gigerenzer, um die bessere Eignung relativer Häufigkeiten gegenüber Prozentwerten zu belegen. Durch die Umstellung werden nicht nur entscheidende Fortschritte bei der Conjunction,[733] sondern ebenso der Base-Rate-Fallacy[734] sowie beim Overconfidence Bias[735] erreicht.

Die positiven Auswirkungen werden in weiteren Studien bei der Eindämmung diverser Verzerrungen belegt, das Unpacking Bias wird allerdings nirgends untersucht.[736] Als Ursache für die Vorteilhaftigkeit der relativen Häufigkeiten wird angeführt, dass diese natürliche Form der Informationsverarbeitung dem menschlichen Geist mehr entspricht als das theoretische Konzept der Wahrscheinlichkeiten, das erst vor einigen Jahrhunderten entwickelt wurde.[737] Nichtsdestotrotz wird letzteres im heutigen Alltag mit Abstand am meisten genutzt.[738] Welch bedeutenden Einfluss das Zahlenformat generell auf die Einschätzungen und Entscheidungen von Menschen hat, zeigen auch die Ergebnisse weiterer Studien mit anderen Modifikationen.[739] Nicht zuletzt deswegen ist davon auszugehen, dass durch den Wechsel auf die relativen Häufigkeiten eine merkliche Reduzierung des Unpacking Bias erreicht werden kann.

Transparente Konstellationen, in denen die Mechanismen, die zu den Urteilsfehlern führen, offengelegt werden, stellen eine weitere Option der Abhilfe dar. Dabei wird angenommen, dass die nicht eingehaltenen mathematischen Vorgaben den Menschen prinzipiell bekannt sind. Allerdings werden jene in der konkreten Situation unter dem starken Eindruck des vorliegenden Szenarios nicht angewandt. Durch Formulierungsanpassungen können die objektiv richtigen Zusammenhänge fast beliebig stark verdeutlicht werden, wobei die empirischen Untersuchungen zeigen, dass die Mehrheit der Personen noch bei relativ offensichtlichen Kons-

731 Tversky/Kahneman (1983), S. 309.
732 Vgl. Gigerenzer (1991), S. 91.
733 Vgl. Gigerenzer (1991), S. 90 ff.
734 Vgl. Gigerenzer (1991), S. 92 ff.
735 Vgl. Gigerenzer (1991), S. 87 ff.
736 Vgl. Siegrist/Keller (2011); Gigerenzer et al. (2007); Mata et al. (2005); Price (1998); Gigerenzer/Hoffrage (1995). Für vereinzelte Ausnahmesituationen, in denen das frequentistische Format negative Auswirkungen hatte, vgl. Reyna/Brainerd (2008), S. 94.
737 Vgl. Gigerenzer/Hoffrage (1995), S. 684 ff.
738 Vgl. Storm (2007), S. 15; Bosch (2012), S. 13; Weichselberger (2001), S. 2 ff.
739 So wurden Investitionsstrategien dadurch beeinflusst, ob Verluste z. B. als Prozentwerte, Geldbeträge oder Verhältniszahlen dargestellt waren, vgl. Rubaltelli et al. (2005), S. 20 ff. Ebenso führte bei betragsmäßig identischen Brüchen eine unterschiedliche absolute Größe des Zählers zu abweichenden Entscheidungen, vgl. Garcia-Retamero/Galesic (1999), S. 2196.

tellationen markante Verstöße verübt.[740] Selbst konkrete Handlungsanweisungen werden oft überhaupt oder nicht vernünftig gelesen,[741] sogar in sicherheitsrelevanten Bereichen absichtlich nicht beachtet, wenn sich daraus eine Zeitersparnis ergibt,[742] nicht ausreichend verstanden[743] oder sie zeigen trotz günstiger Rahmenbedingungen kaum Wirkung.[744] Andererseits können bereits extrem kurz, noch unterhalb der Wahrnehmungsschwelle präsentierte Hilfen positive Auswirkungen auf menschliches Handeln haben.[745] Desweiteren führen verbale Erläuterungen[746] sowie unterstützende Maßnahmen wie Symbole, Grafiken oder eine intuitiv logische Reihenfolge von Alternativen zu einem besseren Bewertungs- und Entscheidungsverhalten von Menschen.[747]

Somit bieten sich trotz aller vorherigen Einschränkungen insbesondere Instruktionen als deutlichste Option, um auf einzuhaltende Gesetzmäßigkeiten zu verweisen, als weitere Gegenmaßnahme an. Diese müssen jedoch gewissenhaft formuliert und auffällig präsentiert werden, wobei es sogar legitim ist, sich an der Ausgestaltung klassischer Warnhinweise bei Technikgeräten oder Medikamenten zu orientieren.[748] Schließlich können die Folgen eines Fehlers bei einer wichtigen wirtschaftlichen Entscheidung schlimmer sein[749] als vorübergehende Beschwerden bei sorgloser Verwendung eines Genussmittels oder der Schaden an einer Maschine nach falscher Bedienung.

Bei direktem Vergleich der beiden zuletzt genannten potentiellen Maßnahmen ist davon auszugehen, dass sich der Wechsel von Prozentwerten auf relative Häufigkeiten bei den Wahrscheinlichkeiten stärker und zuverlässiger bemerkbar macht als die Hinweise. So gelang es Tversky/Kahneman, wie bereits oben erwähnt, den Anteil an Probanden, denen die Conjunction Fallacy unterläuft, durch die Formatumstellung von 65 % auf 25 % zu verringern.[750] Durch mehrere transparentere Formulierungen, die unterschiedlich klar offenlegen, dass das zwei Bedingungen erfüllende Ereignis eine Teilmenge der lediglich einer der beiden Voraus-

---

740 Vgl. Tversky/Kahneman (1983), S. 299 f.
741 Vgl. Anglim (2013), S. 1 f.
742 Vgl. Lüdtke/Möbus (2005), S. 1 f.; Lüdtke (2005), S. 117.
743 Vgl. Rogers et al. (2000), S. 131.
744 Vgl. Moss et al. (2011), S. 143 f.
745 Vgl. Bowden (1997), S. 545 ff.
746 Vgl. Dieckmann et al. (2012), S. 718.
747 Vgl. Peters et al. (2007), S. 182 ff.; Garcia-Retamero/Galesic (2009), S. 2198 f.; Galesic et al. (2009), S. 211; Gigerenzer/Hoffrage (1995), S. 701.
748 Vgl. Rogers et al. (2000), S. 102 f.
749 Zu den Ausmaßen, die derartige Fehler nach sich ziehen können, siehe nochmals Kapitel 1, Einleitung.
750 Vgl. Tversky/Kahneman (1983), S. 308 f.

setzungen genügenden Alternative darstellt, konnte in einer anderen Untersuchungsreihe die Quote von ursprünglich 85 % nur auf 82 %, 65 % bzw. bestenfalls 57 % gesenkt werden.[751]

In den von Gigerenzer durchgeführten oder zitierten Studien wurden durch den Formatwechsel die bei den Prozentwerten vorhandenen Verzerrungen ebenfalls massiv reduziert, teils sogar völlig eliminiert. Das Overconfidence Bias war in den Mittelwerten nicht mehr festzustellen,[752] die Conjunction Fallacy kam bei einem noch geringeren Anteil der Probanden als den 25 % von Tversky/Kahneman vor[753] und auch die Base-Rate Fallacy betraf nur mehr weniger als ein Viertel der Experimentsteilnehmer.[754] Nichtsdestotrotz kann auch mit dieser Maßnahme analog der Situation bei den Hinweisen ein gewisser Anteil der Probanden meist nicht erreicht werden. Dieser liegt allerdings wesentlich niedriger, als beim alleinigen Einsatz von Instruktionen.[755]

Die Liste potentieller Gegenmaßnahmen zum Unpacking Bias ließe sich noch ausbauen, allerdings soll hier eine Konzentration auf Aktionen und Variablen erfolgen, die in der empirischen Erhebung relevant sind. Jene sind gemäß den vorangegangenen Ausführungen in der nachstehenden Abbildung 20 nochmals zusammengefasst. Nachdem die theoretische Grundlagendiskussion mit den Ausführungen dieses Abschnitts abgeschlossen ist, werden im nachfolgenden Kapitel 6 nun die Untersuchungshypothesen abgeleitet.

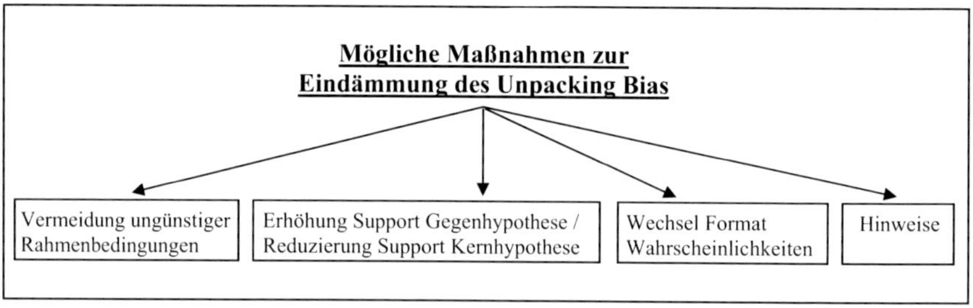

Abbildung 20: Ansatzpunkte zur Vermeidung des Unpacking Bias in der späteren Untersuchung (eigene Darstellung)

751 Vgl. Tversky/Kahneman (1983), S. 297 ff.
752 Vgl. Gigerenzer (1991), S. 90.
753 Vgl. Gigerenzer (1991), S. 91.
754 Vgl. Gigerenzer (1991), S. 94 f.
755 Vgl. Anglim (2013), S. 1 f.; Gigerenzer (1991), S. 90 ff.; Tversky/Kahneman (1983), S. 299.

6 ABLEITUNG DER HYPOTHESEN FÜR DIE EMPIRISCHE UNTERSUCHUNG

In den vorangegangenen Kapiteln wurde anfangs in die Untersuchungsthematik eingeführt und jene in den Tätigkeitsbereich des Controllings eingeordnet. Anschließend wurde mit dem Grundmodell der präskriptiven Entscheidungstheorie der gängige theoretische Bezugsrahmen für Einschätzungen und die damit verbundenen Entscheidungen vorgestellt sowie unter Einbezug der deskriptiven Erkenntnisse kritisch diskutiert, bevor die individuellen Merkmale des speziellen Teilgebiets betrieblicher Investitionen aufgezeigt wurden. Unter Kapitel 5 wurde zunächst das Konstrukt der subjektiven Wahrscheinlichkeiten inklusive seiner Schwachpunkte sowie Möglichkeiten zur Kompensation selbiger vorgestellt. Danach wurde auf die konkreten Effekte der Support Theorie fokussiert und potentielle Gegenmaßnahmen zur Vermeidung der dort behandelten Verzerrungen bei subjektiven Wahrscheinlichkeitsurteilen aufgezeigt. Somit wurden alle notwendigen theoretischen Komponenten behandelt, so dass jetzt die Forschungshypothesen abgeleitet werden können.

Unter 6.1 wird die Wirksamkeit des Unpacking Bias im Kontext einer betrieblichen Investitionsentscheidung thematisiert. Danach werden die Veränderung des numerischen Formats der Wahrscheinlichkeiten in 6.2 sowie der Einbau von Hinweisen unter 6.3 als Maßnahmen zur Eindämmung der prognostizierten Verzerrungen in Hypothesen umgesetzt. Im Teilabschnitt 6.4 werden weitere denkbare Einflussfaktoren für die Ausprägung der erwarteten Anomalien, wie Berufserfahrung, numerische Fähigkeiten oder Einstellung zum Konzept der Wahrscheinlichkeiten betrachtet, die ebenfalls Eingang in die spätere Untersuchung finden.

6.1 Effekte aus der Aufspaltung eines zu bewertenden Sachverhaltes

Wie die theoretische Diskussion der Kapitel 3 bis 5 gezeigt hat, können sich entgegen den normativen Vorgaben Auswirkungen durch die Unterteilung eines unsicheren Ereignisses auf die Urteile von Menschen ergeben, wobei je nach Kontext verschiedene Muster denkbar sind. Meist führt die Untergliederung in spezifischere Bestandteile zu einer Erhöhung der subjektiven Wahrscheinlichkeit für den Eintritt der relevanten Konstellation.[756] In Abschnitt 6.1.1 wird die Hypothese über den grundsätzlichen Anstieg menschlicher Einschätzungen bei einer Aufspaltung im Rahmen einer Investition abgeleitet. Unter Kapitel 6.1.2 wird der Effekt präzisiert, indem die Abhängigkeit seiner Stärke von der Anzahl der ausgebildeten Unterkategorien thematisiert wird.

6.1.1 Anstieg subjektiver Wahrscheinlichkeitsurteile durch Unterteilung eines Ereignisses

Das letzte der drei grundlegenden Axiome der Wahrscheinlichkeitstheorie legt Additivität bei disjunkten Ereignissen als notwendige Annahme zugrunde:

(4) $$P(A \cup B) = P(A) + P(B), \qquad falls\ A \cap B = \emptyset.$$ [757]

Dieses Postulat lässt sich auf feiner aufgegliederte Sachverhalte mit drei, vier oder noch mehr Unterkategorien ausdehnen. Auch in diesem Fall muss die Summe aus den Werten der Einzelereignisse der Wahrscheinlichkeit der korrespondierenden Gesamtrubrik entsprechen, wenn die jeweiligen Schnittmengen allesamt gleich Null sind.[758] Gleichzeitig bedeutet das obige mathematische Gesetz, dass für das Urteil nur die Ereignisse selbst relevant sind, deren Formulierung jedoch keinen Einfluss ausüben darf. Diese Vorgabe stimmt mit der Invarianzforderung der Erwartungsnutzentheorie überein, laut der die Präferenzen zwischen unterschiedlichen Optionen unabhängig von deren Beschreibung sein müssen.[759]

Gemäß der nachstehend nochmals aufgeführten Ungleichung (3) zur Support Theorie,

(3) $$P(A, B) \leq P(C \vee D, B)$$ [760]

[756] Vgl. z. B. Tversky/Koehler (1994), S. 551 ff.; Ayton (1999), S. 103 ff.; Mulford/Dawes (1999), S. 48 ff.; Fox/Rottenstreich (2003), S. 196 ff.; Kruger/Evans (2004), S. 588 ff.; van Boven/Epley (2003), S. 264 ff.; Rottenstreich/Tversky (1997), S. 408 ff.; Fiedler/Armbruster (1994), S. 636 ff.

[757] Vgl. z. B. Dürr/Mayer (2017), S. 30; Mosler/Schmid (2011), S. 14; Tiede/Voß (2000), S. 30 ff.; Bosch (2012), S. 59; Schira (2016), S. 227. Gerade für den in der obigen Formel abgebildeten Zwei-Alternativen-Fall existieren diverse empirische Untersuchungen, in denen die Forderung nach Additivität von den Probanden erfüllt wird, vgl. hierzu u. a. Windschitl (2000), S. 195 f.; Yamagishi (2002), S. 137; Teigen (1983a), S. 97 ff.; Tversky/Koehler (1994), S. 549 u. 560; Rottenstreich/Tversky (1997), S. 406.

[758] Vgl. Storm (2007), S. 28 f.; Schira (2016), S. 228; Fisz (1989), S. 28 f.; Fischhoff et al. (1978), S. 334 f.

[759] Vgl. Eisenführ et al. (2010), S. 7; Tversky/Kahneman (1986), S. 253.

[760] Vgl. Tversky/Koehler (1994), S. 549. Zur Terminologie und dem Zusammenhang der einzelnen Symbole sei nochmals erwähnt, dass sich die beiden Hypothesen *C* und *D* gegenseitig ausschließen, die Beschrei-

wird jedoch ein anderer, empirisch oft bestätigter Zusammenhang hinsichtlich der Beschreibungen *A, B, C* und *D* von Ereignissen zugrunde gelegt.[761] Ein derartiger Bedeutungsanstieg durch Aufspaltung eines Sachverhaltes kann mit mehreren Ursachen wie Überwindung von Erinnerungslücken, Steigerung der Eingängigkeit,[762] Erhöhung der subjektiv wahrgenommenen Bedeutung einer Option durch deren explizite Erwähnung[763] oder Berücksichtigung von Unsicherheit[764] begründet werden. Dieses Muster der Subadditivität tritt nicht nur im Bereich der subjektiven Wahrscheinlichkeiten, sondern auch bei Häufigkeitseinstufungen,[765] der Planung der Dauer von Tätigkeiten[766] und weiteren Bewertungssachverhalten[767] auf.

Wie in der theoretischen Diskussion im Abschnitt 5.3 angesprochen, wurden in Folge der Untergliederung eines Ereignisses auch andere Muster wie Superadditivität, unabhängige Behandlung der einzelnen Alternativen oder die normativ geforderte Additivität festgestellt. Der erstgenannte Fall tritt nach den bisherigen Erfahrungen v. a. bei einer attraktiven Oberkategorie mit wenig gefälligen Einzelelementen[768] oder der Einstufung der subjektiv empfundenen Beweislage[769] auf. Unabhängige Bewertungen wurden vorwiegend festgestellt, wenn einzelne Ereignisse aufgrund von inhaltlichen Sachverhaltsänderungen in ihrer Wahrscheinlichkeit anzupassen waren.[770] Additivität konnte nur verlässlich beobachtet werden, sofern eine umfassendere Thematik in lediglich zwei Teilfälle aufgesplittet wurde.[771] All die vorgenannten relativ speziellen Fälle sind in der geplanten empirischen Untersuchung jedoch nicht vorgesehen. Vielmehr geht es um die Aufgliederung einer impliziten Gesamtrubrik in ihre diversen expliziten Bestandteile, ohne dabei eine der beiden Konstellation in ihrer Bedeutung bewusst auf- oder abzuwerten.

---

bung *A* implizit ist und das Ereignis $A' = (C \vee D)'$. Vgl. auch die ausführlicheren Erläuterungen hierzu bei den (Un-)Gleichungen (1) bis (3) in Kapitel 5.3.1.

761 Vgl. hierzu u. a. nochmals Tversky/Koehler (1994), S. 551 ff.; Fischhoff et al. (1978), S. 334 ff.; Johnson et al. (1993), S. 39 f.; Tversky/Kahneman (1983), S. 307 f.; Peterson/Pitz (1988), S. 85 ff.; Rottenstreich/Tversky (1997), S. 408 ff.; Fiedler/Armbruster (1994), S. 636 ff.; Fox/Rottenstreich (2003), S. 196 f.; Ayton (1997), S. 103 ff.

762 Vgl. Tversky/Koehler (1994), S. 548; Fischhoff et al. (1978), S. 342 f.

763 Vgl. van der Pligt et al. (1987), S. 278 f.

764 Vgl. Fiedler/Armbruster (1994), S. 634.

765 Vgl. Mulford/Dawes (1999), S. 48 ff.; Rottenstreich/Tversky (1997), S. 410 ff.

766 Vgl. Kruger/Evans (2004), S. 588 ff.

767 Vgl. van Boven/Epley (2003), S. 264 ff.

768 Vgl. Sloman et al. (2004), S. 581; Idson et al. (2001), S. 232 ff.

769 Vgl. Rottenstreich/Tversky (1997), S. 412 f. Siehe desweiteren für eine Zusammenstellung mehrerer Studien, in denen superadditives Verhalten von Probanden auch außerhalb des Gebiets der Wahrscheinlichkeiten festgestellt wurde, Ayton (1997), S. 110 ff.

770 Vgl. Robinson/Hastie (1985), S. 454 ff.; Robinson van Wallendael/Hastie (1990), S. 240 f.

771 Vgl. Tversky/Koehler (1994), S. 553 ff.; Rottenstreich/Tversky (1997), S. 407 ff.; Mehle et al. (1981).

Einen weiteren zentralen Punkt stellt das gewählte Themengebiet dar, da dieses erheblichen Einfluss auf die Güte menschlichen Problemlösungsverhaltens ausüben kann.[772] Wie die Ausführungen in Kapitel 4 gezeigt haben, bildet die betriebliche Investition zunächst einen Bereich, in dem die grundsätzlichen Schwierigkeiten einer Entscheidung wie Unsicherheit,[773] Komplexität[774] oder Quantifizierbarkeit bestimmter Aspekte[775] besonders stark ausgeprägt sind. Zugleich liegen jedoch günstige Rahmenbedingungen wie objektive eingängige Größen in Form von Zahlungen, Nutzungsdauern oder Herstellungsmengen vor.[776] Desweiteren sind bestimmte Teilbereiche theoretisch wie praktisch exzellent durchdrungen und bieten ausgefeilte Lösungshilfen an.[777] Entsprechend sind bei klar umrissenen überschaubaren Themenstellungen, wie sie sich z. B. bei einem Laborexperiment realisieren lassen, im betrieblichen Investitionsbereich sehr gute Voraussetzungen für rationale, unverzerrte Urteile gegeben.

Somit ist die geplante Konstellation durchaus als Härtetest zu verstehen, ob sich das Unpacking Bias auch unter besonders günstigen Bedingungen zeigt. Jener ist nötig, da die bisherigen Studien zur Support Theorie unverbindliche, eher mit Intuition zu lösende Sachverhalte zum Inhalt hatten,[778] die die Bildung von Ansichten anstelle rationaler Werturteile fördern.[779] Nachdem subjektive Wahrscheinlichkeiten innerhalb der Statistik als belastbare Einstufungen ohnehin umstritten sind und vielfach nur als Meinungen gesehen werden,[780] ist die nochmalige Überprüfung der Effekte unter möglichst sachlichen Rahmenbedingungen wichtig. Dies gilt umso mehr, da unter bestimmten Bedingungen die durch die Support Theorie prognostizierten Muster nicht nur nicht auftreten, sondern sogar ins Gegenteil verkehrt werden können.[781] Nichtsdestotrotz wird ohne solche ganz speziellen Manipulationen auch für den Be-

772 Vgl. Chong (1996), S. 419 f.; Libby/Luft (1993), S. 425; Siegrist/Keller (2011), S. 1050 ff.; Gibbins/Jamal (1993), S. 452. So wurde eine vergleichbare Konstellation doppelt so häufig gelöst, wenn sie den Teilnehmern als soziale Thematik statt als medizinisches Problem vorgelegt wurde, vgl. Siegrist/Keller (2011), S. 1052.

773 Vgl. Hölscher (2010), S. 8; Zimmermann (2003), S. 13; Allen/Schuster (2004), S. 227; Hax (1985), S. 9; Adam (2000), S. 1 f.; Lagerkvist (2005), S. 1 ff.; Prastacos (1983), S. 118.

774 Vgl. Pape (2015), S. 311; Adam (2000), S. 1; Blohm et al. (2012), S. 2; Weber et al. (2006), S. 9; Götze (2014), S. 314 ff.; Allen/Schuster (2004), S. 225; Bleis (2012), S. 7; Mensch (2002), S. 33; Nair (1995), S. 282.

775 Vgl. Bieg et al. (2016), S. 40 ff.; Kruschwitz (2014), S. 22 f.; Hax (1985), S. 9; Blohm et al. (2012), S. 2.

776 Vgl. Pape (2015), S. 310 f.; Hölscher (2010), S. 8; Zimmermann (2003), S. 13; Mensch (2002), S. 4.

777 Vgl. Linder (2004), S. 48.

778 Neben Kriminalgeschichten waren Ausgänge von Sportereignissen, vgl. Tversky/Koehler (1994), S. 554 ff., verschiedene Wetterszenarien, vgl. Fox/Rottenstreich (2003), S. 196 ff., mögliche Examensschwerpunkte von Studenten, vgl. Rottenstreich/Tversky (1997), S. 410 ff. oder Parameter von Urlaubseinkäufen, vgl. Kruger/Evans (2004), S. 588 f. zu beurteilen.

779 Vgl. Tversky/Kahneman (1983), S. 300.

780 Vgl. von Mises (1972), S. 20 u. 88; Dürr/Mayer (2017), S. 19; Gigerenzer (1991), S. 86 f.; Storm (2007), S. 21. Swamy/Barth (1988), S. 473 betonen, dass die Definitionen statistischer und subjektiver Wahrscheinlichkeiten voneinander abweichen und es daher keine objektiv korrekten Wahrscheinlichkeiten geben kann.

781 Vgl. Sloman et al. (2004), S. 575 ff.; Idson et al. (2001), S. 232 ff.; Rottenstreich/Tversky (1997), S. 412 f.

reich der betrieblichen Investition von einem Auftreten des Unpacking Bias ausgegangen, zumal in Abschnitt 4.4 diverse Defizite aufgezeigt wurden, die auf sehr einfache menschliche Fehler zurückzuführen waren.[782]

Als Rahmen für die Überprüfung des Unpacking Bias werden den Probanden in der späteren Untersuchung identische Ausfallszenarien für ein betriebliches Investitionsgut einmal als Gesamtkategorie und das andere Mal als deren besser greifbare Teilereignisse zur Bewertung vorgegeben.[783] Die Hypothese 1a lautet somit wie folgt:

H_{1a}: Die Ausfallwahrscheinlichkeit, die eine Person für ein Investitionsgut schätzt, erhöht sich alleine durch die Aufspaltung des betreffenden Ausfallszenarios in seine Bestandteile.

6.1.2 Einfluss der Anzahl der Unterkategorien auf die Erhöhung der Einschätzungen

Durch die Hypothese 1a wird eine Aussage über die Richtung des Unpacking Bias bei der üblichen Konstellation einer eher abstrakten Oberkategorie und greifbarerer Einzelelemente getroffen. Allerdings werden keine Informationen darüber geliefert, wie sich die Anzahl der Teilkomponenten auf die Stärke des Effektes auswirkt. Dieses Wissen ist jedoch für ein genaues Verständnis der Zusammenhänge sowie die Ableitung möglicher Gegenmaßnahmen wichtig und soll folglich mittels einer eigenen Hypothese 1b untersucht werden.

Als Ursachen für das Unpacking Bias werden in den ersten Untersuchungen die Schließung von Erinnerungslücken[784] und die Aufwertung einer Option durch deren explizite Erwähnung[785] gesehen. Bei späteren Studien rückt dann das Muster der anfänglichen Gleichverteilung der Wahrscheinlichkeiten auf die gegebenen Optionen mit deren anschließender unzureichender Anpassung in Richtung der tatsächlichen Gegebenheiten, bedingt durch unvoll-

782 Vgl. hierzu nochmals die Ausführungen unter Kapitel 4.4 sowie Blohm et al. (2012), S. 25 ff.; von Nitzsch (2014), S. 155 ff.; Bieg et al. (2016), S. 32 f.; Kramer/Keilus (2007), S. 276; Rolfes (2003), S. 5; ter Horst (2009), S. 4 f.; Götze (2014), S. 27 f.; Adam (2000), S. 15 ff.; Hölscher (2010), S. 12; Pape (2015), S. 314.

783 Von dieser Situation eines umfassenden impliziten Sammelereignisses sowie konkreterer expliziter Teilszenarien geht die Support Theorie dezidiert aus, vgl. hierzu insbesondere nochmals Tversky/Koehler (1994), S. 548 f. sowie Rottenstreich/Tversky (1997), S. 406. Vgl. zusätzlich auch noch Fischhoff et al. (1978), S. 330 ff.; Fox/Clemen (2005), S. 1417 f.; Fox/See (2003), S. 291 f.

784 Vgl. Tversky/Koehler (1994), S. 548; Fischhoff et al. (1978), S. 342 f.

785 Vgl. van der Pligt et al. (1987), S. 278 f.; Tversky/Koehler (1994), S. 548; Fischhoff et al. (1978), S. 342 f.

ständige Information, in den Vordergrund.[786] Nachdem durch eine höhere Anzahl von Subkategorien mehr Erinnerungslücken geschlossen werden, die Menge an aufgewerteten Alternativen steigt und sich die Verschiebung in Richtung einer Ignorance-Prior-Verteilung aufgrund unsicherer Datenlage stärker auswirkt, sollten die Effekte umso deutlicher ausfallen, je mehr Bestandteile gebildet werden.

Diese Schlussfolgerung wird durch die Untersuchungen zur Support Theorie, in denen dieser Zusammenhang überprüft wurde, bestätigt. So erhöhten sich in einem Experiment die subjektiven Wahrscheinlichkeiten für bestimmte Todesursachen deutlich, wenn diese in mehr konkrete Auslöser aufgesplittet wurden.[787] Eine größere Anzahl expliziter Einzelwetten bringt in Summe eine umso deutlichere Unterschreitung der Quote mit sich, die von den Buchmachern für das Gesamtereignis angeboten wird.[788] Umgekehrt wird ein Ereignis als immer weniger wahrscheinlich eingestuft, je mehr Alternativszenarien zu diesem aufgeboten werden.[789]

Folglich wird als Hypothese 1b der nachstehende Wirkungszusammenhang festgehalten:

H_{1b}: Eine höhere Anzahl der ausgewiesenen Teilkomponenten des betreffenden Ausfallszenarios bewirkt einen stärkeren Anstieg der geschätzten Ausfallwahrscheinlichkeit für ein Investitionsgut als Folge der Aufspaltung.

6.2 Reduzierung der Effekte durch Formatwechsel

Grundsätzlich existieren diverse Möglichkeiten, die Wahrscheinlichkeit für ein Ereignis anzugeben. Am naheliegendsten ist es, den Wert für die relevante Konstellation zu nennen. Alternativ kann aber auch die Einschätzung für das Gegenereignis vorgelegt werden. Im Hinblick auf das Zahlenformat kann der Wert z. B. als Dezimal- oder Prozentzahl, als relative Häufigkeit oder als Bruch aufgeführt werden.[790] Auch die Verwendung von Verhältniszahlen,

786 Vgl. Fox/Rottenstreich (2003), S. 195; Fiedler/Armbruster (1994), S. 634.
787 Vgl. Tversky/Koehler (1994), S. 551 f.
788 Vgl. Ayton (1997), S. 99 u. 108 f.
789 Vgl. Fox/Rottenstreich (2003), S. 196.
790 Letztere können noch einmal in normale relative Häufigkeiten („1 von 20 Fällen") oder natürliche Häufigkeiten („5 von 100 Fällen") unterschieden werden, vgl. Gigerenzer et al. (2008), S. 55 f.

wie bei der Aussage, dass eine Maßnahme das Unfallrisiko halbiert, anstelle der Eintrittswahrscheinlichkeit nach Durchführung dieser Aktion stellt eine Option dar.[791]

Wie im Abschnitt 5.4 bereits beschrieben, haben diese eher unerheblich erscheinenden Darstellungsunterschiede oft enorme Auswirkungen auf die Einschätzungen einer Person.[792] So kann die Darstellung als Gewinn- bzw. Verlustsituation im ersten Fall zu risikoaversem und in der zweiten Situation zu risikofreudigem Verhalten führen.[793] Beim absolut größer wirkenden Prozentwert werden z. B. sowohl Gewinne, als auch Verluste einer Anlage stärker empfunden als bei der korrespondierenden Dezimalzahl, was sich wiederum auf Verkaufsentscheidungen auswirkt.[794] Festlegungen in Sicherheitsfragen differierten danach, ob ein Risiko als 4,15 Mal oder 415 % höher aufgeführt war.[795] Bei identischen Bruchzahlen wurden kleinere Gefahren gegenüber deutlich höheren Risiken als bedrohlicher eingestuft, nur weil im Zähler, bei entsprechend angepasstem Nenner, ein absolut größerer Wert vorlag.[796]

Eine Formatänderung, die zuverlässig zu besseren menschlichen Einschätzungen bei subjektiven Wahrscheinlichkeiten führt, ist der Wechsel von Prozentwerten auf relative Häufigkeiten. Wie in der theoretischen Diskussion bereits aufgezeigt, konnten durch diese Anpassung bei experimentellen Untersuchungen diverse Verzerrungen fast immer entweder nahezu völlig eliminiert,[797] oder deutlich eingedämmt werden,[798] nur ganz vereinzelt kam es zu einer Verschlechterung.[799] Somit ist es eine berechtigte Frage, ob nicht in erster Linie ungeeignete Formate die Fehlurteile auslösen und weniger die kognitiven Defizite von Menschen.[800]

---

791 Vgl. Rubaltelli et al. (2005), S. 19. In solchen Fällen wird aber häufig die Bezugsgröße nicht mehr aufgeführt, so dass den betroffenen Personen der Ausgangswert gar nicht vorliegt; vgl. ebenda.

792 Vgl. neben den in den nachfolgenden FN genannten Quellen hierzu auch Keller/Kophazi (2009), S. 55.

793 Vgl. Tversky/Kahneman (1992), S. 297 f.

794 Vgl. Rubaltelli et al. (2005), S. 24.

795 Vgl. Halpern et al. (1989), S. 254 ff.

796 Vgl. Yamagishi (1997), S. 504; Garcia-Retamero/Galesic (2009), S. 2199.

797 Vgl. Gigerenzer (1991), S. 87 ff.

798 Vgl. Tversky/Kahneman (1983), S. 309; Siegrist/Keller (2011), S. 1052 ff.; Gigerenzer et al. (2008), S. 68 f.; Mata et al. (2005), S. 539; Price (1998), S. 283 ff.; Gigerenzer/Hoffrage (1995), S. 692 ff.

799 Vgl. Reyna/Brainerd (2008), S. 94.

800 Vgl. Garcia-Retamero/Galesic (2009), S. 2201; Gigerenzer/Hoffrage (2007), S. 265 ff.; Gigerenzer (1991), S. 88 ff. Ein Taschenrechner kann hochkomplexe mathematische Operationen vollführen, wenn er mit arabischen Zahlen arbeitet, ist aber bei anderen Formaten, auf die er nicht eingestellt ist, nutzlos. Analog greifen die Algorithmen, die von Menschen angewandt werden, nur bei bestimmten Darstellungsarten, während sie bei anderen, mathematisch äquivalenten Formulierungen zu deutlichen Fehlern führen können, vgl. Gigerenzer/Hoffrage (1995), S. 685.

Zur Eindämmung des Unpacking Bias wurde die genannte Umstellung bisher noch nicht eingesetzt,[801] ebenso wenig wurde der Kontext betrieblicher Investitionen bereits abgedeckt. Vielmehr bildeten v. a. medizinische Sachverhalte[802] oder allgemeine Wissens- und Einschätzungsfragen[803] den Schwerpunkt der empirischen Erhebungen. Entsprechend wird für die spätere Untersuchung die nachstehende Hypothese 2 formuliert:

H_2: Der Anstieg der Ausfallwahrscheinlichkeit, die eine Person für ein Investitionsgut schätzt, nach Unterteilung des betreffenden Szenarios in seine Teilereignisse wird durch einen Formatwechsel von Prozentwerten auf relative Häufigkeiten reduziert.

Auf eine b-Hypothese wie bei den Grundaussagen zum Unpacking Bias im Abschnitt 6.1 wird verzichtet, da diese keinen nennenswerten Erkenntnismehrwert liefern würde. Allerdings wird die Entwicklung der Differenz zwischen den Einstufungen für in unterschiedlich viele Subkomponenten aufgesplittete identische Szenarien nach der Umstellung auf relative Häufigkeiten ergänzend in die Analyse zur Hypothese 2 miteinbezogen.

6.3 Weitere Verringerung der Verzerrungen durch konkrete Hinweise

In fast allen empirischen Studien, in denen zur Fehlerreduzierung bei Wahrscheinlichkeiten Prozentwerte in relative Häufigkeiten geändert wurden, ergab sich eine, meist deutliche Verbesserung der Situation. Teilweise wurde der Anteil an Personen, der die Vorgaben der normativen Theorie erfüllte, von unter 20 % auf über 80 % gesteigert.[804] In anderen Untersuchungen wurde bei ähnlichen Ausgangswerten eine Verbesserung auf 40 % bis 50 %[805] oder von ursprünglich 35 % auf 75 % der Teilnehmer erreicht.[806] Selbst in ungünstigeren Fällen löste die Maßnahme nahezu stets positive Tendenzen aus, die lediglich nicht mehr signifikant waren.[807] Somit darf auch für die bisher nicht getesteten Gebiete des Unpacking Bias und der betrieblichen Investitionsentscheidung von einer hohen Wirksamkeit dieser Modifikation aus-

801 Wie in Kapitel 5.4 erwähnt wurde lediglich verglichen, ob sich ein Unterschied ergibt, wenn eine Wahrscheinlichkeit für ein konkretes Ereignis einem einzelnen Element oder der Gesamtmenge zuzuordnen ist, vgl. Tversky/Koehler (1994), S. 550 ff.

802 Vgl. hierzu u. a. Gigerenzer et al. (2008), S. 88 f.; Tversky/Kahneman (1983), S. 309; Gigerenzer/Hoffrage (1995), S. 693; Siegrist/Keller (2011), S. 1043; Gigerenzer (1991), S. 93 ff.

803 Vgl. Price (1998), S. 280 ff.; Gigerenzer (1991), S. 87 ff.; Siegrist/Keller (2011), S. 1048.

804 Vgl. Gigerenzer (1991), S. 89 ff.

805 Vgl. Gigerenzer/Hoffrage (1995), S. 692 ff.; Siegrist/Keller (2011), S. 1049.

806 Vgl. Tversky/Kahneman (1983), S. 308 f.

807 Vgl. Price (1998), S. 284 ff.

gegangen werden.[808] Gleichzeitig zeigen die Zahlen jedoch, dass durch die genannte Formatanpassung alleine keine komplette Beseitigung der Verzerrungen zu erreichen ist,[809] nachdem bei einer Teilmenge von meist 25 % bis 50 % nach wie vor ein relevantes Bias auftrat. Daher wird in der späteren Studie eine zweite Maßnahme eingebaut, um den Anteil fehlerhafter Einstufungen weiter zu senken, bestenfalls sogar komplett zu eliminieren.

Für diese, in empirischen Untersuchungen durchaus übliche zweite Vorkehrung zur Situationsverbesserung[810] bieten sich neben grafischen Elementen[811] insbesondere Erklärungen und Hinweise an.[812] Im Gegensatz zu Formatänderungen, die einen geeigneteren Algorithmus aktivieren, ohne dass dies dem menschlichen Gehirn bewusst wird,[813] werden Instruktionen, die diesen ähnelnden Erläuterungen[814] oder transparentere Konstellation, durch die die wahren Zusammenhänge offensichtlicher werden, in erster Linie bewusst umgesetzt.[815] Diese Art der Maßnahmen erscheint geeignet, da die Verzerrungen den betroffenen Individuen nicht durch Unkenntnis der entsprechenden mathematischen Regeln passieren. Vielmehr unterbleibt deren Anwendung in der konkreten Situation unter dem überwältigenden Eindruck einzelner Alternativen. Es liegt somit nahe, durch expliziten Verweis auf die tatsächlich relevanten Zusammenhänge als deutlichste Form der Bewusstmachung, die gemäß den Ausführungen in Kapitel 5.4 unbedingt nötig ist, die handelnden Personen zurück zur rationalen Reflektion und damit zur richtigen Lösung zu führen.[816] Entsprechend wird folgende Hypothese formuliert:

H_3: Der Anstieg der durch eine Person geschätzten Ausfallwahrscheinlichkeit für ein Investitionsgut aufgrund Unterteilung des betreffenden Szenarios kann mittels zusätzlicher Hinweise stärker reduziert werden als bei einem alleinigen Formatwechsel.

808 Zur Kontextabhängigkeit menschlicher Einschätzungen siehe nochmals Gibbins/Jamal (1993), S. 452; Hogarth (1993), S. 416; Siegrist/Keller (2011), S. 1052.

809 Eine komplette Aufhebung menschlicher Unzulänglichkeiten, zumindest bei den Mittelwerten, gelang lediglich für das Overconfidence Bias. Hier ist aber eine besondere Situation gegeben, da dort der Fehler durch den unzulässigen Vergleich zweier unterschiedlicher Zahlenformate ausgelöst wird, der durch die Umstellung auf relative Häufigkeiten bei der Angabe des Vertrauensgrades in die Richtigkeit der eigenen Antwort dann beseitigt ist; vgl. Gigerenzer (1991), S. 88 ff.

810 Vgl. beispielhaft Peters et al. (2007), S. 182 ff.; Gigerenzer (1991), S. 95.

811 Vgl. Gigerenzer/Hoffrage (1995), S. 701; Gigerenzer (1991), S. 95; Peters et al. (2007), S. 182 ff.

812 Vgl. Gigerenzer/Hoffrage (1995), S. 701; Dieckmann et al. (2012), S. 717 ff.

813 Vgl. nochmals Gigerenzer/Hoffrage (1995), S. 685.

814 Vgl. Dieckmann et al. (2012), S. 717 ff.

815 Vgl. Tversky/Kahneman (1983), S. 297 u. 299.

816 Vgl. Anglim (2013), S. 1 f.; Lüdtke/Möbus (2005), S. 1 f.; Rogers et al. (2000), S. 102; Tversky/Kahneman (1983), S. 299 f.; Lüdtke (2005), S. 117.

Durch die geplanten Vorkehrungen gemäß den Hypothesen 2 und 3 kommt es zur Kombination von Maßnahmen, die einmal im unterbewussten Bereich und das andere Mal mittels bewussten Denkens funktionieren. Diese ausgewogene Zusammensetzung sollte tendenziell zu einem höheren Erfolg führen als zwei Handlungsoptionen aus nur einem der beiden Gebiete. Zudem kann bei dieser Form ein erstes Gespür dafür gewonnen werden, welche Gruppe von Aktionen besser funktioniert, wobei kein unmittelbarer Vergleich möglich ist, da die Hinweise auf das bereits verbesserte Format aufgesetzt werden.[817]

6.4 Analyse weiterer Einflussfaktoren

In den soeben abgeleiteten Hypothesen wurden die für die spätere Erhebung zugrunde gelegten Zusammenhänge festgehalten. Bei der Messung der prognostizierten Effekte ist zu beachten, dass weitere Faktoren einen Einfluss ausüben können. Entsprechend werden die potentiellen Moderatorgrößen, die in der folgenden Untersuchung näher betrachtet werden, in den vier Abschnitten dieses Teilkapitels vorgestellt. In Verbindung mit subjektiven Wahrscheinlichkeitsurteilen bieten sich v. a. die numerischen Fähigkeiten und die Erfahrung der Teilnehmer sowie deren Einstellung zum Konstrukt der Wahrscheinlichkeiten als relevante Parameter an. Zudem werden in 6.4.4 weitere allgemeine, insbesondere soziodemographische Merkmale behandelt, die meist standardmäßig erhoben und auch hier in die Analyse einbezogen werden.

6.4.1 Numerische Fähigkeiten der Teilnehmer

Nachdem in der Untersuchung Wahrscheinlichkeitsurteile abzugeben sind, bietet es sich an, auch die Auswirkungen numerischer Fähigkeiten auf die Ausprägung der einzelnen Schätzungsverzerrungen zu betrachten. Der englische Begriff Numeracy wird allgemein als die Fähigkeit verstanden, Zahlen zu verstehen und zu benutzen[818] bzw. leicht spezifiziert als das Vermögen, sicher mit grundlegenden Wahrscheinlichkeits- und Zahlenbegriffen umzuge-

[817] Diese Vorgehensweise wird gewählt, da es als unpassend angesehen wird, die Verbesserungsaktion der Hinweise mit der, den theoretischen Ausführungen nach suboptimalen Konstellation prozentualer Wahrscheinlichkeiten, trotz dieses Wissens, zu verbinden. Ferner stellt der Vergleich der jeweiligen Wirksamkeit nur einen Randaspekt dar, der bei Bedarf jederzeit mittels genauerer Folgeuntersuchungen vertieft werden kann.

[818] Vgl. Dieckmann et al. (2009), S. 1474; Reyna et al. (2009), S. 943 f.; Ancker/Kaufman (2007), S. 713; Hess et al. (2011), S. 48.

hen.[819] Die Notwendigkeit, diese Eigenschaft zu berücksichtigen, ist nicht unbedingt gleich ersichtlich. Zwar leuchtet es ein, dass auch bei dieser Fertigkeit abweichende Begabungen existieren. Diese Unterschiede sollten bei den relativ einfachen, alltäglichen Rechenoperationen jedoch ohne Konsequenz bleiben, da ein gewisses Grundniveau bei fast allen Individuen zu erwarten ist.

Allerdings haben Untersuchungen in mehreren Ländern gezeigt, dass die numerischen Fähigkeiten bei über vierzig Prozent der arbeitenden Bevölkerung zu niedrig ausgeprägt sind, um den Anforderungen des Berufs und des modernen Lebens zu entsprechen.[820] Bei etwa zwanzig Prozent sind sogar beträchtliche numerische Defizite feststellbar,[821] mit jeweils steigender Tendenz.[822] Weitere Studien bestätigen die länderübergreifende Gültigkeit solcher Resultate[823] und implizieren sogar einen noch niedrigeren Level dieser Fertigkeiten. In jenen wurden Experimentsaufgaben moderaten Schwierigkeitsgrades[824] sowie Statistiken oder zentrale Zahlen[825] nur von einer Minderheit der Teilnehmer gelöst bzw. richtig verstanden.

Manager bilden dabei keine Ausnahme. Zwar ist es unstrittig, dass sie für ihre Tätigkeit eine Vielfalt an numerischen Fertigkeiten einsetzen müssen,[826] in der Realität ist ihr Repertoire jedoch begrenzt. Sowohl für abstrakte wie realitätsnahe Aufgabenstellungen zeigten sie eine eher undifferenzierte Herangehensweise und entwickelten lediglich eine mögliche Lösung. Auch bei der Dateninterpretation begingen sie durchgängig Fehler, ebenso war ihr Verständnis gängiger statistischer Konzepte äußerst limitiert.[827] Besonders gefährlich ist die Mischung aus diesem begrenzten Können und der Einstellung, dass die eingeschränkten eigenen Fähigkeiten, die häufig durchaus erkannt werden, für die Anforderungen des Arbeitslebens dennoch ausreichen.[828]

Das vorgefundene Bild ist umso unverständlicher, da bereits auf den untersten Hierarchieebenen mit ungleich kleinerem Wirkungskreis mangelndes numerisches Vermögen zu hohen fi-

---

819 Vgl. Paulos (1988), S. 3; Peters et al. (2006), S. 407; Dieckmann et al. (2009), S. 1474.
820 Vgl. Overton (2009), S. 21; Jayne (2010), S. 18; Ridout (2010), S. 6; Carrington (2007), S. 24; Hally (1994), S. 5; Anonymus (2009), S. 8; Anonymus (2011), S. 4.
821 Vgl. Hally (1994), S. 5; Carrington (2007), S. 24; Jayne (2010), S. 18 und übertragbar Light (2002), S. 19.
822 Vgl. Mulhern/Wylie (2004), S. 355; Hally (1994), S. 5.
823 Vgl. Garcia-Retamero/Galesic (2009), S. 2200 f.; Wells (1999), S. 14 ff.
824 Vgl. Siegrist/Keller (2011), insbesondere S. 1043 u. 1046.
825 Vgl. Kemp (1996), S. 63 f.
826 Vgl. Kemp (1996), S. 65 f.
827 Vgl. Kemp (1996), S. 69 ff.
828 Vgl. Kemp (1996), S. 67 f.

nanziellen Schäden und gravierenden weiteren negativen Folgen führt.[829] Auch belegen zahlreiche staatliche[830] wie firmeninterne[831] Fortbildungsprogramme nicht nur das hohe Defizit an grundlegenden numerischen Fertigkeiten in der Bevölkerung, sondern verdeutlichen zudem die schwerwiegenden Konsequenzen aus diesen Limitationen.[832] Nach den Schulungen sind in Unternehmen im Übrigen allein durch die Anhebung dieser grundlegenden Fertigkeiten erhebliche Ergebnisverbesserungen zu verzeichnen.[833]

Bessere zahlenbezogene Fähigkeiten führen nicht nur zu positiveren Resultaten,[834] sondern auch zur Verwendung geeigneterer numerischer Prinzipien. Damit geht eine höhere Genauigkeit und stärkere Robustheit gegenüber Framing-Effekten bei der Einschätzung von Sachverhalten einher.[835] Weiter können die Personen graphische Informationen effizienter umsetzen[836] und sind dadurch weniger auf zusätzliche textliche Angaben angewiesen, so dass bei ihnen die Prognosen des Berichtsverfassers wesentlich geringeres Gewicht erhalten.[837]

Somit wird der Faktor Numeracy in der späteren Erhebung als Moderatorvariable einbezogen, da zahlreiche Personen inklusive Managern ein notwendiges Grundniveau unterschreiten und dadurch die Güte oft bedeutsamer Urteile erheblich beeinträchtigt werden kann.

6.4.2 Erfahrung der Probanden

Einen bedeutenden Einflussfaktor für Einschätzungen von Personen stellt ferner deren Erfahrung mit dem vorliegenden Sachverhalt dar. Jene kann nicht nur darin bestehen, eine ähnliche Konstellation bereits erlebt oder bewältigt zu haben, auch die Beobachtung der Arbeit anderer, Training, Lektüre, informelle Diskussionen, die Nutzung von Entscheidungshilfen und

[829] Beispiele hierfür sind Produktionsstillstände, wenn zu geringe Mengen eines bestimmten Materials bestellt wurden oder im gegenteiligen Fall unnötige Ausgaben für überschüssige Einheiten (vgl. Light (2002), S. 18), ferner verpasste Liefertermine oder auch Unfälle (vgl. Anonymus (2011), S. 4).

[830] Vgl. u. a. Overton (2009), S. 21; Carrington (2007), S. 24 ff.; Anonymus (2009), S. 8; Ridout (2010), S. 6.

[831] Vgl. u. a. Scott (2007), S. 12; Light (2002), S. 18 ff.; Jayne (2010), S. 18; Anonymus (2011), S. 4.

[832] Vgl. Robinson (1998), S. 143 ff.; Mulhern/Wylie (2004), S. 355; Smith et al. (2010), S. F363; Webb (1984), S. 129; Anonymus (2006), S. 7; Hally (1994), S. 5.

[833] Vgl. Vicki (2010), S. 19; Carrington (2007), S. 25; Light (2002), S. 18 ff.

[834] Vgl. Banks/Oldfield (2007), S. 143 ff.; Chan/Elbel (2012), S. 1847 ff.; Peters et al. (2007), S. 741 ff.; Reyna et al. (2009), S. 943 ff.; Peters et al. (2010), S. 1369 ff.; Siegrist/Keller (2011), S. 1041; Huhman/McQuitty (2009), S. 270 ff.; Smith et al. (2010), S. F379; Anonymus (2010), S. 84.

[835] Vgl. Peters et al. (2006), S. 407; Chapman/Liu (2009), S. 34; Chesney/Obrecht (2012), S. 420 ff.; Reyna et al. (2009), S. 943 ff.

[836] Vgl. Hess et al. (2011), S. 47.

[837] Vgl. Dieckmann et al. (2009), S. 1484.

Feedback über das eigene Handeln tragen zu einem höheren Erfahrungsniveau bei.[838] Dieses verbreitete Verständnis von Erfahrung sieht diese als „task-related encounters that provide opportunities for learning“[839], was explizit auch gescheiterte Vorhaben umfasst.[840]

Als positiver Haupteffekt von Erfahrung wird die effizientere Verarbeitung von Informationen gesehen. Insbesondere eine bessere und schnellere Organisation der Daten, die Fähigkeit größere Mengen zu bewältigen,[841] die stärkere Fokussierung auf relevante Informationen und das einfachere Ausgrenzen unwichtiger Sachverhalte[842] oder die Fähigkeit wichtige Eigenschaften eines Problems zu erkennen,[843] sind dabei zu nennen. Weitere positive Auswirkungen bestehen in einem erweiterten Verständnis bezüglich Fehlern oder Täuschungen sowie deren Gründen,[844] einer gesteigerten Wachsamkeit gegenüber Fehlern,[845] höherer Empfindsamkeit bezüglich fehlender Dinge, einer besseren Anpassung bereits an lediglich leicht veränderte Umfeldbedingungen[846] sowie der Immunität gegenüber Einschätzungsverzerrungen.[847] Diese besser entwickelten Eigenschaften helfen bei Einstufungen, des weiteren können erfahrene Manager die Konsequenzen ihrer Handlungen zutreffender einordnen.[848]

Allerdings gibt es auch negative Konsequenzen von Erfahrung. Diese beeinflusst Erwartungen bezüglich Daten, führt z. T. zu einer frühen Beendigung des Entscheidungsprozesses[849] oder einer geringeren Genauigkeit von Bewertungen.[850] Wiederholtes Durchlaufen der gleichen Sachverhalte kann mit nachlassendem Erfolg verbunden sein, ebenso die Selektionsfähigkeit dadurch abnehmen.[851] Eine Gefahr ist auch, dass Experten zwar innerhalb ihres Spezialgebietes besser abschneiden, aber die Grenzen dieses Bereiches nicht erkennen und bei einer nur vermeintlich in ihre Domäne fallenden Konstellation als Folge ihres speziellen Vorgehens

838 Vgl. Rose et al. (2007), S. 117 ff.; Sah et al. (2010), S. 207; Lehmann/Norman (2006), S. 68; Kahneman/Klein (2010), S. 59 f.; Frederickson et al. (1999), S. 162 f.; Dane (2008), S. 1; Chung/Monroe (2000), S. 148 f.

839 Libby (1995), S. 179.

840 Vgl. Lejarraga et al. (2011), S. 6.

841 Vgl. Taylor (1975), S. 81; Perkins/Rao (1990), S. 2; Dane (2008), S. 1; Fisher et al. (2003), S. 173; Sah et al. (2010), S. 208.

842 Vgl. Kida et al. (2010), S. 24; Fisher et al. (2003), S. 173; Perkins/Rao (1990), S. 2; Taylor (1975), S. 81; Sah et al. (2010), S. 208.

843 Vgl. Fisher et al. (2003), S. 173.

844 Vgl. Rose (2007), S. 226 f.; Huff/Prybutok (2008), S. 35.

845 Vgl. Huff/Prybutok (2008), S. 35; Fisher et al. (2003), S. 173.

846 Vgl. Fisher et al. (2003), S. 173.

847 Vgl. Kida et al. (2010), S. 23 f.

848 Vgl. Perkins/Rao (1990), S. 2.

849 Vgl. Fisher et al. (2003), S. 173.

850 Vgl. Fisher et al. (2003), S. 174.

851 Vgl. Chiang et al. (2011), S. 1560 ff.

besonders stark abweichen.[852] Desweiteren ist mit viel Erfahrung oft ein höheres Alter verbunden, das mit geringerer Informationsverarbeitungskapazität einhergehen kann.[853]

Bezüglich der Gesamtwirkung von Erfahrung besteht zunächst weitgehende Einigkeit darüber, dass sich diese auf die Art des Vorgehens von Menschen auswirkt.[854] Insbesondere orientieren sich unerfahrene Personen stärker an normativen Vorgaben, während routinierte Individuen eher ihren eigenen Einschätzungen folgen.[855] Positive Auswirkungen von Erfahrung konnten v. a. bei komplexen oder schlecht-strukturierten Situationen festgestellt werden.[856] Aber auch für einfachere Konstellationen zeigten sich teils positive Einflüsse.[857] Allerdings traten genauso häufig gar keine[858] oder nur bei einem kleinen Teil der Zielvariablen[859] Verbesserungen auf. Negative Gesamteffekte sind hingegen kaum zu erwarten.[860]

6.4.3 Einstellungen zum Konstrukt der Wahrscheinlichkeiten

Wie die Diskussion im Abschnitt 5.2 gezeigt hat, haben die betroffenen Individen oft Probleme mit der Handhabung subjektiver Punktwahrscheinlichkeiten. Auch Aussagen wie „Die meisten Menschen sind nicht im Umgang mit numerischen Wahrscheinlichkeiten geübt und haben Schwierigkeiten, solche anzugeben.“[861] oder „… we often do not know how to get hold of them; and when we get hold of them, we often do not know whether we got them right”[862] verdeutlichen, wie anspruchsvoll deren Bildung letztlich ist. Daher sollen in der geplanten Untersuchung auch Einstellungen der Teilnehmer zum Konstrukt der Wahrscheinlichkeiten erhoben werden, die aus mehreren Gründen Einfluss auf die Einschätzungen ausüben können.

852 Vgl. Kahneman/Klein (2010), S. 61 f.
853 Vgl. Taylor (1975), S. 78. Diese Schwäche wird aber durch die bereits erwähnten, mit der Zeit erlernten Strategien zur Reduzierung der zu verarbeitenden Informationsmenge zumindest ein Stück weit wieder kompensiert; vgl. Taylor (1975), S. 75.
854 Vgl. Armel/Rangel (2008), S. 167; Wright/Deacon (2010), S. 1 f.; Frederickson et al. (1999), S. 151 f.; Fisher et al. (2003), S. 181 f.; Cohen/Kudryavtsev (2012), S. 11; Gupta/Sharma (2011), S. 139; Collins et al. (2011), S. 967; Shon/Young (2011), S. 861 ff.; Ettenson/Wagner (1986), S. 42; Ford et al. (1972), S. 397 ff.
855 Vgl. East (1992), S. 167, aber siehe ebenso die Untersuchungen in diesem Beitrag, die diese Verhaltensweise nicht bestätigen, S. 167 u. 174.; Knill et al. (2012), S. 241.
856 Vgl. Kida et al. (2010), S. 21; Perkins/Rao (1990), S. 1; Huff/Prybutok (2008), S. 41 f.; Fisher et al. (2003), S. 170 f.; Taylor (1975), S. 78 f.
857 Vgl. Thomas/Morwitz (2009), S. 81; Hansson et al. (2008), S. 1027.
858 Vgl. Hutchinson et al. (2010), S. 641; Greitemeyer et al. (2006), S. 31; Chung/Monroe (2000), S. 148 f.; Dane (2008), S. 1.
859 Vgl. Taylor (1975), S. 81; Messier (1983), S. 618; Hamilton/Wright (1982), S. 764 f.
860 Hierzu konnten bei der Recherche kaum belastbaren Quellen gefunden werden. Lediglich die im vorherigen Absatz erwähnten negativen Grundtendenzen bei Erfahrung sind ausreichend belegt.
861 Eisenführ et al. (2010), S. 191.
862 Teigen/Brun (2003), S. 125.

Zunächst dürften einige Personen das Konzept aufgrund der hohen Anforderungen, die es an den Anwender stellt, mehr oder weniger bewusst ablehnen[863] und ihre Urteile lieber mittels Intuition sowie anhand einfacher Regeln bilden. Nachdem dies, zumindest vermeintlich, gut klappt,[864] sehen sie keine Notwendigkeit zu einer gewissenhaften Auseinandersetzung mit dem Themengebiet subjektiver Wahrscheinlichkeiten, das eine gewisse Mühe und Abstraktion erfordert[865] und vielen Individuen nicht besonders liegt.[866] Wird deren Einsatz explizit gefordert, werden zwar Werte angegeben, die aber häufig wenig mit dem tatsächlichen Überzeugungsgrad zu tun haben.[867] Die Grundhaltung zu Wahrscheinlichkeiten kann sich somit auf die Urteilsgüte auswirken.

Zweitens wird das abstrakte Konstrukt der Wahrscheinlichkeiten zwar oft sorgfältig angewendet, jedoch in einer anderen Art und Weise, als es theoretisch korrekt wäre. Dies kann u. a. mit einem abweichenden Gebrauch im realen Leben zu tun haben, der auf andere Sachverhalte übertragen wird, da sich menschliches Beurteilungsverhalten stärker an konkreten Thematiken orientiert als von einer allgemeingültigen Logik getragen zu werden.[868] So gehen Menschen häufig davon aus, dass bei einer Punktschätzung automatisch ein gewisses Intervall miteingeschlossen ist, wie es im Alltag Usus ist. Folglich ist für sie alles in Ordnung, wenn sich die tatsächliche Ausprägung im näheren Umfeld ihres Wertes befindet.[869] Ferner kann die Ansicht als Intervallkonzept durch fehlendes Detailwissen über die wahrscheinlichkeitstheoretischen Regeln ausgelöst werden. Unabhängig von der Ursache führt ein derart fehlerhafter Einsatz vielfach zu deutlich suboptimalen Resultaten.

Als drittes soll geprüft werden, ob die Probanden die Anforderungen von Wahrscheinlichkeitseinstufungen tendenziell unterschätzen oder angemessen beurteilen. Ist einem Individuum die Schwierigkeit der Aufgabe bewusst, wird es jene mit einer höheren Gewissenhaftigkeit angehen. Selbige kann sich u. a. in stärkerem Reflektieren, der Analyse des Problems aus verschiedenen Blickwinkeln, dem Durchdenken mehrerer Lösungen sowie verstärktem

863 Vgl. Weber/Schäffer (2016), S. 41 u. 97 ff.
864 Vgl. Kahneman/Klein (2010), S. 58 ff.; Gigerenzer (2008), S. 22 f.; Gigerenzer/Brighton (2009), S. 111 ff.
865 Vgl. Eisenführ et al. (2010), S. 184, 187 u. 191.
866 Vgl. Chapman/Liu (2009), S. 37; Windschitl/Wells (1996), S. 346.
867 Vgl. Bruine de Bruin et al. (2002), S. 713 f. So bedeutet z. B. die Zuteilung von fünfzig Prozent auf jede Option im Zwei-Alternativen-Fall oft nicht, dass beide Möglichkeiten als gleichwahrscheinlich angesehen werden, sondern signalisiert völlige Ahnungslosigkeit über den vorliegenden Sachverhalt, vgl. ebenda.
868 Vgl. Gigerenzer (1991), S. 108.
869 Vgl. Teigen (1983a), S. 97.

Hinterfragen und Überprüfen der eigenen Ergebnisse niederschlagen.[870] All diese veränderten Handlungsweisen sollten der Qualität der individuellen Urteile zuträglich sein.

6.4.4 Sonstige Merkmale der Untersuchungspersonen

Neben den vorgenannten speziellen Eigenschaften werden in der späteren Erhebung gängige Attribute der Teilnehmer abgefragt, wie dies in vielen Studien der Fall ist. Die Daten haben einerseits einen Wert für sich, da sie nähere Informationen über Art und Zusammensetzung der Grundgesamtheit liefern, wodurch ein Vergleich mit anderen Untersuchungen möglich ist und z. B. abweichende Resultate erklärt werden können.[871] Zum anderen kann eine unmittelbare Ermittlung des Einflusses dieser Größen auf das gezeigte Schätzverhalten erfolgen. Dadurch lassen sich die tatsächlichen Wirkungszusammenhänge genauer herausfiltern, v. a. wenn eine hohe Varianz dieser Faktoren gegeben ist.[872]

Einen ersten Bereich bilden übliche soziodemographische Angaben wie Alter, Geschlecht, Bildungsstand, Fachgebiet oder Dauer der Berufserfahrung.[873] Ferner wird in Untersuchungen, in denen Einschätzungen erhoben werden, oft das Vertrauen der Teilnehmer in ihre Urteile abgefragt,[874] was hier ebenfalls erfolgen wird. Weiter wird die Erinnerung zentraler Inhalte des zu lösenden Cases abgeprüft, weil dadurch die aufgetretenen Muster besser interpretierbar werden.[875] Ebenso soll analysiert werden, ob bekannte denkbare Auslöser der vorhergesagten Effekte wirksam geworden sind.[876]

---

[870] Vgl. Weber et al. (2003), S. 17 f.; Lingnau (2006), S. 3; Zayer/Hirsch (2006), S. 650 f. u. 654 ff.; Scherm/Pietsch (2004), S. 15; Weber/Schäffer (2016), S. 47; Pietsch/Scherm (2004), S. 933.

[871] Vgl. Schulz (1999), S. 45; Müntnich/Wießner (2002), S. 417 ff.

[872] Vgl. Sigall/Mills (1998), S. 225; Moosbrugger/Reiß (2010b), S. 442 ff.; Leibert et al. (2006), S. 71; Neill et al. (1994), S. 145 ff.

[873] Vgl. Radler/Ryff (2010), S. 307 ff.; Leibert et al. (2006), S. 73; Prezza et al. (2001), S. 29 ff.; Schulz (1999), S. 44.

[874] Vgl. Price (1998), S. 277 f.; Winman et al. (2004), S. 1167 ff.; Gigerenzer (1991), S. 88.

[875] Vgl. Sigall/Mills (1998), S. 221 ff.

[876] Vgl. Sigall/Mills (1998), S. 219 ff.

7 AUFBAU UND ABLAUF DER EMPIRISCHEN UNTERSUCHUNG

Nach der erfolgten Ableitung der Forschungshypothesen sowie der Festlegung weiterer potentieller Einflussgrößen fehlt zur Generierung empirischen Wissens nur noch die zu verwendende Forschungsmethode. Wie bereits an mehreren Stellen angedeutet und wie die Ausführungen in Kapitel 7.1 zeigen werden, bildet diese das Laborexperiment, welches bei den meisten Untersuchungen zu Anomalien bei subjektiven Wahrscheinlichkeiten und auch speziell zur Support Theorie bisher zum Einsatz kam.

Zunächst wird das Verfahren anderen denkbaren Optionen gegenübergestellt, näher charakterisiert und dessen besondere Eignung sowie die mit dieser Methode verbundenen Möglichkeiten verdeutlicht. Anschließend wird unter 7.2 mithilfe eines speziellen Bezugsrahmens für den Ablauf eines Laborexperiments die konkrete Untersuchungskonstellation vorgestellt, die darin besteht, subjektive Wahrscheinlichkeitsurteile im Rahmen einer Investitionsentscheidung über ein Fahrgeschäft anzugeben. Gemäß den theoretischen Vorhersagen soll bei den Probanden erst das Unpacking Bias signifikant auftreten und später durch die ergriffenen Gegenmaßnahmen weitgehend eingedämmt werden. In Abschnitt 7.3 wird schließlich die konkrete Durchführung der experimentellen Untersuchung beschrieben.

7.1 Auswahl und Beschreibung des Verfahrens für die empirische Erhebung

7.1.1 Mögliche Untersuchungsmethoden

Grundsätzlich kommen zur Gewinnung neuen Wissens diverse Methoden in Frage, von denen insbesondere Simulation, kritische Diskussion, Befragung, Feldforschung, Sichtung bereits vorhandener Daten, Literaturanalyse, theoretische Überlegungen, Feld- und Laborexperiment regelmäßige Anwendung erfahren.[877]

Bei näherer Betrachtung scheiden die ersten vier Verfahren schnell als ungeeignet aus. Eine Simulation macht in erster Linie bei metrischem Skalenniveau und für komplexe Systeme

[877] Vgl. u. a. Maines et al. (2006), S. 85 f. u. 94; Anonymus (2007), S. 9; Atkinson et al. (1997), S. 98 ff.; Wehner (2002), S. 8; von Nitzsch (2014), S. 209.

Sinn,[878] um ein Gespür für die Sensibilität der Konstellation bei Veränderung der einzelnen numerischen Eingangsgrößen zu erhalten.[879] Eine Diskussion über mögliche Verhaltensfehler von Menschen wäre zwar grundsätzlich fruchtbar, jedoch nur auf qualitativer, kreativer Ebene. Für einen zuverlässigen Beleg konkreten menschlichen Verhaltens eignet sich diese Variante aber nicht. Auch die Befragung ergibt zumindest vorrangig keinen Sinn, da die Verzerrungen durch unbewusste Mechanismen entstehen.[880] Die klassische Feldforschung in Form von Begehung, Beobachtung oder Feldstudie ist bei äußerlich sichtbarem Verhalten ergiebig, für kognitive Prozesse lassen sich so hingegen kaum sinnvolle Erkenntnisse gewinnen.

Allerdings bedeutet das nicht, dass die genannten Methoden keinen Beitrag zur Support Theorie geleistet haben oder liefern können. Zum einen waren Diskussionen mit Forscherkollegen und deren Anmerkungen bei der Modellentwicklung von großem Wert.[881] Desweiteren ist in der späteren empirischen Erhebung ein Post-Test-Questionnaire enthalten, dessen Fragen präzisere Aussagen zu den im Experiment festgestellten Effekten ermöglichen sollen.[882] Zudem wurden die Forschungsarbeiten durch Untersuchungen in der Realität und Alltagsbeobachtungen inspiriert,[883] so dass Felddaten ebenfalls ihre Relevanz besitzen.

Wie aus der Diskussion in den Theoriekapiteln 2 bis 5 hervorgeht, wurden die bislang existierenden Resultate bereits umfassend durchgearbeitet und gerade die dabei festgestellten Schwachpunkte bildeten den Auslöser dafür, weitere empirische Anstrengungen vorzunehmen. Die Methoden der Sichtung bereits vorhandener Daten sowie der Literaturanalyse sind somit ausgeschöpft und stellen ebenfalls keine Option mehr dar, auf die hier noch zurückgegriffen werden kann. Ähnliches gilt für theoretische Überlegungen, die mit dem Grundmodell der präskriptiven Entscheidungswissenschaft, der Support Theorie, diversen Investitionsmodellen sowie Erkenntnissen zu Gegenmaßnahmen für die interessierende Thematik bereits in ausreichender Form existieren. Bevor mit den vorgenannten Verfahren weitergearbeitet wird, bietet sich somit ein Belastungstest der bisherigen Aussagen in der Realität an. Im Fall einer Bestätigung würde die Theorie auf eine noch breitere Basis gestellt werden, während bei

878 Vgl. Biethahn et al. (2004), S. 2 f.; Obermaier/Saliger (2013), S. 68 f.; von Nitzsch (2014), S. 209 f.; Naylor (1972), S. 349.

879 Vgl. Biethahn et al. (2004), S. 6.

880 Vgl. z. B. Landman/Manis (1983), S. 87.

881 Vgl. z. B. Tversky/Koehler (1994), S. 547, Rottenstreich/Tversky (1997), S. 406, Fox/Rottenstreich (2003), S. 200, wo sich die Autoren stets explizit bei den entsprechenden Personen für diese Form des Beitrags bedanken.

882 Vgl. Schulz (1999), S. 42 f.

883 Vgl. Krumpal et al. (2008), S. 5; Ayton (1997), S. 101 ff.; van der Pligt et al. (1987), S. 269; Kruger/Evans (2004), S. 856; Johnson et al. (1993), S. 36 ff.; Fischhoff et al. (1978), S. 330 ff.; Fiedler/Armbruster (1994), S. 633; Tversky/Koehler (1994), S. 547; Robinson/Hastie (1985), S. 443.

stabilen Abweichungen neue grundlegende Gedanken anzustellen wären, die jedoch erst dann sinnvoll und mittels des neu gewonnenen Wissens zielgerichteter möglich sind.[884]

Durch ein Feldexperiment kann eine Untersuchung in einer reellen Situation abgehalten und dabei Einfluss auf das ablaufende Geschehen genommen werden. Dort festgestellte Effekte sind meist deutlicher und weisen eine höhere externe Validität auf, als bei der Laborvariante.[885] Gerade mit Blick auf Menschen und Organisationen ermöglicht das Feldexperiment Erkenntnisse, die auf andere Weise nur schwer zu bekommen sind, wie über den alltäglichen Umgang der Unternehmen mit der Informationstechnologie[886] oder den Einfluss von Audit Reports auf reale Kreditvergaben.[887] Im Gegensatz zu Beobachtungen der Realität kann das Umfeld vorab bis zu einem gewissen Punkt mitgestaltet, ferner auch während der Erhebung korrigierend eingegriffen werden.[888] Außerdem wird die im Vergleich zum Laborexperiment geringere Gefahr von Versuchsleitereinflüssen positiv bewertet.[889]

Allerdings weist die Methode ebenso einige Nachteile auf, die letztlich deren geringe Verbreitung in der empirischen Entscheidungsforschung bedingen. Speziell die mangelnde Bereitschaft realer Organisationen, derartige Untersuchungen bei sich durchführen zu lassen, stellt ein Problem dar.[890] Abschreckend wirkt dabei neben Vertraulichkeitsaspekten v. a. der hohe zeitliche und organisatorische Aufwand für beide Seiten, der größer als bei Laboruntersuchungen ist.[891] Außerdem besteht die Gefahr einer Verschmutzung der unabhängigen Variablen durch unkontrollierte Umweltgrößen, die trotz der Manipulationsmöglichkeiten des Versuchsleiters jederzeit auftreten können.[892] Hinzu kommt oft mangelnde Messpräzision bei Erhebung der Daten, wodurch die Erfüllung des testtheoretischen Kriteriums der Validität nicht gegeben ist.[893] Schließlich kann aufgrund von Spezifika der betrachteten Unternehmung nicht von einer generellen Gültigkeit der Resultate ausgegangen werden.[894] Eine mangelnde Repräsentativität der Probanden, wie sie bei Laborkonstellationen häufig beanstandet wird,

884 Vgl. Ittner/Larcker (2002), S. 788; Ortner (1996), S. 2; Smith (1989), S. 152; Roth (1988), S. 1024.
885 Vgl. Kerlinger (1973), S. 402.
886 Vgl. Trewin (1988), S. 105.
887 Vgl. Houghton/Robinson (1987), S. 37 ff.
888 Vgl. Bronner et al. (1972), S. 166; Trewin (1988), S. 106.
889 Vgl. Picot (1975), S. 242 f.
890 Vgl. Picot (1980), Sp. 1490; ebenso Bredenkamp (1969), S. 363 f.
891 Vgl. Locke (1986), S. 3 ff.; Dipboye/Flanagan (1979), S. 141 ff.; Picot (1975), S. 240 ff.; Trewin (1988), S. 105.
892 Vgl. Bronner/Wossidlo (1988), S. 243; Kerlinger (1973), S. 402; Anonymus (2007), S. 17.
893 Vgl. Sprinkle (2003), S. 288 f.
894 Vgl. Picot (1980), Sp. 1490.

kann hingegen ausgeschlossen werden, nachdem jene einen integrierten Bestandteil der realen Experimentsituation bilden.[895]

Insbesondere der erste Punkt des vorigen Absatzes führt dazu, dass auch das Feldexperiment für die geplante Untersuchung nicht herangezogen werden kann. So trifft die Aussage von Kaplan, "It would be unusual for profit seeking (or even most non-profit) organizations to agree to a major change in their internal accounting and performance measurement system in order to advance our understanding of management accounting phenomena"[896] für die geplante Untersuchungsthematik zumindest sinngemäß zu. Unternehmen werden sich nicht im wichtigen, ohnehin relativ komplexen Investitionsbereich zusätzliche Umstände in Form einer empirischen Erhebung aufbürden, die keinen unmittelbaren Nutzen für sie verspricht. Auch eine gewisse Menge an Probanden, die unerlässlich ist, ist bei dieser Methode schwer zu erreichen, da die notwendigen größeren Investitionsentscheidungen, bei denen ein umfangreiches Prozedere mit Wahrscheinlichkeitsbildung Sinn ergibt, nur in geringer Zahl anfallen.

Wie die vorangegangenen Ausführungen gezeigt haben, ist keines der bislang geschilderten Verfahren für die geplante Erhebung ausreichend geeignet. Letztlich kommt nur ein Laborexperiment in Frage, welches bisher auch von den meisten anderen Forschern zur Gewinnung empirischer Erkenntnisse rund um die Support Theorie eingesetzt wurde.[897] Die besonderen Eigenschaften, Vorteile und Kritikpunkte dieser Methode sowie dessen Eignung für die spätere Untersuchung werden in den folgenden Abschnitten 7.1.2 und 7.1.3 separat erläutert.

Abschließend sei noch erwähnt, dass Feldexperimente ebenfalls zum Erfahrungsschatz der Support Theorie beigetragen haben, nicht zuletzt deshalb, weil natürliche Geschehnisse unter bestimmten Umständen auch als solche aufgefasst werden können.[898] Auf derartiges Wissen greifen v. a. Johnson et al. sowie Kruger/Evans in ihren Ausführungen zurück.[899] Somit tragen

[895] Vgl. Weick (1967), S. 12; Anonymus (2007), S. 17.

[896] Kaplan (1986), S. 442.

[897] Vgl. exemplarisch Brenner et al. (2005), S. 71 ff.; Mulford/Dawes (1999), S. 48; van Boven/Epley (2003), S. 264 ff.; Sloman et al. (2004), S. 576 ff.; Fox (1999), S. 176 ff.; Idson et al. (2001), S. 234 ff.; Brenner/Koehler (1999), S. 28 ff.; Kruger/Evans (2004), S. 588 ff.; Fox/Rottenstreich (2003), S. 198; Fiedler/Armbruster (1994), S. 636 ff.; Fox/Clemen (2005), S. 1421 ff.; Tversky/Koehler (1994), S. 551 ff.; Rottenstreich/Tversky (1997), S. 408 ff.

[898] Vgl. Rosenzweig/Wolpin (2000), S. 827 f.; Stolz (1981), S. 72 ff.; Smith (1989), S. 155.

[899] Vgl. Johnson et al. (1993), S. 48; Kruger/Evans (2004), S. 586 ff. Bei Johnson et al. wurde das Verhalten von Versicherten in zwei US-Bundesstaaten nach einer Gesetzesänderung analysiert, während das im Alltag häufig zu beobachtende Phänomen, dass Aufgaben und Projekte wesentlich länger dauern und deutlich mehr Kosten verursachen als geplant, den Ausgangspunkt der Untersuchungen von Kruger und Evans bilden.

verschiedenste Untersuchungsformen zum Erkenntnisstand dieser Arbeit bei, selbst wenn kein multipler Methodenansatz, sondern nur ein empirisches Verfahren verwendet wird.[900]

7.1.2 Eigenschaften des Laborexperiments

Zur Verdeutlichung der Gründe für die Verwendung des Laborexperiments zur empirischen Datengewinnung, werden in diesem Teilkapitel dessen spezifische Merkmale geschildert und anschließend in 7.1.3 mit den Erfordernissen der angedachten Untersuchung abgeglichen.

Ganz allgemein handelt es sich bei einem Experiment um eine „wiederholbare Beobachtung unter kontrollierten Bedingungen, wobei eine (oder mehrere) unabhängige Variable(n) derartig manipuliert wird (werden), daß eine Überprüfungsmöglichkeit der zugrundeliegenden Hypothese (Behauptung eines Kausalzusammenhangs) in unterschiedlichen Situationen gegeben ist."[901] Im Labor ist gegenüber dem Feldexperiment dabei die Kontrolle über die relevanten Faktoren einfacher und besser zu gewährleisten.[902] Durch Vorgabe eines genauen experimentellen Designs sowie präziser Regeln und Umweltbedingungen wird der Interpretationsspielraum für auftretende Effekte derart eingeengt, dass Inkonsistenzen mit bestehenden Modellen auf Unzulänglichkeiten der zugrunde gelegten Annahmen zurückgeführt werden können.[903]

Im Umkehrschluss bedeutet dies, dass Experimente häufig auf Theorien aufbauen,[904] was ein charakteristisches Merkmal dieser Methode ist. Gemäß den Vorhersagen des zugrunde gelegten Modells sollte sich in der Untersuchung ein bestimmtes Verhalten zeigen.[905] Andernfalls sind Modifikationen an der bestehenden Theorie vorzunehmen,[906] die oft aber überschaubar sind. Teils sind nur für einzelne Anwendungsgebiete Anpassungen nötig[907] und vielfach genügt eine geringe Erweiterung der Prämissen, um die abweichenden Effekte abzudecken.[908]

---

900 Vgl. Wehner (2002), S. 11.

901 Zimmermann (1972), S. 37. Vgl. sinngemäß auch Maines et al. (2006), S. 94; Müntnich/Wießner (2002), S. 420; Picot (1975), S. 70.

902 Vgl. Kerlinger (1973), S. 402.

903 Vgl. Smith (1989), S. 154; Guala/Mittone (2005), S. 511; Gächter (2005), S. 2.

904 Vgl. Ittner/Larcker (2002), S. 787; Luft/Shields (2002), S. 796; Maines et al. (2006), S. 85; Guala/Mittone (2005), S. 495 u. 511; Müller/Ponce de Leon (1996), S. 122; Callahan et al. (2006), S. 59; Heiner (1985), S. 260.

905 Vgl. Sugden (2005), S. 179 f.

906 Vgl. Ortner (1996), S. 1 f.; Luft/Shields (2002), S. 798 ff.

907 Vgl. Binmore (1999), S. F17.

908 Vgl. Smith (1989), S. 163 ff.; Sugden (2005), S. 179 u. 181.

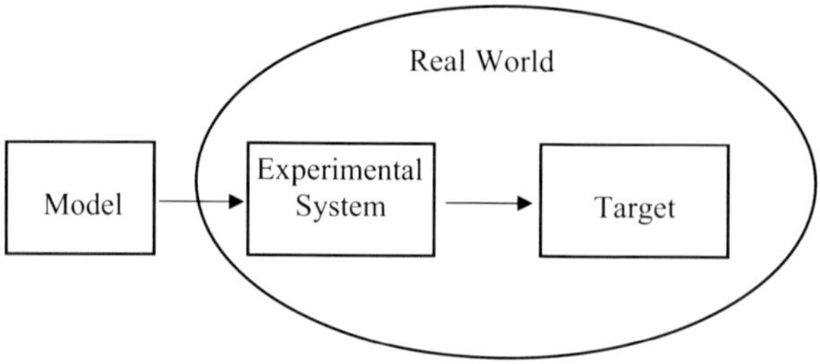

Abbildung 21: Die Mediatorfunktion von Experimenten (eigene Darstellung in Anlehnung an Guala/Mittone (2005), S. 501)

Aufgrund des dargelegten Wirkungszusammenhangs, welcher in der vorstehenden Abbildung 21 grafisch veranschaulicht ist, wird auch von einer Mediatorfunktion des Experiments gesprochen, das zwischen Theorie und Empirie vermittelt.[909] Nachdem der Wissensgewinn sehr präzise und zielgerichtet möglich ist, kann dem in Verbindung mit der Verhaltensforschung oft genannten Problem einer fehlenden gemeinsamen Theoriebasis abgeholfen werden, da so die Bildung umfassenderer Konstrukte erleichtert wird.[910] Gerade zur Erforschung kognitiver Prozesse werden Experimente gerne herangezogen.[911] Neben Veränderungen der Theorie oder neuen Empfehlungen für die Empirie ergeben sich ebenso viele Bestätigungen.[912] Allerdings ist gemäß dem vorherrschenden Wissenschaftsverständnis des kritischen Rationalismus eine endgültige Verifizierbarkeit einer Theorie nicht möglich, da ein Gegenbeispiel ausreicht, um diese zu Fall zu bringen. Deshalb gilt die Falsifizierbarkeit „als Kriterium des empirisch-wissenschaftlichen Charakters eines Theoriensystems“[913]. Durch immer wieder erfolgende Widerlegungen und dadurch angestoßene Präzisierungen ergibt sich ein Erkenntnisfortschritt, dank dem die Differenz zur Empirie stetig geringer wird.[914] Das Laborexperiment kann durch seine präzise Gestaltbarkeit einen großen Beitrag dazu leisten, Grenzen von Theorien genau auszuloten und die relevanten Einflussfaktoren herauszufiltern.[915]

---

909 Vgl. Sugden (2005), S. 180 u. 184; Guala/Mittone (2005), S. 500; Ortner (1996), S. 2. Diese Aussage ist insofern angebracht, da ein empirisches Experiment stets auf wissenschaftlichen Überlegungen aufbaut und umgekehrt Erkenntnisse aus der Realität für die Theorie liefert, die den Anspruch erhebt, die Wirklichkeit auf einem gewissen Abstraktionsniveau zu beschreiben und Empfehlungen für diese geben möchte.
910 Vgl. Ittner/Larcker (2002), S. 791 f.; Roth (1988), S. 975.
911 Vgl. Oshikawa (1968), S. 429 f.
912 Vgl. Guala/Mittone (2005), S. 496; Ortner (1996), S. 2; Sugden (2005), S. 184; Smith (1989), S. 152.
913 Popper (2002), S. 47.
914 Vgl. Ittner/Larcker (2002), S. 788; Smith (1989), S. 152; Ortner (1996), S. 2; Roth (1988), S. 1024.
915 Vgl. Roth (1988), S. 975; Smith (1989), S. 152.

Entsprechend dieser Bindegliedfunktion finden sich im Laborexperiment die drei zentralen Bestandteile wieder, die zur Systematisierung und Analyse von Theorien unterschieden werden. Das *Umfeld* beschreibt die Gesamtheit aller Eigenschaften einer handelnden Person, wie sie in der klassischen Wirtschaftstheorie u. a. durch Präferenzen, Ressourcenbesitz und Produktionsfunktion abgebildet wird. Durch die *Institutionen* wird die Art der Kommunikation bestimmt wie z. B. mittels Angeboten von Verkäufern, Geboten von Käufern sowie die Art der Annahme derartiger Willenserklärungen. Auch eine mögliche Reihenfolge sowie die Regeln, gemäß denen Äußerungen zu Verträgen und somit Ressourcenzuteilungen werden, werden dadurch festgelegt. Der institutionelle Bereich spezifiziert somit die Bedingungen, Termini und Regeln unter denen Handlungen stattfinden, um verbindliche Konsequenzen hervorzubringen. Das *Verhalten* betrifft die Aktionen des Akteurs unter den vorgegebenen Umfeld- sowie institutionellen Bedingungen. Über dieses treffen die unterschiedlichen Theorien eigene konkrete Annahmen. Je nach Konstellation und Untersuchungsziel werden teils noch die Handlungsfolgen bzw. *Ergebnisse* als vierte Komponente ausgewiesen, jene sind aufgrund dieses variierenden Status in der nachfolgenden Abbildung 22 grau eingefärbt.[916]

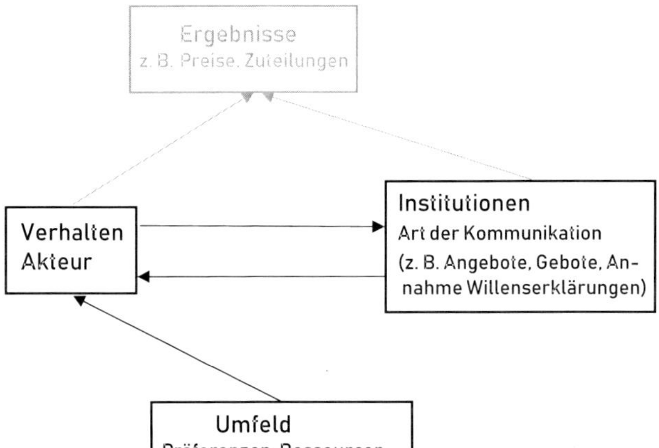

Abbildung 22: Zentrale Bestandteile des Laborexperiments (eigene Darstellung in Anlehnung an Smith (1989), S. 157)

Ziel eines Experiments ist es, Annahmen über menschliches Verhalten zu überprüfen. Um die Theorie wirkungsvoll testen zu können, wird mittels des entwickelten Designs zunächst eine

[916] Vgl. Smith (1989), S. 153; Callahan et al. (2006), S. 61 f.; Ortner (1996), S. 4 u. 10; Heiner (1985), S. 261 ff.; Porak (2006), S. 1.

Beherrschung des Umfelds versucht, indem eine gewisse Art der Bewertung ausgelöst werden soll. Eine Kontrolle des institutionellen Bereichs soll durch Festlegung der Sprache und der Regeln für die Probanden erfolgen. Durch diese Kontrollmaßnahmen wird die Interpretation einer Abweichung zwischen den Vorhersagen der Theorie und den gemachten Beobachtungen derart eingeengt, dass diese den Verhaltensannahmen des zugrunde gelegten Modells angelastet werden kann.[917]

Daran anknüpfend wird deutlich, dass Grenzen und Probleme, die ein Forscher bei der Gestaltung eines Laborexperiments erfährt, nicht dieser Methode zuzuschreiben sind, die alle Möglichkeiten offen lässt, sondern der Theorie selbst.[918] Ergeben sich im Experiment Beobachtungen, die vom Modell nicht vorhergesagt wurden, kann es z. B. daran liegen, dass die zugrunde gelegte Theorie nicht ausreichend ausdifferenziert wurde, um die erhaltenen Effekte vorherzusagen.[919] Einschränkungen können ferner durch Prämissen des gewählten Bezugsrahmens entstehen, für dessen Funktion bestimmte limitierende Anforderungen nötig sind, die sich in den Regeln für das Experiment widerspiegeln.[920] Schließlich wird sogar die Interpretation der Ergebnisse häufig von der theoretischen Prädisposition der Forscher beeinflusst, die zu unterschiedlichen Auslegungen identischer Versuchsresultate führen kann.[921]

Oft ist die konkrete Operationalisierung des Untersuchungszwecks schwierig[922] und nur durch Heranziehung eines Hilfskonstrukts möglich.[923] Jenes sollte in den entscheidenden Punkten repräsentativ für die relevante Thematik sowie für einen Nachweis der intendierten Effekte geeignet sein.[924] Diese Bedingung ist nicht immer erfüllt, wodurch Probleme bei der Übertragbarkeit gegeben sind.[925]

---

917 Vgl. Smith (1989), S. 154; Callahan et al. (2006), S. 60; Maines et al. (2006), S. 94; Gächter (2005), S. 2 f.
918 Vgl. Sugden (2005), S. 180 f.; Backhouse (2006), S. F332; Porak (2006), S. 2; Ortner (1996), S. 10.
919 Vgl. Luft/Shields (2002), S. 797 f.; Guala/Mittone (2005), S. 499.
920 Vgl. Smith (1989), S. 155.
921 Vgl. Sugden (2005), S. 183; Roth (1988), S. 975 f.
922 Vgl. Anonymus (2007), S. 11; Roth (1988), S. 1024.
923 Vgl. Sugden (2005), S. 182 f.; Guala/Mittone (2005), S. 501.
924 Vgl. Sigall/Mills (1998), S. 220.
925 Vgl. Ashton (1982), S. 104; Sugden (2005), S. 183; Huber (2004), S. 128 und sinngemäß auch Smith (1989), S. 163; Wie unter 5.2.4.4 bereits erwähnt, wird z. B. gerne aus Festlegungen bei Lotterien, sprich nicht beeinflussbaren Glücksspielen mit klar vorgegebenen Wahrscheinlichkeiten, auf Entscheidungsverhalten im wirklichen Leben geschlossen, vgl. Müller/Ponce de Leon (1996), S. 122; Mukherji (1996), S. 221 f. Dort können jedoch Komponenten verändert werden, zudem sind Wahrscheinlichkeiten nie vollständig bekannt, vgl. Ashton (1982), S. 104; Huber (2004), S. 128; Sugden (2005), S. 183. Ebenso sollten aus Geldbeträgen, die Probanden im Experiment zum finanziellen Gesamterfolg einer Gruppe beitragen, keine direkten Rückschlüsse auf menschliches Verhalten bei öffentlichen Gütern gezogen werden, vgl. Stolz (1981), S. 77 f.; Sugden (2005), S. 181 f.; Gächter (2005), S. 4.

Grundsätzlich sind in einem Laborexperiment immer gewisse künstliche Bedingungen gegeben, in die sich die Teilnehmer hineinversetzen müssen bzw. stellt jeder Aufbau nur eine notdürftige Simulation der Realität dar, für die aber Erkenntnisse gewonnen werden sollen.[926] Zur Bewertung der Angemessenheit des Designs wird zwischen experimentellem und weltlichem Realismus unterschieden. Der experimentelle Realismus zielt darauf ab, dass ein Experiment glaubwürdig wirkt, ernst genommen wird und die Probanden zum Mitmachen animiert. Beim weltlichen Realismus kommt es darauf an, ob die entwickelte Konstellation Ähnlichkeit mit der realen Welt besitzt.[927] Je nach dem mit der Untersuchung verfolgten Ziel kann der Schwerpunkt unterschiedlich gesetzt werden. Eine Aufgabenstellung, die ausschließlich experimentellen Realismus besitzt und auf Ausschmückungen verzichtet, ist für die Entwicklung sowie das Überprüfen und Verifizieren von Theorien förderlich. Weltlicher Realismus ist letzterem Zweck sowie Neuentdeckungen nicht unbedingt zuträglich und führt zu weniger präzisen Empfehlungen, hat aber Vorzüge, sofern komplexe Theorien getestet oder allgemeingültige Aussagen geliefert werden sollen.[928]

Neben dem Design eines Experiments haben die Probanden starke Auswirkung auf die Allgemeingültigkeit der gewonnenen Aussagen. Häufig werden Studenten verwendet, da diese an einer Hochschule leicht und kostengünstig verfügbar sind.[929] Dabei stellt sich die Frage, inwieweit die gewonnenen Erkenntnisse, auf andere Personen wie Manager, übertragbar sind.[930] Es existieren Untersuchungen, die keine relevanten Unterschiede zwischen Managern und Studenten festgestellt haben. Eine Ursache hierfür könnte sein, dass aufgrund der notwendigerweise vereinfachten, überschaubaren Aufgabenstellungen in den Experimenten mögliche Vorteile, wie der Erfahrungsvorsprung routinierter Teilnehmer, nicht zum Tragen kommen.[931] Umgekehrt dürften manchmal sogar Erhebungen mit Studenten statt Managern zielführender sein, da diese weniger in individuelle festgefahrene Entscheidungsmuster verfallen können.[932] Auch andere Mitarbeiter eines Unternehmens, wie Accountants, erscheinen gerade in ihren Spezialgebieten gelegentlich ergiebiger für die Gewinnung neuen Wissens.[933]

---

926 Vgl. Wehner (2002), S. 10; Neill et al. (1994), S. 145 ; Ashton (1982), S. 104; Maines et al. (2006), S. 99 f.; Guala/Mittone (2005), S. 501; Stolz (1981), S. 73; Sugden (2005), S. 180.
927 Vgl. Schulz (1999), S. 30; Swieringa/Weick (1982), S. 57; Maines et al. (2006), S. 100; Guala/Mittone (2005), S. 496 f.; Mukherji (1996), S. 219 f.
928 Vgl. Swieringa/Weick (1982), S. 57; Ortner (1996), S. 4.
929 Vgl. Obermaier/Müller (2008), S. 346; Swieringa/Weick (1982), S. 58; Langer (2007), Sp. 424 f.; Anonymus (2007), S. 24.
930 Vgl. Maines et al. (2006), S. 100; Houghton/Robinson (1987), S. 37; Sugden (2005), S. 180.
931 Vgl. Schulz (1999), S. 44 f.; Sugden (2005), S. 180; Elliot et al. (2007), S. 140 f.
932 Vgl. Knill et al. (2012), S. 241; East (1992), S. 167.
933 Vgl. Kahneman/Klein (2010), S. 61 f.

Wichtiger als diese externe Gültigkeit, die sich auf die Verallgemeinerungsfähigkeit der erhaltenen Erkenntnisse bezieht,[934] wird bei Laborexperimenten die interne Validität gesehen.[935] Jene liegt vor, wenn die Veränderung der abhängigen Größe eindeutig auf die bewusste Variation der unabhängigen Variable(n) und somit das Treatment zurückzuführen ist. Dadurch kann das Ergebnis eindeutig interpretiert werden.[936] Die interne Validität wird durch Störfaktoren gefährdet, deren unterschiedliche Ausprägungen ebenfalls die Veränderungen der abhängigen Variable auslösen können. Nach Möglichkeit wird versucht, solche unerwünschten Einflussgrößen im Vorfeld zu eliminieren oder zumindest zu kontrollieren.[937]

Vielfach sind vorab zwar keine unerwünschten Einflussvariablen bekannt, jedoch ist anzunehmen, dass jene mit hineinspielen. Dieser Gefahr kann begegnet werden, indem die Probanden zufällig auf die Versuchsgruppen aufgeteilt werden. Durch diese Randomisierung schwanken ebenfalls wirksame Größen nur zufällig, so dass Unterschiede bei den abhängigen Variablen nicht durch systematische Veränderungen der Störfaktoren bedingt sein können.[938]

Als drittes ist die Konstruktvalidität zu nennen, die bei Laborexperimenten durch deren präzise Gestaltbarkeit besonders gut gewährleistet ist. Zwar gelingt wie geschildert die konkrete Umsetzung eines Sachverhalts nicht immer perfekt und z. T. nur unter Einsatz von Hilfskonstrukten.[939] Diese können jedoch frei gebildet werden und es liegt vor allem an der Kreativität des Erstellers, wie exakt die von ihm entwickelte Konstellation die Sachverhalte erfasst, die tatsächlich gemessen werden sollen.[940] Bei Felduntersuchungen oder der Auswertung von Archivmaterial muss hingegen auf vorhandene Größen zurückgegriffen werden, wie sie in realen Konstellationen vorkommen. Hierdurch ist meist nur eine eingeschränkte Konstruktvalidität gegeben, da die Variablen selten mit der operativen Messgröße übereinstimmen, die

934 Vgl. Street (1995), S. 175; Anonymus (2007), S. 15; Guala/Mittone (2005), S. 495 f.

935 Vgl. Maines et al. (2006), S. 100.

936 Vgl. Müntnich/Wießner (2002), S. 418; Schulz (1999), S. 50; Stolz (1981), S. 73; Anonymus (2007), S. 15.

937 Vgl. Hernon (2000), S. 383; Anonymus (2007), S. 16; Street (1995), S. 171 f.; Stolz (1981), S. 73 f.; Müntnich/Wießner (2002), S. 422; Rosenzweig/Wolpin (2000), S. 827; Roth (1988), S. 975. Dabei erfolgt eine Orientierung an den Grundsätzen der Induced-Value-Theorie, nach der die Probanden mittels eines geeigneten Anreizsystems dazu bewegt werden sollen, vorspezifizierte Merkmale anzunehmen. Hierfür müssen die Bedingungen so gestaltet werden, dass die Individuen nach möglichst hoher Belohnung streben, der Anreiz mit dem Verhalten der Teilnehmer verknüpft wird und deren Nutzen aus dem Experiment überwiegend aus der Belohnung resultiert, vgl. Smith (1989), S. 154; Callahan et al. (2006), S. 59 f.; Sugden (2005), S. 178; Mukherji (1996), S. 219; Guala/Mittone (2005), S. 501; Ortner (1996), S. 4 f.; Heiner (1985), S. 260; Gächter (2005), S. 2 f. Eine weitere Möglichkeit der Kontrolle besteht in der Miterfassung bekannter Störgrößen, vgl. Street (1995), S. 171.

938 Vgl. Hernon (2000), S. 383; Street (1995), S. 171 f.; Rosenzweig/Wolpin (2000), S. 827; Müntnich/Wießner (2002), S. 419 f.

939 Vgl. Sugden (2005), S. 182 f.

940 Vgl. Maines et al. (2006), S. 98 f.; Guala/Mittone (2005), S. 500; Sigall/Mills (1998), S. 220.

zur korrekten Überprüfung der theoretischen Annahmen passend wäre. Einerseits werden durch jene bestimmte Aspekte nicht erfasst, zum anderen enthalten sie irrelevante Faktoren, die die Ergebnisse mit beeinflussen.[941]

Schließlich muss noch die Stichproben- und Statistikvalidität erfüllt sein, um aus einer Untersuchung die richtigen Daten zu erhalten. Für diese bildet die durchgängige Einhaltung der statistischen Standards die Grundvoraussetzung.[942]

7.1.3 Eignung des Laborexperiments als Methode für die nachfolgende Untersuchung

Wie zu Kapitelbeginn schon erwähnt, wird zur Gewinnung empirischer Erkenntnisse über Anomalien bei subjektiven Wahrscheinlichkeiten meist auf die Methode des Experiments zurückgegriffen. Aufgrund der Ausführungen in 7.1.2 dürfte bereits teilweise deutlich geworden sein, warum dieses Verfahren auch für das Gebiet der Support Theorie besonders geeignet ist. Nachstehend werden die wichtigsten Gründe nun explizit anhand des konkreten Themenbereichs aufgezeigt.

Einen zentralen Punkt bildet die Theorienähe des Experiments. So liegt für das angedachte Untersuchungsfeld nicht nur wie so oft das Grundmodell der Entscheidungstheorie als Bezugsrahmen vor, sondern zusätzlich der spezifischere Ansatz der Support Theorie.[943] Dieser wurde zwar bereits einige Male getestet, aber noch nicht bei einer betrieblichen Investition mit ihren besonderen Eigenschaften. Auch für die Wirkung des Formatwechsels von Prozentwerten auf relative Häufigkeiten existieren wissenschaftliche Erkenntnisse, die durch empirische Resultate untermauert wurden. Diese beziehen sich jedoch auf andere Effekte wie Overconfidence Bias,[944] Conjunction[945] und Base-Rate Fallacy,[946] so dass deren Gültigkeit für das Unpacking Bias noch nachzuweisen ist. Ebenso können für die Thematik der Hinweise theoretische Überlegungen aus anderen Bereichen, wiederum durch empirische Resultate ge-

941 Vgl. Maines et al. (2006), S. 99; Wehner (2002), S. 10.
942 Vgl. Mukherji (1996), S. 229; Müller/Ponce de Leon (1996), S. 127.
943 Vgl. hierzu insbesondere nochmals Tversky/Koehler (1994); Rottenstreich/Tversky (1997); Fox/Rottenstreich (2003).
944 Vgl. Price (1998), S. 283 ff.; Gigerenzer (1991), S. 87 ff.
945 Vgl. Tversky/Kahneman (1983), S. 309; Gigerenzer (1991), S. 90 ff.; Gigerenzer/Hoffrage (1995), S. 700.
946 Vgl. Gigerenzer (1991), S. 92 ff.

stützt, begründet übertragen werden.[947] Somit sind für alle Bereiche genaue wissenschaftliche Vorhersagen gegeben, auf denen die Untersuchung aufbauen kann.

Bei derart fortgeschrittenem Wissensstand ist das fokussierte Laborexperiment anderen, stärker explorativ ausgelegten Methoden wie Diskussion oder Simulation überlegen.[948] Gegen letzteres Verfahren spricht zudem, dass teils kein metrisches Datenniveau gegeben ist.[949] Optionen wie theoretische Überlegungen, Sichtung vorhandener Daten und Literaturanalyse wurden bereits hinreichend ausgeschöpft. Auf die klassische beobachtende Feldforschung kann bei kognitiven Prozessen auch nicht zurückgegriffen werden, ebenso scheidet die Befragung als Hauptmethode aus, da die entscheidenden Vorgänge bei Einschätzungen überwiegend unbewusst ablaufen. Gegen ein Feldexperiment sprechen schließlich der hohe Durchführungsaufwand, die kaum vorhandene Teilnahmebereitschaft von Unternehmen[950] sowie die geringe Menge möglicher Untersuchungskonstellationen. Auch die Gefahr mangelnder Messpräzision und der Verschmutzung von Daten stellen einen Nachteil dieser Methode dar.[951]

Das Laborexperiment lässt sich hingegen kostengünstig darstellen und eröffnet die Aussicht auf genügend passende Untersuchungssituationen und Probanden. Darüber hinaus garantiert das Verfahren bei richtiger Anwendung als einziges den Erhalt exakter, unvermengter Daten für genau die interessierende Thematik.[952] Insbesondere der letzte Punkt ist wichtig, da bei der geplanten Untersuchung bereits Resultate aus Nachbarbereichen vorhanden sind. Eine zusätzliche Bestätigung dieser Muster in unklar definierter Umgebung wäre weitgehend wertlos, vielmehr muss der Nachweis präzise für die betriebliche Investitionsentscheidung sowie das Unpacking Bias erfolgen.[953] Nachdem die Experimentskonstellation frei gestaltbar ist, stehen hierfür alle Wege offen.[954] So können u. a. die einzelnen Messgrößen ohne externe Einschränkungen entwickelt werden, wodurch bei gewissenhafter Ausarbeitung die gezeigten Verhaltensmuster wie auch Verbesserungen durch Gegenmaßnahmen zweifelsfrei auf die

947 Vgl. z. B. Haider/Frensch (1996); Lüdtke/Möbus (2005), S. 1 f.; Lüdtke (2005), S. 117; Anglim (2013), S. 1; Rogers et al. (2000).

948 Vgl. Schulz (1999), S. 29 f.; Street (1995), S. 170.

949 Vgl. Biethahn et al. (2004), S. 2 f.

950 Vgl. Picot (1980), Sp. 1490; Bredenkamp (1969), S. 363 f.

951 Vgl. Kerlinger (1973), S. 402; Sprinkle (2003), S. 288 f.; Bronner/Wossidlo (1988), S. 243.

952 Vgl. Ortner (1996), S. 2; Schulz (1999), S. 29; Maines (2006), S. 95 u. 98 ff.

953 In diesem Zusammenhang kann dann auch die häufig genannte Funktion des Auslotens von theoretischen Grenzen mittels des Laborexperiments gesehen werden, da wie bereits erwähnt im Investitionsbereich möglicherweise ein anderes Verhalten zutage tritt, als in den bisher bei der Support Theorie untersuchten Gebieten; vgl. nochmals Roth (1988), S. 975; Smith (1989), S. 152.

954 Vgl. Maines et al. (2006), S. 95; Ortner (1996), S. 10.

getätigten Manipulationen zurückführbar sind. Hierzu trägt nicht zuletzt der enge Rahmen bei, der im Laborexperiment gesteckt wird und durch den das festgestellte Verhalten unmittelbar den zugrunde gelegten Annahmen gegenübergestellt werden kann.[955]

Desweiteren kann die Methode problemlos mit weiteren Verfahren kombiniert werden, wovon bei der geplanten Erhebung Gebrauch gemacht wird. So soll ein Zusatzfragebogen, der sogenannte Post-Test-Questionnaire, der zum Standardrepertoire eines klassischen Laborexperiments gehört, näheren Aufschluss über das gezeigte Verhalten geben.[956] Hilfreich ist ferner, dass bereits zahlreiche Experimente in benachbarten Themengebieten durchgeführt wurden,[957] die Orientierung für das geplante Vorhaben bieten. Grundsätzlich ist es weit verbreitet kognitive Sachverhalte experimentell zu untersuchen,[958] wobei Bewertungssituationen und Entscheidungen neben Spielsituationen oder generischen Aufgaben zu den am häufigsten analysierten Themenfeldern gehören.[959] Ein letzter Vorteil besteht schließlich darin, das Laborexperiment als Paper-and-Pencil-Design mit mehreren Dutzend Probanden gleichzeitig abhalten zu können, wodurch die notwendige Menge an Teilnehmern, um belastbare Aussagen treffen zu können, mit beherrschbarem Erhebungsaufwand erreichbar ist.[960]

Hohe Sorgfalt bei der Konzipierung und Durchführung des Laborexperiments zahlt sich nicht nur in Form guter Ergebnisse, sondern auch deshalb aus, weil durch den Mehreinsatz an Ressourcen im Vorfeld an anderer Stelle Aufwendungen eingespart werden können. Werden Fehler vermieden und das Experiment exakt auf den Punkt gebracht, sind weniger Beobachtungen für den gleichen Erkenntnisgewinn nötig.[961] Da die Gewinnung von genügend Probanden meist eine weitere Herausforderung ist, stellt dies ebenfalls einen wichtigen Aspekt dar.

Bei Laborexperimenten wird gerne darauf verwiesen, dass dieses nur Einzelfallergebnisse mit eingeschränktem Geltungsbereich liefert.[962] Aus derart kleinen Anfängen hat sich aber durch

955 Vgl. Smith (1989), S. 154; Roth (1988), S. 975.
956 Vgl. Maines et al. (2006), S. 96.
957 Vgl. v. a. Tversky/Koehler (1994), S. 551 ff.; Fox/Rottenstreich (2003), S. 196 ff.; Kruger/Evans (2004), S. 588 ff.; Sloman et al. (2004), S. 576 ff.; Idson et al. (2001), S. 234 ff.; van Boven/Epley (2003), S. 264 ff.; Rottenstreich/Tversky (1997), S. 408 ff.; Mulford/Dawes (1999), S. 48 ff.; Fiedler/Armbruster (1994), S. 636 ff.
958 Vgl. Oshikawa (1968), S. 429 f.
959 Vgl. Ashton (1982), S. 103; Maines et al. (2006), S. 96 f.; Swieringa/Weick (1982), S. 59 u. 65 f.; Binmore (1999), S. F18 ff.; Callahan et al. (2006), S. 60.
960 Insgesamt waren achtzehn Termine in sieben Monaten notwendig, um auf 472 Probanden zu kommen, von denen nach Aussortierung der ungültigen Fälle 450 Teilnehmer statistisch ausgewertet wurden.
961 Vgl. Müller/Ponce de Leon (1996), S. 127; Street (1995), S. 185 ff.
962 Vgl. Zimmerman (2001), S. 412.

ständige Durchführung neuer, verwandter Experimente, die Hinzuziehung weiterer empirischer Verfahren und theoretische Reflektion schon häufig eine umfassende Wissensbasis entwickelt. Ebenso zeigen bei explorativ ausgerichteten Designs experimentelle Ergebnisse vielversprechende Richtungen auf, die sonst gar nicht einschlagen werden würden.[963] Die Beispiele des Winner's Curse, der Präferenzumkehr und des Gefangenendilemmas, verdeutlichen, wie weit dieses Instrument als zentraler Bestandteil einer Forschungsstrategie führen kann.[964]

Auch die hier vorgesehene empirische Untersuchung steht nicht für sich, sondern basiert auf bereits vorhandenen theoretischen Überlegungen, anderen Laborexperimenten und Feldforschung, so dass auf diese Weise eine Einbindung anderer wissenschaftlicher Methoden gegeben[965] und die spätere Erhebung in einen wesentlich umfassenderen Kontext eingebunden ist.

7.2 Operationalisierung als konkrete empirische Erhebung

Zur Systematisierung der folgenden Untersuchung wird als Grundlage auf ein allgemeines Ablaufschema für sozialpsychologische Experimente mit sieben Phasen zurückgegriffen. Die Problemstellung als erster Schritt und deren Relevanz wurden bereits zu Beginn der Arbeit in der Einleitung aufgezeigt. Nach Abhandlung der theoretischen Grundlagen in den Abschnitten 2 bis 5, wurden in Kapitel 6 als Zweites die Hypothesen abgeleitet. Für deren Umsetzung in die konkrete Experimentskonstellation ist als Drittes ein Plan aufzustellen, in dem der Versuchsaufbau und Hinweise zur Untersuchungsdurchführung enthalten sind. Im Anschluss an die Erstellung und Abhaltung des Experiments als vierter und fünfter Schritt ist in der sechsten Phase die Auswertung der erhaltenen Daten vorzunehmen. Aus den dort gewonnenen Erkenntnissen können schließlich Schlüsse gezogen und Antworten auf die anfangs formulierte Themenstellung gegeben werden.[966]

Die oben beschriebenen Kernphasen drei bis fünf des Experiments können in einer leicht modifizierten Einteilung in die Elemente *task design, experiment design, experiment procedures*

[963] Vgl. Callahan et al. (2006), S. 59 f. u. 65; Mukherji (1996), S. 218 ff.; Zimmerman (2001), S. 418; Guala/Mittone (2005), S. 510; Smith (1989), S. 163.
[964] Vgl. Mukherji (1996), S. 218 ff.; Roth (1988), S. 1024.
[965] Vgl. z. B. Maines et al. (2006), S. 97 u. 101; Atkinson et al. (1997), S. 98; Müntnich/Wießner (2002), S. 423 f.; Ittner/Larcker (2001), S. 396; Wehner (2002), S. 10; Ortner (1996), S. 2.
[966] Vgl. Sarris/Reiß (2005), S. 44.

sowie *post-test questionnaire design* aufgepalten werden.[967] Da diese Systematik zweckmäßiger ist, um die zentralen Bestandteile der späteren Untersuchung zu beschreiben, wird sie gemäß Abbildung 23 mit dem allgemeinen Ablaufschema für sozialpsychologische Experimente kombiniert. Während das Aufgabendesign unter dem Punkt 7.2.1, das experimentelle Design unter 7.2.2 und der Post-Test-Fragebogen unter 7.2.3 behandelt werden, wird die Durchführung der Erhebung (experiment procedure) unter 7.3 beschrieben. Die statistische Auswertung der Ergebnisse findet im Kapitel 8 statt, bevor unter 9 die Schlussfolgerungen aus den Untersuchungsresultaten gezogen werden.

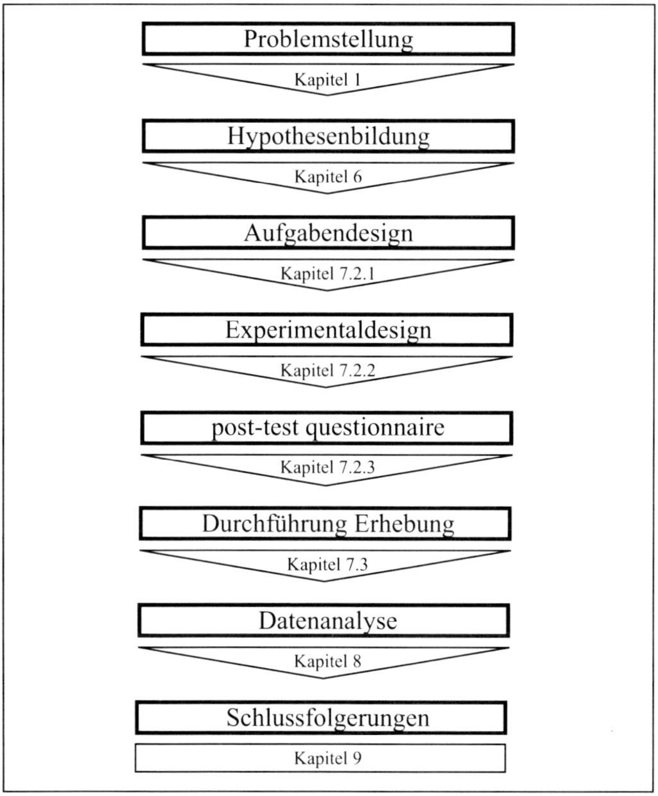

Abbildung 23: Ablauf des geplanten Experiments mit den zugehörigen Kapiteln dieser Arbeit (eigene Darstellung in Anlehnung an Sarris/Reiß (2005), S. 44 und Schulz (1999), S. 33 ff.)

[967] Vgl. Schulz (1999), S. 33 ff.

7.2.1 Das Aufgabendesign (task design)

Beim Aufgabendesign ist eine gesonderte Betrachtung des experimentellen Realismus, der internen Validität sowie der Variabilität der Antworten zweckmäßig.[968] Anhand dieser drei Bestandteile wird nachfolgend der Aufbau des geplanten Experiments vorgestellt.

7.2.1.1 Erfüllung des experimentellen Realismus

Auf den experimentellen Realismus wurde bereits kurz im Abschnitt 7.1.2 eingegangen. Gemäß dieser Vorgabe gilt ein Experiment als gelungen, wenn es von den Probanden als realistisch angesehen wird, sie einbindet, anspricht und zwingt, es ernst zu nehmen.[969] Diese Form des Realismus sollte u. a. im Mittelpunkt stehen, wenn es wie hier um das Testen spezieller Theorien geht und nicht um eine noch relativ ungerichtete Wissensgewinnung. Durch weniger stark abstrahierende Konstellationen, die mehr weltlichen Realismus aufweisen, wird zwar eine höhere Allgemeingültigkeit, zugleich aber eine geringere Präzision der Aussagen erzielt.[970] Bei der vorliegenden speziellen Forschungslücke ist v. a. die Genauigkeit zentral, während ein breiterer Geltungsbereich im Bedarfsfall noch mittels späterer Studien erreicht werden kann. Daher wird in der folgenden Erhebung auf den experimentellen Realismus abgestellt.

Entsprechend wird den Probanden entsprechend Abbildung 24 eine stark vereinfachte Investitionssituation mit zwei Alternativen vorgelegt, bei denen nur die Ausfallwahrscheinlichkeiten zu beachten sind. Die Teilnehmer sollen einem Schausteller zur Seite stehen, der ein neues Fahrgeschäft erwerben möchte und die Auswahl bereits auf zwei Objekte eingeengt hat. Während die meisten Größen bei dieser Entscheidung gut kalkulierbar sind, stellt sich die Lage bei den Ausfallwahrscheinlichkeiten anders dar. Die Störanfälligkeit der Attraktionen besitzt großen Einfluss, da in der Zeit unfreiwilliger Stillstände keine Erlöse erzielt werden können.

In neu hergestellten Karussells, wie sie vom Schausteller in Erwägung gezogen werden, sind mit Elektronik, Hydraulik und Pneumatik drei technische Teilsysteme gegeben, für die je ein Erwartungswert der Ausfallhäufigkeit bei neu produzierten Fahrgeschäften vorliegt. Hier-

[968] Vgl. Schulz (1999), S. 33 ff.
[969] Vgl. Swieringa/Weick (1982), S. 79 f.
[970] Vgl. Swieringa/Weick (1982), S. 57.

durch lässt sich u. a. das Gesamtrisiko eines durchschnittlichen Karussells bestimmen, da Stillstände aufgrund anderer Faktoren per Definition nicht möglich sind. Für die beiden zur Auswahl stehenden Attraktionen sind z. T. überdurchschnittliche Ausfallwerte gegeben. Beim ersten Fahrgeschäft ist dies nur bei der Elektronik der Fall, während Hydraulik und Pneumatik eine normale Störanfälligkeit besitzen. Die zweite Attraktion weist bei allen drei Systemen eine gesteigerte Defektquote auf. Konkrete Zahlenangaben zu den erhöhten Werten existieren nicht, so dass für die Wahrscheinlichkeitsbildung nur die Durchschnittswerte und die Information, für welche Teilsysteme eines Karussells erhöhte Anfälligkeit besteht, vorliegen.

I. Experimentelle Aufgabenstellung

Ein Schausteller möchte ein neues Fahrgeschäft kaufen. Nach eingehender Analyse und Vorselektion soll die Wahl zwischen zwei Karussells fallen. Während die meisten Positionen im Vorfeld dieser Entscheidung relativ gut kalkuliert werden können, ist bei den Einnahmen durch die Fahrgäste ein bedeutender Unsicherheitsfaktor im Zusammenhang mit Ausfällen aufgrund technischer Defekte gegeben.

Moderne Fahrgeschäfte verfügen über mit Druckluft betriebene (pneumatische) Bestandteile, hydraulische Elemente und elektronische Komponenten, an denen jeweils Störungen auftreten können. Kommt es zu einem solchen Defekt, steht die Attraktion bis zu dessen Behebung still und es gehen Fahrten und damit wichtige Einnahmen verloren. Deshalb ist eine genaue Bestimmung der Wahrscheinlichkeit, dass eine Fahrt in Folge technischer Probleme entfällt, von zentraler Bedeutung, da ansonsten die Gefahr besteht, eine falsche Investitionsentscheidung zu treffen.

Erfahrungsgemäß beträgt bei neuen Karussells ein derartiges Ausfallrisiko im Durchschnitt 2 % und setzt sich aus 0,5 % als Konsequenz aus Pneumatikmängeln, 0,5 % wegen Problemen an der Hydraulik sowie 1 % bedingt durch die Elektronik zusammen. Von weiteren Ausfällen aufgrund anderer Faktoren ist nicht auszugehen.

Abbildung 24: Einleitende Absätze des Experiments (eigene Darstellung)

Die Angaben zu den Fahrgeschäften wurden auf Basis umfangreicher Recherchen und spezifischer Kenntnisse des Autors erstellt.[971] Nach ihrer Fertigstellung wurde die Experimentskonstellation mit einem Fachingenieur abgestimmt, woraufhin nochmals einzelne Änderungen vorgenommen wurden. Somit ist gewährleistet, dass die Aufgabenstellung keine offensichtlichen Fehler enthält, durch die die Teilnehmer davon abgehalten werden, sich ernsthaft mit der Thematik zu befassen.

Eine notwendige Ausnahme stellen die Ausfallwahrscheinlichkeiten dar, die deutlich höher angegeben werden, als es der Realität entspricht. Diese Modifikation wird gewählt, da Werte im Tausendstel- oder gar Zehntausendstel-Bereich nicht nur unter Motivationsgesichtspunk-

[971] Dieser war über mehrere Monate im Planungsbüro für Fahrgeschäfte eines Münchner Unternehmens tätig.

ten ungünstig erscheinen,[972] sondern auch unnötige numerische Probleme auslösen können.[973] Zugleich wird davon ausgegangen, dass sich die Probanden an dieser Abweichung nicht stören, solange die Zahlen im unteren einstelligen Bereich liegen.[974] Ferner wird der Sachverhalt wie bei Experimenten üblich stark gegenüber der Wirklichkeit vereinfacht, um den Personen eine überschau- und beherrschbare Konstellation vorzulegen. Nachdem knapp gehaltene Problemstellungen, im Lernbereich gang und gäbe sind, sollten die Teilnehmer an den Vereinfachungen kaum Anstoß nehmen, wenn die Darstellung ansonsten glaubwürdig ist.[975]

Zur sonstigen Steigerung des experimentellen Realismus werden neben den bereits genannten Punkten einerseits eine Darstellungsform sowie Begriffe benutzt, wie sie für eine Investitionsentscheidung üblich sind. Desweiteren werden bei der Erläuterung der Karussells Fachtermini wie „Hochfahrgeschäft“ oder „Hochgeschwindigkeitsbahn“ verwendet, deren Bedeutung sich den Teilnehmern durch zusätzliche kurze Ausführungen jedoch sicher erschließt. Die Namen der beiden zur Auswahl stehenden Fahrgeschäfte entsprechen mit „X-treme Turn“ und „Maximum Acceleration“ sowohl aufgrund der englischen Sprache, als auch ihrer Art den Gepflogenheiten der Schaustellerbranche. Zugleich wird auf die Verwendung neutraler Begriffe geachtet, da negativ angehauchte Bezeichnungen wie „Disaster“ oder „Ikarus“ die individuellen Urteile beeinflussen könnten. Schließlich werden nicht nur die technischen Teilsysteme selbst, sondern alle Subkomponenten durchgängig betitelt und nicht nur mittels Buchstaben unterschieden oder durchnummeriert.[976]

7.2.1.2 Gewährleistung der internen Validität

Für die Erreichung einer hohen internen Validität ist es unerlässlich, alle Größen, die nicht manipuliert werden sollen, konstant zu halten.[977] Der erste zentrale Inhalt des Experiments ist in der Untersuchungsgruppe 1 die Erhöhung von Wahrscheinlichkeitsschätzungen bei identischen Probanden durch Aufspaltung technischer Systeme in ihre einzelnen Baugruppen. An-

972 Vgl. Swieringa/Weick (1982), S. 80; Camerer/Hogarth (1999), S. 8; Eckel (1999), S. 48.

973 Vgl. z. B. Lipkus et al. (2001), S. 40; Fagerlin et al. (2007), S. 674; Overton (2009), S. 21; Peters et al. (2006), S. 408; Anonymus (2009), S. 8; Kemp (1996), S. 63 ff.; Ojala (2009), S. 44.

974 Diese Vermutung wird durch das spätere Feedback der Teilnehmer bestätigt. Zwar gab es zahlreiche Anmerkungen zu unterschiedlichsten Punkten, allerdings keine einzige Beschwerde über zu hohe Ausfallwerte. Vielmehr fielen die Schätzungen im Mittel sogar deutlich höher aus, als zu erwarten war.

975 Eine umfangreichere Aufmachung zur Erreichung einer größeren Wirklichkeitsnähe würde keinen nennenswerten Erkenntniszugewinn oder eine höhere externe Validität liefern. Vielmehr würden die zentralen Aspekte der Untersuchung durch die höhere Komplexität möglicherweise untergehen.

976 Vgl. Schulz (1999), S. 34 ff.

977 Vgl. Schulz (1999), S. 33; Anonymus (2007), S. 16; Stolz (1981), S. 73 f.

schließend sollen die prognostizierten Steigerungen bei der Gruppe 2 durch Formatänderung bei den Wahrscheinlichkeiten sowie bei der Gruppe 3 mittels zusätzlicher Hinweise eingedämmt werden. Andere Faktoren werden nicht variiert. Es werden lediglich noch die unter 6.4 aufgeführten individuellen Attribute als potentielle Moderatorvariablen miterfasst.

Um der internen Validität zu entsprechen, wird in der Gruppe 1 die überdurchschnittlich störanfällige Elektronik beim Karussell „X-treme Turn" nur als solche tituliert, ohne weitere Ausführungen vorzunehmen. Beim „Maximum Acceleration" wird die ebenfalls besonders defektgefährdete Elektronik zum einen wiederum explizit als solche bezeichnet. Anschließend wird sie in einem zusätzlichen Satz in die Baugruppen Beleuchtung, Elektromotor, Steuerungs- und restliche Karusselelektronik aufgespalten. Gemäß den theoretischen Grundlagen und Erkenntnissen aus anderen Gebieten sollten die Einstufungen der Probanden dadurch steigen, da das erhöhte Defektrisiko durch vier konkretere störanfällige Komponenten stärker betont wird als durch ein unzuverlässiges Gesamtsystem. Durch den Vergleich der Schätzungen für die Elektronik bei den beiden Fahrgeschäften wird die Hypothese 1a überprüft.

Alternative 1 „X-treme Turn":
„X-treme Turn" ist ein modernes Hochfahrgeschäft, das aus einer großen Gondel besteht. Das Karussell stellt eine absolute Neuerung dar, die erst seit kurzem auf dem Markt ist, ermöglicht bislang nie da gewesene Manöver und weist eine äußerst ausgefeilte Technik auf.

Die hydraulischen und pneumatischen Bestandteile haben ein normales Ausfallrisiko. Allerdings ist die gesamte Elektrotechnik des „X-treme Turn" noch sehr störanfällig.

Alternative 2 „Maximum Acceleration":
„Maximum Acceleration" ist eine Hochgeschwindigkeitsbahn, die ebenfalls eine komplette Innovation bedeutet. Aufgrund mehrerer Wägen und einer kurzen Fahrzeit kann das Karussell besonders viele Personen bewältigen, ist jedoch bereits im normalen Betrieb einer relativ hohen Belastung ausgesetzt.

Das Fahrgeschäft ist deshalb in den drei Teilsystemen Hydraulik, Pneumatik und Elektronik durchgängig sehr störanfällig. Sowohl die Bremse, das Haltesystem für die Fahrgäste wie auch die Federung als die drei hydraulischen Baugruppen haben eine erhöhte Defektquote. Auch die beiden pneumatischen Bestandteile Geschwindigkeitsregulierung und Notbremseinrichtung bringen jeweils überdurchschnittliche Ausfallwerte mit sich. Gleiches gilt für Beleuchtung, Elektromotor, Steuerungs- und restliche Karussellelektronik als die vier elektronischen Komponenten.

Abbildung 25: Beschreibungen zu den Fahrgeschäften im Experiment (eigene Darstellung)

Beim „Maximum Acceleration" werden zudem die ebenfalls anfälligen Systeme Pneumatik und Hydraulik mittels eines weiteren Satzes in zwei bzw. drei Bestandteile untergliedert,[978] da

[978] Bei der Pneumatik sind dies die Komponenten Geschwindigkeitsregulierung und Notbremseinrichtung, bei der Hydraulik die Bestandteile Bremshydraulik, Haltesystem Fahrgäste sowie Federung.

nicht nur die grundsätzliche Aufsplittung einer Beschreibung, sondern auch eine größere Anzahl an Subkomponenten supporterhöhend wirken sollte.[979] Folglich dürfte der Hydraulik mit drei Bestandteilen eine höhere Ausfallwahrscheinlichkeit zugeteilt werden, als der Pneumatik mit zwei Unterkategorien. Hierdurch kann der Test der Hypothese 1b erfolgen. Für die Elektronik wird ein Orientierungswert von 1 % angegeben, der bei einem neuen Fahrgeschäft mit normaler Störanfälligkeit gilt, für Hydraulik und Pneumatik, die vom grundsätzlichen Defektrisiko her identisch sein müssen, jeweils 0,5 %. Die entsprechenden Passagen des Experiments, die auf die Überprüfung der Hypothesen 1a und 1b ausgerichtet sind, sind zur besseren Nachvollziehbarkeit in der vorstehenden Abbildung 25 abgedruckt.

Eine Eindämmung des Anstiegs wird in einem ersten Schritt dadurch versucht, dass in Gruppe 2 die prozentualen Wahrscheinlichkeiten durch relative Häufigkeiten ersetzt werden. Die Umstellung erfolgt zum einen in der Textbeschreibung, ferner müssen die Teilnehmer ihre Schätzungen in diesem Format abgeben. Dadurch sollte sich der Effekt aus der Aufspaltung reduzieren. Durch einen Vergleich der Within-Differenzen bei den Urteilen für die Elektronik zwischen den Untersuchungsgruppen 1 und 2 ist die Beurteilung der Hypothese 2 möglich.[980]

Erfahrungsgemäß entfallen bei neuen Karussells im Durchschnitt 200 von 10.000 möglichen Fahrten, die sich aus 100 von 10.000 Fahrten als Konsequenz aus Elektronikmängeln, 50 von 10.000 Fahrten wegen Problemen an der Hydraulik sowie 50 von 10.000 Fahrten bedingt durch die Pneumatik zusammensetzen. Von weiteren Ausfällen aufgrund anderer Faktoren ist nicht auszugehen.

Abbildung 26: Geänderter dritter Absatz der Experimentbeschreibung für die Untersuchungsgruppe 2 mit relativen Häufigkeiten statt Prozentwahrscheinlichkeiten (eigene Darstellung)

Der Gruppe 3 wird die Konstellation der Gruppe 2, ergänzt um zusätzliche Hinweise am Ende des Textes, vorgelegt. In den Instruktionen wird darauf verwiesen, dass Teilsystemen mit identischer Ausfallwahrscheinlichkeit nicht alleine deshalb, weil ein System aufgespalten wird und das andere nicht oder eine Untergliederung in unterschiedlich viele Komponenten erfolgt, abweichende Schätzwerte zugeteilt werden dürfen. Die Hilfestellung wird sowohl in Textform als auch mittels Gleichungen gewährt. Durch den Vergleich der Within-Differenz der Elektronik-Ausfallwahrscheinlichkeiten zwischen den Gruppen 2 und 3 kann eine weitere Verringerung der Urteilsunterschiede und damit die Hypothese 3 beurteilt werden.

979 Vgl. Tversky/Koehler (1994), S. 552; Fischhoff et al. (1978), S. 337 ff.

980 Wie unter 6.2 bereits ausgeführt, wird für den zusätzlichen Vergleich der Within-Abweichungen zwischen den Schätzungen für Hydraulik und Pneumatik beim zweiten Karussell keine eigene Hypothese gebildet, da die Effekte gleich sein werden. Allerdings fließen diese Ergebnisse natürlich auch in die Gesamtanalyse ein.

<u>**Hinweis:**</u> Bitte beachten Sie bei Ihren Schätzungen zu den Ausfällen wegen der Elektronik bei den beiden Karussells, dass Ihre jeweiligen Werte nicht dadurch beeinflusst werden dürfen, ob Sie dieses Teilsystem als Ganzes oder in seine einzelnen Baugruppen aufgesplittet zu beurteilen haben. Gemäß mathematischen Gesetzen gilt:

$$\textbf{Ausfälle}_{\text{wegen Teilsystem Elektronik}} = \textbf{Ausfälle}_{\text{wegen Beleuchtung}} + \textbf{Ausfälle}_{\text{wegen Elektromotor}} + \textbf{Ausfälle}_{\text{wegen Steuerungselektronik}} + \textbf{Ausfälle}_{\text{wegen restlicher Karusselelektronik}}$$

Analog darf sich bei Ihren Ausfallschätzungen zu den Teilsystemen Hydraulik und Pneumatik beim Fahrgeschäft 2 „Maximum Acceleration" kein Unterschied alleine dadurch ergeben, dass das eine Teilsystem aus mehr Baugruppen besteht als das andere. Wenn der Zusammenhang

$$\textbf{Ausfälle}_{\text{wegen Teilsystem Hydraulik}} = \textbf{Ausfälle}_{\text{wegen Teilsystem Pneumatik}}$$

<u>gegeben ist, dann gilt auch</u>

$$\textbf{Ausfälle}_{\text{wegen Bremshydraulik}} + \textbf{Ausfälle}_{\text{wegen Haltesystem}} + \textbf{Ausfälle}_{\text{wegen Federung}} = \textbf{Ausfälle}_{\text{wegen Geschwindigkeitsregulierung}} + \textbf{Ausfälle}_{\text{Notbremseinrichtung}}$$

Abbildung 27: Zusätzliche Hinweise am Ende des Experimenttexts für die Untersuchungsgruppe 3 (eigene Darstellung)

Wie die Ausführungen zeigen, werden die Manipulationen ausschließlich durch das Hinzufügen bzw. Weglassen von Passagen sowie eine Änderung des Zahlenformats erreicht. Der Rest der Aufgabenstellung wird unverändert belassen, so dass die Konstanz der übrigen Faktoren gegeben ist. Auch werden die Effekte mit einer einzigen Erhebung untersucht, was zu einer zusätzlichen Stabilität der äußeren Bedingungen führt. Auswirkungen möglicher, bei den einzelnen Erhebungsterminen vorliegender Unterschiede werden durch zufällige Gruppenzuteilung der Probanden neutralisiert.[981] Daneben wird versucht, mittels standardisierter Vorgehensweise weitestgehend einheitliche Rahmenbedingungen für alle Teilsamples zu erreichen.

Die interne Validität der Ergebnisse wird zusätzlich dadurch abgesichert, dass alle drei Konstellationen jeweils noch an einer Kontrollgruppe getestet werden. Dabei wird die ursprünglich aufgespaltene Elektronik des „Maximum Acceleration" zusammengefasst präsentiert, während sie beim „X-treme Turn" nun in ihre vier Baugruppen zerlegt wird. Die Teilsysteme Hydraulik und Pneumatik bleiben beim „X-treme Turn", für die sie eine normale Ausfallhäufigkeit aufweisen, unverändert, beim „Maximum Acceleration", wo sie als stärker störanfällig geschildert werden, sind sie neu ohne weitere Untergliederung dargestellt. Durch diese Veränderungen kann sicher ausgeschlossen werden, dass die in der Untersuchungsgruppe aufge-

[981] Eine Randomisierung, um Reihenfolgeeffekte auszuschließen, erfolgt desweiteren bei der Reihenfolge der beiden Karussells sowie der drei technischen Teilsysteme.

tretenen Effekte auf die leicht abweichenden Formulierungen bei den jeweiligen Karussells zurückzuführen sind.[982] Hiervon darf ausgegangen werden, wenn die Ausfallwahrscheinlichkeit für die Elektronik beim „X-treme Turn" nun höher ist als für „Maximum Acceleration"[983] und Hydraulik und Pneumatik des zuletzt genannten Karussells sich nicht mehr unterscheiden. Zugleich wäre dieses Bild ein weiteres starkes Indiz dafür, dass die vorgenommenen Manipulationen wie beabsichtigt wirken. Das Prozedere mit Kontrollgruppen wird als zuverlässiger angesehen als Testfragen im Zusatzbogen.

Einen Indikator für interne Validität bilden auch Hydraulik und Pneumatik des „X-treme Turn", deren Ausfallwahrscheinlichkeit der eines durchschnittlichen Fahrgeschäfts entspricht, weshalb die Teilnehmer nicht vom Orientierungswert von 0,5 % abweichen sollten. Andernfalls liegt ein nicht rationales Schätzverhalten für diese beiden Systeme vor, das ein schlechtes Zeichen für die Validität der übrigen Einstufungen wäre. Wird die Vorgabe hingegen eingehalten, signalisiert dies grundsätzlich zuverlässige Probandenurteile.

Schließlich wird die Erhebung zur Erreichung einer möglichst hohen Ergebnisvalidität als Paper-and-Pencil-Design unter ständiger Präsenz des Autors durchgeführt. Dadurch können die Bedingungen, unter denen die Teilnehmer ihre Schätzungen vornehmen, mitverfolgt[984] und es kann ggf. regulierend eingegriffen werden, falls sich unerwünschte Entwicklungen einstellen. So können Fälle für die Auswertung gerettet werden, die ohne anwesenden Versuchsleiter, wegen Abbruch oder falschen Agierens der Probanden wegfallen würden.[985] Andererseits können Bögen von Teilnehmern herausgenommen werden, die die Resultate z. B. aufgrund ungünstiger Rahmenbedingungen verzerren würden, was etwa bei einer Online-Untersuchung nicht feststellbar wäre.[986] Desweiteren erlaubt die Kenntnis der näheren Erhebungsumstände eine qualifiziertere Auswertung, was sich ebenfalls positiv auf die Ergebnisvalidität auswirkt. Nicht zuletzt ist davon auszugehen, dass sich die gleichzeitige Anwesenheit weiterer Teilnehmer sowie des Untersuchungsleiters im selben Raum, wie es bei der geplanten Erhebung in Seminaren und Vorlesungen der Fall ist, motivationssteigernd auf die Pro-

---

982 Vgl. Sigall/Mills (1998), S. 225.

983 Wie den Ausführungen unter 6.3.1.1 sowie weiter vorne in diesem Teilabschnitt zu entnehmen ist, stellt sich die Situation in der Untersuchungsgruppe exakt andersherum dar. Mit der Modifikation sollte zudem verbunden sein, dass bei einem Between-Subjects-Vergleich zwischen den beiden jeweiligen Gruppen bei dieser zusätzlichen Gruppe die Schätzungen für die Elektronik des ersten Karussells deutlich höher sind, während es beim zweiten Fahrgeschäft die Urteile der Untersuchungsgruppe sind.

984 Beispielsweise können auch nonverbale und nicht niedergeschriebene Äußerungen aufgenommen werden.

985 Dieser Punkt ist bei der bekannten Schwierigkeit, genügend geeignete Teilnehmer zu finden, von nicht zu unterschätzender Bedeutung.

986 Bei dieser Form der Erhebung könnte nicht einmal mit Sicherheit ausgesagt werden, ob ein viel beschäftigter Manager die Untersuchung selbst absolviert hat oder von einem Untergebenen erledigen hat lassen.

banden auswirkt. Entsprechend wird die relativ ressourcenintensive Paper-and-Pencil-Erhebung gewählt.

Auf die noch aufwendigere Durchführung der Studie im Computerlabor, wo zusätzliche Parameter der Probanden erhoben werden könnten, wird hingegen verzichtet. Derartige Daten würden für den Untersuchungsinhalt nur einen geringen Erkenntniszuwachs liefern, der in keinem Verhältnis zum dafür notwendigen Zusatzaufwand stünde. Zugleich ist der Zugang zu einem Großteil der Teilnehmer nur dadurch möglich, dass diese während einer laufenden Veranstaltung aufgesucht und lediglich kurz beansprucht werden. Die Paper-and-Pencil-Variante stellt somit für die geplante Konstellation die geeignetste Erhebungsform dar.

7.2.1.3 Erzeugung ausreichender Variabilität

Als Drittes ist beim Aufgabendesign darauf zu achten, dass zwischen den Ausprägungen der abhängigen Größen im Grundzustand sowie bei der manipulierten Version deutliche Differenzen auftreten, wenn die Probanden unterschiedliche Verhaltensweisen an den Tag legen. Für die geplante Untersuchung bedeutet dies, dass zwischen den Wahrscheinlichkeitsurteilen für zusammengefasste sowie identische aufgespaltene Ausfallszenarien ein erkennbarer Abstand liegen muss, sofern die Teilnehmer unterschiedlich starken Support empfinden. Andernfalls können die Hypothesen möglicherweise nicht sicher genug beurteilt werden.[987]

Wie in Kapitel 7.2.1.1 bereits geschildert, werden die Ausfallwahrscheinlichkeiten zur Vermeidung von Motivationsproblemen sowie rechentechnischer Probleme bewusst deutlich höher angegeben als es der Realität entspricht. Desweiteren wird der Regelfall einer impliziten Oberkategorie, die in ihre spezifischeren Bestandteile aufgebrochen wird, abgebildet, der auch bei der Formulierung der Support Theorie zugrunde gelegt wurde.[988] Die sonstigen Rahmenbedingungen werden so neutral wie möglich gehalten, wozu auch die nüchterne Thematik der Fahrgeschäfte beiträgt. V. a. wird darauf geachtet, dass weder die Sammelrubrik, noch ihre Komponenten besonders repräsentative Beispiele für die zu bewertenden Szenarien darstellen,

---

987 Vgl. Schulz (1999), S. 38; Sigall/Mills (1998), S. 220 f. Wie im Auswertungsteil noch detaillierter erläutert wird, besteht die Testhypothese für die Behauptungen 1a und 1b darin, dass die Einstufungen für die expliziten Teilereignisse in Summe maximal den Wert der subjektiven Wahrscheinlichkeit für das implizite Gesamtereignis erreichen.

988 Vgl. Tversky/Koehler (1994), S. 548.

da sich daraus Sondereinflüsse ergeben könnten.[989] Somit liegen Voraussetzungen wie bei vielen, zur Support Theorie bereits in anderen Bereichen abgehaltenen Experimenten vor. In diesen stellten 20 % Erhöhung in Folge der Aufspaltungen den Mindestwert dar. Meist wurden über 70 % Anstieg festgestellt, oft sogar noch mehr als 100 %, bis hin zu einem Topwert von 325 %.[990] Somit sollte die vorgesehene Aufmachung mit den geschilderten Maßnahmen genügen, um ausreichende Differenz in den Einschätzungen der Probanden zu erzeugen, wenn in deren Augen unterschiedliche Ausgangsbedingungen vorliegen.[991]

Weiter werden zur Erreichung einer hohen Varianz die Baugruppen eines aufgespaltenen Teilsystems nicht nur in der Beschreibung angegeben, sondern es ist zusätzlich für jede Subkomponente eine eigene Wahrscheinlichkeit zu bilden. Damit wird ein Repacking der ausgewiesenen Bestandteile vermieden, durch das die anvisierten Effekte wieder abnehmen würden.[992] Jenes ist denkbar, wenn eine Aufgliederung zwar in der Erläuterung vorzufinden, letztlich aber nur die Gesamtkategorie zu bewerten ist.[993] Aufgrund der zwar konkreteren, jedoch wenig schillernden Subkategorien könnte dieses Rückverpacken sogar relativ stark ausfallen.

Eine andere Entscheidung durch welche die Variabilität der abhängigen Größe beeinflusst wird, besteht darin, ob Orientierungswerte angegeben werden oder nicht. Während in vielen Fällen auf diese Hilfe verzichtet werden kann,[994] stellt sich die Situation bei dem hier vorliegenden Sachverhalt der Schätzung von Ausfallwahrscheinlichkeiten für bestimmte Karussells anders dar. Hier stünden die Teilnehmer ohne Angabe von Anhaltspunkten der Aufgabe relativ hilflos gegenüber.

Dies erscheint zunächst vorteilhaft, da eine unsicherere Person sich stärker von äußeren Umständen beeinflussen lässt, was größere Effekte der Manipulationen verspricht.[995] Andererseits werden die Probanden bei einer Konstellation, die ihnen kaum Orientierung bietet, wenig mo-

989 Vgl. Sloman et al. (2004), S. 575 ff.; Idson et al. (2001), S. 234 ff.; Rottenstreich/Tversky (1997), S. 410 f.

990 Vgl. Tversky/Koehler (1994), S. 552 u. 556 f.; Kruger/Evans (2004), S. 588 ff.; van Boven/Epley (2003), S. 264 ff.; Rottenstreich/Tversky (2003), S. 196 f.

991 Vgl. Tversky/Koehler (1994), S. 548.

992 Siehe hierzu im Bedarfsfall nochmals die Ausführungen in den Kapiteln 5.3.3 und 5.4.

993 Vgl. Rottenstreich/Tversky (1997), S. 407 f.

994 Dies ist z. B. der Fall, wenn ein konkreter Gesamtwert auf eine feste Anzahl von Alternativen zu verteilen ist oder Personen zu Ausgängen befragt werden, bei denen ein bestimmtes Grundwissen vorausgesetzt werden kann, wie bei wichtigen Sportereignissen, zentralen politischen Fragen oder Wetterszenarien. Vgl. Tversky/Koehler (1994), S. 554 ff.; Sloman et al. (2004), S. 576 ff.; Fox (1999), S. 176 ff.; Kruger/Evans (2004), S. 588 ff.; Brenner/Koehler (1999): S. 28 ff.; van Boven/Epley (2003), S. 264 ff.; Rottenstreich/Tversky (1997), S. 384 f.; Brenner et al. (1999), S. 225 ff.; Koehler (1994), S. 462 f.

995 Vgl. East (1992), S. 167; Knill et al. (2012), S. 241; Peters et al. (2006), S. 413; Chapman/Liu (2009), S. 37; Reyna et al. (2009), S. 943 ff.; Dickert et al. (2011), S. 647; Galesic et al. (2009), S. 213 f.

tiviert bzw. sogar frustriert sein, wodurch die Qualität ihrer Teilnahme leidet. Ebenso wird die Aufgabenstellung bei einer solch ungünstigen Ausgangssituation kritischer hinterfragt, als wenn die zentralen Informationen leicht zu finden sind. Dies würde dem experimentellen Realismus der Studie schaden, für den die Einbindung der Probanden, die Erzeugung einer positiven Einstellung bei diesen sowie als realistisch empfundene Vorgaben zentral sind.[996] Grundsätzlich würden alleine aufgrund abweichender Auffassungen sowie unterschiedlicher Fähigkeiten in der Umsetzung bei dem unklareren Sachverhalt zusätzliche Störeffekte entstehen, die der internen Validität der Erhebung abträglich wären.

Folglich verspricht die Angabe von Orientierungswerten für die Schätzung der Ausfallwahrscheinlichkeiten mehr Vor- als Nachteile. Dies gilt auch deshalb, weil deutliche Steigerungen von oft über sechzig Prozent als Folge der Aufsplittungen selbst bei dieser Hilfestellung noch zu beobachten waren.[997] Nicht zuletzt wird damit dem Prozedere der Entwickler der Support Theorie gefolgt, die, „To provide subjects with some anchors“[998], jenen z. T. ein oder zwei Werte angaben, um ihnen die Schätzungen für die übrigen Kategorien zu erleichtern.[999]

Schließlich wird in der geplanten Untersuchung eine ausreichend große, jedoch nicht zu umfangreiche Stichprobe von vier- bis fünfhundert Personen anvisiert. Durch diese Masse wird ebenfalls eine ausreichende Stärke der Effekte für die statistischen Tests gefördert,[1000] ohne dass bereits geringfügige, eher zufällige Zusammenhänge signifikant werden.[1001]

7.2.2 Das Experimentaldesign

Beim Experimentaldesign muss festgelegt werden, wie der beabsichtigte Zweck genau umgesetzt wird und auf welche Weise die Probanden die ausgearbeitete Untersuchung erhalten.[1002]

---

996 Vgl. Swieringa/Weick (1982), S. 79 f., Schulz (1999), S. 34 ff.
997 Vgl. Tversky/Koehler (1994), S. 552.
998 Tversky/Koehler (1994), S. 552.
999 Vgl. Tversky/Koehler (1994), S. 552 sowie Rottenstreich/Tversky (1997), S. 409 f.
1000 Vgl. Schulz (1999), S. 37; Moosbrugger/Reiß (2010a), S. 437; Eschweiler et al. (2007a), S. 548 u. 550.
1001 Vgl. Eschweiler et al. (2007a), S. 548.
1002 Vgl. Schulz (1999), S. 38 ff.

7.2.2.1 Operationalisierung der Variablen

Für die korrekte Konkretisierung der verfolgten Ziele ist zunächst zentral, dass die geplante Manipulation an der relevanten unabhängigen Größe durch die Unterschiede zwischen den einzelnen Szenarien angemessen wiedergegeben wird. Ebenso müssen die Veränderungen an dieser Variablen deutlich genug sein, um wahrgenommen zu werden. Die beste Orientierung für eine entsprechende Gestaltung bieten Studien, die zur betreffenden Thematik bereits in anderen Bereichen oder für verwandte Sachverhalte mit Erfolg durchgeführt wurden.[1003] Nachdem die Effekte der Support Theorie sehr plastisch und schon gelungene Experimente aus anderen Gebieten bekannt sind, liegen hier sehr günstige Voraussetzungen vor.

Die Hauptschwierigkeit besteht darin, einen Investitionssachverhalt zu entwickeln, bei dem es plausibel ist, dass ein abstraktes unsicheres Ereignis in seine konkreteren Bestandteile aufgespalten wird. Hierfür wird auf die technischen Systeme eines Fahrgeschäftes zurückgegriffen, die zunächst begrenzt anschaulich sind, durch Untergliederung in ihre Komponenten aber greifbarer werden. Die Relevanz für eine Investitionsentscheidung wird dadurch hergestellt, dass deren Ausfallwahrscheinlichkeiten und der damit verbundenen Stillstandzeit hohe Bedeutung für die Einnahmen aus dem Betrieb des Karussells zukommen. Zugleich ist die Höhe dieser Risiken nur ansatzweise bekannt, was ebenfalls realistisch ist. Die Vorteilhaftigkeit einer betrieblichen Investition wird durch viele Größen beeinflusst, über deren Ausprägungen die beurteilende Person lediglich vage Vorstellungen besitzt, die sie aufgrund von Zeitdruck oder schlechter Informationslage jedoch oft nicht weiter präzisieren kann.[1004]

Innerhalb dieses Rahmens laufen die restlichen Schritte in Anlehnung an die bereits durchgeführten Untersuchungen nach bewährtem Schema ab. Systeme, die besonders störanfällig sind, werden einmal als Gesamtkonstrukt und an anderer Stelle in ihre Komponenten aufgesplittet dargestellt, wodurch das erhöhte Risiko stärker betont wird. Dieses Prozedere entspricht den Vorgaben der Support Theorie und wird durch die Resultate vergangener empirischer Studien untermauert, in denen sich die supportsteigernde Aufspaltung von Ereignissen stets urteilserhöhend auswirkte. Somit müsste die Abhängigkeit menschlicher Wahrscheinlichkeitseinstufungen vom Grad der Unterteilung des zu bewertenden Sachverhalts im Investitionskontext korrekt operationalisiert sein. Desweiteren sollte von den Probanden ein ausrei-

[1003] Vgl. Schulz (1999), S. 38.
[1004] Vgl. Gollier/Treich (2003), S. 77 ff.; Levine/Smith (2004), S. 435 f.; Kong et al. (2008), S. 876 f.; Sandberg/Söderström (2003), S. 1631; Davis/Hall (2003), S. 416; Ulvila et al. (1977), S. 599.

chender Unterschied erkannt werden, wenn einmal eine implizite Oberkategorie angegeben und jene an anderer Stelle in mehrere Subkomponenten unterteilt wird, v. a. da die Wahrscheinlichkeiten für jeden angegebenen Bestandteil einzeln zu schätzen sind.

Alternative 1 „X-treme Turn":			
Ausfallrisiko wegen Hydraulik	=	0,7	%
Ausfallrisiko wegen Pneumatik	=	1,2	%
Ausfallrisiko wegen Elektronik	=	2	%
Alternative 2 „Maximum Acceleration":			
Hydraulik:			
Ausfallrisiko wegen Bremshydraulik	=	0,5	%
Ausfallrisiko wegen Haltesystem Fahrgäste	=	0,5	%
Ausfallrisiko wegen Federung	=	1	%
Pneumatik:			
Ausfallrisiko wg. Geschwindigkeitsregulierung	=	1	%
Ausfallrisiko wegen Notbremseinrichtung	=	1	%
Elektronik:			
Ausfallrisiko wegen Beleuchtung	=	0,3	%
Ausfallrisiko wegen Elektromotor	=	0,4	%
Ausfallrisiko wegen Steuerungselektronik	=	0,3	%
Ausfallrisiko wg. restlicher Karussellelektronik	=	1	%

Alternative 1 „X-treme Turn":			
Ausfälle wegen Elektronik	=	150	von 10.000 Fahrten
Ausfälle wegen Hydraulik	=	50	von 10.000 Fahrten
Ausfälle wegen Pneumatik	=	50	von 10.000 Fahrten
Alternative 2 „Maximum Acceleration":			
Elektronik:			
Ausfälle wegen Beleuchtung	=	20	von 10.000 Fahrten
Ausfälle wegen Elektromotor	=	50	von 10.000 Fahrten
Ausfälle wegen Steuerungselektronik	=	50	von 10.000 Fahrten
Ausfälle wegen restlicher Karussellelektronik	=	30	von 10.000 Fahrten
Hydraulik:			
Ausfälle wegen Bremshydraulik	=	50	von 10.000 Fahrten
Ausfälle wegen Haltesystem Fahrgäste	=	30	von 10.000 Fahrten
Ausfälle wegen Federung	=	20	von 10.000 Fahrten
Pneumatik:			
Ausfälle wegen Geschwindigkeitsregulierung	=	50	von 10.000 Fahrten
Ausfälle wegen Notbremseinrichtung	=	20	von 10.000 Fahrten

Abbildung 28: Vorlagen für zu bildende Wahrscheinlichkeiten im Experiment im Prozentformat (links) und als relative Häufigkeiten (rechts) (eigene Darstellung)

Gleiches gilt für die beiden Gegenmaßnahmen des Formatwechsels bei den Wahrscheinlichkeiten sowie des Einsatzes von Hinweisen. Die relativen Häufigkeiten ersetzen bei den Gruppen 2 und 3 sowohl in der Textbeschreibung, als auch, wie die Abbildung 28 zeigt, bei den abzugebenden Urteilen die bei der ersten Gruppe vorhandenen Prozentwerte. Ausreichende Orientierung für das dortige Prozedere bieten Experimente, in denen diese Änderung zur Eindämmung anderer Verzerrungen bereits erfolgreich eingesetzt wurde,[1005] sowie Untersuchungen zur Support Theorie selbst, in denen mit zwei verschiedenen Zahlenformaten erhoben wurde.[1006] Die eigentlichen Effekte, durch die die Unterschiede im Schätzverhalten ausgelöst werden, passieren im Unterbewusstsein der Menschen, die mit der frequentistischen Darstel-

[1005] Vgl. Gigerenzer et al. (2007), S. 66; Price (1998), S. 283 ff.; Siegrist/Keller (2011), S. 1043 ff., Gigerenzer (1991), S. 89 ff.

[1006] Vgl. Tversky/Koehler (1994), S. 551 f.

lungsform besser zurechtkommen als mit Prozentwerten.[1007] Nachdem die Urteile in diesem Format abzugeben sind, ist dessen Wahrnehmung unvermeidlich, die aufgrund der unterbewussten Wirkung zudem bereits genügen sollte, um die angestrebten Verbesserungen zu erreichen.

Bei den Hinweisen ist die optische Wahrnehmung dadurch gewährleistet, dass diese in einem eigenen Absatz am Ende der Aufgabenstellung platziert sowie einzelne Stellen durch Fettdruck und Unterstreichungen hervorgehoben werden. Auch die zentriert gesetzten Formeln stechen hervor. Von der inhaltlichen Ausgestaltung her werden den Probanden explizit die maßgeblichen mathematischen Gesetze, die beim Unpacking Bias verletzt werden, sowohl in Textform wie auch als Formel präsentiert.

Eine konkrete Berechnung der Investitionsalternativen findet nicht statt. Diese würde zwar die Realitätsnähe der Konstellation weiter steigern, wäre jedoch mit höherem Arbeitsaufwand verbunden. Nachdem ein ausreichender experimenteller Realismus auch ohne diesen Schritt erreicht werden sollte und sonst durch die zusätzliche Beanspruchung der Probanden das Risiko von Abbrüchen, Lücken oder einer qualitativen Verschlechterung der Antworten ohne gleichzeitigen Erkenntnisgewinn steigen würde, wird diese schlankere Variante gewählt.

Auf einen direkten Manipulationscheck im Fragebogen wird verzichtet, da jener als zu wenig verlässlich angesehen wird. So sollte zwar, wie weiter vorne geschildert, von den Probanden prinzipiell ein Unterschied zwischen den einzelnen Darstellungsformen wahrgenommen werden. Allerdings basieren die Effekte des Heuristics-and-Biases-Programmes gerade darauf, dass die betroffenen Personen die genauen Zusammenhänge zwischen den einzelnen Elementen nicht bis ins letzte Detail durchdringen.[1008] Zudem lösen überwiegend unbewusste Mechanismen das Unpacking Bias aus.[1009] Ebenso können weder durch einen erfolgreichen Manipulationscheck alternative Erklärungsansätze sicher ausgeschlossen werden, noch bedeutet ein missglückter Test, dass zwangsläufig eine andere Ursache die Veränderung bedingt.[1010] Schließlich können die beiden Konstellationen „nicht untergliederte Beschreibung" und „aufgespaltene Darstellungsform" als dichotome Merkmale aufgefasst werden, bei denen eine Manipulationsprüfung grundsätzlich nicht hilfreich ist.[1011]

1007 Vgl. Gigerenzer/Hoffrage (1995), S. 685 f.
1008 Vgl. Tversky/Kahneman (1983), S. 297 ff.
1009 Vgl. Tversky/Koehler (1994), S. 548 f.
1010 Vgl. Sigall/Mills (1998), S. 224.
1011 Vgl. Eschweiler et al. (2007b), S. 8 f.

UNTERSUCHUNGSGRUPPEN | **KONTROLLGRUPPEN**

Untersuchungsgruppe 1		**Kontrollgruppe 4**	
X-treme Turn:	**Maximum Acceleration:**	**X-treme Turn:**	**Maximum Acceleration:**
Elektronik kompakt	Elektronik unterteilt (4 BG)*	Elektronik unterteilt (4 BG)	Elektronik kompakt
Hydraulik kompakt	Hydraulik unterteilt (3 BG)	Hydraulik kompakt	Hydraulik kompakt
Pneumatik kompakt	Pneumatik unterteilt (2 BG)	Pneumatik kompakt	Pneumatik kompakt

Wahrscheinlichkeiten als Prozentwerte

Untersuchungsgruppe 2		**Kontrollgruppe 5**	
X-treme Turn:	**Maximum Acceleration:**	**X-treme Turn:**	**Maximum Acceleration:**
Elektronik kompakt	Elektronik unterteilt (4 BG)	Elektronik unterteilt (4 BG)	Elektronik kompakt
Hydraulik kompakt	Hydraulik unterteilt (3 BG)	Hydraulik kompakt	Hydraulik kompakt
Pneumatik kompakt	Pneumatik unterteilt (2 BG)	Pneumatik kompakt	Pneumatik kompakt

Wahrscheinlichkeiten als relative Häufigkeiten

Untersuchungsgruppe 3		**Kontrollgruppe 6**	
X-treme Turn:	**Maximum Acceleration:**	**X-treme Turn:**	**Maximum Acceleration:**
Elektronik kompakt	Elektronik unterteilt (4 BG)	Elektronik unterteilt (4 BG)	Elektronik kompakt
Hydraulik kompakt	Hydraulik unterteilt (3 BG)	Hydraulik kompakt	Hydraulik kompakt
Pneumatik kompakt	Pneumatik unterteilt (2 BG)	Pneumatik kompakt	Pneumatik kompakt

Wahrscheinlichkeiten als relative Häufigkeiten + zusätzliche Hinweise am Ende der Textbeschreibung

* BG = Anzahl der Baugruppen in die das entsprechende technische System unterteilt wird.

Abbildung 29: Unterschiede und Gemeinsamkeiten der Konstellationen für die einzelnen Untersuchungs- und Kontrollgruppen (eigene Darstellung)

Daher wird stattdessen, um ebenfalls denkbare Interpretationen definitiv ausschließen zu können, das Experiment nochmals in einer modifizierten Konstellation mit drei neuen Gruppen durchgeführt.[1012] Bei dieser sind die bislang aufgesplitteten Systeme nicht mehr unterteilt, während die zuvor nur als Gesamtkategorie präsentierte Elektronik des „X-treme Turn" nun in ihre Baugruppen aufgeschlüsselt wird. Sofern jener in der Grundkonstellation dann ein höherer Wert zugeteilt wird als der Elektronik des „Maximum Acceleration" und bei den nicht

[1012] Vgl. Sigall/Mills (1998), S. 224.

mehr unterteilten Systemen Hydraulik und Pneumatik dieses Karussells keine Differenz mehr zwischen den Ausfallwahrscheinlichkeiten existiert, können für die in der Untersuchung aufgetretenen Effekte zweifelsfrei die vorgenommenen Manipulationen verantwortlich gemacht werden. Eine weitere Untermauerung können Between-Subjects-Vergleiche zwischen der Untersuchungs- und der Kontrollgruppe zeigen, wenn unabhängig von der Gruppenzugehörigkeit jeweils den aufgesplitteten Systemen, der höhere Wert zugeteilt wird. Die vorstehende Abbildung 29 gibt nochmals einen Überblick über die einzelnen Untersuchungs- und Kontrollgruppen mit ihren jeweils zentralen Attributen laut den vorangegangenen Ausführungen.

Das Ziel des Experiments besteht für die Probanden offiziell darin, möglichst zutreffende Ausfallwahrscheinlichkeiten für die Teilsysteme bzw. deren Komponenten anzugeben. Hierzu werden sie in die Rolle eines externen Ratgebers versetzt, was zwei wesentliche Vorteile mit sich bringt. Zunächst betreiben auswärtige Berater mehr Aufwand zur Erreichung einer guten Einschätzung, als die eigentlich entscheidungsverantwortliche Person. Desweiteren nehmen die Teilnehmer so einen externen Blickwinkel ein, der nicht selten zutreffender ist als die sogenannte internal view des unmittelbar von der Situation betroffenen Menschen.[1013]

Darüber hinaus werden die Probanden nur um eine Einschätzung und nicht um eine tiefgreifende mathematische Analyse gebeten. Hierdurch soll erreicht werden, dass sie sich keinen formalen Zwängen verpflichtet fühlen, wodurch sie eventuell extra auf theoretische Konstrukte zurückgreifen würden, die sie sonst nie anwenden, was der Qualität ihrer Bewertungen abträglich wäre.[1014] Mittels dieser sowie den bereits in den Teilkapiteln von 7.2.1 genannten Vorkehrungen wird versucht, den Teilnehmern, abgesehen von der eigentlichen Manipulation, bestmögliche Rahmenbedingungen zu gewähren. Sofern sich in der Untersuchung dann dennoch die anvisierten Effekte zeigen, ist deren Stellenwert umso höher einzuschätzen.

7.2.2.2 Einbindung der Probanden

Gemäß dem im Experimentaldesign beschriebenen Procedere sowie laut der vorangegangenen Abbildung 29 ergeben sich zwei gemischte 3x2-Designs.[1015] Die erste Variation entsteht durch die kompakte sowie aufgesplittete Darstellung des Ausfalls identischer technischer Sys-

[1013] Vgl. Kahneman (2011), S. 115 ff.; Schjaer-Jacobsen (2014), S. 225 f.
[1014] Vgl. Windschitl (2000), S. 196; Camerer/Hogarth (1999), S. 8.
[1015] Vgl. Eschweiler et al. (2007b), S. 6 f.; Obermaier/Müller (2008), S. 335 f.; Schulz (1999), S. 40; Ellermeier/Bösche (2010), S. 46 f.; Moosbrugger/Reiß (2010b), S. 442 f.

teme bei ein- und derselben Versuchsperson. Ferner sind drei Gruppen notwendig, um die unterschiedlichen Konstellationen mit prozentualen Wahrscheinlichkeiten, relativen Häufigkeiten sowie relativen Häufigkeiten plus zusätzliche Hinweise abzudecken. Um alternative Interpretationen auszuschließen, werden alle drei Aufgabenstellungen leicht modifiziert ein zweites Mal neuen Probanden vorgelegt, was zu insgesamt sechs Gruppen führt. Dabei müssen alle Teilnehmer sechs Ausfallwahrscheinlichkeiten bilden, nachdem die Risiken für Elektronik, Hydraulik und Pneumatik bei je zwei Fahrgeschäften einzustufen sind.

Für die Beurteilung der Hypothesen 1a und b werden innerhalb der ersten Gruppe die Unterschiede zwischen den Schätzungen der selben Person für die jeweils relevanten Systeme betrachtet, so dass hier ein Within-Subjects-Ansatz verfolgt wird. Zur Einstufung der Wirksamkeit der Gegenmaßnahmen wird für die Hypothesen 2 und 3 ein Between-Subjects-Vergleich der maßgeblichen Within-Subjects-Differenzen vorgenommen.[1016] Um die alternative Erklärung für das Eintreten der prognostizierten Wirkungszusammenhänge, in Form abweichender Beschreibungen der beiden Karussells, ausschließen zu können, wird sowohl Within- als auch Between-Subjects verglichen. Eine Besonderheit hinsichtlich des angewandten Within-Designs besteht darin, dass die Probanden zur Erhöhung der Ergebnisvalidität ihre Einstufungen innerhalb einer Erhebung abgeben.[1017]

Zur Vermeidung von Reihenfolgeeffekten werden bei allen Bögen die Stelle der Fahrgeschäfte und die Abfolge der technischen Teilsysteme zufällig variiert. Ebenso erfolgt bei der Gruppenzuteilung der Probanden eine vollständige Randomisierung, so dass bei nahezu jedem Erhebungstermin alle Gruppen vertreten sein dürften. Auch diese Maßnahmen sollen zur Erhöhung der internen Validität der Ergebnisse beitragen.[1018]

Schließlich ist die Untersuchung so angelegt, dass unabhängig von den durch die sechs Konstellationen entstehenden Gruppen bei der Auswertung weitere Einteilungen vorgenommen werden können. Jene basieren auf den unter 6.4 geschilderten Attributen wie Berufserfahrung, numerische Fähigkeiten, Einstellung zu quantitativen Punktwahrscheinlichkeiten oder sozio-

1016 Für die Hypothese 2 werden die Mitglieder der Untersuchungsgruppen 1 und 2 miteinander verglichen, bei der Hypothese 3 sind es die der Gruppen 2 und 3.

1017 Vgl. Pospeschill (2006), S. 223 f.; Ellermeier/Bösche (2010), S. 39 ff.; Obermaier/Müller (2008), S. 345. Üblicher ist die Abhaltung von zwei separaten Studien zu verschiedenen Zeitpunkten. Nachdem für die Aufspaltungen, anders als bei medizinischen Sachverhalten oder Lerneffekten kein Zeitabstand für eine Wirkung notwendig ist, kann jedoch eine gleichzeitige Erhebung erfolgen. Durch diese können mögliche Störfaktoren wie Lerneffekte durch Reflektion, abweichende Tagesform oder veränderte äußere Bedingungen ausgeschlossen werden; vgl. ebenda.

1018 Vgl. Schulz (1999), S. 38 f.

demographischen Merkmalen der Probanden. Bei der Berufserfahrung stehen die beiden Gruppen Studenten und Business Professionals bereits vorab fest. In den übrigen Fällen werden die Informationen über die individuellen Ausprägungen der Faktoren durch zwei an das eigentliche Experiment anschließende Zusatzbögen geliefert, die nachfolgend vorgestellt werden. In Abbildung 30 sind die Ausführungen dieses Kapitels nochmals zusammengefasst.

Beurteilung Hypothese 1a)

Within-Differenz zwischen subjektiven Wahrscheinlichkeiten für Elektronik MA und XT in UG 1

Beurteilung Hypothese 1b)

Within-Differenz zwischen subjektiven Wahrscheinlichkeiten für Hydraulik und Pneumatik MA in UG 1

Beurteilung Hypothese 2)

Between-Subjects-Vergleich Wahrscheinlichkeitsdifferenzen bei Elektronik zwischen UG 1 und 2

Beurteilung Hypothese 3)

Between-Subjects-Vergleich Wahrscheinlichkeitsdifferenzen bei Elektronik zwischen UG 2 und 3

Ausschluss alternativer Interpretationen durch Daten aus Kontrollgruppen

Randomisierung bei Rangfolge Fahrgeschäfte, technische Teilsysteme sowie bei Zuteilung Probanden auf einzelne Gruppen

Möglichkeit nachträglicher Gruppenbildung durch Abfragen diverser Merkmale

Abbildung 30: Relevante Größen zur Beurteilung der Hypothesen und spezielle Vorkehrungen zur Validitätssicherung bei den Untersuchungsdaten (eigene Darstellung)

7.2.3 Numeracy Scale und Post-Test-Fragebogen

Neben dem Grad der Berufserfahrung sowie der Einstellung zum Konzept der Wahrscheinlichkeiten stellen in dieser Studie die numerischen Fähigkeiten der Probanden ein zentrales

Unterscheidungsmerkmal dar. Zu deren Beurteilung wird auf die Numeracy Scale von Lipkus et al. zurückgegriffen,[1019] die bereits in vielen Untersuchungen eingesetzt wurde[1020] und in einem eigenen Bogen abgebildet wird. Um unnötige Schwierigkeiten zu vermeiden, werden geringfügige Anpassungen vorgenommen, die am eigentlichen Inhalt der Skala jedoch nichts ändern. Zum einen wird der inhaltliche Schwerpunkt modifiziert, indem die Krankheitsrisiken, die den Großteil der Fragen bestimmen, in zahlenmäßig identische Ausfallwahrscheinlichkeiten für Fahrgeschäfte umgewandelt werden. Dadurch wird die Geschichte des Experiments weitergeführt und es werden Irritationen bei den Teilnehmern durch ein neues großes Themengebiet ausgeschlossen. Weiter werden zwei US-amerikanische Lotterien, auf die an anderen Stellen Bezug genommen wird, durch die Begriffe „Bayerische Staatslotterie" sowie „andere Sonderziehung" ersetzt, um Verständnisproblemen der Teilnehmer vorzubeugen. Der modifizierte Bogen für die spätere Erhebung ist in Abbildung 31 abgedruckt.

Nachdem in den bisherigen Studien stets ausreichende Varianz bei den Fehlerhäufigkeiten der einzelnen Teilnehmer vorlag,[1021] darf für die vorliegende Erhebung von einem ähnlichen Bild ausgegangen werden. Es soll ein Median-Split durchgeführt und die Probanden in eine Gruppe mit hohen und eine mit geringen numerischen Fähigkeiten aufgeteilt werden. In Abhängigkeit von den konkreten Daten wird der Median-Wert der einen oder der anderen Gruppe zugeschlagen, mit dem Ziel zwei möglichst gleich starke Lager zu bilden.[1022]

Der zweite Zusatzbogen entspricht dem üblichen post-test questionnaire, der v. a. zu Zwecken des Manipulationschecks, der Messung möglicher mediierender und moderierender Variablen, der Erhebung personenbezogener Daten sowie der Gewinnung näherer Informationen über die Experimentsdurchführung durch die Versuchspersonen eingesetzt wird.[1023]

Obwohl, wie in den beiden vorherigen Kapiteln erläutert, ein verlässlicher Manipulations-Check durch Angaben der Teilnehmer im Post-Test-Bogen nicht realisierbar ist, werden für einen besseren Einblick in die im Experiment ablaufenden Mechanismen vier Fragen gestellt, die dieser Art der Validitätsabsicherung nahekommen.[1024] So ist seitens der Probanden für

[1019] Vgl. Lipkus et al. (2001), S. 40.
[1020] Vgl. beispielhaft Peters et al. (2006), S. 408 ff.; Wright et al. (2009), S. 111 ff.; Galesic/Garcia-Retamero (2010), S. 463 ff.; Fagerlin et al. (2007), S. 673 ff.
[1021] Vgl. Galesic/Garcia-Retamero (2010), S. 464 ff.; Lipkus et al. (2001), S. 40; Peters et al. (2006), S. 408; Wright et al. (2009), S. 112 f.
[1022] Vgl. Peters et al. (2006), S. 408 u. z. B. Pospeschill (2006), S. 62 f.
[1023] Vgl. Schulz (1999), S. 42 f.; Sigall/Mills (1998), S. 218; Maines et al. (2006), S. 96.
[1024] Vgl. Sigall/Mills (1998), S. 219 ff.; Schulz (1999), S. 43 f.

beide Karussells jeweils anzugeben, ob sich ihre Urteile auf komplette Teilsysteme, auf einzelne Baugruppen der Teilsysteme oder auf beides bezogen haben.

II. Ausfallrisiken und Wahrscheinlichkeiten

Ausfallrisiken

1. Welche der nachstehenden relativen Häufigkeiten stellt das größte Ausfallrisiko dar?

O 1 aus 100 O 1 aus 1.000 ☒ 1 aus 10

2. Welche der nachstehenden Prozentzahlen stellt das größte Ausfallrisiko dar?

O 1 % ☒ 10 % O 5 %

3. Wenn das Risiko eines sehr zuverlässigen Fahrgeschäftes A, in 10 Jahren einmal auszufallen, 1 % beträgt und das eines anderen Fahrgeschäftes B doppelt so hoch ist wie das von A, wie hoch ist das Ausfallrisiko von B?

__2__ %

4. Wenn das Risiko eines sehr zuverlässigen Fahrgeschäftes A, in 10 Jahren einmal auszufallen, 1 zu 100 beträgt und das eines anderen Fahrgeschäftes B doppelt so hoch ist wie das von A, wie hoch ist das Ausfallrisiko von B?

__2__ aus 100

5. Sofern ein Ausfallrisiko 10 % beträgt, wie viele von 100 bzw. von 1.000 Fahrgeschäften sollten dann jeweils ausfallen?

Von 100 Fahrgeschäften = __10__ Fahrgeschäfte

Von 1.000 Fahrgeschäften = __100__ Fahrgeschäfte

6. Wenn ein Ausfallrisiko von 20 aus 100 gegeben ist, ist das das Gleiche wie ein Ausfallrisiko von

__20__ %

7. Das Risiko, dass die Fahrt eines Karussells aufgrund einer konkreten Komponente ausfällt, beträgt 0,0005. Wie viele von 10.000 Fahrten sollten bei dem genannten Risiko ausfallen?

__5__ Fahrten

Wahrscheinlichkeiten

8. Stellen Sie sich vor, ein fairer, sechsseitiger Würfel wird 1.000 Mal geworfen. Wie oft von diesen 1.000 Mal wird der Würfel nach Ihrer Meinung eine gerade Zahl (2, 4 oder 6) anzeigen?

__500__ von 1.000 Mal

9. In einer Sonderziehung der Bayerischen Staatslotterie beträgt die Chance einen Geldpreis von € 10,- zu gewinnen 1 %. Was ist Ihr Tipp, wie viele Personen den Geldpreis von € 10,- gewinnen würden, wenn 1.000 Leute jeweils ein Los dieser Sonderziehung kaufen?

__10__ von 1.000 Personen

10. Bei einer anderen Sonderziehung liegt die Chance, ein hochwertiges Fahrrad zu gewinnen, bei 1 aus 1.000. Wieviel Prozent der Lose dieser Sonderziehung gewinnen ein Fahrrad?

__0,1__ %

Abbildung 31: Abgewandelte Numeracy-Skala im durchgeführten Experiment (eigene Darstellung in Anlehnung an Lipkus et al. (2001), S. 40)

Da dieser Umgang mit den technischen Termini den Personen eventuell schwerfällt, wird noch um zwei weitere Einschätzungen gebeten. Dort soll angegeben werden, bei welchem der beiden Fahrgeschäfte die Beschreibungen zu den Ausfallwahrscheinlichkeiten einmal als ausführlicher und das andere Mal als konkreter empfunden wurden oder ob kein Unterschied registriert wurde. Diese Fragen sollen Auskunft darüber geben, welche Angaben beim Auftreten des Unpacking Bias ins Bewusstsein der Individuen gelangen und welche nicht wahrgenommen werden.

Als mögliche mediierende Größen tragen v. a. drei Auslöser zum Unpacking Bias bei, Erinnerungseffekte, die Bedeutungserhöhung durch explizite Nennung der Ereignisse[1025] und die Tendenz zur Ignorance-Prior-Verteilung.[1026] Nachdem die zweitgenannte Ursache grundsätzlich kaum per Frage überprüfbar ist, wird auf diese im Post-Test-Bogen verzichtet.

Zur Ermittlung eventueller Erinnerungseffekte werden die Teilnehmer gefragt, ob sie bei Elektronik und Pneumatik mit mehr, weniger oder in etwa mit der im Experiment ausgewie-

[1025] Vgl. Tversky/Koehler (1994), S. 549; Fiedler/Armbruster (1994), S. 633.
[1026] Vgl. Fox/Rottenstreich (2003), S. 195.

senen Anzahl an Baugruppen gerechnet hätten.[1027] Sofern von einer Person die zweite Option gewählt wird und gleichzeitig ihre Schätzungen durch die Aufspaltung dieser Teilsysteme in ihre Baugruppen steigen, könnten ursprünglich nicht bedachte Bestandteile den Auslöser bilden. Außerdem sollen die Probanden Einzelteile angeben, die ihnen wiederum für die untergeordneten Baugruppen Bremshydraulik und Geschwindigkeitsregulierung einfallen. Falls Teilnehmer, die dort Komponenten auflisten können, höhere oder geringere Anstiege in ihren Wahrscheinlichkeiten in Folge der Untergliederung aufweisen, als Individuen ohne Nennung, lässt dies ebenfalls Rückschlüsse auf die Wirksamkeit von Erinnerungseffekten zu.

Die Verzerrung in Richtung einer Gleichverteilung der subjektiven Wahrscheinlichkeiten als Grund wird durch die Zustimmung der Personen zu drei Bewertungsschemen, die dieses Muster auslösen, abgeprüft.[1028] Jene sind das Zutreffen der Ignorance-Prior-Vorgehensweise,[1029] die Abhängigkeit der Urteile vom Ausmaß des subjektiv sicheren Wissens zur fraglichen Thematik[1030] sowie die Tendenz, jeder explizit aufgeführten Alternative grundsätzlich ein gewisses Gewicht einzuräumen.[1031] Hierzu wird eine Likert-Skala mit sieben Stufen und den Extrempolen „Stimme voll und ganz zu" und „Stimme gar nicht zu" verwendet.

Unter 6.4 wurden drei Attribute als zentrale, potentiell moderierende Variablen vorgestellt. Während der Faktor Berufserfahrung aus der Zugehörigkeit zur Teil-Stichprobe der Studenten oder Berufstätigen hervorgeht und eine Beurteilung der numerischen Fähigkeiten anhand des Numeracy-Bogens erfolgt, wird die Einstellung zum Konstrukt der Wahrscheinlichkeiten im post-test questionnaire erhoben. Hierzu ist wiederum drei Aussagen auf einer Siebener-Skala zuzustimmen, die in der nachstehenden Abbildung 32 wiedergegeben sind. Zunächst sollen die Probanden angeben, wie gerne sie Wahrscheinlichkeiten zur Lösung unsicherer Sachverhalte benutzen. Danach ist die entgegen gesetzte Einstellung, wie sehr in einem solchen Fall Intuition und Erfahrung der Vorzug gegeben wird, zu beurteilen. Durch die doppelte Erfassung wird eine mögliche Verzerrung durch die Art der Fragestellung vermieden.[1032] Die letzte Vorgabe bezieht sich darauf, inwieweit die Schätzung numerischer Wahrscheinlichkeiten eine Schwierigkeit für die jeweilige Person darstellt.

1027 Um den Fragebogen für die Teilnehmer kurz zu halten, wird auf die Hydraulik verzichtet. Diese liegt mit ihren drei Komponenten zwischen der Elektronik mit vier sowie der Pneumatik mit zwei Baugruppen, so dass eine Frage zu dieser keine zusätzlichen Erkenntnisse liefern dürfte.
1028 Zur Vereinfachung wird dazu ein konkreter Fall angegeben, für den die Urteile zu bilden wären.
1029 Vgl. Fox/Rottenstreich (2003), S. 195; van der Pligt et al. (1987), S. 270.
1030 Vgl. Fiedler/Armbruster (1994), S. 634; Fox/Rottenstreich (2003), S. 195.
1031 Vgl. Fischhoff et al. (1978), S. 340; Tversky/Koehler (1994), S. 549.
1032 Vgl. Schnell et al. (2008), S. 188; Weiber/Mühlhaus (2010), S. 99.

3. Wahrscheinlichkeiten

a) Wie sehr stimmen Sie den nachstehenden Aussagen jeweils zu?

Wenn ich bei einer wichtigen geschäftlichen Entscheidung zur Handhabung der Unsicherheit numerische Wahrscheinlichkeiten schätzen und diese für meine Entscheidungsfindung verwenden soll, so tue ich dies gerne.

Stimme voll und ganz zu						Stimme gar nicht zu
1	2	3	4	5	6	7
O	O	O	O	O	O	O

Bei einer derartigen wichtigen Entscheidung verlasse ich mich lieber auf meine Intuition und Erfahrung als mit Wahrscheinlichkeiten zu arbeiten.

Stimme voll und ganz zu						Stimme gar nicht zu
1	2	3	4	5	6	7
O	O	O	O	O	O	O

Die Schätzung genauer numerischer Wahrscheinlichkeiten stellt für mich normalerweise keine Schwierigkeit dar.

Stimme voll und ganz zu						Stimme gar nicht zu
1	2	3	4	5	6	7
O	O	O	O	O	O	O

Abbildung 32: Fragen zur Bestimmung der individuellen Einstellung der Probanden zu Wahrscheinlichkeiten (eigene Darstellung)

Anschließend wird durch eine eigene Frage mit fünf Antwortmöglichkeiten abgeprüft, ob die grundsätzliche Auffassung der Probanden mit der scharfen theoretischen Definition von Punktwahrscheinlichkeiten übereinstimmt oder ob eine etwas lockerere Auslegung erfolgt.[1033] Die Resultate geben ebenfalls Aufschluss über die grundsätzliche Auffassung vom Konstrukt der Wahrscheinlichkeiten und ermöglichen ferner eine zutreffendere Einordnung der vorherigen Einstufungen.[1034]

[1033] Vgl. Teigen (1983a), S. 97. Ursprünglich waren ebenfalls sieben Stufen vorgesehen. Nachdem jedoch im Pretest die beiden letzten Optionen nicht gewählt wurden und mehrere Teilnehmer eine Verkürzung anregten, wurde auf eine Fünfer-Skala reduziert. Gemäß der ersten Aussage wird eine Schätzung nur als zutreffend eingestuft, wenn der korrekte Wert genau getroffen wird. Bei den weiteren Antwortmöglichkeiten wird die Richtigkeit noch bei Abweichungen von bis zu 1/12, 1/6, 1/3 sowie der Hälfte gesuchten Zahl nach oben und unten als erfüllt angesehen. Ferner kann ein Kommentar als Erläuterung zur getroffenen Wahl oder als generelle Anmerkung zur Frage abgegeben werden.

[1034] Die Aussagekraft der ermittelten Einstellung zu Wahrscheinlichkeiten hängt stark von der jeweiligen Begriffsauffassung ab. Es macht einen großen Unterschied, ob ein Teilnehmer mit seiner Schätzung nur einen exakten Einzelwert in Verbindung bringt oder einen relativ großzügigen Bereich um diesen Punkt herum miteinbezieht, innerhalb dessen seine Einstufung noch korrekt ist. Bei einem solch lockeren Verständnis kann eine Person dieses Konzept gerne verwenden und es als nicht schwierig ansehen, gleichzeitig jedoch Verzerrungen in ihren Schätzungen aufweisen. Durch die Definitionsauffassung kann somit die Kausalbe-

Außerdem werden im Post-Test-Fragebogen soziodemographische Merkmale erhoben, die gleich mehrere Zwecke erfüllen. Zunächst dienen sie der Ermittlung weiterer Moderatorvariablen, die in keinem spezifischen Zusammenhang mit dem Untersuchungsinhalt stehen. Zweitens wird damit die Zusammensetzung der Stichprobe dokumentiert. Drittens kann anhand der Ausprägungen der einzelnen Attribute ein Vergleich mit anderen Studien erfolgen, wodurch sich z. B. Besonderheiten in den Resultaten erklären lassen. Konkret werden Alter, Geschlecht, die höchste abgeschlossene Ausbildung und deren fachlicher Schwerpunkt, die Berufserfahrung in Jahren sowie die Erfahrung mit Investitionsentscheidungen abgefragt.

Zwei weitere, einander ähnliche Fragen dienen dazu, die Zufriedenheit der Probanden mit ihren Urteilen[1035] sowie deren Selbsteinschätzung, in wie vielen von einhundert vergleichbaren Fällen sie richtig liegen würden, zu ermitteln.[1036] Auch diese Daten ermöglichen einen Vergleich mit den Ausprägungen dieser Parameter bei anderen Studien, sofern sie dort erhoben wurden, ferner sind sie als Moderatorgrößen denkbar. Vorrangig sollen die Angaben jedoch nähere Informationen über die Art der Experimentbewältigung liefern.

Letztgenanntem Zweck dienen auch die beiden offenen Fragen, bei denen die Probanden zu Beginn des experimentsbezogenen Teils des Post-Test-Bogens Probleme bei der Bewältigung sowie generelle Anmerkungen zur Experimentsaufgabe nennen sollen. Am Ende des post-test questionnaire wird analog erhoben, ob einzelne Fragen dieses Bogens nicht verständlich waren und welche dies ggf. sind, ferner wird erneut Raum für Anmerkungen geboten. Nachdem die Numeracy-Scale von Lipkus et al. bereits vielfach eingesetzt wurde,[1037] wird auf Fragen zu dieser verzichtet.

Der letzten Untersuchungsgruppe mit zusätzlichen Hinweisen werden zwei weitere Fragen gestellt. In der ersten werden die Teilnehmer um Wiedergabe der zentralen Inhalte der Instruktionen gebeten. Danach sollen sie angeben, ob die Anweisungen für sie nützlich waren.

Insgesamt ist der Post-Test-Fragebogen in die vier Blöcke „Soziodemographische Angaben“, „Experiment“, „Wahrscheinlichkeiten“ sowie „Zusatzfragebogen“ aufgeteilt. Innerhalb dieser

ziehung zwischen der Einstellung zu Wahrscheinlichkeiten und der Qualität der abgegebenen Urteile stark überlagert werden; vgl. nochmals Teigen (1983a), S. 97.

1035 Dies erfolgt wiederum auf einer Siebener-Skala mit den Extremen „Vollkommen zufrieden“ und „Absolut unzufrieden“.

1036 An dieser Stelle wird erneut doppelt abgefragt, um definitiv zu gewährleisten, dass das Vertrauen der Probanden in ihre eigenen Wahrscheinlichkeitsschätzungen korrekt erfasst wird.

1037 Siehe hierzu nochmals Peters et al. (2006), S. 408 ff.; Wright et al. (2009), S. 111 ff.; Fagerlin et al. (2007), S. 673 ff.; Galesic/Garcia-Retamero (2010), S. 463 ff.

Abschnitte sind die Fragen nach den einzelnen Themen wie Wahrnehmung bestimmter Details, Abprüfung Erinnerungseffekte oder Ignorance-Prior-Verhalten geordnet.

7.3 Durchführung des Experiments

Knapp zwei Monate vor der eigentlichen Erhebung fand ein Pretest mit 33 Master-Studenten statt.[1038] Dieser zeigte, dass die in mehreren Kolloquien vorgestellte und mit Forscherkollegen sowie Praktikern diskutierte und immer wieder entsprechend überarbeitete Konstellation die notwendige Untersuchungsreife erreicht hatte. Einerseits zeichneten sich schon bei dieser kleinen Grundgesamtheit die prognostizierten Effekte ab,[1039] ferner waren die Rückäußerungen im Zusatzfragebogen sowie in persönlichen Gesprächen mit Probanden nach Durchführung der Testrunde sehr positiv.[1040] Folglich wurde für die spätere Untersuchung am Experiment selbst nichts mehr verändert, ebenso nicht an der bereits häufig verwendeten Numeracy-Skala,[1041] die im Test nicht vorgelegt wurde. Lediglich der Zusatzbogen wurde modifiziert, indem der im Pretest ebenfalls ausgeklammerte soziodemographische Teil hinzugefügt,[1042] zwei Erinnerungsfragen ergänzt sowie bei einer Aufgabe zwei überhaupt nicht gewählte Optionen weggelassen wurden. Ansonsten lieferte der Probelauf noch wichtige Hinweise für die Ablaufgestaltung bei der anstehenden Erhebung.

Die tatsächliche Untersuchung umfasste insgesamt achtzehn Termine zwischen Ende Juni 2013 und Anfang Februar 2014, jeweils neun mit Studenten sowie berufstätigen Personen. Dabei schwankten die einzelnen Stichprobengrößen aufgrund zweier Überraschungen zwischen 5 bis 62 Teilnehmern,[1043] lagen jedoch meist zwischen 20 bis 30 Probanden. Insgesamt nahmen 472 Personen an der Erhebung teil. Es wurden Universitäten in München, Ingolstadt

[1038] Vgl. zu Pre-Tests z. B. Eschweiler et al. (2007b), S. 6 f.; Ellermeier/Bösche (2010), S. 46 f.; Volnhals (2010), S. 184 ff.; Thornton/Houser (2005), S. 221 ff.; Schraw/Dennison (1994), S. 466 ff.

[1039] Der Pre-Test wurde mit den Konstellationen von je zwei Untersuchungs- und Kontrollgruppen durchgeführt, auf die sich die 33 Probanden nahezu gleichmäßig verteilen, so dass die Zahlen nicht statistisch belastbar sind; vgl. Eschweiler et al. (2007a), S. 548.

[1040] Die am häufigsten angesprochene Schwierigkeit, dass die gesuchten Wahrscheinlichkeiten nicht direkt berechnet werden können bzw. auf Basis vager Angaben zu schätzen sind, bildete die Voraussetzung für die Entstehung der anvisierten Effekte und konnte daher nicht abgestellt werden. Ansonsten wurde der Case seitens der Teilnehmer als verständlich und übersichtlich sowie Interesse erzeugend beschrieben.

[1041] Vgl. u. a. Lipkus et al. (2001), S. 40; Galesic/Garcia-Retamero (2010), S. 463 ff.; Fagerlin et al. (2007), S. 673 ff.; Peters et al. (2006), S. 408 ff.; Wright et al. (2009), S. 111 ff.

[1042] Nachdem es sich hierbei um gängige Fragen handelt bestand keine Notwendigkeit, diese einer weiteren Praxisprüfung zu unterziehen.

[1043] In der ersten Veranstaltung war vom Übungsleiter mehr als die vierfache Anzahl an Studenten angekündigt, im zweiten Fall vom verantwortlichen Referenten nur mit der Hälfte der Teilnehmer gerechnet worden.

und Passau aufgesucht, sowie Weiterbildungsseminare der ControllerAkademie an mehreren Orten am Starnberger See. Die Probanden stammten aus allen Bereichen Deutschlands, aus dem deutschsprachigen Ausland sowie teilweise auch aus fremdsprachigen Ländern.

Sämtliche Erhebungen wurden vom Autor geleitet, wobei zu Beginn stets eine kurze Vorstellung durch den jeweiligen Dozenten erfolgte. Diese sollte helfen, alle Kursmitglieder zur Teilnahme zu bewegen und zusätzlich zu motivieren. Sowohl das Design der Bögen wie auch der Inhalt der Ansprache wurden neutral gehalten, um Versuchsleitereinflüsse zu vermeiden.[1044] Desweiteren blieb der Verfasser während der Bearbeitung des Experiments im Hintergrund. Vereinzelt auftauchende Fragen, die sich meist auf den formalen Ablauf oder Verständnisprobleme bezogen, wurden jedoch allesamt beantwortet. Als Zweck der Studie wurde die Feststellung empirischen menschlichen Schätzverhaltens angegeben.

Wie unter 7.2.1.2 bereits ausgeführt, wurde das Experiment zur Erzielung hoher interner Validität als Paper-and-Pencil-Variante durchgeführt, bei der sich alle Mitglieder eines Samples und der Versuchsleiter während der Erhebung in einem Raum befinden. Die durch dieses Design angestrebten positiven Effekte traten durchgängig ein bzw. wurden beim Aspekt Teilnehmermotivation die Erwartungen sogar übertroffen. So stellte sich bei den meisten Terminen umgehend eine Prüfungsatmosphäre ein, sobald die Bögen ausgeteilt waren.[1045] Prinzipiell hatten die Probanden im Zeitraum der Erhebung, in dem sonst Unterricht stattgefunden hätte, nichts anderes zu tun, unterlagen keinen Ablenkungen und bearbeiteten die Aufgaben definitiv selbst.[1046] Durch die Zugehörigkeit zum jeweiligen Kurs sowie die Unterstützung des dortigen Leiters kann zudem von einem gewissen Verpflichtungsgefühl ausgegangen werden, sich bei der Aufgabe anzustrengen. Grundsätzlich sind Studenten wie berufstätige Personen mit der Lösung von Case Studies zur Erzielung eigenen Lernfortschritts vertraut, so dass bereits aus Gewohnheit mit Sorgfalt an die Sache herangegangen werden sollte.

Bei den berufstätigen Personen wurde die Untersuchung als Praxisübung in ein Investitionsseminar integriert, so dass zusätzlich ein eigener Nutzen aus der Bearbeitung gegeben war. Auch für die Studenten, deren Ausbildung nahezu ausnahmslos das Fach Controlling mit

1044 Vgl. Brosius et al. (2009), S. 224 f.; Reips (2004), S. 456 f.; Hecker (2004), S. 15 ff.

1045 Hierzu passt die Aussage eines Übungsleiters, der anmerkte, „Es ist wie ein Automatismus, sobald die Blätter vor den Leuten liegen, geht es immer wieder mit voller Motivation los!"

1046 Diese Bedingungen sind bei anderen Formen wie z. B. einer Online-Erhebung nicht gewährleistet, vgl. singgemäß Reips (2004), S. 469.

Verhaltensbezug umfasste, war es interessant, einmal an einem Experiment teilzunehmen.[1047] Zudem herrschte in den meisten Veranstaltungen ein Klima vor, gemäß dem stets hoher Einsatz und gute Leistung gezeigt werden sollten. Ebenso dürfte die Anwesenheit der für die Studie verantwortlichen Person dem positiven Verlauf der Erhebungen zuträglich gewesen sein.

Neben den genannten positiven Auswirkungen auf die interne Validität der Resultate, ermöglichte die Paper-and-Pencil-Form überhaupt erst den Zugang zu einem Großteil der sehr qualifizierten Probanden. Deren Teilnahme war nur deshalb möglich, da sie während einer ohnehin stattfindenden Veranstaltung vor Ort aufgesucht wurden. Auf diese Weise konnte über bestehende Kontakte eine ausreichend große Anzahl an Versuchspersonen generiert werden.

Um bestmögliche Rahmenbedingungen für die Schätzungen zu erreichen, wurde desweiteren monetär incentiviert. Damit wurde nicht zuletzt dem Prozedere einiger Vorgängerstudien zur Support Theorie gefolgt,[1048] die u. a. Geldbeträge an die besten Probanden vergaben[1049] oder diese per Los zuteilten.[1050] Nachdem zur Vermeidung einer unnötigen Beeinflussung der Personen als Zweck des Experiments die Beobachtung empirischen Schätzverhaltens genannt wurde, kam eine erfolgsabhängige Entlohnung nicht in Frage.[1051] Deshalb wurde alleine die Teilnahme honoriert, aus Effizienzgründen nur mit einer Gewinnchance[1052] auf jedoch immerhin fünfzig Euro. Die Chance stellte wie vielfach empfohlen[1053] oder angewandt[1054] eine Vorabzahlung dar, da sie den Probanden bereits durch ihre Teilnahme zustand. Insgesamt

1047 Diese Annahme wird durch die Kommentare einiger Teilnehmer untermauert, die Interesse an den Ergebnissen und dem Hintergrund der Untersuchung äußerten, diese als bereichernd für die Veranstaltung bezeichneten oder angaben, ohne dass ein Hinweis in diese Richtung erfolgt wäre, sich mit Büchern von Kahneman oder ähnlichen Autoren in ihrer Freizeit zu befassen. Nichtsdestotrotz wiesen auch die letztgenannten Personen das Unpacking Bias in gleichem Maß wie die übrigen Probanden aus.

1048 Die Anlehnung an erfolgreiche vorherige Untersuchungen wird z. B. von Camerer/Hogarth empfohlen, die jene sogar als Mittel zur Rechtfertigung eines kompletten Verzichts auf externe Anreize sehen, wenn sich diese im vorliegenden Themengebiet bisher als nicht erforderlich erwiesen haben; vgl. Camerer/Hogarth (1999), S. 35.

1049 Vgl. Tversky/Koehler (1994), S. 551 u. 553; Rottenstreich/Tversky (1997), S. 410 f.

1050 Vgl. Fox/Rottenstreich (2003), S. 198.

1051 Durch jene wird betont, dass es eine objektiv optimale Lösung gibt. Entsprechend hätten die Individuen verstärkt auf formale Methoden zurückgegriffen, die sie sonst nie anwenden, um den vermeintlichen Erwartungen der Experimentsersteller zu entsprechen; vgl. Windschitl (2000), S. 196; Camerer/Hogarth (1999), S. 8.

1052 Vgl. Göritz (2004), S. 343; Bolle (1990), S. 157 ff. Durch eine Lotterie kann ohne größere Einbußen bei Datenqualität und Rücklaufquote der auszuschüttende Gesamtbetrag deutlich reduziert werden, ebenso der administrative Aufwand, da nur ein kleiner Teil der Personen nach der Untersuchung kontaktiert und bezahlt werden muss; vgl. ebenda.

1053 Vgl. Warriner et al. (1996), S. 543; Göritz (2004), S. 343; Groves et al. (2006), S. 734; Goyder (1994), S. 360 ff.

1054 Vgl. Fiedler/Armbruster (1994), S. 640; Fox/Rottenstreich (2003), S. 196 u. 198; Anonymus (2007), S. 25.

wurden zwölf Mal fünfzig Euro verlost, je sechs Mal bei den Studenten und bei den berufstätigen Personen.

Grundsätzlich bilden die externen Anreize nur einen von mehreren Bausteinen bei einem Experiment, die allesamt die Qualität des Teilnehmerverhaltens beeinflussen.[1055] Darüber hinaus hängt es von den näheren Charakteristika der durchgeführten Untersuchung ab, ob diese Anreize überhaupt zur Geltung kommen oder verpuffen. Letzteres kann z. B. passieren, wenn die intrinsische Motivation der Individuen bereits hoch ist, sich zusätzlicher Aufwand kaum lohnt oder die Lösung der gestellten Aufgabe wenig aufwendig ist.[1056] Primär dienten die Prepaid Incentives, die trotz bereits günstiger Rahmenbedingungen beim vorliegenden Experiment eingesetzt wurden, dazu, unentschlossene Personen zur Teilnahme zu bewegen[1057] sowie bei Probanden mit geringem Antrieb die Motivation anzuheben.[1058] Ferner wurde durch den Einsatz finanzieller Ressourcen die Bedeutung der Untersuchung betont.

Um die Lotterie durchführen zu können, wurde neben den drei Bögen für Experiment, Numeracy-Test und Zusatzfragebogen ein Blatt mit einem individuellen farbig gedruckten Code, der sich aus einer sechsstelligen Zahl sowie mehreren Buchstaben zusammensetzte,[1059] ausgegeben. Zur Vermeidung unberechtigter Inanspruchnahmen gab es zwölf unterschiedliche Farben für die Codes, die zudem in Schwarz bei allen drei Bögen auf der letzten Seite unten rechts abgedruckt waren. Mit dem Blatt konnten die Gewinner ihren Anspruch belegen, wozu ein farbiger Scan ausreichte. Weiter wurde ein separat abzugebender Vordruck ausgeteilt, auf dem die Teilnehmer ihre E-Mail-Adresse eintragen konnten, um eine Benachrichtigungsmail mit den Gewinnnummern zu erhalten. Außerdem wurden die Zahlen, die nach Abschluss der Untersuchungsserie in der Pause eines zeitnahen Doktorandenkolloquiums gezogen wurden,

---

[1055] Vgl. Camerer/Hogarth (1999), S. 32 ff. Weitere Faktoren sind Erfahrung und individuelle Fähigkeiten der Probanden oder gewährtes Feedback, vgl. ebenda u. Budescu (1999), S. 43 f.; Eckel (1999), S. 48; Siegrist/Keller (2011), S. 1041.

[1056] Vgl. Camerer/Hogarth (1999), S. 8.

[1057] Vgl. Groves et al. (2006), S. 734 f.; Goyder (1994), S. 360 ff.; Gendall et al. (1998), S. 347 ff.; Warriner et al. (1996), S. 543; Göritz (2004), S. 328; Singer et al. (2000), S. 171 f.

[1058] Vgl. Gillis/Hettler (2007), S. 491 f.; Göritz (2004), S. 343; Remus et al. (1998), S. 521; Lee (2007), S. 630; Cerroni et al. (2012), S. 201 ff.

[1059] Die ersten beiden Zahlen bezeichneten die durchlaufende Nummer der Erhebung (von 01 = Pretest bis 19 = letzte Stichprobe), die dritte Ziffer die Gruppenzugehörigkeit (von 1 bis 6) und die letzten drei Nummern zeigten an, um den wievielten Teilnehmer es sich handelte. Die Folge aus den Buchstaben „e“, „h“ und „p“ spiegelte die zufällige Reihenfolge der Systeme Elektronik, Hydraulik und Pneumatik beim jeweiligen Probanden wider. Sofern der in der Ur-Konstellation an erster Stelle geführte „X-treme Turn“ in der Beschreibung als Zweites genannt wurde und dafür „Maximum Acceleration“ nach vorne rückte, wurde am Schluss noch das Kürzel „sw“ für „switched“ angehängt. So stand z. B. die Nummer 133402ephsw für die 13. Erhebung, die Untersuchungsgruppe 3, den 402. Probanden sowie die entsprechende Anordnung der Teilsysteme und Karussells.

auf der Lehrstuhlhomepage bekannt gegeben. Sowohl die große Freude der Personen mit Losglück,[1060] als auch zahlreiche Nachfragen von Personen, die den Zettel mit ihrem Code nicht mehr fanden,[1061] belegen die Attraktivität der Geldpreise und lassen positive Motivationseffekte plausibel erscheinen.

Die zufällige Verteilung der Experimentsbögen, mit den unterschiedlichen Anordnungen der technischen Systeme und Karussells sowie der jeweiligen Zugehörigkeit zu einer bestimmten Untersuchungsgruppe, wurde aufgrund der Unsicherheit über die exakten Teilnehmerzahlen in den einzelnen Kursen wie folgt vorgenommen. Nachdem abzusehen war, dass bei den Studenten wie den berufstätigen Personen eine Größe von nahezu zweihundert Individuen erreicht wird, wurden für beide Lager zunächst je 180 Bögen, als durch sechsunddreißig teilbare Zahl,[1062] eingeplant. Diese wurden mittels eines Online-Zufallszahlengenerators in die für die Erhebungen maßgebliche Reihenfolge gebracht. Für die einzelnen Termine wurde anschließend die gemäß den Schätzungen des Veranstaltungsleiters notwendige Anzahl an Bögen plus eine ausreichende Reserve ausgedruckt. Die nicht abgerufenen Sätze wurden mit neuen Anfangsziffern für die nächste Erhebung versehen und kamen ansonsten unverändert zum Einsatz. Die Bögen ab Nr. 181 wurden bei Studenten und berufserfahrenen Personen zunächst dazu verwendet, unbrauchbare Rückläufer auszugleichen, um für alle Rangfolgen und Gruppen gleich starke Fraktionen zu erhalten. Sobald dieses Ziel erreicht war, wurde wieder auf die geschilderte zufällige Reihung zurückgegriffen. Mittels dieser Vorgehensweise wurden nicht explizit erfasste bzw. nicht ermittelbare Unterschiede durch unvermeidlich variierende äußere Umstände zufällig über die gesamte Stichprobe verteilt.

Bei allen beeinflussbaren Rahmenbedingungen wurde versucht, weitgehende Konstanz und Neutralität über die einzelnen Erhebungen einzuhalten, um keine unnötige Varianz zu erzeugen. Hierzu trug v. a. die knapp gehaltene, weitgehend standardisierte Einführung bei. Deren

---

1060 Jene freuten sich nicht nur über das Geld, sondern auch darüber, überhaupt einmal etwas zu gewinnen.

1061 Derartige Fälle konnten allesamt durch Fragen nach dem Erhebungstermin, Alter, Geschlecht und Dauer der Berufserfahrung der jeweiligen Person und Abgleich mit den Gewinnerbögen zweifelsfrei geklärt werden, kein einziges Mal handelte es sich um die gezogenen Kandidaten.

1062 Zum einen existieren die unterschiedlichen Anordnungsmöglichkeiten für die Systeme Elektronik, Hydraulik und Pneumatik = ehp, eph, hep, hpe, peh und phe, die mit dem Merkmal Zugehörigkeit zu einer der sechs Untersuchungsgruppen sowie ferner der variierenden Reihenfolge der beiden Karussells kombiniert werden können. Auf eine komplette Abdeckung der resultierenden zweiundsiebzig unterschiedlichen Konstellationen wurde zur Komplexitätsreduktion jedoch verzichtet. Entscheidend zur Vermeidung von Reihefolgeeffekten war, dass jedes technische System und Fahrgeschäft für alle Gruppen an sämtlichen Positionen nahezu gleichhäufig platziert war, jedoch nicht, dass alle Möglichkeiten komplett durchgespielt werden; vgl. Ellermeier/Bösche (2010), S. 43. Entsprechend wurde mit „ehp“, „peh“, „hpe“, „ephsw“, „hepsw“ und „phesw“ für jede der sechs Gruppen im Experiment nur die Hälfte aller denkbaren Anordnungen abgebildet.

stures Abspulen bei den einzelnen Terminen wäre allerdings nicht zweckmäßig gewesen. Vielmehr erfolgten intuitiv geringe Variationen in der Ansprache der einzelnen Kurse, je nachdem ob z. B. kleine oder große Gruppen, Studenten oder berufserfahrene Personen, Soldaten oder Zivilisten anwesend waren, um die Probanden bestmöglich zu erreichen.

8 RESULTATE DER EMPIRISCHEN UNTERSUCHUNG

Zur Schilderung der Experimentergebnisse wird auf die Unterteilung gemäß Kapitel 6 zurückgegriffen, in dem die Hypothesen und sonstigen zentralen Inhalte der Erhebung vorgestellt wurden. Entsprechend wird nach einem kurzen Abschnitt mit den zentralen deskriptiven Parametern in den Teilkapiteln 8.2 bis 8.4 die Ausprägung des Unpacking Bias für die Grundsituation mit Prozentwerten, nach Umstellung der Wahrscheinlichkeiten auf relative Häufigkeiten sowie bei Einsatz zusätzlicher Hinweise gemeinsam mit dem letztgenannten Format betrachtet. In 8.5 erfolgt ergänzend eine Beurteilung der Gesamtkonstellation mittels der, umfassendere Untersuchungen erlaubenden Varianzanalyse. Unter 8.6 werden schließlich die übrigen Resultate der Erhebung, u. a. der Einfluss der Faktoren numerische Fähigkeiten, Erfahrung, Einstellung zum Konstrukt der Punktwahrscheinlichkeiten sowie soziodemographischer Merkmale präsentiert.

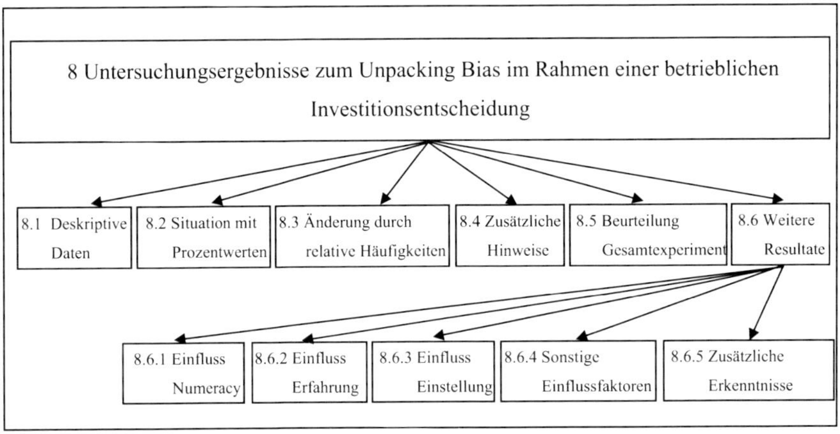

Abbildung 33: Zentrale Themengebiete innerhalb des Ergebniskapitels 8 (eigene Darstellung)

8.1 Deskriptive Daten

Nach dem Pretest mit 33 Master-Studenten fanden achtzehn Erhebungstermine statt, an denen insgesamt 472 Probanden teilnahmen. Davon wurden 22 Personen aus der weiteren Analyse ausgeschlossen, da sie entweder nur einen Teil der Wahrscheinlichkeitsurteile abgegeben, keine Punktwerte, sondern Intervallschätzungen getätigt oder zu extreme Werte genannt hatten und daher als Ausreißer behandelt wurden. Für die letztgenannte Einordnung wurde aufgrund der durchaus unterschiedlich auslegbaren Konstellation die Schranke relativ hoch gesetzt und nur Individuen ausgesondert, die für eines der drei Systeme mehr als 50 % oder für das gesamte Fahrgeschäft über 100 % Ausfallwahrscheinlichkeit angaben.

Unter den verbleibenden 450 Teilnehmern waren 204 Studenten und 246 Personen mit Berufserfahrung bzw. 162 Frauen sowie 288 Männer. Das durchschnittliche Alter der Probanden betrug 29,36 Jahre, bei den studentischen Teilnehmern lag es bei 24,07, bei den praxiserfahrenen Individuen bei 34,03 Jahren. Als mittlere Berufserfahrung ergaben sich 6,53 Jahre, die sich in 2,39 Jahre bei den Studenten sowie 10,20 Jahre bei den Professionals unterteilen. Von den Studenten befanden sich zum Untersuchungszeitpunkt 91 Personen in der Master- und 113 in der Bachelor-Ausbildung.

44 Probanden hatten einen nichtwirtschaftlichen Ausbildungsschwerpunkt, 23 davon waren Studenten und 21 berufserfahrene Individuen. 10 berufstätige Personen gaben an, sehr häufig für das Treffen von Investitionsentscheidungen zuständig zu sein, 39 waren dies bereits einige Male, 52 nur in Ausnahmefällen und die restlichen 145 Teilnehmer überhaupt noch nicht. Bei den Studenten gehörten den vier Kategorien 0, 4, 24 und 176 Individuen an.

8.2 Anstieg subjektiver Wahrscheinlichkeiten bei Aufspaltung eines Sachverhaltes

Nachstehend werden die Resultate zu den Hypothesen 1a und 1b wiedergegeben, zu deren Beurteilung das Unpacking Bias bei prozentualen Wahrscheinlichkeiten überprüft wird. Hierfür wurden jene in der Textbeschreibung in diesem Format angegeben und waren auch als Prozentwerte zu schätzen. In Abschnitt 8.2.1 wird gemäß Hypothese 1a das prinzipielle Auftreten des Unpacking Bias abgehandelt, während in 8.2.2 laut Hypothese 1b der Einfluss der Anzahl der gebildeten Unterkategorien auf die Stärke der Verzerrung betrachtet wird.

8.2.1 Grundsätzliches Eintreten des Unpacking Bias bei Wahrscheinlichkeitsurteilen

Im Kapitel 6.1.1 wurde in der Hypothese 1a ausgesagt, dass sich die subjektive Ausfallwahrscheinlichkeit durch die Aufspaltung eines Szenarios in seine Bestandteile erhöht. Die Überprüfung dieses Zusammenhangs erfolgte dadurch, dass den Teilnehmern der Gruppe 1, wie Abbildung 34 illustriert, die Elektronik beim Karussell X-treme Turn als ein Gesamtsystem und beim Maximum Acceleration in vier Baugruppen aufgegliedert zur Schätzung vorgelegt wurde. Ferner wurde ausgesagt, dass die Ausfallwahrscheinlichkeit dieses technischen Systems bei einem normalen neuen Fahrgeschäft bei 1 % liegt. Bei beiden zur Auswahl stehenden Karussells wurde die gesamte Elektronik als sehr störanfällig im Vergleich zu einer durchschnittlichen Attraktion beschrieben, weshalb von den Probanden ein höherer Wert als 1 % angegeben werden sollte.

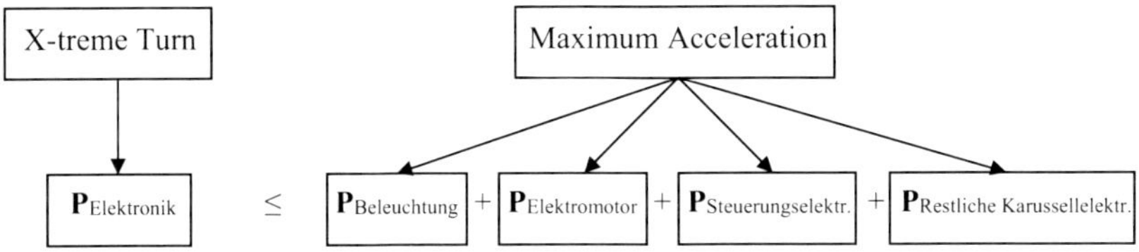

Abbildung 34: Im Experiment für das System Elektronik zu bildende Wahrscheinlichkeiten (eigene Darstellung)

Sofern seitens der Teilnehmer durch die Aufspaltung der Elektronik mehr Support für ein erhöhtes Risiko empfunden wurde, sollten ihre Ausfallschätzungen für dieses System beim Maximum Acceleration weiter über 1 % liegen als beim X-treme Turn.[1063] Um die Differenz zwischen den beiden Karussells möglichst deutlich ausfallen zu lassen, wurden die einzelnen Baugruppen zum einen in der Beschreibung erwähnt, ferner waren die Wahrscheinlichkeiten für jedes Subsystem separat anzugeben.[1064] Trotz dieser Darstellungsunterschiede liegt eine inhaltlich gleichwertige Situation vor, weshalb gemäß Wahrscheinlichkeitstheorie die Einstufung für das Gesamtsystem Elektronik beim X-treme Turn der Summe der subjektiven Risiken für die elektronischen Baugruppen des Maximum Acceleration entsprechen sollte.[1065]

[1063] Es liegt ein implizites Ereignis A vor, das in mehrere, sich gegenseitig ausschließende Teilereignisse B, C, D und E mit gleichem Geltungsbereich aufgespalten wird. Entsprechend ist vom zentralen Wirkungszusammenhang der Support Theorie $s(A) \leq s(B) + s(C) + s(D) + s(E)$ auszugehen, vgl. Tversky/Koehler (1994), S. 548.

[1064] Hierdurch sollte ein Repacking verhindert werden, gemäß dem die Probanden nach dem Lesen der Beschreibung die einzelnen Baugruppen vor ihrer Schätzung geistig bereits wieder zum impliziten System Elektronik zusammenfügen. Dieses Vorgehen verringert die Erhöhung der Urteile durch die Aufspaltung, weshalb dessen Unterbindung angestrebt wurde, vgl. Rottenstreich/Tversky (1997), S. 407.

[1065] Einerseits können nicht zwei Baugruppen gleichzeitig ausfallen, weil das Karussell bereits nach dem Defekt der ersten Komponente stillsteht. Da die einzelnen Bestandteile zudem unabhängig voneinander arbeiten, muss gemäß den Axiomen zur Vereinigung von Ereignissen, sowie zu paarweise disjunkten Sachverhalten Identität zwischen den beiden Gesamturteilen für die Elektronik vorliegen. Vgl. hierzu u. a. nochmals Dürr/Mayer (2017), S. 30; Mosler/Schmid (2011), S. 14; Tiede/Voß (2000), S. 31 ff.; Schira (2016), S. 227 ff.; Bosch (2012), S. 59 ff.

	Kompakte Version (XT)	Aufgespaltene Version (MA)
Beleuchtung	---	2,00 %
Elektromotor	---	2,21 %
Steuerungselektronik	---	2,30 %
Restliche Karussellelektronik	---	2,11 %
Elektronik als gesamtes System	3,52 %	---
Gesamtwahrscheinlichkeit	**3,52 %**	**8,62 %**

Tabelle 1: Mittlere subjektive Ausfallwahrscheinlichkeiten der Probanden für die Elektronik, links X-treme Turn (XT), rechts Maximum Acceleration (MA) (eigene Darstellung)

Der vorgenommene t-Test zeigt, dass dies nicht der Fall ist. Nach Bereinigung der Ergebnisse um Ausreißer[1066] zur Vermeidung möglicher Verzerrungen,[1067] ergibt sich ein Mittelwert von 3,52 % für die nicht aufgespaltene Elektronik des X-treme Turn gegenüber 8,62 % als Summe aus den vier Baugruppen beim Maximum Acceleration. Diese Within-Subjects-Differenz von 5,10 % führt bei starker Streuung der Daten zu einem t-Wert T(74) von 5,146 und einem hochsignifikanten p = 0,000. Zur besseren Nachvollziehbarkeit sind die wesentlichen Informationen über die Schätzungen der Probanden in der obigen Tabelle 1 zusammengefasst.

Auch bei der Kontrollgruppe 4, in der die aufgespaltene sowie die Elektronik als Gesamtsystem verglichen mit der Untersuchungsgruppe 1 dem jeweils anderen Fahrgeschäft zugeordnet wurden, zeigt sich dieses Bild. Für die unterteilte Konstellation wurde mit durchschnittlich 6,55 % wieder der deutlich höhere Wert genannt, gegenüber 2,55 % im zweiten Fall. Der statistische Test zeigt einen t-Wert T(74) = 5,249 und p = 0,000. Durch die Kontrollgruppe werden die Resultate der Untersuchungsgruppe bestätigt und damit abgesichert, dass das aufgetretene Unpacking Bias auf die getätigte Manipulation und nicht auf unvermeidliche geringe Formulierungsunterschiede zwischen den beiden Karussells zurückzuführen ist.

[1066] Als Grenzwert wurde nach Rücksprache mit mehreren Forscherkollegen eine Ausfallwahrscheinlichkeit von 50 % bei den einzelnen Teilsystemen sowie insgesamt 100 % gewählt. Es wurde als definitiv irrationales Verhalten angesehen, wenn ein Karussell aufgrund eines einzelnen technischen Systems mehr Stand- als Fahrzeit oder ein Gesamtausfallrisiko über dem sicheren Ereignis aufweist.

[1067] Vgl. Eichler/Vogel (2011), S. 30 ff.; Runkler (2010), S. 23 ff.; Kowalski (2011), S. 53 ff.; Ortner (2015), S. 17 ff.

Desweiteren können zur Analyse Between-Subjects-Vergleiche zwischen Kontroll- und Untersuchungsgruppe für die Elektronik bei beiden Karussells herangezogen werden, da diese den unterschiedlichen Probanden je einmal als aufgesplittetes und einmal als Gesamtsystem vorlag. Dann stehen beim X-treme Turn durchschnittlich 6,55 % für die explizite den 3,52 % für die implizite Darstellungsform gegenüber. Bei einem Hypothesentest wäre die Abweichung bei einem t-Wert T(110) = 2,981 erneut hochsignifikant mit p = 0,003. Noch deutlicher ist die Situation für das Maximum Acceleration bei 8,62 % vs. 2,55 % sowie, im Fall statistischer Testung, einem t-Wert T(81) = 4,766 und p = 0,000.[1068]

Aufgrund der erwähnten hohen Streuung bei den Schätzungen[1069] sei noch angemerkt, dass es die richtige Designentscheidung für das Experiment gewesen sein dürfte, den Probanden mit den durchschnittlichen Ausfallrisiken eines neuen Fahrgeschäfts einen Richtwert vorzugeben. Andernfalls wäre die Varianz proportional noch stärker ausgefallen, was den Nachweis von Effekten erschwert hätte.[1070]

8.2.2 Auswirkungen der Anzahl der Unterkategorien auf die Schätzungen

Mit der Hypothese 1b wurde desweiteren angenommen, dass eine höhere Anzahl der Teilszenarien zu einem stärkeren Anstieg der subjektiven Ausfallwahrscheinlichkeit führt. Zur Untersuchung dieser vermuteten Kausalität wurde bei der Untersuchungsgruppe 1 die Hydraulik beim Maximum Acceleration in die drei Baugruppen Bremse, Haltesystem für die Fahrgäste sowie Federung unterteilt, die Pneumatik hingegen in nur zwei Komponenten, die Geschwindigkeitsregulierung und die Notbremseinrichtung.

[1068] Neben der Bestätigung des Unpacking Bias bei beiden Gruppen und für beide Vergleichsmethoden, zeigen diese Untersuchungsergebnisse die in der Literatur angesprochenen meist höheren Störgeräusche bei der Between- gegenüber der Within-Subjects-Analyse, weshalb die t-Werte dort trotz teils höherer Mittelwertdifferenzen niedriger ausfallen, vgl. z. B. Pospeschill (2006), S. 227.

[1069] Vgl. Runkler (2010), S. 23 f.; Eichler/Vogel (2011), S. 30 u. 37 ff.

[1070] Einige Kommentare aus dem Zusatzfragebogen lassen vermuten, dass viele Probanden unter diesen Umständen mit einer sinnvollen Einschätzung sogar komplett überfordert gewesen wären. Drei Beispiele hierfür sind:
„keine Erfahrung in diesem Business; musste mich auf ø-Werte verlassen"
„Bei der Schätzung konnte ich mich "nur" an den vergangenen Werten (im Text genannten Ausfallquote) orientieren, weil mir die Erfahrung fehlt"
„Angaben eher wage -> Bewertung; Keine Erfahrung mit Fahrgeschäften um eine qualifizierte Schätzung vorzunehmen"

Die übrigen Bedingungen waren wiederum absolut identisch. Für beide Systeme wurde als Richtwert ein durchschnittliches Ausfallrisiko von 0,5 % bei neuen Karussells genannt und ausgesagt, dass das Maximum Acceleration bei Hydraulik und Pneumatik im Vergleich dazu durchgängig sehr störanfällig ist. Wie die Ergebnisse der Kontrollgruppe 4 zeigen, bei der die beiden Systeme nur als Gesamteinheit präsentiert wurden, wurde die Konstellation in dieser Version von den Probanden auch als gleichwertig aufgenommen. Dort betrug die durchschnittliche Schätzung für die Hydraulik 1,90 %, bei der Pneumatik 1,92 % und nur 11 von 75 Teilnehmern gaben abweichende Werte für die beiden Systeme an.

	Pneumatik	Hydraulik
Geschwindigkeitsregulierung	2,02 %	---
Notbremseinrichtung	1,97 %	---
Bremse	---	1,88 %
Haltesystem für Fahrgäste	---	1,54 %
Federung	---	1,67 %
Gesamtwahrscheinlichkeit	**3,99 %**	**5,09 %**

Tabelle 2: Durchschnittliche Ausfallwahrscheinlichkeiten der Probanden der Gruppe 1 für Hydraulik und Pneumatik, Fahrgeschäft Maximum Acceleration (eigene Darstellung)

In der Gruppe 1, bei der die einzelnen Baugruppen zusätzlich mit einem eigenen Satz ausgewiesen wurden und einzeln zu schätzen waren, liegen die Mittelwerte hingegen bei 5,09 % für die Hydraulik sowie 3,99 % für die Pneumatik. Ferner gaben bei dieser Form der Darstellung 59 der wiederum 75 Teilnehmer verschiedene Urteile für die beiden Systeme ab. Die durchschnittlichen subjektiven Ausfallwahrscheinlichkeiten der einzelnen Komponenten sind der vorstehenden Tabelle 2 zu entnehmen. Insgesamt führt die Konstellation zu einem t-Wert $T(74) = 2{,}904$ sowie einem erneut signifikanten $p = 0{,}003$. Auch die Hypothese 1b kann somit als bestätigt angesehen werden.

Neben dem Anwachsen der Mittelwertdifferenz zwischen den Probandenschätzungen für die beiden Teilsysteme von -0,02 % auf 1,10 % ist der Anstieg der Einstufungen selbst bei Vergleich der Kontroll- und Untersuchungsgruppe erwähnenswert. Für die Pneumatik liegt eine Erhöhung auf das 2,08-fache vor, bei der Hydraulik wird sogar der 2,68-fache Wert erreicht. Nachdem die einzigen Unterschiede im Hinzufügen der untergeordneten Baugruppen mittels eines eigenen Satzes und der Einzelschätzung dieser Komponenten bestehen, können die Differenzen ausschließlich auf diese Veränderungen zurückgeführt werden. Für die Elektronik, die beim Maximum Acceleration für die Gruppe 1 in vier Baugruppen aufgegliedert wurde, wurden im Mittel 8,62 % geschätzt. Gegenüber der Einstufung von 2,55 % bei der Kontrollgruppe 2, die für die Elektronik als Gesamteinheit abgegeben wurde, stellt dies eine Erhöhung auf das 3,37-fache dar. Somit nimmt hier der Anstieg gegenüber der impliziten Version nicht nur mit jeder zusätzlich ausgewiesenen Baugruppe zu, die proportionalen Sprünge sind ferner betragsmäßig jeweils sehr ähnlich.

Bemerkenswert ist zudem, dass die Personen der Gruppe 1 die als Gesamtsystem geschätzte Elektronik des X-treme Turn mit durchschnittlich 3,52 % niedriger einstuften als die Hydraulik und Pneumatik des Maximum Acceleration mit 5,09 % bzw. 3,99 %. Für die Hydraulik ist der Unterschied zur Elektronik sogar auf dem 95 %-Niveau signifikant. Die Wirkung der Aufspaltung ist folglich so stark, dass ein implizit beschriebenes System bei sonst identischer Situation signifikant niedriger eingestuft wird, als eine untergliederte Einheit mit einem nur halb so hohen Ausgangswert.[1071]

Ohne den Einfluss der Unterteilung in Baugruppen wurden die Orientierungsangaben hingegen in Einklang mit den Vorgaben der Wahrscheinlichkeitstheorie umgesetzt. Bei der Kontrollgruppe 4, in der für alle drei technischen Systeme das Ausfallrisiko für die gesamte Einheit abzugeben war, wurden von den Probanden beim Maximum Acceleration im Mittel 2,55 % bei der Elektronik, 1,90 % für die Hydraulik sowie 1,92 % für die Pneumatik geschätzt. Dadurch wurde die notwendige Identität zwischen den Urteilen für Hydraulik und Pneumatik erfüllt[1072] sowie ein Abstand zwischen den Werten für Elektronik und Hydraulik bzw. Pneumatik eingehalten, der leicht größer als die Differenz zwischen den Richtwerten ist.

8.3 Reduzierung des Unpacking Bias durch Formatwechsel

Nachstehend wird nun die Entwicklung des Unpacking Bias nach Umstellung von prozentualen Wahrscheinlichkeiten auf relative Häufigkeiten beschrieben. Die Änderung erfolgt nicht

[1071] Dies ist der Fall, da die Richtwerte 1 % für die Elektronik und je 0,5 % für Hydraulik und Pneumatik betrugen. Ferner war für alle drei erwähnten Systeme ein durchgängig erhöhtes Ausfallrisiko vorgegeben.

[1072] Hinzu kommt, wie schon erwähnt, dass über 85 % der Teilnehmer für die beiden Systeme jeweils identische Werte angaben.

nur in der Textbeschreibung, zusätzlich sind die Schätzungen im letztgenannten Format abzugeben. Durch diese Anpassung wurde bereits in mehreren Untersuchungen eine Verringerung anderer Verzerrungen festgestellt,[1073] die auf den ersten Blick erstaunen mag, da Prozentwerte im Alltag dominieren und daher Menschen Rechenoperationen mit solchen Größen am geläufigsten sind. In diesem Abschnitt werden mit den Ergebnissen der Studie weitere Belege geliefert, dass trotz der höheren Vertrautheit schlechtere Resultate entstehen können.

Nachdem die beiden Forschungsinhalte für die Verzerrungsveränderung nach Formatwechsel sehr ähnlich wären, wurde bei der Hypothesenbildung, anders als bei der Grundkonstellation, auf zwei Forschungsaussagen verzichtet. Formal wird nur untersucht, wie sich die Within-Differenzen zwischen den Probandenschätzungen für das System Elektronik bei X-treme Turn und Maximum Acceleration verändern. Die jeweiligen Unterschiede zwischen den subjektiven Wahrscheinlichkeiten für Hydraulik und Pneumatik beim Maximum Acceleration in beiden Formaten, die sich analog der Situation bei der Elektronik entwickeln sollten,[1074] werden aber ergänzend zur Beurteilung herangezogen. Die mit der Formatanpassung angestrebte Situationsverbesserung sollte sich in einer Verringerung der vorgenannten, nicht rational begründeten Within-Differenzen zeigen.

In Gleichungsform lässt sich die zur Beurteilung der Hypothese relevante Wahrscheinlichkeitsdifferenz, sowohl für die ursprüngliche Untersuchungsgruppe 1, wie auch die neue Gruppe 2, der lediglich das Format der relativen Häufigkeiten anstelle von Prozentwerten vorlag, wie folgt ausdrücken:

$$\Delta \mathbf{P}_{\text{Elektronik}} = \mathbf{P}_{\text{Elektronik MA}} - \mathbf{P}_{\text{Elektronik XT}}$$

oder

$$\Delta \mathbf{P}_{\text{Elektronik}} = \mathbf{P}_{\text{Beleuchtung MA}} + \mathbf{P}_{\text{Elektromotor MA}} + \mathbf{P}_{\text{Steuerungselektronik MA}} + \mathbf{P}_{\text{Restliche Karussellelektronik MA}} - \mathbf{P}_{\text{Elektronik XT}}$$

[1073] Belege für eine Reduzierung menschlicher Urteilsfehler durch den Einsatz relativer Häufigkeiten anstelle von Prozentwerten wurden bislang z. B. beim Overconfidence Bias von Gigerenzer (1991), S. 89 ff. und Price (1998), S. 292 ff., für die Base-Rate-Fallacy von Gigerenzer/Hoffrage (1995), S. 699 f., die Conjunction Fallacy von Tversky/Kahneman (1983), S. 309 sowie Gigerenzer (1991), S. 92 und die Repräsentativitätsheuristik von Gigerenzer/Hoffrage (1995), S. 700 erbracht.

[1074] Bei der Elektronik wird von einem impliziten Gesamtsystem in vier explizite Baugruppen aufgespalten, während bei Hydraulik und Pneumatik identische Systeme mit drei bzw. zwei Bestandteilen zu beurteilen sind. Folglich sollten sich jeweils die gleichen Effekte zeigen, die bei der Elektronik aber deutlicher ausfallen müssten.

Anschließend werden die jeweiligen Differenzen der beiden Gruppen im t-Test verglichen:

$$\Delta\, \mathbf{P}_{\text{Elektronik }\%} \overset{?}{=} \Delta\, \mathbf{P}_{\text{Elektronik rH*}}$$

(*rH = relative Häufigkeiten)

Der Einheitlichkeit halber werden nachstehend und auch bei späteren Konstellationen alle Werte als Prozentzahlen aufgeführt, obwohl die Schätzungen von den Teilnehmern als relative Häufigkeiten angegeben werden mussten.

Wie im Abschnitt 8.2.1 bereits aufgezeigt, betrug für die Gruppe 1 die durchschnittliche Ausfallschätzung für die Elektronik des Maximum Acceleration 8,62 % und für die des X-treme Turn 3,52 %, was wie auch die Tabelle 3 zeigt einen mittleren Anstieg von 5,10 % bedeutet. Bei der Gruppe 2 ergaben sich 2,18 % sowie 1,77 % und damit nur noch eine Vergrößerung von 0,41 %. Die Abweichungen zwischen den beiden vorgenannten Erhöhungen sind signifikant, der durchgeführte Test ergibt einen t-Wert T(79) = 4,662 sowie ein p = 0,000.

	Prozentwerte	Relative Häufigkeiten
Mittlere Erhöhung	**5,10 %**	**0,41 %**

Tabelle 3: Mittlerer Anstieg der Ausfallwahrscheinlichkeiten durch Aufspaltung der Elektronik bei den Zahlenformaten Prozentwerte und relative Häufigkeiten (eigene Darstellung)

Auch die Hypothese 2 kann somit als bestätigt angesehen werden. Allerdings ist zu erwähnen, dass die Erhöhung von 0,41 % bei Durchführung eines statistischen Tests mit T(78) = 2,357 und p = 0,011 immer noch signifikant ist. Verantwortlich hierfür ist die ebenfalls deutlich verringerte Streuung, da der t-Test die Differenz der Mittelwerte ins Verhältnis zum Standardfehler setzt.[1075] Grundsätzlich stellt die Verringerung der Schwankungen aber eine weitere positive Folge des Formatwechsels dar, ebenso die deutlich geringere Höhe der Werte, nachdem die Wahrscheinlichkeiten bei den Prozentzahlen zuvor sehr hoch ausgefallen waren.

Analog ist die Situation beim Vergleich zwischen den Urteilen für Hydraulik und Pneumatik beim Maximum Acceleration. Dort ergab sich für die in drei Baugruppen aufgespaltene Hyd-

[1075] Vgl. z. B. Gaus/Muche (2013), S. 321; van Emden (2014), S. 59; Pospeschill (2006), S. 205; Eckstein (2016), S. 124 ff.; Bühner/Ziegler (2009), S. 232 ff.

raulik im Prozentformat ein Mittelwert von 5,09 %, bei der Pneumatik mit zwei Unterkategorien waren es 3,99 %. Daraus resultierte eine durchschnittliche Vergrößerung von 1,10 %. Bei der Gruppe 2 lauten die korrespondierenden Zahlen 1,20 % für die Hydraulik sowie 1,08 % für die Pneumatik, so dass der mittlere Anstieg dort lediglich 0,13 % beträgt.[1076]

	Prozentwerte	Relative Häufigkeiten
Mittlere Erhöhung	**1,10 %**	**0,13 %**

Tabelle 4: Anstieg der Ausfallwahrscheinlichkeiten aufgrund der zusätzlichen Unterkategorie des Systems Hydraulik in den Zahlenformaten Prozentwerte und relative Häufigkeiten (eigene Darstellung)

Bei Durchführung eines t-Tests für diese zwei Within-Differenzen entsteht erneut ein signifikantes Ergebnis, t-Wert T(86) = 2,472, p = 0,007. Ferner war bei der Gruppe 1 der Abstand von 1,10 % zwischen den Schätzungen für die beiden Systeme mit p = 0,003 noch hochsignifikant, während es die 0,13 % in der Gruppe 2 bei einem p = 0,126 nicht mehr sind.

Auch in der zur Kontrollgruppe 4 korrespondierenden Gruppe 5 zeigen sich die positiven Auswirkungen des Formatwechsels durchgängig. Es ergibt sich wiederum ein deutlich geringerer Anstieg zwischen den Schätzungen für die untergliederte und die nicht unterteilte Elektronik gegenüber der Gruppe 4. Desweiteren ist die absolute Höhe der Schätzungen bei der Gruppe 5 wesentlich niedriger als bei der Gruppe 4, ebenso nimmt deren Streuung stark ab.[1077] Für die Hydraulik und Pneumatik des Maximum Acceleration, die dort wie bereits in der Gruppe 4 nicht zusätzlich in Baugruppen unterteilt waren, wurden durchschnittliche Werte von 0,86 % und 0,85 % und damit erneut identische Schätzungen angegeben.[1078]

Schließlich untermauern auch Between-Subjects-Analysen mit den Resultaten der Kontrollgruppe 5 und der Untersuchungsgruppe 2 die positiven Veränderungen, so dass jene nicht nur durch den statistischen Test zur Hypothese 2, sondern auf breiter Front bestätigt werden.

[1076] Die genauen Werte sind 1,20256% für die Hydraulik und 1,07641 % für die Pneumatik, so dass eine exakte Erhöhung von 0,126154% gegeben ist, was gerundet zu den oben angeführten 0,13 % führt.

[1077] Konkret ergeben sich Mittelwerte von 2,19 % für den expliziten sowie 1,40 % für den impliziten Fall, was zu einer durchschnittlichen Erhöhung von 0,79 % führt. Diese ist von den 4,00 %, die bei der Gruppe 4 zwischen den korrespondierenden 6,55 % bzw. 2,55 % liegen, im statistischen Test mit einem t-Wert T(81) = 4,107 und p = 0,000 erneut hochsignifikant verschieden.

[1078] Auch im Format der relativen Häufigkeiten wurden somit wieder die beiden Formulierungen als gleichwertig angesehen, solange nicht in eine unterschiedliche Anzahl von Komponenten unterteilt wurde.

Nichtsdestotrotz ist sowohl bei der Elektronik mit 0,41 %, als auch zwischen Hydraulik und Pneumatik des Maximum Acceleration mit 0,13 % noch eine Erhöhung in den Urteilen durch die getätigten Aufsplittungen festzustellen, die im ersten Fall sogar statistisch signifikant ist. Das Zwischenfazit lautet somit, dass durch das Format der relativen Häufigkeiten zwar eine deutliche Verbesserung erreicht wurde, allerdings wie vermutet nach wie vor nicht rational begründete Erhöhungen festzustellen sind. Zur weiteren Eindämmung dieser wurden zusätzlich konkrete Hinweise für die Probanden in die Experimentskonstellation aufgenommen, deren Auswirkungen im folgenden Abschnitt geschildert werden.

8.4 Weitere Verringerung des Unpacking Bias durch zusätzliche Hinweise

Wie die theoretische Diskussion in den Kapiteln 5.2 und 5.3 gezeigt hat, existieren einige Unzulänglichkeiten wie die Conjunction[1079], Disjunction[1080] und Base Rate Fallacy[1081] oder die durch Support und Prospect Theorie[1082] abgebildeten Effekte, denen Menschen im Umgang mit Wahrscheinlichkeiten unbewusst unterliegen. Dies ist weniger darauf zurückzuführen, dass den jeweiligen Personen die maßgebenden statistischen Regeln nicht geläufig wären. Vielmehr wird deren Relevanz in der konkreten Situation aufgrund der starken Eindrücke, die andere Bestandteile der vorliegenden Konstellation auslösen, nicht erkannt.[1083]

Folglich liegt es nahe zur weiteren Verbesserung der Urteile die Aufgabenstellung um Textbausteine zu ergänzen, die die Aufmerksamkeit der Individuen auf jene mathematischen Normen lenken.[1084] Da die Verzerrungen relativ robust sind[1085] und Informationen nicht automatisch berücksichtigt werden,[1086] müssen die zusätzlichen Angaben sehr präzise sein. Deshalb wurden als zweite Maßnahme den Teilnehmern zur Verbesserung ihrer Einschätzungen konkrete Hinweise auf die zutreffenden statistischen Prinzipien gegeben. Dieses Prozedere wird auch von Gigerenzer/Hoffrage angeregt, nach denen Instruktionen eine geeignete Ergänzung darstellen, um die positiven Auswirkungen relativer Häufigkeiten auf menschliche Ein-

1079 Vgl. Tversky/Kahneman (1983), S. 295 ff.
1080 Vgl. Bar-Hillel/Neter (1993), S. 1119 ff.
1081 Vgl. Kahneman/Tversky (1973), S. 237 ff.; Borgida/Brekke (1981), S. 64 f.
1082 Vgl. Kahneman/Tversky (1979), S. 286 ff.; Tversky/Kahneman (1992), S. 298 ff.
1083 Vgl. Tversky/Kahneman (1983), S. 300.
1084 Vgl. Tversky/Kahneman (1983), S. 299 f.
1085 Vgl. Tversky/Kahneman (1983), S. 297 f.
1086 Vgl. Moss et al. (2011), S. 144 ff.

schätzungen zu verstärken.[1087] Zur konkreten Umsetzung wurde eine weitere Gruppe 3 gebildet, der die Situation der Gruppe 2, ergänzt um eine zusätzliche Hilfestellung am Ende des Experimentstextes, vorgelegt wurde. Hierdurch sollte der Anstieg der Wahrscheinlichkeitsschätzungen als Folge des Unpackings weiter reduziert werden.

Der unter Kapitel 7.2.1.2 bereits abgebildete Hinweis enthielt zunächst die Aufforderung an die Probanden, sich bei ihren Urteilen nicht davon beeinflussen zu lassen, ob das System Elektronik als Ganzes oder in seine einzelnen Baugruppen untergliedert zu bewerten ist. Weiter wurde eine Formel aufgeführt, mit der die Gleichheit zwischen der Anzahl der prognostizierten Ausfälle für die Elektronik als Gesamteinheit und der Summe der Störungen durch ihre untergeordneten Komponenten postuliert wurde. Analog wurde anschließend für die Systeme Hydraulik und Pneumatik beim Maximum Acceleration verfahren. Zunächst wurde wieder per Text ausgesagt, dass sich kein Unterschied in den Einstufungen alleine dadurch ergeben dürfe, weil ein Teilsystem aus mehr Baugruppen besteht als das andere. Danach wurde erneut mittels Formeln die Gleichheit zwischen der Anzahl der Ausfälle wegen der Hydraulik sowie aufgrund der Pneumatik, auch bei Aufspaltung in ihre einzelnen Komponenten, gefordert. Den Teilnehmern wurde somit jeweils sowohl in Textform, als auch durch Formeln die zusätzliche Unterstützung gegeben.

Die nachfolgenden Unterkapitel über die Auswirkungen der Hinweise sind wie folgt aufgebaut. Zunächst wird in 8.4.1 beschrieben, ob gemäß Hypothese 3 die Differenz zwischen den subjektiven Wahrscheinlichkeiten für die Elektronik des Maximum Acceleration und des X-treme Turn durch die zusätzlichen Instruktionen gegenüber der Konstellation mit relativen Häufigkeiten als alleinige Maßnahme geringer wird. Dabei wird auch die Veränderung des Anstiegs zwischen Pneumatik und Hydraulik des Maximum Aceleration einbezogen. Um nähere Aufschlüsse über die Wirkungsweise der Instruktionen zu erhalten, werden danach in 8.4.2 neben den Urteilen der Teilnehmer ergänzende Daten, v. a. aus dem in der Studie mit ausgegebenen Zusatzfragebogen, ausgewertet. Einerseits wird überprüft, ob die weitere Hilfestellung die Zufriedenheit der Probanden mit ihren Urteilen erhöht hat. Außerdem wird untersucht, inwiefern Personen, die die Hinweise bewusst wahrgenommen sowie Individuen, denen diese nach eigener Aussage weitergeholfen haben, zu zutreffenderen Einstufungen gelangen.

[1087] Vgl. Gigerenzer/Hoffrage (1995), S. 701. Auch ohne diese Empfehlung wäre keine Präsentation der Instruktionen zusammen mit Prozentwahrscheinlichkeiten erfolgt, nachdem sich dieses Format bereits bei anderen Konstellationen als suboptimale Rahmenbedingung erwiesen hat. Die Wirksamkeit von Verbesserungsmaßnahmen sollte stets auf dem zuverlässig bestmöglichen Status Quo getestet werden.

Desweiteren wird analysiert, ob die Probanden der korrespondierenden Kontrollgruppe 6, welche nur die erste Hälfte des Hinweises erhielten,[1088] und die Teilnehmer der Gruppe 3 mit der gesamten beschriebenen Unterstützung Unterschiede in ihren Schätzungen aufweisen.

8.4.1 Auswirkungen zusätzlicher Hinweise auf das Unpacking Bias

Wie geschildert, stellen die relativen Häufigkeiten derzeit das zuverlässigste Format zur Erreichung der bestmöglichen subjektiven Wahrscheinlichkeiten dar,[1089] was nun auch für den Bereich der Support Theorie untermauert werden konnte. Eine zusätzliche Verbesserung der Einschätzungen durch ergänzende Hinweise würde eine weitere wichtige Option für die qualitative Anhebung sowie Stabilisierung menschlicher Urteile, nicht nur für das hier untersuchte Teilgebiet eröffnen.

Analog der Vorgehensweise im Abschnitt 8.3 werden zur Beurteilung dieses Forschungszusammenhanges die Differenzen zwischen den subjektiven Risiken für die aufgesplittet vorgegebene Elektronik des Maximum Acceleration sowie die implizit dargestellte Elektronik des X-treme Turn der Teilnehmer der Gruppen 2 und 3 gegenübergestellt. Bei den Personen der Gruppe 2, denen nur das Format der relativen Häufigkeiten vorgelegt wurde, betrug der Unterschied im Mittel 0,41 %.[1090] Bei der Gruppe 3,[1091] deren Probanden zusätzlich die Hinweise zur Verfügung standen, sind es durchschnittlich 0,57 %.

	Relative Häufigkeiten allein	Zusätzliche Hinweise
Mittlere Erhöhung	**0,41 %**	**0,57 %**

Tabelle 5: Unpacking Bias durch Aufspaltung der Elektronik bei subjektiven Wahrscheinlichkeiten als relative Häufigkeiten (eigene Darstellung)

[1088] Nachdem auch bei dieser Kontrollgruppe keine Aufspaltung von Hydraulik und Pneumatik des Maximum Acceleration erfolgte, hätte der zweite Teil der Hilfestellung keinen Sinn ergeben. Entsprechend ist interessant, wie sich ein längerer Hinweis mit zweimaliger ähnlicher Beschreibung der Mechanismen auswirkt.

[1089] Vgl. Kapitel 8.2 und nochmals Gigerenzer et al. (2007), S. 86 ff.; Price (1998), S. 292 ff.; Gigerenzer/Hoffrage (1995), S. 700 f.; Siegrist/Keller (2011), S. 1052 ff.; Mata et al. (2005), S. 539; Gigerenzer (1991), S. 86 ff.

[1090] Der Unterschied resultiert aus Einstufungen bei der Elektronik von 2,18 % für Maximum Acceleration und 1,77 % für X-treme Turn.

[1091] Diesem Wert liegen Urteile von 2,40 % für Maximum Acceleration sowie 1,83 % für X-treme Turn zugrunde.

Für den statistischen Test ergibt sich somit ein negativer t-Wert T(149) = -0,524, da entgegen den Aussagen der Hypothese die Differenz für die Konstellation mit zusätzlichen Hinweisen größer ist als für die Variante mit den relativen Häufigkeiten alleine. Die Hypothese 3 ist folglich abzulehnen. Anhand der erhaltenen Ergebnisse kann sogar eine kontraproduktive Wirkung der Instruktionen vermutet werden, die aber nur schwach ausgeprägt ist, weshalb auch Zufallseffekte für diese verantwortlich sein können.

Die gleiche Tendenz ergibt sich für die in unterschiedlich viele Baugruppen untergliederten Systeme Hydraulik und Pneumatik. Während für die Gruppe 2 nur noch eine mittlere Differenz von 0,13 % aufgrund der höheren Einstufung der Hydraulik gegenüber der Pneumatik festgestellt wurde, sind es bei der Gruppe 3 wiederum leicht höhere 0,18 %.[1092]

	Relative Häufigkeiten allein	Zusätzliche Hinweise
Mittlere Erhöhung	**0.13 %**	**0.18 %**

Tabelle 6: Unpacking Bias bei subjektiven Wahrscheinlichkeiten aufgrund der zusätzlichen Unterkategorie der Hydraulik im Format relativer Häufigkeiten (eigene Darstellung)

8.4.2 Zusätzliche Daten zu den Auswirkungen der Hinweise

Wie beim Untersuchungsdesign bereits beschrieben, wurde neben Experiment und Numeracy-Test ein Zusatzfragebogen ausgegeben, der u. a. die Gewinnung näherer Informationen zum gezeigten Verhalten der Probanden zum Ziel hatte. Für die Hinweise konnten dadurch Veränderungen bei Zufriedenheit und Sicherheit der Teilnehmer hinsichtlich ihrer Schätzungen und der Einfluss von Wahrnehmung sowie Nutzen der Instruktionen auf die Güte der Wahrscheinlichkeiten analysiert werden. Ferner wurde der Einfluss der unterschiedlichen Länge der Hilfestellung bei den Gruppen 3 und 6 auf das Unpacking Bias betrachtet sowie zwischen den Untersuchungsgruppen 2 und 3 der Anteil an Personen mit unverzerrten Urteilen verglichen.

[1092] Von den Mitgliedern der Gruppe 2 wurden beim Maximum Acceleration für die Hydraulik im Schnitt 1,20 % und für die Pneumatik 1,08 % angegeben. Für die Gruppe 3 lauten die entsprechenden Werte 1,25 % und 1,07 %. Die Durchführung eines t-Tests zur Prüfung der Gleichheit der beiden Differenzen führt mit T(149) = -0,382 wiederum zu einem leicht negativen Wert, der aber weit von jeglicher Signifikanz entfernt ist.

Im Zusatzbogen wurde über alle Gruppen die Zufriedenheit der Probanden mit ihren Urteilen erhoben. Es konnte eine Zahl von 1 bis 7 angekreuzt werden, wobei „1" vollkommene Zufriedenheit und „7" absolute Unzufriedenheit mit den eigenen Ausfallschätzungen bedeutete. Somit ist der Vergleich zwischen den diesbezüglichen Aussagen von Personen mit und ohne Hinweise möglich. Nachdem jene den Teilnehmern zusätzliche Orientierung geben, liegt ein positiver Einfluss der Hilfestellung auf die empfundene Zufriedenheit nahe, der anhand der Untersuchungsergebnisse jedoch nicht festgestellt werden kann. Für die Teilnehmer ohne Instruktionen ergibt sich ein Mittelwert von 3,61, bei den Personen mit Hinweisen ist dieser Parameter mit 3,60 quasi identisch.[1093] Somit waren die Probanden mit ihren Schätzungen leicht zufrieden,[1094] die Hinweise übten darauf aber keinen spürbaren Effekt aus.

Zur Sicherheit wurde zusätzlich mittels einer zweiten ähnlichen Frage erhoben, in wie vielen von einhundert vergleichbaren Fällen die Teilnehmer nach eigener Meinung mit ihren Urteilen richtigliegen würden.[1095] Hier fühlten sich sogar die Personen ohne Hinweise mit durchschnittlich 49,18 Fällen sicherer als die Probanden mit Zusatztext, die 46,56 Fälle angaben, so dass die Resultate zur Zufriedenheitsfrage mindestens untermauert werden.

Probanden, die die Hinweise aus dem Experiment an späterer Stelle wiedergeben konnten und somit definitiv wahrgenommen haben, sollten eine höhere Güte der Urteile aufweisen, da der Absatz die Musterlösung für die vorgelegte Aufgabe darstellt. Entsprechend wurden die Mitglieder der Gruppen 3 und 6 zunächst im Zusatzfragebogen um Wiedergabe der zentralen Inhalte der Hinweise gebeten. Anhand dieser Angaben wurden beide Gruppen in Personen unterteilt, die die Hinweise wiedergeben konnten sowie solche, die dazu nicht in der Lage waren[1096] und die Höhe des Unpacking Bias zwischen den jeweiligen Lagern verglichen.

Hierbei zeigte sich wider Erwarten durchgängig eine höhere mittlere Verzerrung bei den Teilnehmern, die sich an die Hinweise erinnerten, gegenüber den Individuen, welche deren Inhalt nicht wiedergeben konnten. Bei der Untersuchungsgruppe 3 betrug die Differenz zwischen

---

[1093] Der statistische Hypothesentest über die Annahme einer höheren Zufriedenheit der Teilnehmer mit Hinweisen ergab einen t-Wert $T(240) = 0{,}075$, der fernab jeglicher Signifikanz liegt.

[1094] Völlige Neutralität bezüglich der Zufriedenheit wäre bei einem Mittelwert von exakt 4 gegeben. Eine Unterschreitung dieser Zahl um 10 % zeigt folglich eine gewisse Zufriedenheit, umso mehr da bei solchen numerischen Skalen eine Tendenz zu Antworten im mittleren Bereich besteht, vgl. u. a. Wirtz et al. (2005), S. 82 f.; Dohrenbusch (2009), S. 245 f.; Adornetto et al. (2008), S. 365.

[1095] Diese Art der Fragestellung unter erneutem Einbau des Formats relativer Häufigkeiten geht auf Gigerenzer zurück, vgl. Gigerenzer (1991), S. 92.

[1096] In der Gruppe 3 konnten sich 19 Probanden an die Hinweise erinnern und 54 Personen nicht, in der Gruppe 6 waren es 25 bzw. 47 Teilnehmer.

den beiden elektronischen Systemen 0,81 % bzw. 0,49 %. Die stärker unterteilte Hydraulik des Maximum Acceleration wurde gegenüber der weniger detailliert aufgespaltenen Pneumatik um 0,22 % höher eingestuft vs. 0,16 %. Auch in der Kontrollgruppe 6 wurde wiederum die aufgesplittete Elektronik um 1,01 % gegenüber 0,85 % höher eingestuft als das identische implizite Gesamtsystem. Zwar sind die Unterschiede allesamt weder signifikant[1097] noch besonders stark, dennoch stellt ein dreimaliger Widerspruch zur ursprünglich vermuteten Wirkungskette eine ernstzunehmende Tendenz dar.

Eine tiefere Analyse dieses Musters wird durch eine weitere Frage des Zusatzfragebogens ermöglicht, in der die Probanden beurteilen sollten, ob die Hinweise für sie hilfreich waren.[1098] Auf diese Antwort aufbauend wurden als Individuen, denen die Hinweise geholfen haben, Teilnehmer klassifiziert, die die Instruktionen wiedergeben konnten, angaben, dass sie diese weitergebracht hätten und deren Begründung hierzu in keinem Widerspruch zur intendierten Wirkung der Hilfestellung stand. Trotz der besonders gewissenhaft gewählten Voraussetzungen[1099] verändern sich die Resultate noch weiter in die entgegen gesetzte Richtung. Der unterteilungsbedingte Anstieg bei den Schätzungen für die Elektronik beträgt bei der Gruppe 3 durchschnittlich 1,76 % für die Probanden, denen die Hinweise weitergeholfen haben, gegenüber 0,38 % für die restlichen Teilnehmer. Diese Richtung setzt sich bei den beiden übrigen, im vorherigen Absatz beschriebenen Differenzen nahtlos fort.[1100]

Bei der Länge der Hinweise wurde tendenziell davon ausgegangen, dass ein längerer Abschnitt mit mehr Information, trotz der resultierenden höheren Belastung der Teilnehmer, wirkungsvoller ist als eine kürzere Passage. Hierzu sollten sowohl neue Elemente, die weiteres Wissen vermitteln, als auch nochmals angesprochene Sachverhalte beitragen, bei denen durch die neuerliche Aufführung in ähnlicher Form das Verständnis des Inhalts gefördert wird.[1101]

1097 Die t-Werte des gerichteten Tests, dass die Probanden, die die Instruktionen angeben konnten, besser abschneiden, lauten in der Reihenfolge des obigen Absatzes, T(71) = -0,535, T(71) = -0,372 und T(70) = -0,316.

1098 Die ursprüngliche Intention dieser Frage war die Ermittlung von Ursachen für die vermutete bessere Kalibrierung der subjektiven Wahrscheinlichkeiten in Folge der Hinweise. Unter den umgekehrten Vorzeichen ist diese nähere Analyse jedoch genauso sinnvoll.

1099 Durch die hohen Eingangsschranken aufgrund mehrerer, gleichzeitig zu erfüllender Prämissen fällt diese Gruppe mit 10 Mitgliedern dann auch deutlich kleiner aus als ihr Gegenpart mit 63 Individuen. Ferner sind die Probanden, denen die Hinweise weitergeholfen haben, eine Teilgruppe der Personen, die diese wiedergeben konnten. Entsprechend können die zu anspruchsvollen Eingangshürden keinen Einfluss auf die Ergebnisse ausgeübt haben, nachdem die Resultate bereits bei der Obergruppe in die gleiche Richtung zeigen.

1100 In der Gruppe 3 entsteht zwischen den Urteilen für Pneumatik und Hydraulik eine mittlere Vergrößerung von 0,24 % vs. 0,17 %. Für die Kontrollgruppe 6 lauten die Anstiege für die Elektronik 1,08 % bzw. 0,88 %.

1101 Vgl. Kunze (2004), S. 11; Eichler (2008), S. 2 ff.

Untersuchter Inhalt	Erhaltene Werte	Fazit
Zufriedenheit der Probanden mit ihren Urteilen.	Identische Mittelwerte bei Probanden mit und ohne Hinweisen.	Hinweise erhöhen die Zufriedenheit der Teilnehmer nicht.
Einstufung der Korrektheit der eigenen Einschätzungen.	Mit Hinweisen in 46,56 von 100 Fällen, ohne Hinweise in 49,18 von 100 Fällen als zutreffend angesehen.	Tendenziell sogar negative Wirkung der Hinweise.
Auswirkungen einer Erinnerung der Hinweise auf die Qualität der Urteile.	Höheres Bias bei Probanden, die sich an die Hinweise erinnern konnten.	Auch hier Richtung der Effekte entgegengesetzt zu den getroffenen Vermutungen.
Effekte bei Nutzen aus den Hinweisen.	Noch stärkeres Bias als bei der vorherigen Gruppe der Personen, für die die Instruktionen hilfreich waren.	Verstärkung der negativen Wirkung der Hinweise bei diesem Teilsample der vorangegangenen Gruppe.
Auswirkungen der Länge der Hinweise.	Probanden mit längeren Hinweisen haben geringere Erhöhung bei System Elektronik, 0,57 % vs. 0,91 %.	Unterschied ist verhältnismäßig gering.
Anteil Probanden mit unverzerrten Urteilen.	Bei zusätzlichen Hinweisen höher als mit Format der relativen Häufigkeiten als alleiniger Maßnahme.	Grundsätzlich positiver Indikator. Übrige Mitglieder der Gruppe wiesen aber umso höhere Verzerrungen auf.

Abbildung 35: Zusammenfassung untersuchter Inhalte zu den Auswirkungen von Hinweisen (eigene Darstellung)

Wie in 8.3 erwähnt, ergab für die Kontrollgruppe 6 nur ein Absatz Hinweistext Sinn, während die Untersuchungsgruppe 3 noch eine zweite Passage erhielt, deren Inhalt dem des ersten Teils ähnelte. Als Beurteilungsgröße wurden die Within-Differenzen zwischen den Schätzungen für die elektronischen Systeme herangezogen. Dabei zeigte sich bei den Probanden der Gruppe 6 mit 0,91 % tatsächlich ein stärkerer durchschnittlicher Sprung als bei der Gruppe 3 mit 0,57 %. Allerdings ist dieser Abstand nicht besonders groß, weshalb der Unterschied auch zufällig bedingt sein kann.[1102]

Schließlich ist zur Beurteilung der Wirkungsweise der Hinweise noch der Anteil an Personen mit unverzerrten Schätzungen relevant. In der Gruppe 2, in der nur das Format der relativen Häufigkeiten zum Einsatz kam, wiesen 11,54 % der Probanden keinerlei Unpacking Bias in ihren Einschätzungen auf. Das bedeutet, dass sie die beiden elektronischen Systeme wie auch Hydraulik und Pneumatik mit ihrer abweichenden Anzahl an Komponenten identisch bewerteten. Weitere 37,18 % teilten nur einem der beiden Paare übereinstimmende Werte zu. Die Anteile erhöhen sich in der Gruppe 3 auf 19,18 % sowie 42,47 %. Somit konnte durch die Instruktionen zwar nicht die durchschnittliche Abweichung, jedoch immerhin die Anzahl der Probanden mit Bias verringert werden. Dies impliziert aber zugleich, dass die übrigen Mitglieder umso höhere Differenzen aufweisen, da die mittleren Abweichungen der Gruppe 3 sogar marginal über denen der Gruppe 2 liegen.

Als Fazit zu den Hinweisen lässt sich festhalten, dass sich bei der Hälfte der untersuchten Sachverhalte die Effekte in die gegenteilige Richtung des vermuteten Zusammenhangs bewegen. Für die übrigen Konstellationen ist die Tendenz zwar richtig, allerdings sind die Unterschiede zwischen den jeweiligen Gruppen relativ gering. In der vorstehenden Abbildung 35 sind die überprüften Punkte nochmals zusammengefasst. Eine Erläuterung der Ergebnisse erfolgt in Kapitel 9.2.2.2.

8.5 Weitergehende statistische Untersuchungen

In den obigen t-Tests wurden die Hypothesen 1a und 1b zum Auftreten des Unpacking Bias einzeln geprüft, ebenso für die Hypothese 2 die Urteilsanstiege in den Wahrscheinlichkeitsformaten der Prozentwerte und der relativen Häufigkeiten miteinander verglichen. Zur Beurteilung der Hypothese 3 fand die Gegenüberstellung der Erhöhungen durch Sachverhaltsaufspaltung bei alleinigem Einsatz relativer Häufigkeiten sowie bei deren Kombination mit zusätzlichen Hinweisen statt. Eine Überprüfung der Signifikanz der kompletten Experimentskonstellation mit ihren drei Stufen in einer einzigen statistischen Analyse erfolgte jedoch

---

[1102] Ein entsprechender t-Test über die Verschiedenheit dieser beiden Erhöhungen führt zu einem $T(143) = 0{,}943$, das bei weitem nicht signifikant ist mit $p = 0{,}347$.

nicht, da in den t-Tests immer nur zwei Treatments miteinander verglichen werden können.[1103] Um eine solche umfassende Betrachtung durchzuführen, werden nun gemischte Varianzanalysen verwendet, durch die mehr als zwei Konstellationen berücksichtigt werden können.[1104]

Mit der ersten Analyse, die in engem Zusammenhang zu den Hypothesen 1a, 2 und 3 steht, werden die Auswirkungen der Sachverhaltsaufgliederung bei der Elektronik über alle drei Konstellationen miteinander verglichen. Zur Veranschaulichung sind die Mittelwerte für diese Gesamtkonstellation nachfolgend abgebildet.

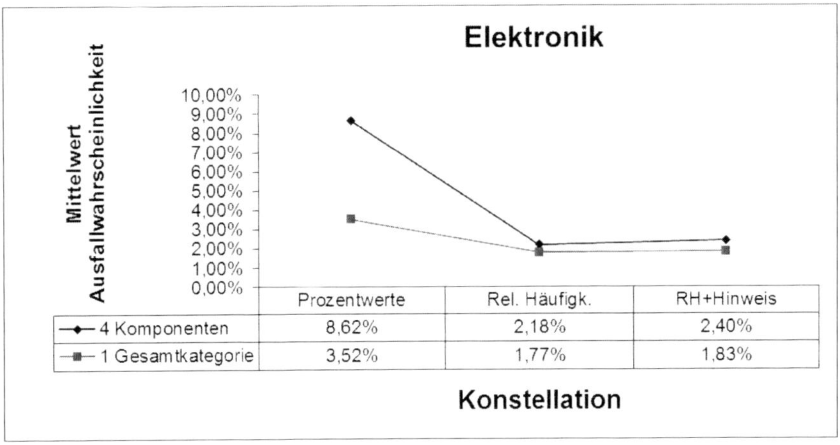

Abbildung 36: Durchschnittliche Ausfallschätzungen für die Elektronik in den Untersuchungsgruppen 1 bis 3 (n = 227, eigene Darstellung)

In der ANOVA werden der Aufspaltungsgrad mit den Ausprägungen Gesamtsystem vs. Unterteilung in vier Baugruppen als Within-Subjects-Faktor und die drei Konstellationen mit Prozentwahrscheinlichkeiten, relativen Häufigkeiten sowie relativen Häufigkeiten plus zusätzlichen Hinweisen als Between-Subjects-Faktor festgesetzt. Für den Aufspaltungsgrad ergibt sich ein signifikanter Haupteffekt mit $F(1) = 34{,}49$, $p = 0{,}000$, der wiederum den grundsätzlichen Auftritt des Unpacking Bias im Experiment demonstriert. Darüber hinaus zeigt sich eine signifikante Interaktion zwischen Within- und Between-Subjects-Faktor mit

1103 Vgl. van Emden (2014), S. 59; Pospeschill (2006), S. 258.

1104 Vgl. Gaus/Muche (2013), S. 345; Rudolf/Müller (2012), S. 118 ff.; Pospeschill (2006), S. 258; Köhler et al. (1996), S. 152.

F(2) = 19,825, p = 0,000, so dass die Verzerrung der Probandenurteile von der Art der vorliegenden Konstellation abhängt. Insbesondere fällt die deutliche Verringerung des Unpacking Bias auf, sobald die Wahrscheinlichkeiten von Prozentwerten auf das Format der relativen Häufigkeiten umgestellt werden. Allerdings findet sich kein Beleg dafür, dass die zusätzlichen Hinweise die Abweichung weiter schrumpfen lassen. Vielmehr spricht die geringfügig ansteigende Differenz zwischen den Mittelwerten von der Konstellation 2 auf die Ausgangslage 3 für die gegenläufige Tendenz.

Neben den bereits genannten Signifikanzen ergibt sich zudem ein Haupteffekt für den Faktor Konstellation mit F(2) = 23,45, p = 0,000. Offensichtlich verringert sich die Höhe der Teilnehmerschätzungen für die kompakte wie die untergliederte Darstellungsform der Elektronik, wodurch sich jene den Orientierungswerten nähern bzw. vermehrt in den vor der Untersuchung gesteckten Korridor für objektiv korrekte Einzelurteile fallen.[1105] Somit wurde durch den Formatwechsel auf relative Häufigkeiten nicht nur die Abweichung zwischen den subjektiven Einstufungen reduziert, letztere waren auch vom Absolutwert her realistischer.

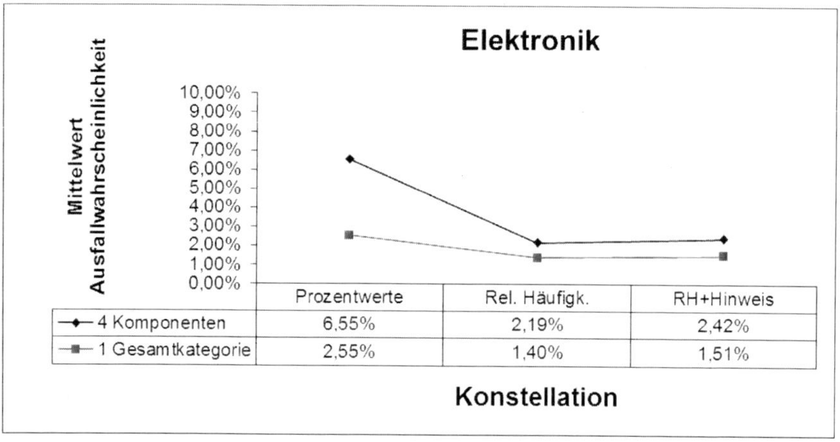

Abbildung 37: Durchschnittliche Ausfallschätzungen in den Kontrollgruppen 4 bis 6 für die Elektronik (n = 223, eigene Darstellung)

1105 Dieses Werteintervall wurde unter Mithilfe mehrerer mit der Thematik gut vertrauter Doktorandenkollegen, die als Experten für das Sachgebiet angesehen werden können, mit der Absicht erstellt, die absoluten Schätzungen der Probanden anhand eines objektiven Maßstabs bewerten zu können. Der gebildete Korridor reichte bei der Elektronik von 1,15 % bis 4,75 %, sowie bei Hydraulik und Pneumatik jeweils von 0,55 % bis 2,50 %.

Wie die vorstehende Abbildung 37 verdeutlicht, treten die genannten Muster analog für die Kontrollgruppen auf, bei denen die Elektronik des jeweils anderen Fahrgeschäftes aufgespalten bzw. kompakt präsentiert wurde, um einen Einfluss von Formulierungsunterschieden auf die festgestellten Effekte ausschließen zu können. Erneut zeigen sich bei der Mixed-Design-ANOVA die Haupteffekte für Aufspaltungsgrad mit $F(1) = 47{,}06$, $p = 0{,}000$, und Konstellation mit $F(2) = 19{,}28$, $p = 0{,}000$, sowie der Einfluss der Interaktion dieser beiden Größen mit $F(2) = 14{,}53$, $p = 0{,}000$, der die Wirkung des Wahrscheinlichkeitsformats auf das Unpacking Bias belegt.

Auch für den zuvor v. a. in der Hypothese 1b untersuchten Unterschied zwischen den Einstufungen für die in drei Baugruppen untergliederte Hydraulik und die in zwei Komponenten aufgeteilte Pneumatik, wurde ein signifikanter Haupteffekt für die Faktoren Aufspaltungsgrad mit $F(1) = 12{,}34$, $p = 0{,}001$, und Konstellation mit $F(2) = 18{,}85$, $p = 0{,}000$ festgestellt, zudem war die Interaktion beider Größen erneut signifikant, $F(2) = 5{,}68$, $p = 0{,}004$.

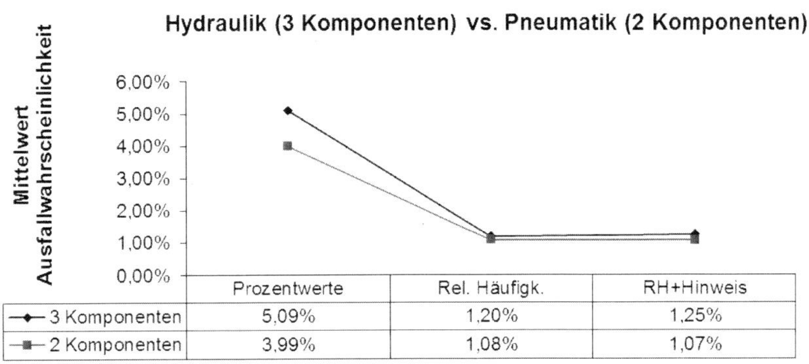

	Prozentwerte	Rel. Häufigk.	RH+Hinweis
3 Komponenten	5,09%	1,20%	1,25%
2 Komponenten	3,99%	1,08%	1,07%

Abbildung 38: Durchschnittliche Ausfallschätzungen für Hydraulik und Pneumatik in den Untersuchungsgruppen 1 bis 3 (n = 227, eigene Darstellung)

Folglich bestätigen die oben aufgeführten Resultate in mehrfacher Hinsicht die Erkenntnisse aus den in den Abschnitten 8.2 bis 8.4 beschriebenen t-Tests zu den Hypothesen. Zum einen führen die grundsätzliche Aufspaltung eines Systems in seine Baugruppen in den Beschreibungen, wie auch die Untergliederung in eine abweichende Anzahl von Komponenten zu hochsignifikant verschiedenen Schätzungen. Andererseits fällt die Abweichung zwischen den subjektiven Urteilen für ein kompaktes System und seine vier Bestandteile höher aus als es bei den Einstufungen für zwei gleichwertige Szenarien mit drei gegenüber zwei ausgewiesenen Elementen der Fall ist. Schließlich ist aufgrund dieser geringeren grundsätzlichen Verzerrung, die auch der Vergleich von Abbildung 38 mit den vorangegangenen Abbildungen 36 und 37 zeigt, für die letztgenannte Konstellation die Reduzierung des Unpacking Bias durch Formatumstellung kleiner.

8.6 Sonstige Resultate der Untersuchung

Neben den mit der Überprüfung der Hypothesen zusammenhängenden Ergebnissen erlaubt das Erhebungsdesign mit den Zusatzbögen weitere Aussagen. Dadurch können die Auswirkungen der Eigenschaften numerische Fähigkeiten, Erfahrung und Einstellung zu Wahrscheinlichkeiten sowie zusätzlicher potentieller Einflussgrößen auf die Einschätzungen analysiert werden. In 8.6.5 werden weitere Erkenntnisse aus dem Zusatzfragebogen präsentiert.

8.6.1 Auswirkungen numerischer Fähigkeiten

Zur Beurteilung der numerischen Fähigkeiten der Probanden wurde wie bereits in Abschnitt 6.3.3 beschrieben, die Numeracy Scale von Lipkus et al. eingesetzt.[1106] Deren Niveau ist sehr moderat,[1107] dennoch wurden in den bisherigen Untersuchungen die Aufgaben nur von einer Minderheit komplett fehlerfrei gelöst. In der Ursprungsstudie wurden alle drei Fragen der sogenannten „general numeracy scale" von lediglich 15 % bis 21 % der Teilnehmer korrekt beantwortet, die übrigen acht Aufgaben der „expanded numeracy scale" von einem Anteil der zwischen 29 % und 34 % lag.[1108] Bei einer anderen Erhebung wurde die Numeracy der Probanden lediglich anhand der acht Konstellationen der zweiten Skala überprüft. Der Median befand sich dort wie bei Lipkus et al. bei sieben richtig gelösten Fragen. Ansonsten war der Anteil an Personen mit ausschließlich korrekten Antworten sogar noch etwas niedriger.[1109] In einer weiteren, interkulturellen Studie wurden die drei Fragen der Grund- sowie sechs der acht Fragen der erweiterten Skala verwendet und von den deutschen Teilnehmern 68,5 % der

1106 Vgl. Lipkus et al. (2001).
1107 Vgl. Lipkus et al. (2001), S. 37 u. 41.
1108 Vgl. Lipkus et al. (2001), S. 40.
1109 Vgl. Wright et al. (2009), S. 112 f.

Items erfolgreich bewältigt, während es bei den US-Amerikanern 64,5 % waren.[1110] Peters et al. verwendeten wiederum sämtliche elf Aufgaben und erhielten einen Mittelwert von 8,4 sowie einen Median von neun korrekt beantworteten Items. Daran angelehnt teilten sie für die weitere Untersuchung die Grundgesamtheit so auf, dass Personen mit bis zu acht richtigen Fragen als weniger und ab neun gelösten Aufgaben als höher numerisch begabt eingestuft wurden.[1111]

Anhand der Zusammensetzung der hier vorhandenen Stichprobe mit meist fortgeschrittenen Bachelor- sowie Master-Studenten und bei den berufserfahrenen Personen mit fast 82 % Hochschulabsolventen, 10,5 % Fachwirten und weiteren über 5 % Abiturienten war von einem hohen Level an numerischen Fähigkeiten auszugehen. Die ausgeprägte Controllingqualifikation der meisten Probanden sollte dieses gute Niveau noch verstärken.[1112] Diesen Erwartungen entsprechend wurden von den Teilnehmern im Mittel 10,18 der 11 gestellten Fragen richtig beantwortet und somit 92,58 % der Items gelöst. Der Median lag bei 11 korrekt bewältigten Aufgaben, am zweithäufigsten war ein, am dritthäufigsten zwei Fehler. Etwas über 56 % der Personen absolvierten den Test beanstandungsfrei, während die übrigen knapp 44 % mindestens bei einer Aufgabe vom richtigen Ergebnis abwichen. Entsprechend wurden nur die Individuen ohne Fehler der High-Numeracy-Kategorie zugeteilt, während alle übrigen Teilnehmer unter dem Label niedriger numerischer Fähigkeiten eingeordnet wurden.

Für die Analyse des Einflusses unterschiedlicher zahlenbezogener Fertigkeiten auf das Unpacking Bias wird eine einfaktorielle Varianzanalyse ohne Meßwiederholung benutzt, die auch in den Abschnitten 8.6.2 bis 8.6.4 zur Prüfung der Relevanz der dort betrachteten Größen zum Einsatz kommt. Als abhängige Variable werden entweder der Within-Subjects-Anstieg bei den Schätzungen für die Elektronik durch die Aufspaltung oder die Differenz zwischen den subjektiven Ausfallurteilen einer Person für die in drei Komponenten untergliederte Hydraulik und die in zwei Baugruppen aufgesplittete Pneumatik verwendet. Die Numeracy wird, wie später auch die Berufserfahrung der Personen sowie deren Einstellung zum Konstrukt der Wahrscheinlichkeiten, als Kovariate untersucht. Wie die nachstehende Tabelle 7 verdeutlicht, üben die numerischen Fertigkeiten keine Relevanz auf die Abweichungen aus, obwohl dies gemäß den theoretischen Überlegungen in Kapitel 6.4.1 plausibel erscheint.

[1110] Vgl. Galesic/Garcia-Retamero (2010), S. 464.
[1111] Vgl. Peters et al. (2006), S. 408.
[1112] Vgl. Michels-Kim (2014), S. 31; Goretzki/Messner (2014), S. 10; Weber/Schäffer (2016), S. 41.

In der Grundkonstellation zeigte sich in der Untersuchungsgruppe 1 bei den numerisch besseren Personen zwar sowohl eine kleinere Erhöhung bei der Elektronik, als auch von Pneumatik zu Hydraulik. Der Abstand zu den Individuen mit niedrigerer Numeracy ist jedoch gering und weit unter statistischer Signifikanz. Bei der Kontrollgruppe 4 wiesen hingegen die letztgenannten Probanden den wesentlich überschaubareren Anstieg durch die Aufspaltung in ihrer Elektronik-Bewertung gegenüber den höher einzustufenden Teilnehmern auf. Allerdings ist auch dieser Unterschied in der entgegen gesetzten Richtung zwischen durchschnittlich 2,58 % und 5,11 % im statistischen Test mit F(73) = 2,794 sowie p = 0,099 nicht signifikant.

Untersuchte Konstellation	**ø Erhöhung Low-Numeracy-Personen**	**ø Erhöhung High-Numeracy-Personen**	**Resultat statistischer Test**
Prozentwerte			
Δ Elektronik Experimentsgruppe	5,40 %	4,85 %	F(73) = 0,076; p = 0,783
Δ Hydraulik vs. Pneumatik Exp.gr.	1,20 %	1,03 %	F(73) = 0,049; p = 0,825
Δ Elektronik Kontrollgruppe	2,58 %	5,11 %	F(73) = 2,794; p = 0,099
Relative Häufigkeiten			
Δ Elektronik Experimentsgruppe	0,77 %	0,13 %	F(76) = 3,515; p = 0,065
Δ Hydraulik vs. Pneumatik Exp.gr.	0,21 %	0,06 %	F(76) = 0,470; p = 0,495
Δ Elektronik Kontrollgruppe	0,50%	1,03 %	F(69) = 2,448; p = 0,122
Relative Häufigkeiten + Hinweise			
Δ Elektronik Experimentsgruppe	0,44 %	0,67 %	F(71) = 0,195; p = 0,660
Δ Hydraulik vs. Pneumatik Exp.gr.	0,22 %	0,14 %	F(71) = 0,405; p = 0,527
Δ Elektronik Kontrollgruppe	1,32 %	0,58 %	F(43) = 2,414; p = 0,125

Tabelle 7: Einfluss der numerischen Fähigkeiten von Personen auf die Ausprägung des Unpacking Bias (eigene Darstellung)

Exakt die selben Tendenzen zeigen sich auch bei der zweiten Experimentsituation mit dem Format der relativen Häufigkeiten. In der Kontrollgruppe 5 schnitten erneut die Teilnehmer mit geringerer Numeracy besser ab, ohne dass dies statistisch signifikant wäre. Bei der Untersuchungsgruppe 2 fallen hingegen wiederum beide Male die Verzerrungen der Personen mit besseren numerischen Fertigkeiten geringer aus. Für die Elektronik liegt die Erhöhung bei Mittelwerten von 0,13 % vs. 0,77 % mit F(76) = 3,515 sowie p = 0,065 dabei nahe an der Signifikanzschwelle, während sie für Hydraulik vs. Pneumatik weit davon entfernt ist.

Durch den zusätzlichen Einsatz von Hinweisen ergibt sich ein leicht geändertes Bild. In der Untersuchungsgruppe 3 liegen gemischte Resultate vor, da bei der Elektronik die Probanden mit niedrigerer Numeracy geringere Verzerrungen aufweisen, während zwischen Hydraulik und Pneumatik der Abstand für die Teilnehmer mit besseren numerischen Fähigkeiten kleiner ist. Anders als zuvor schneiden bei der Kontrollgruppe dieses Mal die Personen mit höherer Numeracy deutlich besser ab. Die Unterschiede sind jedoch allesamt nicht signifikant, so dass auch hier keine belastbaren Aussagen möglich sind.

Um auszuschließen, dass die relativ anspruchsvolle Voraussetzung völliger Fehlerfreiheit für die Zugehörigkeit zur High-Numeracy-Kategorie die Irrelevanz der numerischen Fertigkeiten bedingt, wurde die Analyse nochmals mit einer kulanteren Einteilung durchgeführt. Dabei wurden alle Probanden mit null und einem Fehler der höheren Kategorie zugeordnet, während geringe Numeracy erst ab zwei Abweichungen attestiert wurde. Diese Klassifizierung, die der Differenzierung von Peters et al. näherkommt, führt dazu, dass 79,96 % der Teilnehmer der Gruppe mit guten und 20,04 % der mit schlechten numerischen Fähigkeiten angehören.[1113] Durch diese Modifikation nehmen die F- und p-Werte nahezu durchgängig, meist sogar stark ab, wodurch ein Einfluss des Merkmals auf das Unpacking Bias noch unrealistischer wird.

Somit lässt sich festhalten, dass die numerischen Fähigkeiten von Personen in der durchgeführten Untersuchung ohne nennenswerten Einfluss für das Ausmaß der Verzerrungen blieben. Es gab keine einzige signifikante Situation und bei zumindest größeren Abständen war mal die eine und mal die andere Gruppe im Vorteil. Die am Ende vorgenommene Veränderung in der Klassenzuteilung führte sogar noch zu einer Verfestigung der Bedeutungslosigkeit des untersuchten Merkmals.

8.6.2 Einfluss des Faktors Erfahrung

Gemäß den in 6.4.2 geäußerten Überlegungen, führt eine Berufstätigkeit zu einem höheren Erfahrungsschatz für praxisnahe Konstellationen als dies während eines Hochschulstudiums noch der Fall ist und es liegt nahe, dass sich der Unterschied im vorliegenden Experiment auswirkt. Entsprechend wurde eine mögliche Abweichung des Unpacking Bias zwischen den Teilsamples der Studenten und Professionals untersucht. Hierbei konnte jedoch gemäß den

[1113] Vgl. Peters et al. (2006), S. 408.

Resultaten in Tabelle 8, wie zuvor bei den numerischen Fähigkeiten, kein erwähnenswerter Zusammenhang festgestellt werden.

Für die Grundkonstellation wiesen bei der Untersuchungsgruppe 1 die Berufstätigen für die Elektronik wie auch zwischen Hydraulik und Pneumatik eine etwas größere Differenz als die Studenten auf. In der Kontrollgruppe waren die Erhöhungen so gut wie identisch. Das gleiche Bild für die Untersuchungsgruppe bot sich für das Format der relativen Häufigkeiten, während in der Kontrollgruppe die Studenten die höhere Verzerrung zeigten. Allerdings stellte sich auch hier keiner der Werte als nur annähernd signifikant heraus. Für die Probanden mit den zusätzlichen Hinweisen zeigten sich wiederum die selben Richtungen. Bei den Elektronikbewertungen wichen die Differenzen erneut unerheblich voneinander ab, während sich die Abstände zwischen Hydraulik und Pneumatik hochsignifikant unterschieden.[1114] Nachdem in den übrigen acht Situationen die Tests jedoch keinerlei Relevanz des Faktors Erfahrung erbracht haben und die Vorteilhaftigkeit sogar teilweise wechselte, dürfte dieses deutliche Ergebnis eher zufallsbedingt sein.

Untersuchte Konstellation	ø Erhöhung Studenten	ø Erhöhung Professionals	Resultat statistischer Test
Prozentwerte			
Δ Elektronik Experimentsgruppe	4,09 %	5,86 %	F(73) = 0,777; p = 0,381
Δ Hydraulik vs. Pneumatik Exp.gr.	0,77 %	1,35 %	F(73) = 0,573; p = 0,451
Δ Elektronik Kontrollgruppe	4,00 %	3,99 %	F(73) = 0,000; p = 0,993
Relative Häufigkeiten			
Δ Elektronik Experimentsgruppe	0,18 %	0,63 %	F(74) = 1,668; p = 0,200
Δ Hydraulik vs. Pneumatik Exp.gr.	0,11 %	0,14 %	F(43) = 0,028; p = 0,867
Δ Elektronik Kontrollgruppe	1,04%	0,57 %	F(59) = 1,938; p = 0,168
Relative Häufigkeiten + Hinweise			
Δ Elektronik Experimentsgruppe	0,40 %	0,71 %	F(65) = 0,318; p = 0,575
Δ Hydraulik vs. Pneumatik Exp.gr.	-0,08 %	0,32 %	F(53) = 6,499; p = 0,013
Δ Elektronik Kontrollgruppe	0,99 %	0,84 %	F(70) = 0,091; p = 0,764

Tabelle 8: Einfluss der Berufserfahrung von Personen auf das Unpacking Bias (eigene Darstellung)

[1114] Siehe zu den einzelnen Werten die vorletzte Ergebniszeile der untenstehenden Tabelle 8.

Nichtsdestotrotz fügt es sich in das Gesamtbild ein, dass die Studenten etwas besser mit dem Experiment zurechtkamen. In sechs der neun Fälle hatten sie das geringere Bias. Die Abstände in den Mittelwerten waren mehrfach deutlich, jedoch aufgrund der hohen Streuung bis auf die eine Ausnahme weit von der Signifikanzschwelle entfernt.

8.6.3 Relevanz der Einstellung zu Wahrscheinlichkeiten

Als dritte, auf die Qualität der Einschätzungen potentiell Einfluss nehmende Variable wurde die Meinung der Teilnehmer zum Konstrukt der Wahrscheinlichkeiten abgefragt. Dieses Merkmal wurde durch drei Statements erhoben, denen jeweils auf einem Intervall von Eins bis Sieben zugestimmt werden konnte.[1115] Nachdem trotz intensiver Suche keine Skala, nicht einmal gängige Fragen zur Ermittlung dieser Größe ermittelt werden konnten, wurden die Aussagen vom Autor selbst aufgestellt.

Mit dem ersten Statement wurde geprüft, wie gerne die Probanden bei einer geschäftlichen Entscheidung zur Handhabung der Unsicherheit auf Wahrscheinlichkeiten zurückgreifen. Bei der zweiten Aussage bezog sich die Zustimmung auf den entgegen gerichteten Fall, inwiefern sich die Person in einer solchen Situation auf die eigene Intuition oder Erfahrung, anstelle von Wahrscheinlichkeiten, verlässt. Inhalt des dritten Satzes war, ob die Schätzung exakter numerischer Wahrscheinlichkeiten im Normalfall für das betroffene Individuum ein Problem darstellt. Die Indikatorgröße wurde gebildet, indem die Werte aus den Aussagen Eins und Drei addiert und diese Summe um die Zahl erhöht wurde, die sich ergibt, wenn von Acht der Zustimmungswert zum Statement Nummer Zwei subtrahiert wird.[1116]

Es liegt nahe, dass die persönliche Einstellung zu einer Thematik Auswirkungen auf die Güte des dortigen Agierens hat.[1117] Bei der statistischen Analyse des Einflusses dieser Variablen auf das Unpacking Bias wurde über alle drei Konstellationen und in jeweils allen drei Situati-

[1115] Die Wahl der Zahl Eins bedeutete volle Zustimmung, die der Zahl Sieben komplette Ablehnung. Die restlichen Zahlen bildeten entsprechende Zwischenabstufungen. Vgl. zu anderen eingesetzten siebenstufigen Likert-Skalen z. B. Margola/Rosnati, S. 225 f.; Meyer et al. (2007), S. 407.

[1116] Die Differenzbildung war für den Erhalt eines wirksamen Indikators notwendig, da die zweite Aussage in die gegenteilige Richtung der anderen beiden Statements zielt. Die Erhebung eines ähnlichen Sachverhalts auf diese beiden gegensätzlichen Arten wurde gewählt, um mögliche Verzerrungen in den Antworten aufgrund der Tendenz der Vorgabe zu vermeiden sowie hinsichtlich der generellen Relevanz dieser Gefahr bei der vorliegenden Untersuchung ein näheres Gespür zu erhalten, vgl. Schnell et al. (2008), S. 188; Weiber/Mühlhaus (2010), S. 99.

[1117] Vgl. Weber/Schäffer (2016), S. 41 u. 98 f.; Gigerenzer/Brighton (2009), S. 110; Teigen (1983), S. 97; Gigerenzer (2008), S. 20.

onen jedoch keinerlei Korrelation entdeckt. Der höchste Wert lag bei F(73) = 1,327 mit p = 0,223.

Bei der Einzelanalyse für jedes der drei Statements blieben die beiden letzten Aussagen ebenfalls völlig ohne Einfluss, während das erste Einstellungsmaß sich in einem der neun Fälle mit F(71) = 4,347 und p = 0,041 als relevant erwies sowie zwei weitere Male bei p = 0,062 und p = 0,077 nur knapp oberhalb des Signifikanzniveaus blieb. Die Einstellung dazu, ob eine Person zur Handhabung der Unsicherheit bei einer Entscheidung gerne auf numerische Wahrscheinlichkeiten zurückgreift, scheint damit am ehesten mit der Qualität ihrer Einschätzungen zu korrelieren, was für künftige Erhebungen in diesem Themengebiet von Nutzen sein kann.

8.6.4 Sonstige Einflussgrößen für die Güte subjektiver Wahrscheinlichkeiten

Mit Hilfe des Zusatzfragebogens, als drittem Teil der Untersuchung, wurden außer der eben erwähnten Einstellung zum Konstrukt der Wahrscheinlichkeiten weitere Größen erhoben, von denen Auswirkungen auf die prognostizierten Verzerrungen erwartet wurden. Neben soziodemographischen Daten waren dies Einschätzungen, Einstellungen sowie Erinnerungen.

Innerhalb der Grundkonstellation, bei der die deutlichsten Verzerrungen auftraten, stachen v. a. die Fragen als relevant heraus, mittels derer die Relevanz von Erinnerungseffekten für das Unpacking Bias geprüft wurde. Jene werden als eine zentrale Ursache für das Auftreten dieser Verzerrung angeführt.[1118] Der Punkt wurde getestet, indem die Probanden zum einen gefragt wurden, ob sie mit mehr, weniger oder in etwa der angegebenen Anzahl an Baugruppen bei konkreten aufgesplitteten Systemen gerechnet hätten. Zum anderen wurden sie gebeten, Einzelbestandteile anzugeben, aus denen sich nach ihrer Meinung wiederum spezielle untergeordnete Baugruppen zusammensetzen könnten. Bei den drei Schätzungsdifferenzen zwischen den Wahrscheinlichkeiten stellte sich jeweils eine der je zwei Fragen einmal als signifikant

[1118] Vgl. hierzu nochmals Tversky/Koehler (1994), S. 549. Als andere Auslöser werden v. a. die Bedeutungserhöhung einer Option in den Augen der bewertenden Person durch deren explizite Nennung, vgl. ebenda; van der Pligt et al. (1987), S. 278 f., sowie die Anwendung der Ignorance-Prior-Vorgehensweise genannt, vgl. Fox/Clemen (2005), S. 1417; Rottenstreich/Tversky (2003), S. 195 f.; Fiedler/Armbruster (1994), S. 634 ff.

heraus. Für eine weitere Situation war die Frage nach der Anzahl der vermuteten Bestandteile der Pneumatik mit p = 0,073 nur knapp nicht signifikant.[1119]

Für die Konstellation mit dem Wahrscheinlichkeitsformat relativer Häufigkeiten erwies sich der Punkt, ob eine Person bei ihrer beruflichen Tätigkeit bereits für das Treffen von Investitionsentscheidungen zuständig war, mit einem F-Wert F(77) = 10,496 und p = 0,002 einmal als höchstsignifikant. Auch die Einstufung, inwieweit die Probanden in ihren Wahrscheinlichkeitsschätzungen einer Option automatisch eine Bedeutung zuteilen, nur weil diese aufgelistet ist, zeigte mit F(78) = 5,375 sowie p = 0,023 an einer Stelle hohe Relevanz. Schließlich spielte noch die Einschätzung, in wie viel vergleichbaren Fällen die Teilnehmer mit ihrem Urteil richtig liegen würden, mit F(77) = 4,688 und p = 0,034 in einem Fall eine Rolle.

Bei der Untersuchungssituation mit zusätzlichen Hinweisen fiel einmal der Faktor Berufserfahrung in Jahren, der nicht mit dem in 8.5.3 behandelten Merkmal der Berufsausübung zu verwechseln ist, mit einem F-Wert F(72) = 6,337 sowie p = 0,014 auf. Diese Größe befand sich bereits in der Grundkonstellation einmal nahe an der Signifikanzschwelle.[1120]

Alle übrigen, oben nicht genannten Merkmale zeigten in keiner einzigen der insgesamt neun analysierten Situationen, drei Verzerrungen für jede der drei unterschiedlichen Konstellationen, Bedeutung. Zu erwähnen ist noch, nachdem von den drei Aussagen zum Teilnehmerverhalten bei Bestimmung subjektiver Wahrscheinlichkeiten nur die automatische Zuteilung einer gewissen Bedeutung für eine aufgelistete Alternative an einer Stelle relevant wurde, dass die beiden anderen Statements ebenfalls jeweils einmal in die Nähe der Signifikanzschwelle gelangten.[1121] Es ist somit nicht auszuschließen, dass sich unter gewissen Bedingungen bestimmte individuelle Vorgehensmuster bei der Bildung von Wahrscheinlichkeitswerten auf das Verzerrungsausmaß auswirken.

Ansonsten erwiesen sich gängige oder plausible Merkmale wie Alter, Geschlecht, Schulabschluss, die Zufriedenheit mit den eigenen Wahrscheinlichkeitsschätzungen oder wie streng

---

1119 Die Fragen nach Unterkomponenten der Baugruppen Bremshydraulik und Geschwindigkeitsregulierung waren im Zusammenspiel sogar für beide Verzerrungen der Untersuchungsgruppe relevant, bei einzelner Analyse jedoch überhaupt nicht mehr.

1120 Hier ergab sich ein F(74) = 3,327 und ein p = 0,072.

1121 Die Frage bezüglich des Zutreffens einer Ignorance-Prior-Vorgehensweise kam in der Grundkonstellation in einem Fall auf F(74) = 3,569, p = 0,063. Der Satz über die stärkere Angleichung unterschiedlicher Ausgangswahrscheinlichkeiten bei höherer Unsicherheit über die vorliegende Thematik erzielte in der Untersuchungssituation mit zusätzlichen Hinweisen an einer Stelle F(72) = 3,100 und p = 0,083.

das Konzept exakter Punktwahrscheinlichkeiten von den Probanden interpretiert wird, kein einziges Mal als bedeutsam. Auch die oben angeführten Faktoren waren jeweils nur einmal relevant und lagen vereinzelt noch in ein bis zwei weiteren Fällen nahe der Signifikanzschwelle. Folglich sind die positiven Test-Werte entweder durch Zufall oder unter sehr speziellen Rahmenbedingungen entstanden. Entsprechend liegt keine generalisierbare Situation vor, so dass weder eine verlässliche Einflussnahme auf das Unpacking Bias mittels Vorselektion bei bestimmten Merkmalen, noch eine belastbare Prognose über das Verzerrungsausmaß anhand der Ausprägungen dieser Attribute möglich ist.

Die weitgehende Irrelevanz der vorgenannten Eigenschaften bedeutet aber vor allem, dass die Abweichungen robust sind und unabhängig von der Variation potentieller Einflussgrößen auftreten. Damit wirken geeignete Strategien wie ein Formatwechsel bei den Wahrscheinlichkeiten zuverlässig, ohne dass eine Berücksichtigung individueller Besonderheiten erfolgen muss. Insbesondere die Tatsache, dass nicht einmal in der Grundkonstellation mit den sehr deutlichen Verzerrungen konkrete Attribute mehrmals signifikanten Einfluss als Moderatorvariablen zeigten, unterstreicht diese Unempfindlichkeit gegenüber externen Veränderungen.

8.6.5 Weitere wichtige Erkenntnisse aus dem Zusatzfragebogen

Anhand des Zusatzfragebogens lassen sich ferner Rückschlüsse darüber ziehen, wie Menschen das Konzept subjektiver Wahrscheinlichkeiten verwenden. Zum einen wird jenes nicht so gewissenhaft aufgefasst, wie von der Wissenschaft propagiert. So wählten bei der hierzu formulierten Frage nur 7,5 % der Teilnehmer die theoretisch korrekte Option, dass die Schätzung eines Individuums lediglich richtig ist, wenn exakt der zutreffende Punktwert von 30 % genannt wird. Für mehr als 36 % war ein Intervall von 2,5 % nach unten und oben zulässig, über 46 % empfanden 5 % Abweichung in beide Richtungen, gut 8 % je 10 % und die restlichen Probanden sogar 15 % Schwankung noch als angemessen. Dieses Muster stimmt mit den Ergebnissen anderer Untersuchungen überein, laut denen bei einer Punktschätzung für die meisten Personen ein bestimmtes Intervall um diesen Wert miteingeschlossen ist. Entsprechend wird eine Einstufung als korrekt angesehen, wenn die tatsächliche Zahl innerhalb dieses Bereichs liegt.[1122]

1122 Vgl. Teigen (1983a), S. 97.

l) Stellen Sie sich vor, sie müssten die jeweiligen Wahrscheinlichkeiten dafür schätzen, dass ein in Deutschland zugelassenes Auto von einem konkreten Hersteller (z. B. VW, Toyota, Renault) stammt. Als Unterstützung erhalten Sie zu jedem Unternehmen einige Informationen wie etwa zur Popularität der Marke, die Anzahl der eigenen Autohäuser in Deutschland, die Qualität der Fahrzeuge usw. Wie sehr können Sie den **nachstehenden Aussagen** im Hinblick auf Ihre voraussichtliche Vorgehensweise bei der Bestimmung dieser Wahrscheinlichkeiten **zustimmen?**

Meine Schätzungen bilde ich, indem ich zunächst die Gesamtwahrscheinlichkeit von 100 % durch die Anzahl der angegebenen Hersteller teile. Den daraus resultierenden Wert (z. B. 5 % bei 20 Herstellern) lege ich meinen einzelnen Schätzungen zugrunde, passe diesen aber gemäß den erhaltenen Informationen und meinem eigenen Wissen für jede Automarke noch nach oben oder unten an:

Stimme voll und ganz zu						Stimme gar nicht zu
1	2	3	4	5	6	7
O	O	O	⊗	O	O	O

Je weniger ich den erhaltenen Informationen Glauben schenke und je weniger ich auch sonst über die Thematik weiß, umso stärker gleiche ich meine Wahrscheinlichkeitsschätzungen für die einzelnen Hersteller aneinander an:

Stimme voll und ganz zu						Stimme gar nicht zu
1	2	3	4	5	6	7
O	⊗	O	O	O	O	O

Ein aufgelisteter Hersteller steht nicht ohne Grund da und besitzt daher eine gewisse Bedeutung:

Stimme voll und ganz zu						Stimme gar nicht zu
1	2	3	4	5	6	7
O	⊗	O	O	O	O	O

Abbildung 39: Aussagen im Fragebogen, durch die das Vorgehen der Probanden bei der Bestimmung ihrer subjektiven Wahrscheinlichkeiten erfasst wurde (eigene Darstellung)

An anderer Stelle erhielten Aussagen zur Vorgehensweise bei der Bestimmung subjektiver Wahrscheinlichkeiten, die den Prinzipien der normativen Theorie zuwiderlaufen, mehr Unterstützung als Ablehnung. Mit diesen in Abbildung 39 aufgeführten Statements wurden denkbare defizitäre Handlungsmuster von Menschen aufgegriffen, um über die Korrelationsrechnungen konkrete Einflussgrößen für das Unpacking Bias zu bestimmen. Nachdem gemäß vorherigem Teilkapitel solche Zusammenhänge bei der durchgeführten Erhebung nicht ermittelt werden konnten, sind zumindest die bewussten Bestätigungen derartiger Vorgehensweisen durch die Teilnehmer sehr hilfreich.[1123]

[1123] Bislang konnten diese nur aus dem Verhalten der Probanden abgeleitet werden, eine explizite Abfrage fand jedoch noch nicht statt, vgl. Fox/Clemen (2005), S. 1417 ff.; Tversky/Koehler (1994), S. 549 ff.; Fiedler/Armbruster (1994), S. 636 ff.; Fischhoff et al. (1978), S. 333 ff.; Rottenstreich/Tversky (2003), S. 195 ff. Der Ignorance-Prior-Aussage wurde bei der durchgeführten Erhebung auf einer Skala von 1 bis 7 mit einem Mittelwert von 3,67 leicht, der stärkeren Angleichung der Urteile aneinander, bei höherer Unsicherheit über

Moderate Zustimmung, die jedoch positiv zu werten ist, erhielt auch das Konzept der numerischen Wahrscheinlichkeiten an sich. Mit einem Durchschnittswert von 3,91 stimmten die Teilnehmer der Verwendung von Wahrscheinlichkeiten zur Handhabung von Unsicherheit eher zu, als sie abzulehnen. Die gegenteilige Aussage, dass sie sich stärker auf Intuition und Erfahrung, statt auf Wahrscheinlichkeiten verlassen, wurde mit 4,23 ein Stück weit zurückgewiesen. Nur die Aussage, dass die Schätzung genauer numerischer Wahrscheinlichkeiten im Regelfall für sie kein Problem darstellt, erfuhr bei den Probanden mit 4,11 geringfügige Ablehnung. Somit standen die befragten Personen dem Konstrukt der numerischen Wahrscheinlichkeiten insgesamt leicht positiv gegenüber. Allerdings ist die zwei Absätze zuvor beschriebene großzügige Auslegung durch die Probanden zu berücksichtigen, ohne die die Antworten aller Voraussicht nach deutlich negativer ausfallen würden.

Ein ähnliches, leicht positives Bild zeigte sich auch bei den beiden Fragen, mit denen die Teilnehmer die Qualität ihrer Schätzungen beurteilen sollten. Für die Zufriedenheit mit den eigenen Urteilen, die wiederum auf einer 7er-Skala anzugeben war,[1124] ergab sich ein Mittelwert von 3,44. Bei der Einordnung, in wie vielen von 100 Aufgabenstellungen sie richtigliegen würden, wenn vergleichbare Einstufungen zu tätigen wären, wurden 51,14 Fälle genannt.

Allgemein fällt bei den bislang beschriebenen Bewertungsfragen auf, dass die Studenten stets unbekümmertere und positivere Antworten als die berufstätigen Personen abgaben, sei es bei der Art der Bildung ihrer Wahrscheinlichkeiten,[1125] ihrer grundsätzlichen Einstellung zu diesem Konstrukt oder der Einstufung der Güte ihrer Schätzungen. Einzig bei der Frage, wie genau das Konzept exakter Punktwahrscheinlichkeiten aufgefasst wird, waren die Studenten, die in ihrem Alltag stärker mit theoretischen Konzepten konfrontiert sind, gewissenhafter.

Bei den Fragen zur Prüfung, ob Erinnerungseffekte für das Unpacking Bias verantwortlich sind, wurde von den Teilnehmern zum einen doppelt so häufig ausgesagt, dass sie, gegenüber der vorgefundenen Anzahl, mit mehr Baugruppen als Bestandteile der angegebenen Systeme gerechnet hätten als mit wenigeren. Die meisten Probanden gaben aber an, in etwa die vorge-

die vorliegenden Informationen, mit 3,43 noch deutlicher zugestimmt. Nur die automatische Grundbedeutung einer aufgeführten Alternative wurde mit 4,21 schwach abgelehnt. Da alle drei Statements nicht mit den Forderungen der normativen Entscheidungstheorie im Einklang stehen, hätte unter rationalen Gesichtspunkten jedes Mal eine klare Zurückweisung erfolgen müssen.

1124 Die Zahl Eins stand für vollkommene Zufriedenheit, die Zahl Sieben für absolute Unzufriedenheit.

1125 Bei der Ignorance-Prior-Aussage kam z. B. der Mittelwert von 3,67 durch die Werte 3,92 für die berufstätigen Teilnehmer und 3,38 bei den Studenten zustande. Ähnlich war die Situation für die anderen beiden Statements.

fundene Anzahl an Komponenten erwartet zu haben.[1126] Bei den beiden anderen Fragen fielen gut einem Viertel der Personen noch denkbare Bestandteile für konkret vorgegebene Baugruppen ein. Die Studenten waren dabei deutlich kreativer als die Professionals.

Mit vier offenen Fragen wurden jeweils noch Probleme und Anmerkungen bei den beiden selbst konzipierten Untersuchungsbestandteilen Experiment sowie Zusatzfragebogen erhoben. Als Schwierigkeiten beim Experiment wurden vor allem die vage gehaltene Aufgabenstellung, persönliche Schwächen im Schätzen und Rechnen, Unsicherheit über das korrekte Verständnis der Fragen und Angaben, das fachfremde Gebiet der Fahrgeschäfte sowie die Sorge genannt, irgendwelchen Fallen aufgesessen zu sein, da die Konstellation einigen Individuen zu leicht erschien. Auch die Aufnahme und Umsetzung der vielen Informationen stellten eine Herausforderung dar. Vereinzelt wurde eine Unterstützung der textlichen Informationen durch Grafiken angeregt, ebenso die Grundidee des Cases positiv hervorgehoben. Die übrigen Kommentare zeigen v. a. sehr plakativ wie identische Sachverhalte von einzelnen Personen unterschiedlich aufgefasst werden. Viele empfanden das Experiment als leicht bzw. zu leicht, manche wiederum als zu schwer. Einige Probanden lobten die klare Struktur und den guten Aufbau, während andere Teilnehmer mangelnde Übersichtlichkeit monierten.

In der ersten der beiden Fragen am Ende des Zusatzbogens, die explizit Verständnisprobleme thematisierte, wurden insbesondere drei problematische Komplexe genannt.[1127] Diese waren die ersten zwei Fragen zur Abprüfung von Erinnerungseffekten,[1128] die drei Aussagen mit denen das Vorgehen bei der Bildung subjektiver Wahrscheinlichkeiten durchleuchtet werden sollte sowie bei den beiden davon betroffenen Gruppen 3 und 6 Inhalt und Nützlichkeit der Hinweise. Beim letztgenannten Sachverhalt lag das Problem darin, dass die jeweiligen Probanden die Instruktionen überlesen hatten und daher mit der Thematik nichts anfangen konnten.

Bei den als zweites erhobenen Anmerkungen ging es erneut in die verschiedensten Richtungen. Manche Personen fanden, der Zusatzbogen sei besonders leicht auszufüllen sowie übersichtlich aufgebaut, für andere Individuen enthielt er zu viel Text. Vereinzelt wurde die Un-

1126 Für diese Antwort entschieden sich nochmals 20 % mehr als für die Alternative „mehr Baugruppen".

1127 Zur korrekten Einordnung des Ausmaßes der Verständnisschwierigkeiten ist zu erwähnen, dass insgesamt knapp 10 % der Teilnehmer, anhand der konkreten Frage danach, bestimmte Aufgaben nannten, die für sie ein Problem darstellten.

1128 Bei diesen sollten die Personen angeben, ob sie bei konkreten Teilsystemen mit mehr oder weniger Baugruppen als der im Experiment genannten Anzahl gerechnet hätten.

tersuchung als willkommene Abwechslung bezeichnet, die vorliegende Konstellation als interessant sowie motivierend gesehen und einzelne Probanden beschäftigten sich sogar in ihrer Freizeit mit Büchern der Heuristics-and-Biases-Richtung. Zahlreiche Teilnehmer nutzten auch die Gelegenheit, um gute Wünsche für das Gelingen der Studie loszuwerden.

Nicht unerwähnt soll bleiben, dass einige Teilnehmer die Kommentarmöglichkeiten vorwiegend für Anmerkungen zum Numeracy-Bogen nutzten, obwohl nur nach dem Experiment bzw. dem Zusatzbogen gefragt war. Nachdem der Test zur Ermittlung numerischer Fähigkeiten bereits häufig eingesetzt wurde, kann das als positiver Fingerzeig gewertet werden. Wenn diese gängige Skala einige Probanden am meisten beschäftigt hat, spricht dies dafür, dass Experiment und Zusatzfragebogen im Großen und Ganzen gut zu lösen waren.

9 IMPLIKATIONEN

Ziel dieser Arbeit war es, die Relevanz menschlicher Einschätzungsdefizite im Kontext einer betrieblichen Investitionsentscheidung nachzuweisen, die sich neben ihrer hohen Bedeutung für ein Unternehmen durch Charakteristika wie Nüchternheit, objektive Faktenlage und Existenz ausgefeilter Hilfsmethoden auszeichnet, die allesamt ein rationales Urteil begünstigen. Als konkrete Verzerrung stand das plastische Unpacking Bias im Mittelpunkt des durchgeführten Experiments, welches einen überschaubaren Umfang aufwies und von hierfür überdurchschnittlich geeigneten Personen bearbeitet wurde. Durch das Auftreten menschlicher Unzulänglichkeiten in diesem günstigen Kontext wird die niedrige Belastbarkeit subjektiver Wahrscheinlichkeiten verdeutlicht. Deren geringe Verlässlichkeit wird zusätzlich dadurch untermauert, dass die Fehler unabhängig von der Ausprägung zentraler individueller Eigenschaften festgestellt wurden.

Dennoch konnten die Defizite durch ausgewählte Maßnahmen auf einen Bruchteil des ursprünglichen Ausmaßes reduziert, jedoch bei der Mehrheit der Personen nicht vollständig beseitigt werden. Entsprechend gewinnen Ansätze, die infolge grundsätzlicher Zweifel am Konstrukt der quantitativen Punkwahrscheinlichkeiten entwickelt wurden und erweiterte oder neue Konzepte darstellen, an Bedeutung. Gleiches gilt für Aktionen, durch die Unsicherheit verringert oder negative Konsequenzen aus Fehlern abgemildert werden können.

In den nächsten Abschnitten werden nun theoretische Diskussion und die Resultate des durchgeführten Experiments zusammengeführt. Nacheinander werden die Implikationen aus den festgestellten Urteilsverzerrungen, der Wirksamkeit der eingesetzten Gegenmaßnahmen, dem kaum vorhandenen Einfluss individueller Merkmalsausprägungen sowie generelle Folgerungen und Limitationen der Studie aufgezeigt.

9.1 Konsequenzen aus den Einschätzungsdefiziten

Vorrangig zeigen die mittels der Erhebung nachgewiesenen Fehler, dass das grundsätzliche Vertrauen in die Richtigkeit quantitativer menschlicher Urteile, v. a. bei subjektiven Punktwahrscheinlichkeiten, nicht gerechtfertigt ist. Die bereits bei einer überschaubaren Konstellation, die durch besonders fähige Personen[1129] bearbeitet wurde, nachgewiesenen starken Verzerrungen sind ein deutlicher Beleg hierfür.[1130] Jene sind nicht nur aufgrund ihrer durchschnittlichen Größe,[1131] sondern auch wegen des hohen betroffenen Anteils der Teilnehmer[1132] elementar.

Außerdem legen die Resultate einen proportionalen Anstieg der Einstufungen mit jedem zusätzlichen Unterbestandteil nahe.[1133] Dieser Umstand lässt die Defizite nochmals gravierender erscheinen, da er belegt, wie leicht und systematisch sich der menschliche Geist unter bestimmten Rahmenbedingungen manipulieren lässt. Zugleich ist eine Vorhersage der Verzerrungen aber nicht so genau möglich, dass diese zuverlässig und ohne großen Aufwand, z. B. mittels eines Korrekturfaktors, eliminiert werden können.[1134]

Immerhin existiert eine Weiterentwicklung der Support Theorie, die einen Zusammenhang zwischen den Ausprägungen bestimmter Umfeldparameter und dem Auftreten konkreter Phänomene wie Overconfidence oder der unzureichenden Einbeziehung neuer Informationen herstellt. Der Ansatz basiert auf dem Support, den die jeweiligen Umweltbedingungen für das Auftreten eines bestimmten Szenarios bieten und ermöglicht Vorhersagen zum Grad der Übereinstimmung zwischen subjektiven Einschätzungen und tatsächlich eintretenden Werten.

1129 Diese Schlussfolgerung lässt sich aufgrund des hohen Bildungsstandes der Probanden, ihrer Nähe zum Themengebiet des Controllings, sowie anhand der überdurchschnittlichen Ergebnisse beim Numeracy-Test ziehen, vgl. hierzu v. a. Kapitel 8.5.2.

1130 Natürlich gelten in diesem Zusammenhang die generellen Einschränkungen für die Methode des Experiments, vgl. hierzu u. a. nochmals Guala/Mittone (2005), S. 501; Huber (2004), S. 128; Sugden (2005), S. 182 f.; Roth (1988), S. 1024; Ashton (1982), S. 104 sowie die Kapitel 6.1.2 und 6.1.3, wie auch spezielle begrenzende Faktoren für die konkrete Konstellation, die unter 9.5 noch im Detail beschrieben werden. Nachdem jedoch gegenüber einer realen Situation ebenso diverse erleichternde Rahmenbedingungen wie überschaubares Ausmaß des Cases oder gute Datensituation vorliegen, sollten die Resultate ausreichend belastbar sein.

1131 Wie dem Kapitel 8.1.1 entnommen werden kann, beträgt der Mittelwert des Unpacking Bias bei der Elektronik mit 8,62 % ./. 3,52 % = 5,10 % bei einer Within-Subjects-Konstellation! Zwischen Hydraulik und Pneumatik sind es bei Mittelwerten von 5,09 % bzw. 3,99 % = 1,10 %, vgl. Abschnitt 8.1.2.

1132 Von den 75 Teilnehmern der Gruppe 1, aus deren Einstufungen die Mittelwerte in der vorherigen Fußnote gebildet wurden, wiesen nur 6 Personen oder 8 % keine Differenz in ihren Urteilen auf! Bei 18 Probanden = 24 % des Samples war bei einem der beiden Vergleiche eine Abweichung festzustellen, während die restlichen 51 Individuen = 68 % der Stichprobe in beiden Fällen die unzulässigen Unterschiede zeigten.

1133 Am deutlichsten ist dieser bei einem Between-Subjects-Vergleich der Probandenschätzungen der Gruppen 1 und 4 für die drei Systeme des Maximum Acceleration zu sehen. Das Urteil für die bei der Untersuchungsgruppe 1 in zwei Komponenten untergliederte Pneumatik erhöht sich gegenüber dem der Kontrollgruppe 4, bei der jene als eine Einheit zu bewerten war, im Mittel auf das 2,08-fache. Bei der Hydraulik mit drei Bestandteilen erfolgt ein Anstieg auf das 2,68-fache, während für die Elektronik mit vier ausgewiesenen Baugruppen die durchschnittliche Einstufung von der Gruppe 4 auf die Gruppe 1 auf das 3,38-fache anwächst.

1134 Vgl. beispielhaft hierzu van Emden (2014), S. 88 ff.; Hartung et al. (2009), S. 401 f.; Leaver/Thomas (1977), S. 33; Dies hängt auch damit zusammen, dass das Ausmaß der Unzulänglichkeiten wiederum von individuellen Parametern der konkreten Situation wie Repräsentativität der Teilelemente, Vitalität der Beschreibung, Eingängigkeit von Alternativen etc. abhängt, vgl. Sloman et al. (2004), S. 573; Brenner (2003), S. 88 ff.; Rottenstreich/Tversky (1997), S. 413; Yamagishi (2002), S. 137 ff.; Idson et al. (2001), S. 229 u. 244.

Somit handelt es sich bei Einstufungsverzerrungen wie dem Unpacking Bias nicht um generelle Muster, diese zeigen sich nur unter bestimmten Rahmenbedingungen.[1135] Dabei sind auch individuelle Einflüsse relevant, da zum einen verschiedene Personen eine Aufgabe grundsätzlich unterschiedlich gut bewältigen. Ebenso treten intra-individuelle Variationen, u. a. in Abhängigkeit von Tagesform, Stimmung oder bereits zuvor bewältigten Herausforderungen auf.[1136]

Folglich liegt mit den subjektiven Einschätzungen ein hoch komplexes sowie volatiles Feld vor, in dem sich die Wahrscheinlichkeiten stark unterscheiden können. In der durchgeführten Untersuchung waren bei den Probanden starke Abweichungen bei den absoluten Werten wie auch bezüglich des Ausmaßes der Verzerrungen zu beobachten. Das grundsätzliche Auftreten, v. a. des Unpacking Bias konnte hingegen weitgehend stabil und unabhängig von z. B. Person, Reihenfolge der technischen Systeme und Karussells oder Erhebungstermin beobachtet werden. Theoretische Modelle wie die im vorherigen Absatz geschilderte Random Support Theorie[1137] dürften sich aufgrund ihrer Abstraktheit und Komplexität sowie stets fehlender Teildaten kaum als wirksame Korrekturhilfen in der Praxis etablieren. Umso wichtiger sind simplere Maßnahmen wie Formatumstellung und Hinweise, die dennoch zuverlässig funktionieren.

Zusätzlich ist seitens der Controller jede bedeutsame Einstufung einer vermeintlich kompetenten Person inklusive der zugrunde gelegten Bedingungen zu überprüfen sowie kritisch zu hinterfragen. Auch sind die Meinungen weiterer in diesem Bereich bewanderter Individuen einzuholen. Desweiteren sollten die subjektiven Wahrscheinlichkeiten dadurch entstehen, dass der relevante Sachverhalt auf verschiedene Arten dargestellt wird, so dass die Einschätzungen auf einem umfassenden Einblick in die Thematik fußen.[1138] Das obige Wissen über grundsätzliche Verzerrungstendenzen kann dabei durchaus helfen, dort präziser zu agieren.

Eine weitere Option stellen weniger restriktive Verfahren dar, die geringere Ansprüche an die Nutzer stellen, wie Intervallschätzungen, unscharfe Zahlen oder qualitative Ansätze. Hierzu werden im Abschnitt 9.4 noch weitere Gedanken aufgeführt, allerdings stellt sich bereits hier

[1135] Vgl. Idson et al. (2001), S. 229; Brenner et al. (2005), S. 65 ff.; Rottenstreich/Tversky (1997), S. 413; Brenner (2003), S. 108; Sloman et al. (2004), S. 573.
[1136] Vgl. Krumpal et al. (2008), S. 4 f.; Wolfe/Reyna (2010), S. 219; Brenner (2003), S. 90; Siegrist/Keller (2011), S. 1041.
[1137] Vgl. Brenner et al. (2005), S. 67.
[1138] Vgl. Zayer/Hirsch (2006), S. 650 f. u. 654.

die Frage, ob fast nicht zu prognostizierende oder zu quantifizierende Sachverhalte stets gewohnheitsmäßig in Zahlen umgewandelt werden müssen?[1139]

Dieser Gedanke wird dadurch unterstützt, dass in der Grundversion mit Prozentzahlen trotz Angabe einer Orientierungsgröße zusätzlich zu den Verzerrungen eine extrem hohe Varianz bei den Einschätzungen sowie häufig Werte festzustellen waren, die nicht mehr als rational angesehen werden können.[1140] Ein derartiges Bild dürften diejenigen Wissenschaftler, die das Konzept der Punktwahrscheinlichkeiten als geeignete Methode zur Beherrschung unsicherer Sachverhalte vorangebracht haben, nicht vor Augen gehabt haben. Nachdem das Experiment relativ überschaubar war und klare Zahlen vorlagen, waren die äußeren Bedingungen tendenziell sogar günstiger als bei realen Situationen, wo nahezu ausschließlich sogenannte schlecht-definierte Konstellationen vorliegen.[1141]

Somit ist eher die dem Konstrukt zugrundeliegende Annahme, dass zutreffende subjektive Wahrscheinlichkeiten das Kalkül gebildeter Menschen darstellen, anzuzweifeln. Gemäß den Experimentsergebnissen sind nicht nur die zu bildenden Urteile der meisten Personen falsch, ferner liegen deren Einschätzungen über die Angemessenheit ihrer Einstufungen weit daneben. Dieses Bild ist einerseits dadurch bedingt, dass die Individuen offenbar große Mühe haben das Konzept der Wahrscheinlichkeiten zu beherrschen.[1142] Desweiteren gehen sie von einer wesentlich lockereren Begriffseingrenzung als der wissenschaftlichen Definition aus, nach der alles in Ordnung ist, solange sich ihre Urteile im näheren Umfeld der richtigen Zahl befinden. Eine Abweichung von bis zu 13 % nach unten wie nach oben wurde als akzeptables Intervall angesehen, um von einer korrekten Schätzung sprechen zu dürfen. Somit verwundert es nicht, wenn die Teilnehmer dem Konstrukt der Wahrscheinlichkeiten leicht positiv gegenüberstehen und es nach ihrer Meinung gut beherrschen, gleichzeitig jedoch deutliche Fehler aufweisen.[1143]

[1139] Vgl. Kruschwitz (2014), S. 23. Siehe ebenso die Ausführungen zu grundsätzlichen Schwierigkeiten bei der Bildung quantitativer subjektiver Wahrscheinlichkeiten bei u. a. Windschitl (2000), S. 196 f.; Krumpal et al. (2008), S. 5 f. u. 22 f.

[1140] Hierbei wird nochmals auf den in Kapitel 8.4 bereits angesprochenen Wertekorridor verwiesen, der für die absolute Höhe der Schätzungen unter Mithilfe mehrerer Forscherkollegen abgesteckt wurde.

[1141] Vgl. Rehkugler/Schindel (1990), S. 198 f.; Hax (1985), S. 9 f.; Adam (2000), S. 12.

[1142] Vgl. neben den Ergebnissen der hier durchgeführten Erhebung nochmals u. a. die Untersuchungen von Fox/Clemen (2005); Johnson et al. (1993); Fox/Rottenstreich (2003), S. 195 f.; Bar-Hillel/Neter (1993); Borgida/Brekke (1981); Tversky/Kahneman (1983).

[1143] Selbstverständlich wird dieses Bild durch Selbstbewertungsschwächen wie Overconfidence noch zusätzlich verschärft, vgl. hierzu nochmals u. a. Griffin/Tversky (2004), S. 285 ff.; Price (1998), S. 277 ff.; Gigerenzer (1991), S. 87 ff.

Darüber hinaus existieren neben dem Ansatz der Wahrscheinlichkeiten zahlreiche weitere Möglichkeiten, den Grad der eigenen Überzeugung zum Ausdruck zu bringen, wie Risiko[1144], Hoffnung[1145], Überzeugung und Unsicherheit[1146], Glauben[1147], Möglichkeiten[1148], Unentschiedenheit, Zweifel, Angst, Glück, Unglück und Skepsis.[1149] Die genannten Ansätze weisen hinsichtlich der abgedeckten Wertintervalle große Überschneidungsbereiche, aber ebenso deutliche Unterschiede auf,[1150] so dass sich die Frage stellt, warum ausgerechnet über die Option der Wahrscheinlichkeiten stets das richtige Urteil zustande kommen soll.

Es ist ebenso realistisch, dass ein Individuum eine Konstellation prinzipiell korrekt bewerten kann, jedoch nur mittels der Skalierung eines anderen Konzeptes. Zweifelsohne ist der Ansatz der Wahrscheinlichkeiten der am weitesten verbreitete,[1151] was jedoch v. a. auf dessen umfassende theoretische Fundierung und nicht auf seine generelle Überlegenheit zurückzuführen ist.[1152] Nachdem bereits der Wechsel im Zahlenformat der Wahrscheinlichkeiten von Prozentwerten zu relativen Häufigkeiten zu einer deutlichen Verbesserung der individuellen Urteile führt,[1153] können ebenso komplett andere Konstrukte zu zutreffenderen Einstufungen führen.

In diesem Fall wäre nicht einmal die Grundannahme zu verwerfen, dass menschliche Einschätzungen rational sind, sie wären lediglich mit Hilfe alternativer Ansätze zu ermitteln.[1154] Prinzipiell handelt es sich beim in den Wirtschaftswissenschaften eingesetzten Gradmesser für die Rationalität von Urteilen, anhand dessen von Verzerrungen oder zutreffenden Bewer-

1144 Vgl. u. a. Renn/Klinke (2003), S. 23; Kunreuther (1983), S. 1; MacLean et al. (2004), S. 937; Sortino/van der Meer (1991), S. 27; Klos et al. (2005), S. 1777; Machol/Lerner (1969), S. 476; Yechiam et al. (2008), S. 493; Browne (1995), S. 937; Hertz (1964), S. 95.

1145 Vgl. Hammelstein/Roth (2002), S. 191 ff.; Teigen (1983), S. 175 ff.

1146 Vgl. Peterson/Pitz (1988), S. 85 ff.; Teigen (1983), S. 175 ff.

1147 Vgl. Suppes (1974), S. 160 ff.; Spohn (2001), S. 34 ff.; Teigen (1983), S. 175 ff.; Shafer (1976), S. 9.

1148 Vgl. Benetto et al. (2006), S. 114 ff.; Raufaste et al. (2003), S. 197 ff.; Legrenzi et al. (2003), S. 147 ff.

1149 Vgl. Teigen (1983), S. 175 ff.

1150 Vgl. Teigen (1983), S. 175 f. Dies bedeutet z. B., dass zwischen dem Bereich für den Börsenkurs eines Unternehmens zum Jahresende, den eine Person als sehr wahrscheinlich ansieht sowie dem, von welchem sie sehr überzeugt ist, Abweichungen bestehen.

1151 Vgl. u. a. nochmal Schmidt (2009), S. 193 ff.; Dürr/Mayer (2017), S. 13 f.; Bosch (2012), S. 13 ff.; Mosler/Schmid (2011), S. 1; Oberhofer (1993), S. 15 ff.; Bauer (2002), S. 1 ff.; Fisz (1989), S. 17 ff. als Beispiele für Statistikbücher, in denen nur mit Wahrscheinlichkeiten als Überzeugungsmaß gearbeitet wird.

1152 Vgl. Teigen (1983b), S. 175; Teigen/Brun (2003), S. 125; Laux et al. (2012), S. 109 ff.; Sellmaier (2000), S. 18 ff.; Eisenführ et al. (2010), S. 175 ff.

1153 Vgl. Siegrist/Keller (2011), S. 1052 ff.; Mata et al. (2005), S. 539 f.; Gigerenzer/Hoffrage (1995), S. 693 ff.; Tversky/Kahneman (1983), S. 308 f.; Gigerenzer et al. (2007), S. 69; Price (1998), S. 284 ff.; Gigerenzer (1991), S. 89 ff.

1154 Sofern die Forschung diesbezüglich vertieft wird, könnte u. a. getestet werden, welche Ansätze unter bestimmten Rahmenbedingungen zu den zutreffendsten Urteilen führen oder mit welchem Konzept eine konkrete Person am besten zurechtkommt.

tungen gesprochen wird, um eine sehr enge neo-bayesianische Sichtweise, die nur von einer Minderheit der Statistiker geteilt wird. Folglich scheint diese strenge Auslegung mit dafür verantwortlich zu sein, dass es zu derart häufigen und gravierenden Abweichungen von der vorgegebenen Norm kommt. Hierfür spricht, dass diese Interpretation bereits auf theoretischer Ebene stark angegriffen wird und zweifelhaft ist, ob die normativen Vorgaben für Menschen derzeit überhaupt umsetzbar sind.[1155] Teils wird die Güte subjektiver Urteile sogar negativ beeinflusst, wenn Individuen dazu angehalten werden, konkrete numerische Wahrscheinlichkeiten abzugeben. Durch die Fokussierung auf Zahlenwerte, die mit normativen Standards verglichen werden können, wenden die Individuen bestimmte, von ihnen ansonsten kaum eingesetzte Regeln an. Dies wirkt sich insbesondere deshalb nachteilig auf ihre Einschätzungen aus, weil sie von jenen häufig eine unzutreffende Auffassung besitzen.[1156] In Abbildung 40 sind die zentralen Aussagen dieses Teilabschnitts nochmals aufgeführt.

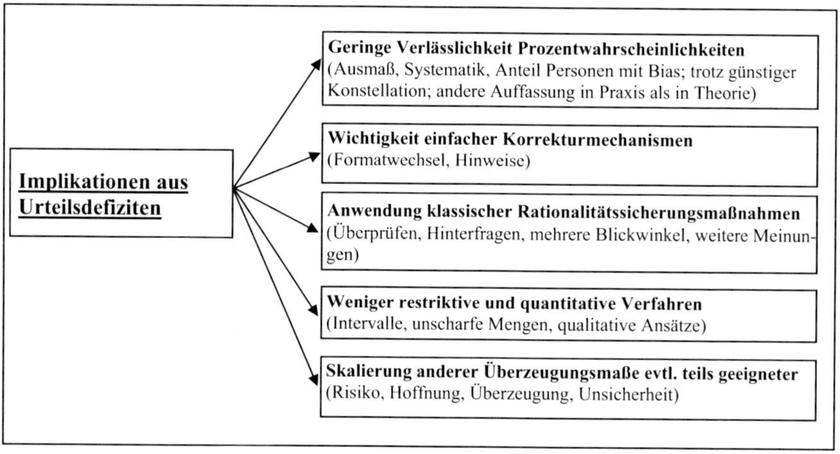

Abbildung 40: Folgerungen aus den im Experiment festgestellten Einschätzungsverzerrungen (eigene Darstellung)

[1155] Vgl. Gigerenzer (1991), S. 86 f.; Shafer (1976), S. 16 f.; Dürr/Mayer (2017), S. 19; von Mises (1972), S. 20 f. Mittel- bis langfristig kann sich dies eventuell ändern, wenn die Menschen mit den statistischen Konzepten noch vertrauter sind und bessere Urteilsfähigkeiten bei diesen Konstrukten besitzen. Gegenwärtig lassen jedoch diverse Phänomene wie die in Kapitel 5.2.1 und 5.2.2 beschriebenen Besonderheiten Zweifel an der problemlosen Erfüllbarkeit der präskriptiven Leitlinien aufkommen.

[1156] Vgl. Windschitl (2000), S. 196.

9.2 Schlussfolgerungen aus der Wirksamkeit der eingesetzten Gegenmaßnahmen

Trotz der eben vorgebrachten Einschränkungen sind bei Schaffung der richtigen Voraussetzungen mit dem Konstrukt der numerischen Punktwahrscheinlichkeiten gute Vorhersagen erzielbar. Nachstehend werden die Implikationen aus den Auswirkungen des Formatwechsels von Prozentwerten auf relative Häufigkeiten sowie der Verwendung zusätzlicher Hinweise gezogen, bevor abschließend beide Maßnahmen einander gegenübergestellt werden.

9.2.1 Abweichungsreduzierung durch Anpassung des Zahlenformats

Aufgrund der Veränderung des Zahlenformats konnte im Experiment der Mittelwert der Abweichung zwischen den Wahrscheinlichkeiten für die Elektronik von 5,10 % auf 0,41 % und damit auf weniger als ein Zwölftel seines ursprünglichen Ausmaßes reduziert werden. Auch die Varianz, die in ihren absoluten Werten deutlich zu hohen Schätzungen sowie der Anteil an Probanden mit Unpacking Bias gingen stark zurück. Trotzdem traten nach wie vor bei der Mehrzahl der Probanden Differenzen auf, die teils sogar noch statistisch signifikant waren.

Dieses Bild bei Verwendung relativer Häufigkeiten ist hinsichtlich der Sinnhaftigkeit des Einsatzes subjektiver Wahrscheinlichkeiten als derzeit bestmöglicher Status Quo festzuhalten. Es existieren nach wie vor Verzerrungen bei der Mehrheit der abgegebenen Urteile, die aber meist überschaubar bleiben, so dass die hohen Anforderungen an einen rationalen Akteur bereits relativ gut erfüllt werden. Umgekehrt stellt sich die Frage, inwieweit es überhaupt möglich ist, bei allen Personen komplett rationale Einstufungen auszulösen. Dies gelingt weder bei den diversen Studien in allen möglichen Fachbereichen,[1157] noch wie es der Alltag zeigt, bei Prüfungen in Schule, Studium oder Ausbildung, wo stets genügend Teilnehmer mit zumindest nicht optimalen Leistungen zu finden sind.[1158]

Prinzipiell sollte somit bei Verwendung subjektiver Wahrscheinlichkeiten auf das Format der relativen Häufigkeiten zurückgegriffen werden. Jenes ist gegenüber den wesentlich weiter verbreiteten Prozentwerten besser geeignet, da diese Darstellungsart dem menschlichen Geist

[1157] Vgl. nur beispielhaft Price (1998), S. 285; Tversky/Koehler (1994), S. 554; Gigerenzer (1991), S. 91 u. 95.
[1158] Vgl. auch hierzu lediglich exemplarisch Knospe (2012), S. 21 ff.; Schrauth et al. (2005), S. 2005 ff.

aus evolutionstheoretischer Sicht eher entspricht. Im Laufe der jahrtausendelangen menschlichen Entwicklung bestand die einzige Möglichkeit, sich ein Bild von der Eintrittsfrequenz interessierender Sachverhalte zu verschaffen, in den relativen Vorkommenshäufigkeiten wie sie anhand einer Reihe von Situationen aufgenommen werden konnten. Folglich können Menschen Ereignisserien auf diese Weise besser verarbeiten als mit dem erst vor einigen Jahrhunderten entwickelten Konzept der Wahrscheinlichkeiten.[1159] Auch andere Formatvariationen, wie die Darstellung eines Verlustes als Dezimalzahl, Prozentwert oder absoluter Geldbetrag üben starken Einfluss auf Entscheidungen aus,[1160] was die Bedeutung der Art der numerischen Information auf die Urteile von Menschen zusätzlich untermauert.

Besonders vorteilhaft an der Umstellung des Zahlenformats ist neben der hohen Wirksamkeit die Tatsache, dass diese keinen zusätzlichen kognitiven Aufwand verursacht. Durch die Modifikation wird lediglich ein geeigneterer Algorithmus im menschlichen Gehirn aktiviert, der zur Verbesserung der Einschätzungen führt.[1161] Anders als bei bewusst zu verarbeitenden Informationen, wie Hinweisen, wird keine höhere Geistesleistung benötigt.[1162] Derartige Instrumente stellen daher eine besonders attraktive Lösung dar, weshalb vor allem solche Methoden als Stabilisierungsmaßnahmen erforscht und eingesetzt werden sollten. Weitere Möglichkeiten sind u. a. Grafiken, Tabellen und eine besonders eingängige Ausdrucksform, durch die allesamt ein tiefergehendes Verständnis für einen Sachverhalt erzeugt werden kann.[1163]

Die Bedeutung des Wissens um solche wirksamen Maßnahmen sowie die Notwendigkeit sie einzusetzen ergibt sich für einen Controller als Business Partner v. a. durch seine Verantwortung für die Informationsversorgung sowie den Rahmen für die Planung, was auch die Prozessgestaltung bei zentralen Projekten wie Investitionen beinhaltet.[1164] Die bestmögliche Erledigung dieser Aufgaben bedeutet nicht nur, dem Empfänger Informationen in verständlicher Sprache, auf vernünftigem Abstraktionsniveau sowie durch Grafiken unterstützt vorzulegen. Zusätzlich muss dies auf eine Weise erfolgen, die das Fehlerrisiko für den Adressaten minimiert. Nachdem bestimmte Formate negative Auswirkungen auf die Urteilsqualität haben, sollten nur diejenigen herangezogen werden, die unter den konkreten Rahmenbedingungen zu

---

1159 Vgl. Gigerenzer/Hoffrage (1995), S. 686 f. Noch grundsätzlicher kann in diesem Zusammenhang konstatiert werden, „From animals to neural networks, systems seem to learn about contingencies through sequential encoding and updating of event frequencies", Gigerenzer/Hoffrage (1995), S. 686.

1160 Vgl. Rubaltelli (2005), S. 20 ff.

1161 Vgl. Gigerenzer/Hoffrage (1995), S. 685.

1162 Vgl. Anglim (2013), S. 1 f.; Parasuraman/Manzey (2010), S. 381 ff.; Haider/Frensch (1996), S. 305 f.

1163 Vgl. Gigerenzer/Hoffrage (1995), S. 701; Peters et al. (2007), S. 179 ff.; Gigerenzer et al. (2007), S. 53.

1164 Vgl. Weber/Schäffer (2013), S. 66 ff.; Järvenpää (2007), S. 100; IMA (2008), S. 2; Goretzki/Messner (2014), S. 10; Biel (2014), S. 8 f.; Vogt (2008), S. 3.

den bestmöglichen Einschätzungen führen. Gemäß dieser Logik wurden in der empirischen Erhebung die Hinweise mit den Wahrscheinlichkeiten als relative Häufigkeiten kombiniert und damit auf der nach derzeitigem Wissen optimalen Art der Gestaltung aufgesetzt.[1165] Die wichtigsten Gedanken dieses Teilkapitels sind nachfolgend wiederum grafisch festgehalten.

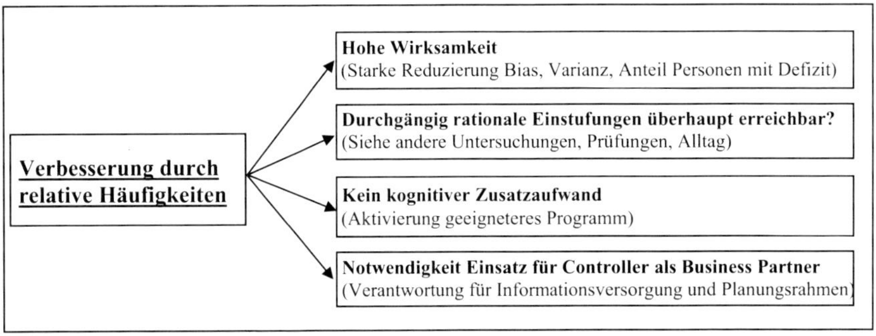

Abbildung 41: Implikationen aus den positiven Effekten der Formatumstellung in der empirischen Untersuchung (eigene Darstellung)

9.2.2 Folgen des Einsatzes zusätzlicher Hinweise

9.2.2.1 Potentielle Ursachen für die Wirkungslosigkeit von Instruktionen

Die aus der Literaturanalyse abgeleiteten denkbaren Ursachen für die festgestellte weitgehende Wirkungslosigkeit der Hinweise lassen sich vorab so zusammenfassen, dass Menschen aufgrund der Art ihrer Problemlösung diesen gegenüber nicht besonders aufgeschlossen sind. Dadurch finden Instruktionen nur eingeschränkten Zugang, was ihre Wirksamkeit stark einschränkt. Am zutreffendsten kann das unter 8.3.2 beschriebene Bild erläutert werden, wenn die Hinweise als zusätzliche Textbelastung aufgefasst werden.[1166] Grundsätzlich strömen auf Individuen viele, oft zu viele Informationen ein, wenn sie mit Problemen konfrontiert sind, v. a. sofern diese höhere Komplexität aufweisen. Folglich bietet es einen Vorteil für deren Hand-

[1165] Eine Verwendung der Instruktionen gemeinsam mit dem aller Voraussicht nach suboptimalen Format der Prozentwahrscheinlichkeiten hätte somit einer Situation entsprochen, in der z. B. Grafiken bewusst unübersichtlich aufgemacht sind oder eine umständliche bzw. schwer verständliche Sprache verwendet wird.

[1166] Vgl. Bowden (1997), S. 567.

lungsfähigkeit, wenn die Informationsfülle reduziert werden kann, ohne dass es zu größeren Fehlern bei der Aufgabenbewältigung kommt.[1167]

Am leichtesten kann dieses Ziel eingehalten werden, wenn es gelingt relevante und redundante Informationen zu separieren und sich auf die bedeutsamen Bereiche zu konzentrieren. Hierzu ist generelle Erfahrung im vorliegenden Aufgabengebiet von Vorteil, andererseits aber auch Übung mit der konkreten Thematik notwendig. Nur so kann die Auswahl der richtigen Dimensionen oder eine angemessene Abstrahierung bei bestimmten Facetten unter gleichzeitiger Ausklammerung kaum relevanter Daten gelingen.[1168]

Eine zweite Vereinfachungsmöglichkeit besteht in sicherheitskritischen Umgebungen darin, die Schutzvorkehrungen mehr oder minder außer Acht zu lassen. Je häufiger ein solches Vorgehen ohne Auftritt eines Schadens praktiziert wurde, umso sorgloser agieren die Personen. Grundsätzlich vereinfachen sie ihr mentales Modell, um die am besten geeignete Handlungsstrategie für Routinesituationen zu erhalten. Bei Änderungen dieses gewohnten Ablaufes, aufgrund besonderer äußerer Umstände, kann ein solches Prozedere jedoch große Gefahren in sich bergen, wozu bereits geringe Abweichungen ausreichen.[1169]

Desweiteren wird bei hoher Belastung und Vorhandensein entsprechender Optionen gern automatischen Systemen bei der Erledigung bestimmter Aufgaben völlig vertraut oder es werden unreflektiert Entscheidungshilfen angewandt. Sofern diese standardisierten Abläufe für die vorliegende Konstellation nicht zu einhundert Prozent passen, wovon meist auszugehen ist, kommt es zu suboptimalen Ergebnissen. Daher werden diese beiden Lösungsstrategien als Automation Complacency bzw. Automation Bias bezeichnet. Deren gemeinsames Merkmal ist die knappe Ressource Aufmerksamkeit, die für alle Aspekte der vorliegenden Aufgabe nicht ausreicht, weshalb auf irgendeine Weise eine Vereinfachung erreicht werden muss.[1170]

Sofern die Informationsfülle durch die drei beispielhaft genannten oder andere Strategien nicht ausreichend reduziert werden kann, droht die Informationsüberlastung einer Person. Nachdem Aufmerksamkeit und Gedächtniskapazität eines Menschen begrenzt sind,[1171] ist es

---

[1167] Vgl. Lüdtke/Möbus (2005), S. 2; Lüdtke (2005), S. 117; Parasuraman/Manzey (2010), S. 381 f.; Haider/Frensch (1996), S. 304 f.

[1168] Vgl. Haider/Frensch (1996), S. 304 f.; Regehr (1992), S. 3 ff.

[1169] Vgl. Lüdtke (2005), S. 117; Lüdtke/Möbus (2005), S. 1 f.

[1170] Vgl. Parasuraman/Manzey (2010), S. 381 f.

[1171] Vgl. von Nitzsch (2014), S. 3 ff.

erforderlich, die kognitiven Ressourcen schonend einzusetzen. Dies geschieht meist unbewusst und trägt die Gefahr unzureichender Informationsbewältigung sowie verzerrter Urteils- und Entscheidungsbildung durch die getätigten Vereinfachungen in sich.[1172] Beispiele sind eine vereinfachte Wahrnehmung durch Vernachlässigung scheinbar wenig relevanter Aspekte,[1173] Verfügbarkeitseffekte[1174] sowie Repräsentativitätsheuristiken.[1175]

Auf das Experiment übertragen, sind somit die im nächsten Abschnitt beschriebenen Verhaltensmuster plausibel.

9.2.2.2 Eingeschränkte Wirksamkeit der Hinweise im Experiment

Während der Erhebung strömen trotz kurz gehaltener Aufgabenstellung viele Informationen auf die Probanden ein. Folglich versuchen sie diese Menge zu verringern. Da bei der Schilderung des Sachverhaltes keine Redundanzen vorhanden sind und so kaum Passagen ausgeklammert werden können ohne das Gesamtverständnis zu gefährden, bieten sich v. a. die Hinweise, die zudem am Ende stehen, an. Diese werden entweder ganz weggelassen oder nur überflogen, so dass sie wirkungslos bleiben. Nachdem Menschen in der Realität sogar wichtige sicherheitsrelevante Punkte außer Acht lassen, um eine Vereinfachung der Situation zu erreichen, liegt ein solches Verhalten nahe. Dabei ist durchaus denkbar, dass einige Teilnehmer die Hinweise noch lesen und erfassen, ihnen aber bei der späteren Lösung der Aufgabe deren Einbeziehung zusätzlich zu anderen Faktoren zu mühsam wird.

Für eine noch stärkere Vereinfachung können die Probanden, unabhängig davon wie aufmerksam sie sich die Konstellation durchgelesen haben, eine in ihrem Leben zumindest vermeintlich bewährte standardisierte Lösungsstrategie im Sinne einer Heuristik heranziehen. Auch in diesem Fall werden die Hinweise in der Regel ihre Wirkung nicht entfalten, außer sie führen zur Wahl einer besseren Heuristik.

Ebenso können die Personen ihr bestes geben und alle relevanten Größen miteinbeziehen. Wenn sie jedoch einer Informationsüberlastung unterliegen, nimmt ihr Gehirn unterbewusst

[1172] Vgl. Volnhals (2010), S. 43.
[1173] Vgl. Kahneman/Tversky (1979), S. 271.
[1174] Vgl. Nisbett/Ross (1980), S. 45.
[1175] Vgl. Tversky/Kahneman (1983), S. 295 ff.; von Nitzsch (2014), S. 28 ff.

Erleichterungen vor, die ebenfalls wieder zu suboptimalen Resultaten führen.[1176] Mit Blick auf die Ergebnisse ist dieser sogenannte Information Overload, zumindest aber eine hohe kognitive Belastung bei vielen Probanden zu vermuten. Diese Tatsache würde erklären, dass die Hinweise im Mittel nicht nur wirkungslos geblieben sind, sondern sogar zu einer leicht rückläufigen Güte der Ergebnisse bei der Gruppe mit zusätzlichen Hinweisen gegenüber den Personen, denen nur das Format der relativen Häufigkeiten vorgelegt wurde, geführt haben.

Eine solche Sachlage würde auch erläutern, warum Personen trotz Wahrnehmung der Hinweise und der Auskunft, dass ihnen diese weitergeholfen haben, nicht besser abschnitten als die übrigen Gruppenmitglieder. Letztere haben womöglich durch Ausblendung der Zusatzinformation ihre kognitiven Ressourcen soweit geschont, dass sie die Kernaufgabe erst einmal zutreffender aufgenommen haben. Zwar machen die positiven Effekte aus den Hinweisen bei den gewissenhafteren Teilnehmern wieder einiges wett, können aber den anfänglichen Nachteil nicht ausgleichen, nachdem die Ergebnisse sowohl bei den Personen, die die Hilfestellung wahrgenommen haben, als auch bei denen, für die diese hilfreich war, etwas schlechter als bei ihren Kollegen ausfielen.

Mit der Informationsbelastungsperspektive lässt sich desweiteren begründen, warum die längere Version des Hinweises in der Untersuchungsgruppe gegenüber der kürzeren Variante in der Kontrollgruppe ebenfalls zu keiner signifikanten Verbesserung führte. Zumindest ist eine positive Tendenz festzustellen, so dass die Vorteile aus der ähnlichen Wiederholung des Inhalts der kürzeren Hilfe sowie durch ergänzende Information die zusätzliche kognitive Belastung durch den längeren Text etwas mehr als aufwiegen.

Auch die stagnierende Zufriedenheit mit den eigenen Schätzungen trotz eines weiteren Anhaltspunktes ergibt unter diesem Gesichtspunkt Sinn. Die Probanden sind einer höheren Belastung ausgesetzt, welche gegenläufig zu den positiven Emotionen über die zusätzliche Erklärung und ein zumindest teilweise besseres Verständnis der Aufgabenstellung ist. Dieses Ergebnis deckt sich mit Untersuchungen zum Information Overload, in denen Personen keine Veränderung in ihrem Sicherheitsempfinden aufwiesen, wenn eine angemessene Datenmenge auf ein zu hohes Volumen erhöht wurde.[1177]

1176 Vgl. Volnhals (2010), S. 34 ff.; Anderson et al. (1996), S. 221.
1177 Vgl. Volnhals (2010), S. 221 f.

Grundsätzlich spielt der persönliche Faktor eine wichtige Rolle. Im Gegensatz zur Situation bei den Durchschnittswerten ist der Anteil der Personen ohne Unpacking Bias bei der Elektronik oder zwischen Hydraulik und Pneumatik des Maximum Acceleration in der Gruppe mit zusätzlichen Hinweisen merklich höher als für die Probanden mit dem Wahrscheinlichkeitsformat der relativen Häufigkeiten alleine. In der erstgenannten Gruppe wiesen 19,18 % der Teilnehmer in beiden und weitere 42,47 % für einen der beiden Fälle keine Differenz auf, mit Formatwechsel alleine waren es hingegen nur 11,54 % sowie 37,18 % der Individuen. Offenbar konnte ein Teil der Personen die Aufgabenstellung besser und somit auch noch die Hinweise korrekt verarbeiten, während andere Individuen in den Bereich der Informationsüberlastung und dadurch zu stärker verzerrten Schätzungen gelangten.[1178] Denkbare persönliche Faktoren, die für derartige Konstellationen u. a. eine Rolle spielen, sind konkrete, für die vorliegende Situation nützliche Erfahrungen,[1179] Übung in diesem Themengebiet[1180] sowie höhere kognitive Fähigkeiten, zumindest im mathematischen Bereich.[1181]

Bei den Probanden, die jeweils übereinstimmende Ausfallwahrscheinlichkeiten abgaben, muss nicht zwingend eine bewusste Aufnahme der Hinweise und damit auch keine korrekte Wiedergabe bei der entsprechenden Frage im Zusatzbogen erfolgt sein. In anderen Untersuchungen wurde nachgewiesen, dass „unreportable hints“[1182], welche die Testpersonen nur unbewusst aufnehmen, ebenfalls zu einer günstigeren Lösung führen können.[1183] Diese lenken anfangs unzutreffende Gedanken in die richtige Richtung und bedingen dadurch Verbesserungen bis hin zu einem, im besten Fall, fehlerfreien Ergebnis.[1184] Gerade unspektakuläre, wenig überraschende und vertraute Sachverhalte werden schlechter behalten als Konstellationen mit gegensätzlichen Eigenschaften.[1185] Die Instruktionen enthalten eine mathematische Regel, die Menschen im Laufe ihrer schulischen Bildung häufig begegnet[1186] und der eher trockenen Materie der Wahrscheinlichkeitstheorie entstammt. Entsprechend war für einige

---

1178 Vgl. hierzu auch Untersuchungsergebnisse zur Wahrnehmung aufgabenbezogener Informationen. Dort kommt es ebenfalls zu systematischen Unterschieden zwischen den Personen, vgl. Rothermund (2003), S. 351.

1179 Vgl. Libby (1995), S. 179; Rose et al. (2007), S. 117 ff.; Sah et al. (2010), S. 207; Lejarraga et al. (2011), S. 6; Lehmann/Norman (2006), S. 68; Kahneman/Klein (2010), S. 59 f.; Frederickson et al. (1999), S. 162 f.; Dane (2008), S. 1; Chung/Monroe (2000), S. 148 f.

1180 Vgl. Vicki (2010), S. 18 f.; Carrington (2007), S. 24 ff.; Anonymus (2011), S. 4; Overton (2009), S. 21 f.

1181 Vgl. Peters et al. (2006), S. 407; Wright et al. (2009), S. 109; Dickert et al. (2011), S. 639; Chapman/Liu (2009), S. 34; Peters et al. (2008), S. 621; Ancker/Kaufman (2007), S. 719.

1182 Bowden (1997), S. 546.

1183 Vgl. Bowden (1997), S. 546 und 565.

1184 Vgl. Bowden (1997), S. 549.

1185 Vgl. Patalano/Seifert (1994), S. 240.

1186 Vgl. u. a. Bosch (2012), S. 59 f.; Schira (2016), S. 226 ff.; Dürr/Mayer (2017), S. 29 f.; Storm (2007), S. 27 ff.; Fisz (1989), S. 27 ff.; Tiede/Voß (2000), S. 30 ff.

Probanden die Erinnerung an diese Vorgabe vermutlich nützlich, ist aber nicht bis in ihr Bewusstsein vorgedrungen oder wurde zumindest bei der späteren Abfrage nicht mehr erinnert.

Individuelle Faktoren spiegeln sich nicht nur in den Resultaten und der Belastbarkeit wider, sondern in der gesamten Herangehensweise an eine Aufgabe. Auch hier spielt der persönliche Hintergrund eine große Rolle. Wie die Untersuchungsergebnisse zeigen, halten sich manche Teilnehmer zu stark an die Vorgaben und vernachlässigen dadurch andere Aspekte der Aufgabe, während weitere Probanden nicht annähernd so gewissenhaft agieren. In der Regel orientieren sich unerfahrene Personen stärker an objektiven Richtlinien als Individuen, die die Materie gut kennen.[1187] Ebenso ist den einzelnen Menschen eine gute Lösung der vorliegenden Konstellation unterschiedlich wichtig, was z. B. an der konkreten Aufgabe, generellen Eigenschaften der Person oder ihrer momentanen Stimmung liegen kann.[1188]

Auch ist zu bedenken, dass zwar der Ersteller eines Experiments um die große Bedeutung seiner Hinweise weiß, die Probanden dagegen nicht. Entsprechend erfolgt bei diesen anhand ihrer bisherigen Erfahrungen eine Abschätzung, ob und in welchem Maße sie sich den Instruktionen widmen sollen. Das Ergebnis wird, je nach der grundsätzlichen Einstellung einer Person zur Nützlichkeit von Instruktionen, unterschiedlich ausfallen, auch deshalb, weil das mühsame Verarbeiten von Hinweisen nicht zwangsläufig die effizienteste Form der Aufgabenbewältigung darstellt. Andere Strategien wie Trial and Error oder das Erforschen des vorliegenden Sachverhaltes können besser funktionieren und attraktiver für den Einzelnen sein.[1189] Manche Teilnehmer haben zudem die Erfahrung gemacht, dass der normale Text bereits alle notwendigen Informationen enthält und die Instruktionen nur die zentralen Inhalte noch einmal ausführlicher und besser erklärt wiedergeben. Somit fassen sie diese Passage als redundante Information auf, die sie nicht weiter beachten.[1190]

Ein grundsätzlicher Einwand besteht darin, inwieweit die einzelnen Probanden den Angaben zur vorliegenden Konstellation überhaupt vertraut haben. Einige Teilnehmerkommentare zeigen die Befürchtung, dass sie in der Untersuchung in die Irre geführt werden sollten. Nach-

1187 Vgl. East (1992), S. 167; Knill et al. (2012), S. 241.
1188 Vgl. Anglim (2013), S. 1.
1189 Vgl. ebenda.
1190 Vgl. Haider/Frensch (1996), S. 332 f.

dem dies bei Experimenten ab und an der Fall ist,[1191] ist eine solche Einstellung nachvollziehbar und kann trotz aller Bemühungen wohl bei keiner Erhebung ganz eliminiert werden.

Aufgrund all dieser einschränkenden Faktoren verwundert es nicht, dass auch bei anderen Experimenten kein genereller Effekt dieser Maßnahme festgestellt wurde.[1192] Ferner werden in Verbindung mit weiteren Untersuchungen explizit die kognitiven Ressourcen hervorgehoben, die bewusst zu verarbeitende Instruktionen beanspruchen.[1193] Jene sind umso höher und der Nettonutzen umso geringer, wenn auch nicht zielführende Passagen in den Hilfen enthalten sind. Gleichzeitig kann es sein, dass Hinweise nicht die Lösungsalternativen einer Person beeinflussen, sondern lediglich deren Reihenfolge innerhalb der ablaufenden kognitiven Prozesse verändern.[1194]

Für deren Wirksamkeit scheint ferner der Zeitpunkt innerhalb des Problemlösungsprozesses, zu dem die Hilfestellung erfolgt, von großer Bedeutung. Die höchste Aufnahme- und Umsetzungsbereitschaft ist gegeben, wenn sich die betreffende Person bereits eingehend mit der Thematik auseinandergesetzt hat, aber momentan keine Lösung findet.[1195] Zu einem früheren Zeitpunkt existiert noch keine ausreichende mentale Repräsentation des Sachverhalts, während sich der Entscheidungsträger nach Überwindung des toten Punktes bereits auf eine Lösung fixiert hat und eine entsprechend selektive Wahrnehmung aufweist.[1196] Dieser Moment des Feststeckens[1197] ist schwer zu treffen bzw. ist fraglich, ob es bei der Schätzung von Wahrscheinlichkeiten überhaupt zu einem solchen Augenblick kommt, zumal die Fehler den Probanden unbewusst passieren.

Schließlich ist noch zu erwähnen, dass die Hinweise nicht nur mit anderen lösungserheblichen Informationen um die knappe Aufmerksamkeit eines Menschen konkurrieren, auch irrelevante Sachverhalte wie andere Ziele oder ungelöste Probleme binden kognitive Ressourcen.[1198] All diese vorgenannten Punkte verdeutlichen, wie schwer Menschen mit Hinweisen zu erreichen sind und liefern eine Erklärung für das im Experiment vorgefundene Bild.

1191 Vgl. Hertwig/Ortmann (2008), S. 59 ff.; Bardsley (2000), S. 215; Bonetti (1998), S. 377 ff.; Christensen (1988), S. 664 ff.; Wallster et al. (1967), S. 371.
1192 Vgl. Moss et al. (2011), S. 143 f.
1193 Vgl. Bowden (1997), S. 567.
1194 Vgl. Bowden (1997), S. 564.
1195 Vgl. Moss et al. (2011), S. 140 und 145.
1196 Vgl. Moss et al. (2011), S. 145 f.
1197 Vgl. hierzu auch Patalano/Seifert (1994), S. 235.
1198 Vgl. Shah/Kruglanski (2002), S. 368 ff.; Rothermund (2003), S. 343 ff.; Haider/Frensch (1996), S. 306 f. u. 334 f.; Bowden (1997), S. 545 u. 564; Parasuraman/Manzey (2010), S. 381 ff.

9.2.2.3 Implikationen aus der weitgehenden Ineffizienz der Hinweise

Bei der Interpretation der Ergebnisse und dem Vergleich der Wirksamkeit der beiden Maßnahmen ist grundsätzlich zu beachten, dass die Hinweise bei einer Version angewendet wurden, bei der die Einschätzungsdefizite nur noch einen Bruchteil ihres ursprünglichen Ausmaßes betrugen. Entsprechend ist zunächst nochmals die Frage zu stellen, inwieweit selbst unter besten Bedingungen und mit sehr fähigen Probanden überhaupt durchgängig rationale Urteile erreichbar sind?

Gerade deshalb erschienen jedoch die Hinweise, mittels derer die zentralen Schwierigkeiten der Aufgabenstellung und deren Lösung besonders deutlich vermittelt werden können, als geeignetster Ansatz, um eine weitere spürbare Verbesserung herbeizuführen. Durch Einnahme einer Informationsbelastungsperspektive konnte die festgestellte, zumindest vordergründig kaum vorhandene Wirkung der Instruktionen im Experiment aber schlüssig begründet werden. Mit dieser Sichtweise lassen sich auch deren generelles Potential und sinnvolle Anwendungsgebiete ableiten. Tendenziell sollte ihre Wirksamkeit mit abnehmender Informationsbelastung der betroffenen Person steigen. Eine Verbesserung gegenüber der Experimentsituation ist etwa in einem vertrauten Sachgebiet, in dem weniger neue Komponenten enthalten sind,[1199] bei einer kürzeren Aufgabenstellung oder wenn knappere Instruktionen möglich sind, gegeben. Ebenso kann die kognitive Belastung eines Individuums dadurch reduziert werden, dass die Anweisungen grafisch unterstützt werden.[1200] Auch ausreichende Zeit für die Auseinandersetzung mit den Daten, wodurch u. a. wiederholtes Lesen, eine Verarbeitung über mehrere Tage sowie Rücksprache mit anderen Menschen möglich wird, erleichtert die Situation.[1201] Zudem können die persönliche Erläuterung der Hinweise durch den Berichtersteller,[1202] Trainingsprogramme zur angemessenen Verwendung von Instruktionen sowie entsprechendes negatives Feedback, wenn den Anweisungen nicht Folge geleistet wird,[1203] zu einer höheren Effektivität dieser Maßnahme führen.

Somit sollte aus der weitgehenden Wirkungslosigkeit dieses Instrumentes im Experiment nicht gefolgert werden, dass Hinweise zur Reduzierung menschlicher Fehler gänzlich unge-

1199 Vgl. Taylor (1975), S. 81; Perkins/Rao (1990), S. 2; Dane (2008), S. 1; Fisher et al. (2003), S. 173; Sah et al. (2010), S. 208.
1200 Vgl. Garcia-Retamero/Galesic (2009), S. 2196 ff.; Peters et al. (2007), S. 179; Gigerenzer/Hoffrage (1995), S. 701.
1201 Vgl. Volnhals (2010), S. 61 f.
1202 Vgl. Zayer/Hirsch (2006), S. 655.
1203 Vgl. Anglim (2013), S. 1.

eignet sind. Wie weitere Untersuchungen bereits belegt haben, können diese unter anderen Rahmenbedingungen sehr wohl positive Effekte entfalten,[1204] sogar wenn sie nur so kurz gezeigt werden, dass dies unterhalb der menschlichen Wahrnehmungsschwelle bleibt.[1205] Auch sollte ein noch genaueres Wissen über die Wirkungsweise von Instruktionen zu einer höheren Effizienz dieser führen. Zugleich ist aber festzuhalten, dass bestimmte Menschentypen, v. a. sehr von sich überzeugte Personen, mit Hinweisen kaum zu erreichen sind.[1206] Allgemein ist deren Ergiebigkeit bei einem konkreten Sachverhalt vorab schwer zu prognostizieren.[1207]

Ein grundsätzlicher Vorteil von Hinweisen besteht darin, dass diese es erlauben Informationen weitgehend unbeschnitten, oft nur um einen Kommentar ergänzt, weiterzugeben. Häufig stammen die Daten aus den Fachabteilungen, wo das fundierteste Sachwissen vorherrscht, so dass ansonsten erst einmal eine Aufbereitung durch eine zentrale Instanz erfolgen müsste.[1208] Mit dieser wäre jedoch bereits vor der Zuleitung an den Adressaten eine Veränderung des Sachverhaltes und damit Einflussnahme durch eine fachlich nicht kompetente Stelle verbunden. Desweiteren helfen konkrete Hinweise dabei, die tatsächliche Struktur eines Problems mit seinen spezifischen Einflussgrößen zu verdeutlichen und somit der betroffenen Person klarzumachen, worauf sich ihre Einschätzungen konkret beziehen sollen.[1209] Abbildung 42 enthält nochmals die wichtigsten Aspekte der Kapitel 9.2.2.2 und 9.2.2.3.

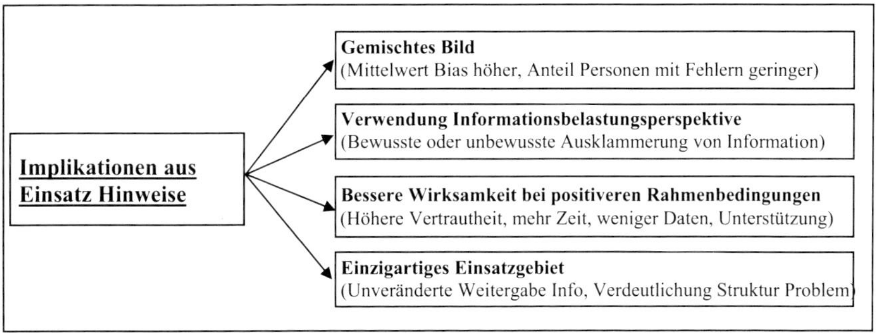

Abbildung 42: Zentrale Schlussfolgerungen aus der Wirkung der Hinweise (eigene Darstellung)

[1204] Vgl. Moss et al. (2011), S. 145 ff.; Rogers et al. (2000), S. 103; Rothermund (2003), S. 343.
[1205] Vgl. Bowden (1997), S. 564 ff.
[1206] Vgl. Weber/Schäffer (2016), S. 41; Anglim (2013), S. 1 f.
[1207] Vgl. Moss et al. (2011), S. 140 ff.; Bowden (1997), S. 564 ff.
[1208] Zwar existieren in den Betrieben meist Regelwerke, die gerade für betriebliche Investitionen gewisse Standards und Konventionen festlegen, dennoch sind den Möglichkeiten der Vereinheitlichung und damit generellen Verständlichkeit doch Grenzen gesetzt, vgl. Weber/Veit (2004), S. 25 f.; Demmer et al. (2004), S. 8.
[1209] Vgl. Tversky/Kahneman (1983), S. 299 ff.; Mata et al. (2005), S. 539 f.; Gigerenzer et al. (2007), S. 86 ff.

9.2.3 Vergleich der eingesetzten Gegenmaßnahmen

Angesichts der angesprochenen positiven Effekte, aber auch Einschränkungen, bietet es sich an, die beiden Maßnahmen bezüglich ihrer Eignung zur Verbesserung menschlicher Urteile gegenüberzustellen. Zentral ist dabei, dass der Formatwechsel unterbewusst wirkt, während die Hinweise bewusst verarbeitet werden müssen. Dabei scheint die erste Modifikation einer Einstufungsverbesserung zuträglicher zu sein als die zweite, was für den Kontext einer betrieblichen Investitionsentscheidung in besonderem Maße gilt.

Der unmittelbare Vergleich der Effekte beider Maßnahmen ist jedoch nicht möglich, da aus den unter 9.2.1 genannten Gründen die Hinweise mit dem geeigneteren Wahrscheinlichkeitsformat der relativen Häufigkeiten kombiniert wurden. Eine solche Vorteilhaftigkeitsermittlung war aber auch nicht als zentraler Inhalt der Erhebung vorgesehen. Entscheidend war, ob die beiden Instrumente im experimentellen Umfeld insgesamt Wirkung zeigen. Somit kamen die Instruktionen bei einem ungleich niedrigeren Fehlerniveau zum Einsatz als der Formatwechsel, wodurch sich deutliche Auswirkungen auf die noch zu erreichende Verbesserung ergeben. Dennoch lässt es gewisse Schlüsse zu, wenn einerseits eine, zwar um ein Vielfaches höhere Verzerrung auf weniger als ein Zwölftel ihres Ausgangswertes reduziert wird, anschließend aber bei einem nach wie vor signifikanten Bias keine Verringerung, sondern tendenziell sogar wieder ein Anstieg durch die zusätzliche Gegenmaßnahme erreicht wird.

Untermauert werden diese Tendenzen von den Untersuchungen zur Conjunction Fallacy, bei denen beide Maßnahmen alternativ eingesetzt wurden. Dort gelang es bei einem Problem durch den Formatwechsel von Prozentwerten auf relative Häufigkeiten den Anteil an Probanden mit fehlerhaften Einstufungen stärker zu senken,[1210] als bei einer vergleichbaren Aufgabe durch mehrere transparente Formulierungen, die unterschiedlich klar offen legen, dass das zwei Bedingungen erfüllende Ereignis eine Teilmenge der lediglich einer Voraussetzung genügenden Alternative darstellt.[1211] Weiter funktionieren die relativen Häufigkeiten zuverlässiger und sind somit robuster gegenüber wechselnden Umfeldparametern als Hinweise.[1212]

[1210] Vgl. Tversky/Kahneman (1983), S. 308 f. Konkret wurde eine Verbesserung von 65 % auf 25 % erreicht.

[1211] Vgl. Tversky/Kahneman (1983), S. 299 f. Dort kam es nur zu einer Reduzierung von ursprünglich 85 % an Teilnehmern mit Conjunction Fallacy auf bestenfalls 57 %. Dabei reichte die erfolgreichste Hilfestellung, wenngleich nicht explizit als Hinweis gekennzeichnet, in ihrer Klarheit an die im hier durchgeführten Experiment enthaltenen Instruktionen heran, lediglich die zusätzliche formelmäßige Darstellung fehlte.

[1212] Vgl. hierzu Gigerenzer (1991), S. 89 ff.; Mata et al. (2005), S. 539 f.; Gigerenzer/Hoffrage (1995), S. 693 ff.; Price (1998), S. 284 ff. **versus** Anglim (2013), S. 1 f.; Bowden (1997), S. 564 ff.; Moss et al. (2011), S. 140 ff.

Ferner bieten sich gerade für den Kontext der betrieblichen Investition Maßnahmen besonders an, die im Unterbewusstsein wirken. Im Umfeld derart komplexer Entscheidungen ist die Informationsbelastung der agierenden Personen sehr hoch, worunter die Wirksamkeit von Instrumenten leidet, die zusätzliche geistige Ressourcen beanspruchen. Dort sind Modifikationen, die eine Urteilsverbesserung ohne Belegung weiterer kognitiver Kapazitäten herbeiführen können, besonders attraktiv. Durch die Umstellung von Prozentwerten auf relative Häufigkeiten wird auf ein Format gewechselt, das im menschlichen Gehirn passendere arithmetische Algorithmen auslöst, ohne dass eine zusätzliche Denkleistung notwendig wird.[1213] Somit verstärkt das Themengebiet nochmals die relative Vorteilhaftigkeit des Formatwechsels.

Bei realen Investitionen ist von einer wesentlich höheren Datenflut, Komplexität sowie Unsicherheit als im Experiment auszugehen. Diesen Punkten stehen die Faktoren höherer Routine, von mehr Zeit, des möglichen Austausches mit anderen Personen sowie bereits vorhandener Abläufe als erleichternde Rahmenbedingungen gegenüber. Dennoch wird sich die Situation eher verkomplizieren[1214] und die Verzerrungen damit vergrößern. Ferner geht es meist um enorme Summen, ebenso sind die nicht-monetären Auswirkungen beträchtlich.[1215] Entsprechend sollten nach Möglichkeit beide im Experiment verwendeten Maßnahmen parallel zum Einsatz kommen, wie es bei den Gruppen 3 und 6 realisiert wurde. Insbesondere aufgrund der besseren Vertrautheit mit dem Themengebiet und des günstigeren Zeitfaktors sollten auch geeignete Instruktionen mehr nützen als schaden.

Dies gilt umso mehr, da deren Wirksamkeit durch weitere Mittel wie grafische Untermalung, Erläuterungen, Tabellen, Betonung durch besondere sprachliche Elemente,[1216] persönliche Erläuterung der Instruktionen durch den Berichtsverfasser[1217] oder Trainingsprogramme zur besseren Umsetzung der Hilfestellungen noch ausgebaut werden kann.[1218] Prinzipiell sollte jede Option zur Verbesserung von Urteilen ergriffen werden, sofern dies im jeweiligen Kontext empfehlenswert und realisierbar ist. Wie die Einleitung dieser Arbeit gezeigt hat, werden Entscheidungen oft unter massiven Fehleinschätzungen getroffen, so dass selbst nach erfolg-

1213 Vgl. Gigerenzer/Hoffrage (1995), S. 685.

1214 Vgl. Hölscher (2010), S. 8; Götze (2014), S. 314 ff.; Zimmermann (2003), S. 13; Bleis (2012), S. 7; Allen/Schuster (2004), S. 227; Adam (2000), S. 1 f.; Lagerkvist (2005), S. 1 ff.; Prastacos (1983), S. 118; Pape (2015), S. 310 f.; Blohm et al. (2012), S. 2; Weber et al. (2006), S. 9; Mensch (2002), S. 33; Nair (1995), S. 282.

1215 Vgl. Pape (2015), S. 310 f.; Weber et al. (2006), S. 9; Bleis (2012), S. 4; Blohm et al. (2012), S. 2; Mensch (2002), S. 1; ter Horst (2009), S. 1.

1216 Vgl. Gigerenzer/Hoffrage (1995), S. 701; Peters et al. (2007), S. 179 ff.; Gigerenzer et al. (2007), S. 53.

1217 Vgl. Zayer/Hirsch (2006), S. 654 f.

1218 Vgl. Anglim (2013), S. 1.

reichem Einsatz von relativen Häufigkeiten und Hinweisen meist noch genügend Verbesserungspotential übrigbleiben sollte.

Für die grundsätzliche Verwendung von Hinweisen spricht auch die bereits erwähnte Chance, durch diese Informationen weitgehend unverändert und dennoch verständlich an einen Adressaten weiterzugeben.[1219] Ebenso können bestimmte Instruktionen extrem kurz, unterhalb der menschlichen Wahrnehmungsschwelle gezeigt und somit bessere Lösungen ohne Bindung zusätzlicher kognitiver Ressourcen erzielt werden.[1220] Allerdings ist dieser Bereich stark begrenzt, was gerade für komplexe Einschätzungen wie bei Investitionen gilt.[1221] Weiter sollte mit einer besseren Erforschung ihrer Funktionsweise, nochmals eine wirkungsvollere Anwendung von Hinweisen möglich sein. Schließlich ist in Themengebieten mit geringer Informationsbelastung von einer höheren Effizienz als im abgehaltenen Experiment auszugehen, gerade wenn die Instruktionen durch unterstützende Maßnahmen flankiert werden.[1222]

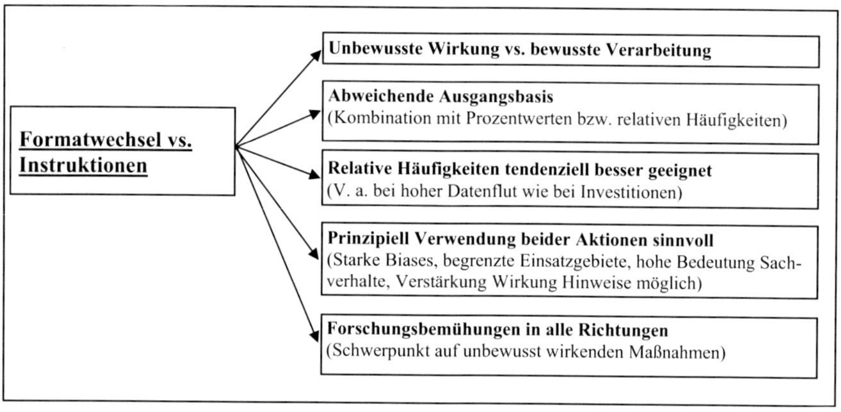

Abbildung 43: Vergleich Wirkung relative Häufigkeiten und Hinweise (eigene Darstellung)

Die Notwendigkeit, auf Hinweise zurückzugreifen, ist umso mehr gegeben, da bessere Alternativen nicht im Überfluss vorliegen und je nach Situation ohnehin immer nur ein Teil aus der

[1219] Vgl. sinngemäß Tversky/Kahneman (1983), S. 299 f.
[1220] Vgl. Bowden (1997), S. 563 ff.
[1221] Vgl. Bowden (1997), S. 568 f. Trotzdem kann auch in diesem Bereich ein entscheidender Impuls durch Hilfestellungen, die außerhalb der bewussten Verarbeitung eines Menschen liegen, ausgelöst werden, vgl. ebenda.
[1222] Vgl. Volnhals (2010), S. 34 ff.; Peters et al. (2007), S. 179; Garcia-Retamero/Galesic (2009), S. 2196 ff.; Anderson et al. (1996), S. 221 f.; Gigerenzer/Hoffrage (1995), S. 701; Baddeley (2000), S. 418 f.; von Nitzsch (2014), S. 3 f.

Gesamtpalette an möglichen Aktionen eingesetzt werden kann. Somit sollten, wie auch der Abschnitt 9.4 noch zeigen wird, Forschungsbemühungen in alle möglichen Richtungen angestellt werden. Allerdings stellen Maßnahmen, die auf unterbewusster Ebene funktionieren, das vielversprechendste Feld dar, so dass auf diese ein Schwerpunkt bei der Suche nach weiteren Instrumenten zur Verbesserung menschlicher Urteile gelegt werden sollte. In Abbildung 43 sind die zentralen Aussagen dieses Teilkapitels wiederum festgehalten.

9.3 Die Irrelevanz persönlicher Merkmale

In der Erhebung wurde der Einfluss diverser individueller Faktoren mituntersucht. Aufgrund des vorliegenden Themengebietes lag ein Hauptaugenmerk auf den numerischen Fähigkeiten, der Berufserfahrung sowie der Einstellung gegenüber dem Konzept der Wahrscheinlichkeiten. Wie die Ergebnisse zeigen, hatten weder diese, noch andere Merkmale einen Einfluss auf die Güte der Teilnehmerschätzungen. Nachstehend werden zunächst die Hintergründe der Irrelevanz jener drei zentralen Eigenschaften betrachtet, bevor im vierten Abschnitt übergreifende Überlegungen unter Einbezug der übrigen erhobenen Merkmale angestellt werden.

9.3.1 Numerische Fähigkeiten

Eine grundsätzliche Frage besteht angesichts des verwendeten Testbogens darin, inwiefern die numerischen Fähigkeiten eines Menschen mittels elf kurzer Fragen überhaupt adäquat abgeprüft werden können.[1223] Hinzu kommt, dass die Skala von Lipkus et al. zwar anerkannt ist und bereits häufig zur Bestimmung arithmetischen Könnens verwendet wurde,[1224] jedoch nicht frei von Schwachstellen ist. Es erscheint zumindest diskussionswürdig, bei der Frage, wie häufig ein fairer Würfel bei 1.000 Versuchen nach ihrer Einschätzung eine gerade Zahl anzeigen wird, Antworten wie 498 Mal als falsch zu bewerten und die Person in ihrer Numeracy herabzustufen. Das Gleiche gilt sinngemäß für die Bitte um den persönlichen Tipp der Probanden dafür, wie viele von 1.000 Personen bei einer Chance von 1 % einen Geldpreis

1223 Nachdem es sich aber nur um einen Nebeneffekt bei der vorgenommenen Untersuchung handelte und somit aus Zeitgründen auf keinen ausführlicheren Test zurückgegriffen werden konnte, wurde diese mögliche Einschränkung bewusst in Kauf genommen.

1224 Vgl. u. a. Wright et al. (2009), S. 111 ff.; Galesic/Garcia-Retamero (2010), S. 463 ff.; Fagerlin et al. (2007), S. 673 ff.; Peters et al. (2006), S. 408 ff.

gewinnen.[1225] Aufgrund seiner umfassenden empirischen Validierung wurde jedoch auf inhaltliche Änderungen am Testbogen verzichtet und nur der Kontext durch die Umstellung von Krankheitsrisiken auf Ausfallwahrscheinlichkeiten, an den des Experiments angepasst.

Als Zweites könnte das Schwierigkeitsniveau des Experiments für die Bedeutungslosigkeit des Merkmals ausschlaggebend gewesen sein. Sofern dieses sehr niedrig oder extrem hoch gewesen sein sollte, könnten die numerischen Fähigkeiten keine Rolle gespielt haben. Im ersten Fall hätten selbst die schwächsten Individuen die gestellte Aufgabe korrekt absolviert, während bei der zweiten Situation sogar die besten Personen überfordert gewesen wären. Entsprechend wären die prinzipiell relevanten Unterschiede nicht zum Tragen gekommen.

Eine Unterforderung der Teilnehmer kann wegen dem mehrheitlich und häufig sehr stark auftretenden Unpacking Bias ausgeschlossen werden, das Phänomen einer Überbeanspruchung ist hingegen grundsätzlich denkbar. Allerdings beträgt bereits in der Grundkonstellation der Anteil an Probanden, die zumindest bei einem der beiden Schätzungspaare keinen Bias aufweisen, über 30 % und wächst auf fast 50 % bei den relativen Häufigkeiten bis auf über 60 % bei Verwendung beider Gegenmaßnahmen. Ferner ist die absolute Höhe der Einstufungen bei den Gruppen, die im Format der relativen Häufigkeiten schätzen durften, überwiegend in Ordnung. Zugleich verändert sich die Rolle, welche die numerische Fähigkeit spielt, zwischen den einzelnen Gruppen trotz ansteigender Qualität der Urteile nicht. Folglich erscheint auch eine starke Überforderung der Teilnehmer als genereller Erklärungsansatz nicht plausibel.

Somit können gewisse Defizite bei der Erfassung sowie die zu hohe Belastung einiger Personen nicht ganz ausgeschlossen werden. Insgesamt bildet jedoch die Robustheit des Unpacking Bias gegenüber allen individuellen Merkmalsvariationen den plausibelsten Erklärungsansatz für die Irrelevanz der numerischen Fähigkeiten beim abgehaltenen Experiment.

9.3.2 Der Faktor Berufserfahrung

Wie die theoretische Diskussion gezeigt hat, sind für eine Person bei höherer Erfahrung in einem Bereich fast immer günstigere Voraussetzungen zur Lösung einer Aufgabe gegeben,[1226]

[1225] Vgl. Lipkus et al. (2001), S. 40.

[1226] Vgl. Kida et al. (2010), S. 24; Dane (2008), S. 1; Fisher et al. (2003), S. 173; Perkins/Rao (1990), S. 2; Taylor (1975), S. 81; Sah et al. (2010), S. 208.

nur vereinzelt sind Nachteile denkbar.[1227] Der Kernpunkt besteht daher darin, ob die erlangten zusätzlichen Kenntnisse im speziellen Umfeld relevant werden und so zu Vorteilen führen.[1228]

In der Untersuchung wurde aufgrund des Kontexts der betrieblichen Investition zur Operationalisierung des Konstruktes der Erfahrung auf den Faktor reguläre Berufstätigkeit zurückgegriffen. Jene bringt mehrere positive Auswirkungen wie geringer verzerrte Einschätzungen in Folge praktischen Feedbacks,[1229] höhere Vertrautheit mit Urteilsprozessen oder tieferes Methodenwissen in dieser Thematik[1230] mit sich, aufgrund derer besser kalibrierte Urteile von bereits im Erwerbsleben stehenden Personen gegenüber jungen Vollzeit-Studenten ohne nennenswerten beruflichen Hintergrund zu erwarten waren. Dieser Wirkungszusammenhang wurde durch die Ergebnisse aber nicht bestätigt, vielmehr fiel das Bias bei den Studenten sogar etwas geringer aus, was jedoch auch zufallsbedingt sein kann.

Ursachen für dieses Bild können darin bestehen, dass im Experiment weder das vertraute Tätigkeitsfeld,[1231] noch viele der in der betrieblichen Praxis üblichen Abläufe vorzufinden waren und so die prinzipiell höheren Fähigkeiten der berufstätigen Individuen nicht richtig zum Tragen kamen. Anhand der während der einzelnen Erhebungen getätigten Beobachtungen sollte zumindest durch die höhere Gewissenhaftigkeit der Business Professionals bei der Bearbeitung der Aufgabenstellung zunächst eine Überlegenheit gegenüber den Studenten gegeben gewesen sein. Auch andere der oben genannten Vorteile könnten trotz ungewohnter Thematik und unüblichem Prozess ansatzweise ihre Wirkung entfaltet haben. Auf der anderen Seite gehört die Bearbeitung abstrakter Cases stärker zum Alltag von Studenten als von im Berufsleben stehenden Menschen.[1232] Auch die durch das alltägliche Studium besser trainierte Fertigkeit zur Aufnahme neuer Sachverhalte und das niedrigere Durchschnittsalter dürften umgekehrt Pluspunkte für die Studenten dargestellt haben.[1233]

Der Hauptgrund für die Wirkungslosigkeit des Attributes Berufserfahrung dürfte jedoch, insbesondere wegen der gleichzeitigen Irrelevanz aller anderen erhobenen Merkmale, in der Ro-

[1227] Vgl. Fisher et al. (2003), S. 173 f.; Kahneman/Klein (2010), S. 61 f.; Chiang et al. (2011), S. 1560 ff.
[1228] Vgl. Kahneman/Klein (2010), S. 61 f.
[1229] Vgl. Jessup et al. (2008), S. 1019; Kida et al. (2010), S. 23 f.
[1230] Vgl. Libby (1995), S. 179; Rose et al. (2007), S. 117 ff.; Lejarraga et al. (2011), S. 6; Sah et al. (2010), S. 207; Lehmann/Norman (2006), S. 68.
[1231] Mit den Fahrgeschäften wurde bewusst ein spezielles Feld gewählt, in dem kaum eine Versuchsperson tätig sein dürfte. Dadurch sollten für alle Probanden gleiche Voraussetzungen vorliegen und keine Verzerrungen durch unterschiedliche Kenntnisse im gewählten Themengebiet erzeugt werden.
[1232] Vgl. Meyer (2003), S. 475 f.
[1233] Vgl. Taylor (1975), S. 78.

bustheit des Unpacking Bias liegen. Wie eben gezeigt, existieren zahlreiche gegenläufige Einzeltendenzen in Verbindung mit der Größe berufliche Erfahrung, was auf die anderen Faktoren übertragbar ist. Es ist bereits bei einer einzelnen Eigenschaft sehr unwahrscheinlich, dass sich die jeweiligen Einflüsse bei allen sechs Gruppen nahezu jedes Mal aufheben, wenn nicht ein dominanter Auslöser existiert, der die Einflüsse aller anderen Umweltparameter überstrahlt. Umso undenkbarer ist dies für über ein Dutzend Merkmale.

9.3.3 Einstellung zum Konstrukt der Wahrscheinlichkeiten

Während für die Kriterien Erfahrung und Numeracy ausreichend Forschungsergebnisse und theoretische Grundlagen vorzufinden waren, konnte für die individuelle Haltung gegenüber Wahrscheinlichkeiten auf keine bereits vorhandenen Überlegungen zurückgegriffen werden, so dass die entsprechenden Fragen komplett neu zu konzipieren waren. Hinzu kommt, dass die Erfassung subjektiver Einstellungen eher schwierig ist.[1234] Somit war von Anfang an klar, dass dieses Attribut das kritischste der drei zentralen Probandenmerkmale darstellen würde. Diese Tendenz bestätigte sich, allerdings aus anderen Gründen als der grundsätzlichen Schwierigkeit persönliche Sichtweisen zutreffend zu erheben oder aufgrund ungeeigneter selbst entworfener Konstrukte.

Anhand der Erkenntnisse aus anderen Studien war bekannt, dass Menschen dazu neigen, bei der Schätzung eines Punktwertes wie der Körpergröße eines Individuums ein gewisses Intervall um die von ihnen genannte Zahl miteingeschlossen zu sehen. Fällt die tatsächliche Ausprägung in diesen Bereich, sehen sie ihre Einstufung als korrekt an. Ein solches Verhalten ist in der Praxis durchaus zweckmäßig, da es meist unmöglich ist, den richtigen Wert exakt zu treffen und bei guter Nähe zu jenem in der Regel dennoch ein vernünftiges Ergebnis erzielt wird.[1235] In Verbindung mit dem Konzept exakter numerischer Wahrscheinlichkeiten darf aber annahmegemäß mit dieser Auffassung nicht gearbeitet werden. Hier geht es um präzise, scharfe[1236] Werte und die exakten Ergebnisse ergäben bei einer solchen gelockerten Ansicht keinen Sinn, da bereits minimale Veränderungen an den zugrunde gelegten Zahlen zu anderen

---

[1234] Vgl. Richter et al. (2001), S. 2 ff.; Bless et al. (1994), S. 151 ff.

[1235] Vgl. Teigen (1983c), S. 33; Teigen (1983a), S. 97.

[1236] Vgl. hierzu nochmals Rommelfanger/Eickemeier (2002), S. 35; Lutz/Wendt (2007), S. 901 f.; Schaumann (2008), S. 8.

Resultaten und Vorteilhaftigkeiten führen können. In derartigen Fällen ist vielmehr auf erweiterte Konstrukte zurückzugreifen, die genau für solche Situationen entwickelt wurden.

Entsprechend wurde zur Absicherung eine Frage eingebaut, bei der die Teilnehmer ihre Ansicht über die bei exakten Wahrscheinlichkeitsschätzungen zulässige Abweichung angeben sollten. Dabei wurde eine durchschnittliche Schwankung von über 13 % nach oben wie nach unten als zulässig angesehen, damit noch von einem korrekten Urteil gesprochen werden kann. Zudem wählten lediglich 13,5 % der Personen die Antwort, dass eine richtige Einstufung nur vorliegt, wenn der Schätzwert genau getroffen wird.[1237] Folglich sind die Resultate der übrigen 86,5 % der Probanden bei den drei Fragen zu ihrer Einstellung zu subjektiven Punktwahrscheinlichkeiten prinzipiell wertlos, da sie sich auf ein anderes, erweitertes Konzept beziehen. Die Ergebnisse spiegelten eine minimal positive Bereitschaft zur Verwendung der Methode, die leichte Ablehnung einer rein intuitiven Urteilsfindung bei Unsicherheit sowie eine geringfügige Schwierigkeit im Umgang mit dem Ansatz wider. Es ist davon auszugehen, dass sich die Werte deutlich ungünstiger dargestellt hätten, wenn die Probanden das theoretisch korrekte Verständnis zugrunde gelegt hätten.[1238]

Aufgrund dieses Bildes kann geschlussfolgert werden, dass sich Menschen ihre erweiterten Konstrukte ein Stück weit selbst bilden, wenn ihnen ein Instrument zu anspruchsvoll oder zu eng gehalten erscheint. Während aus den Einstellungsfragen damit nur eingeschränkt Implikationen gezogen werden können,[1239] stellt die Tatsache, dass die subjektiven Punktwahrscheinlichkeiten in der Realität anders verstanden werden als wissenschaftlich festgelegt eine wichtige Erkenntnis der Untersuchung dar. Jene sollte bei der Gestaltung künftiger Studien Beachtung finden, ebenso ergibt sich daraus die Anforderung eines veränderten Einsatzes von Wahrscheinlichkeiten in der Praxis, worauf im Abschnitt 9.4 noch näher eingegangen wird.

[1237] Die nächste Antwortmöglichkeit gestattete bereits eine Verfehlung von bis zu 8,33 % in beide Richtungen. Somit entscheid sich die große Mehrheit der Teilnehmer mit der Wahl dieser oder noch weitergehender Optionen bewusst für eine stark gelockerte Auffassung, die nicht mit der theoretischen Definition vereinbar ist.

[1238] Allerdings ist bei den Experimentergebnissen keine nennenswerte Abweichung zwischen den Teilnehmern mit präziser und erweiterter Ansicht hinsichtlich ihrer Einstellung zum Konstrukt der Wahrscheinlichkeiten erkennbar.

[1239] Aufgrund der großen Mehrheit der Probanden mit einer erweiterten Ansicht vom Konzept der Wahrscheinlichkeiten, ist durchaus denkbar, dass von den Teilnehmern, die die richtige Antwort angekreuzt haben, ein Teil bei Bearbeitung der Einstellungsfragen ebenso die lockerere Ansicht im Hinterkopf hatte und nur durch die explizite Frage nach der theoretischen Definition kurzzeitig an die korrekte Auffassung erinnert wurde. Folglich sind auch die Antworten der 13,5 % der Probanden mit normgerechter Ansicht mit Vorsicht zu sehen.

9.3.4 Gesamtüberlegungen zur Bedeutungslosigkeit potentieller Einflussgrößen

Der nicht gegebene Einfluss auf die Haupteffekte setzte sich bei den übrigen erhobenen Merkmalen wie Alter, Geschlecht, Schulabschluss, fachliche Ausrichtung, Zufriedenheit mit den abgegebenen Urteilen, Erinnerung an Untersuchungsinhalte oder Vorgehensweise bei der Bildung subjektiver Wahrscheinlichkeiten fort. Weder bei diesen Attributen, zu denen teils mehrere Fragen gestellt wurden, noch bei den anderen einbezogenen Eigenschaften war eine nur annähernd belastbare Korrelation festzustellen, nicht einmal bei einzelnen Teilkriterien. Die vereinzelt auftretenden Signifikanzen bei mehreren Dutzend durchgeführten Tests, liegen im Bereich der zufälligen Irrtumshäufigkeit.[1240]

Diese starken, eindeutigen Wirkungsketten, sowohl bei der Entstehung der Verzerrungen, als auch bei den Gegenmaßnahmen, sind jedoch positiv zu sehen, da sie zu einem klaren Bild führen und Aussagen mit generellem Gültigkeitsanspruch ermöglichen. Bei z. B. einer Abhängigkeit des Unpacking Bias von Alter, Fachrichtung oder Geschlecht der Probanden und der Wirksamkeit der Korrekturhandlungen von deren numerischen Fähigkeiten, Berufstätigkeit und Einstellung zum Konstrukt der Wahrscheinlichkeiten wäre der Erkenntnisgewinn deutlich geringer. Entsprechend können auch die nachfolgenden übergreifenden Überlegungen ohne nennenswerte Einschränkungen oder Berücksichtigung von Ausnahmen erfolgen.

9.4 Übergreifende Betrachtungen

Nachdem sich die Schlüsse in den bisherigen Passagen dieses neunten Kapitels auf unmittelbar mit dem Experiment zusammenhängende Punkte bezogen haben, werden nun allgemeine Implikationen aus den Untersuchungsergebnissen abgeleitet.

Zunächst sollten, sofern sinnvoll und möglich, bei numerischen Einschätzungen den betroffenen Personen Orientierungswerte an die Hand gegeben werden. Meist stellt sich eine Problematik schwieriger dar, als dies die in einen Sachverhalt tief involvierten Personen, wie der Ersteller einer wissenschaftlichen Untersuchung oder ein Berichtsverfasser aufgrund ihrer

[1240] Vgl. Bühl (2008), S. 122; Natrop (2015), S. 345 ff.

internen Sichtweise vermuten.[1241] Entsprechend können prinzipiell gar nicht genug Hilfestellungen zur Bewältigung einer Problematik gegeben werden.

Auch bei der hier durchgeführten Erhebung wurde im Vorfeld überlegt und diskutiert, ob Richtgrößen ausgewiesen werden sollen. Es wurde befürchtet, zu wenig Varianz bei den Resultaten vorzufinden, letztlich fiel jene aber sogar mit den unterstützenden Angaben deutlich höher aus als ursprünglich vermutet. Zwar wird mit einer solchen Angabe ein Ankerwert für die Einstufungen gesetzt,[1242] aber sofern jener fundiert ist, übersteigen die Vorteile daraus die Nachteile, z. B. wenn eine Person dann keine eigene, unzutreffendere Ausgangsgröße wählt. Zudem zeigen die Erhebungsergebnisse, dass viele Menschen sich weit genug von solchen Vorgaben entfernen, sogar wenn dies falsch ist. Wie unter 9.2.3 bereits ausgeführt, stellt sich die Situation in der betrieblichen Praxis eher schwieriger als bei wissenschaftlichen Erhebungen dar, so dass dort noch eine höhere Notwendigkeit für Orientierungswerte gegeben ist.

Weiter wird im unternehmerischen Alltag permanent versucht, die Rahmenbedingungen zu verbessern sowie geeignetere Methoden bereitzustellen, wofür die EDV-Basierung zentral ist. Durch diese können bereits seit Jahrzehnten Problemstellungen den Mitarbeitern einfach zugänglich gemacht und von diesen mit Anmerkungen versehen werden, wodurch sich die Wahrnehmung und der Horizont bei der Bearbeitung erweitern. Auch können mit der heutigen Technik die Informationsflut leichter beherrscht, Quellen der Unsicherheit transparent gemacht und ein besseres gemeinsames Verständnis von der Situation entwickelt werden.[1243] Ferner werden diverse Programme zur Lösungsunterstützung bei mehr oder minder speziellen Problemstellungen kontinuierlich entwickelt.[1244] Derartige Bemühungen helfen im schwierigen Umfeld der Investitionsentscheidung zu zutreffenderen Einschätzungen zu gelangen und ihre Notwendigkeit zeigt sich alleine daran, dass sich Manager explizit geeignetere Methoden und weitere Verbesserungen zur Ausübung ihrer Tätigkeit wünschen.[1245] Folglich sind viele Möglichkeiten zur Verbesserung subjektiver Urteile gegeben, von denen aus Gründen wie Bequemlichkeit, Aversion gegenüber mehr Transparenz oder fehlendes Vertrauen in formelle

1241 Vgl. zumindest sinngemäß Kahneman (2011), S. 115 ff.; Flyvbjerg (2008), S. 4; De Vany (2004), S. 269; Pompian (2006), Kapitel 14, Abschnitt „Advice".

1242 Vgl. Tversky/Kahneman (1974), S. 1128 ff.; Pohl et al. (2000), S. 77 ff.; Weber/Schäffer (2008), S. 90; Zayer/Hirsch (2006), S. 652 f.

1243 Vgl. Göbel (2014), S. 228; Davis/Hall (2003), S. 415 ff.; Libby/Luft (1993), S. 435 ff.; Ulvila et al. (1977), S. 614 f.

1244 Vgl. beispielhaft Li/Meissner (2011), S. 4946 f.; Pelletier/Wortmann (2009), S. 721 ff.; Held et al. (2009), S. S50 f.; Sutardi et al. (1995), S. 559 ff.; Norrman et al. (2006), S. 100 ff.

1245 Vgl. Sandberg/Söderström (2003), S. 1623 u. 1632.

Verfahren jedoch zu wenig Gebrauch gemacht wird.[1246] Aufgrund der gezeigten Fehleranfälligkeit menschlicher Einstufungen wäre aber deren häufigerer Einsatz dringend erforderlich.

Prinzipiell handelt es sich bei solchen Modellen um stark vereinfachte Abbildungen der Realität, durch deren Einsatz es überhaupt erst möglich wird, die komplexe Problemstellung zu durchdringen.[1247] Hier ist zunächst ein sinnvoller Kompromiss zwischen Wirklichkeitsnähe und Beherrschbarkeit zu finden. Je mehr Komponenten in einem Modell enthalten sind, umso realistischer ist es, zugleich ist es aber mit zunehmender Anzahl der Variablen immer schwieriger zu beherrschen. Folglich wird weder eine unkonkrete, realitätsferne Darstellung, aufgrund fehlender Relevanz für die vorliegende Thematik, noch eine detaillierte, hochkomplexe Version in der betrieblichen Praxis Verwendung finden. Andererseits garantiert ein angemessenes Abstraktionsniveau auch bei gleichzeitiger Erfassung der ausschlaggebenden Größen noch lange nicht den Erfolg eines Lösungsverfahrens. Nachdem selbst eine solch vereinfachte Version oft noch sehr diffizil ist, können aufgrund der menschlichen Unzulänglichkeiten weiter gravierende Fehler eintreten.[1248] Ein Kriterium, das daher von hoher Bedeutung für qualitativ gute Einschätzungen ist, stellt die Benutzerfreundlichkeit dar. Gerade in dieser Anwenderorientierung besteht jedoch ein Defizit bei den meisten Methoden, das dazu führt, dass diese gar nicht, nur zum Schein oder nicht korrekt eingesetzt werden. Hier können Merkmale wie eine leichte Handhabung, klare Anwendungsprämissen oder transparente Abläufe zu einer höheren Akzeptanz in der Realität beitragen.[1249]

Allerdings sind scharfe Konzepte mit präzisen Punktwerten generell anspruchsvoll. Dies zeigt neben den aufgetretenen Schätzfehlern auch die Tatsache, dass Menschen dieses Konzept wesentlich lockerer umsetzen, als es per Definition zulässig ist. Insofern sollte stärker mit weniger eindeutigen Verfahren wie Intervallschätzungen, qualitativen Urteilen oder unscharfen Mengen gearbeitet werden. Letztlich sind die Resultate aus diesen vageren Ansätzen nicht weniger exakt als die der numerischen Konstrukte, die zwar eine präzise Zahl hervorbringen, welche aber meist nicht mit der tatsächlichen Einschätzung der Person übereinstimmt.[1250] Die erweiterten Konzepte berücksichtigen hingegen die fast unvermeidliche Ungenauigkeit nume-

[1246] Vgl. von Nitzsch (2014), S. 155; Bieg et al. (2016), S. 33; Rolfes (2003), S. 5; ter Horst (2009), S. 4 f.; Blohm et al. (2012), S. 25 ff.; Adam (2000), S. 15 ff.

[1247] Vgl. Obermaier/Saliger (2013), S. 2; Tropp (2004), S. 57; Scholl (2001), S. 15 f.; Peters et al. (2005), S. 25 f.; Rau (2004), S. 2; Adam (2000), S. 6 u. 339 f.; Pauli (2009), S. 48; von der Schulenburg (2005), S. 185.

[1248] Vgl. Bamberg et al. (2012), S. 24 ff.; von Nitzsch (2014), S. 265; Töpfer (2005), S. 66; Hagenloch (2009), S. 10; Obermaier/Saliger (2013), S. 7 f.; Rau (2004), S. 2 und 72 ff.; von der Schulenburg (2005), S. 185.

[1249] Vgl. Rehkugler/Schindel (1990), S. 320 ff.; Blohm et al. (2012), S. 29 u. 33 ff.; Bieg et al. (2016), S. 33.

[1250] Vgl. Windschitl (2000), S. 196; Tversky/Rottenstreich (2003), S. 199; Windschitl/Wells (1996), S. 345 f.

rischer Punkteinstufungen und schieben diese nicht beiseite. So kann die mangelnde Exaktheit von Anfang an angemessen gehandhabt werden, während dies nachträglich bei Punktschätzungen mittels z. B. Simulationen oder Sensitivitätsanalysen nur unzureichend möglich ist. V. a. dank der Weiterentwicklungen in der EDV und bei den Lösungsmodellen selbst können inzwischen auch mit diesen unpräziseren Verfahren gute Daten generiert werden.

Somit sollten in erster Linie die vorhandenen Denkschemata in Unternehmen, nach denen genaue Zahlen vagen Angaben vorgezogen werden, das Haupthindernis für einen solch passenderen Umgang mit Unsicherheit darstellen. Insbesondere dürfte das Festhalten an gewohnten Abläufen, die höhere Bequemlichkeit, welche die derzeitigen Verfahren bieten, die fehlende Bereitschaft, eine Materie tiefer zu durchdringen sowie mit Unschärfe zu arbeiten, ausschlaggebend für eine derartige Gesinnung sein.[1251] Diese ablehnende Haltung ist umso weniger angebracht, da wie erwähnt viele Manager grundlegende numerische Schwächen aufweisen, obwohl die Nutzung von Zahlen für ihre Tätigkeit elementar ist.[1252]

Unabhängig von Qualität und Einsatz zur Verfügung stehender Bewertungsmethoden kann das Investitionsumfeld durch aktive Handlungen so beeinflusst werden, dass die Negativszenarien nicht mehr so schwer wiegen und damit die zutreffende Bestimmung künftiger Verläufe weniger wichtig wird. Dies kann durch die Reduzierung der Gefahr unvorteilhafter Verläufe oder die Entschärfung problematischer Konsequenzen mittels geeigneter Maßnahmen, der REOs, erfolgen.[1253] Ebenso existieren sogenannte Realoptionen, die die flexible Handhabung einer Investition durch Möglichkeiten wie Verschieben, Aussetzen, Abbruch, Erweiterung, Reduzierung, schrittweise Realisierung unter Nutzung des jeweils erweiterten Informationsstandes erlauben. Auch dadurch können ungünstige Verläufe abgemildert werden.[1254] Generell dürfte es oft der einfachere Weg sein, positiv auf die Rahmenbedingungen eines Vorhabens einzuwirken als mit viel Aufwand analytisch die beste Strategie zu bestimmen.[1255]

[1251] Vgl. Blohm et al. (2012), S. 25 ff.; von Nitzsch (2014), S. 155; Bieg et al. (2016), S. 31 ff.; Rolfes (2003), S. 5; ter Horst (2009), S. 4 f.

[1252] Vgl. Kemp (1996), S. 65 ff.

[1253] Vgl. Huber (2004), S. 127 ff.; Schulte-Mecklenbeck/Huber (2003), S. 228; Göbel (2014), S. 223 f.; Williamson et al. (2000), S. 20 f.; Ranyard et al. (2001), S. 152 f.

[1254] Vgl. Spinler/Huchzermeier (2004), S. 66 ff.; Braun (2009), S. 15 ff.; Hirth (2012), S. 115; Stark (2000), S. 313 f.; Weber/Schäffer (2016), S. 362 f.; Li/Meissner (2011), S. 4945.

[1255] Natürlich kann die Sichtweise eingenommen werden, dass die systematische Ermittlung einer optimalen Lösung erst nach Optimierung der äußeren Umstände erfolgen darf. Dies wird in der Realität meist der Fall sein, geht jedoch aus den klassischen theoretischen Ausführungen über Entscheidungen nicht hervor, vgl. z. B. Bamberg et al. (2012), S. 1 ff; Eisenführ et al. (2010), S. 2 ff; Laux et al. (2012), S. 3 ff.; Kahle (2001), S. 9 ff.; Obermaier/Saliger (2013), S. 1 ff.; Prinzipiell kann in der betrieblichen Praxis aufgrund der häufig vorliegenden schlecht-definierten Konstellationen oft am besten an den Rahmenbedingungen angesetzt werden.

Nicht nur Aussagen wie „It isn't human nature to view the future in terms of a wide range of possibilities[1256]" weisen zudem auf eine eingeschränkte Popularität der Wahrscheinlichkeiten hin. So werden bei realen Investitionsentscheidungen oft andere Methoden als das Erwartungswertmodell angewendet.[1257] Ferner kam es in der vorgenommenen Erhebung trotz wesentlich lockererer Auffassung der Probanden nur zur weitgehend neutralen Bewertung dieses Konstrukts. Bei Zugrundelegung der theoretisch korrekten, schärferen Version wäre dieses Urteil wohl spürbar ins Negative abgeglitten. Folglich wird das Konzept trotz seiner prinzipiell weiten Verbreitung offenbar gern umgangen oder nur scheinbar eingesetzt. Hierfür spricht auch die Risikoaversion der meisten Menschen, die gerade bei bedeutsamen Sachverhalten zu empfindlichen Einbußen bereit sind, wenn dadurch Unsicherheit eliminiert werden kann.[1258]

Das Wissen über die Effekte der Support Theorie eröffnet natürlich auch die Möglichkeit mit diesen entsprechend umzugehen. Zum einen kann z. B. ein Controller das Unpacking Bias durch geeignete, vorab getroffene Maßnahmen gar nicht erst bei den Entscheidungsträgern aufkommen lassen. Desweiteren kann ein Akteur sich selbst besser dagegen schützen, diesen Tendenzen zum Opfer zu fallen. So sind Rechnungen und Angebote häufig so aufgemacht, dass eine Leistung umfangreicher erscheint, da bewusst viele z. T. unwesentliche Teilschritte einzeln aufgeführt sind. Nachdem nicht jede Tätigkeit detailliert durchdrungen werden kann, wird ohne Kenntnis der Support Theorie leicht ein überhöhter Betrag akzeptiert. Schließlich kann eine Person die Mechanismen unmittelbar zu ihrem Vorteil nutzen und durch geschickte Aufspaltung die Erfolgsaussichten eigener Anliegen steigern.

Eine allgemeine Verbesserung der Mitarbeiterurteile, die aufgrund deren gezeigter hoher Fehleranfälligkeit absolut erstrebenswert ist, kann einerseits dadurch gelingen, dass der Zweck hilfreicher Verfahren und Vorkehrungen verdeutlicht wird und so Vorbehalte abgebaut werden.[1259] Desweiteren können Schulungen, Workshops oder regelmäßige Übungen, z. B. zur Steigerung numerischer Fähigkeiten, des Wissens um Bewertungsprozesse oder der Vertrautheit mit Einschätzungen dazu beitragen, die grundsätzlichen Fertigkeiten der Angestellten anzuheben und dadurch ebenfalls Verzerrungen generell zu verringern. Ferner ist eine offene Fehlerkultur anzustreben, da in diesem schwierigen Feld Defizite nie komplett vermieden

[1256] Tilson/Heins (2008), S. 28.

[1257] Vgl. Schulte-Mecklenbeck/Huber (2003), S. 228; Read/Grushka-Cockayne (2011), S. 23 ff.; Huber (2004), S. 127 ff.; Tilson/Heins (2008), S. 28 u. 30; Gigerenzer/Selten (2002), S. 7 ff.; Williamson et al. (2000), S. 20 f.; Glöckner/Herbold (2011), S. 72 f.; Ranyard et al. (2001), S. 152 f.

[1258] Vgl. Tversky/Kahneman (1992), S. 298; Kahneman/Tversky (1979), S. 282 f.

[1259] Vgl. Blohm et al. (2012), S. 9; Anglim (2013), S. 1.

werden können und somit ein konstruktiver Umgang mit jenen aufgrund der damit verbundenen Lerneffekte am ehesten das Mitarbeiterniveau steigert.[1260] Die zentralen Punkte des Abschnitts sind in Abbildung 44 nochmals zusammengestellt.

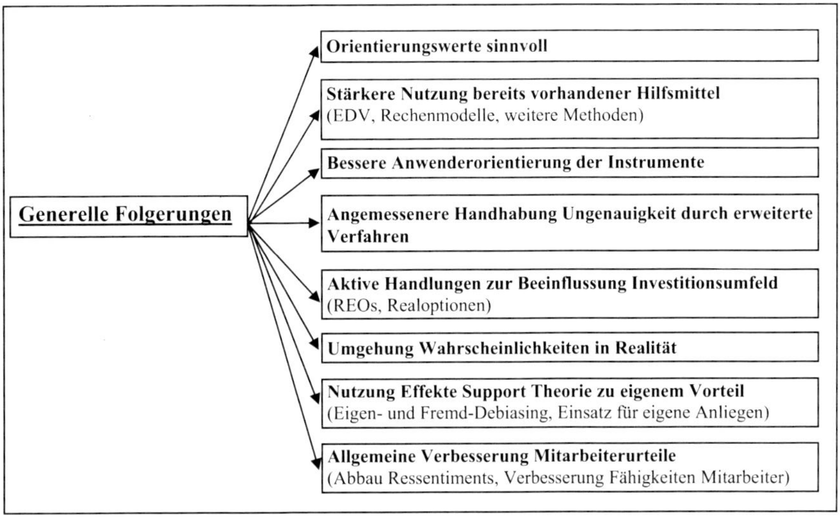

Abbildung 44: Generelle Schlüsse aus den Untersuchungsergebnissen (eigene Darstellung)

9.5 Limitationen der empirischen Studie

Mit der durchgeführten Erhebung sind wie mit jeder wissenschaftlichen Untersuchung einige Einschränkungen verbunden, die bei der Nutzung und Interpretation der Resultate zu berücksichtigen sind. Manche Restriktionen wurden bereits in den Abschnitten 9.1 bis 9.4 bei den Implikationen erwähnt, etwa unter 9.3.3., diese werden hier nicht mehr wiederholt. Desweiteren gelten die allgemeinen Nachteile und Limitationen der experimentellen Methode, die in der theoretischen Diskussion unter 7.1.2 und 7.1.3 schon behandelt wurden.

Zunächst weicht der typische Bewertungs- und Entscheidungsprozess in einem Unternehmen oft deutlich von der im Experiment zu bewältigenden Aufgabe ab. Normalerweise kennen die

[1260] Vgl. Vicki (2010), S. 19; Anglim (2013), S. 1; Carrington (2007), S. 25; Blohm et al. (2012), S. 9; Light (2002), S. 18 ff.

verantwortlichen Personen das vorliegende Sachgebiet,[1261] sie können Annahmen und Schlussfolgerungen mit Kollegen diskutieren, im Bedarfsfall zusätzliche Informationen einholen, verschiedenste Analysen durchführen, Einschätzungen oder Entscheidungen eine Zeit lang reifen lassen usw.[1262] Zugleich nehmen Manager aber einen wesentlichen Teil der täglich zu tätigenden Festlegungen auf ähnliche Weise wie im Experiment vor, indem sie auf Basis eines meist schriftlichen Berichts kurzfristig ihr Urteil bilden.[1263] Ferner darf das Experiment nicht zu wörtlich genommen werden. Für die Kernaussage der Studie ist nicht ausschlaggebend, dass der tatsächliche Bewertungs- und Entscheidungsprozess in einer Firma exakt wie in der empirischen Erhebung verläuft. Vielmehr fließen bei einer Investitionsfestlegung zahlreiche subjektive Einstufungen ein,[1264] die nicht alle in einem aufwendigen Prozess gebildet werden können und somit eventuell stark verzerrt sind. Dieser Umstand, ebenso wie effiziente Gegenmaßnahmen sowie weitere Einflussgrößen sollten als zentrale Inhalte aufgezeigt werden.

Als zweites bewegen sich die Personen in der Realität in einem anderen Handlungsrahmen als im theoretisch idealtypischen Entscheidungsprozess, der trotz der vorhandenen Unschärfe im Experiment weitgehend abgebildet wurde. In der Praxis liegt u. a. so gut wie nie eine erschöpfende Liste aller möglichen Alternativen vor, zudem ist die Informationslage meist unübersichtlich und wichtige Daten können erst mit der Zeit und nachdem die wesentlichen Parameter bereits fixiert wurden, gewonnen werden.[1265] Auch ist der Vorgang nicht mit der zu treffenden Festlegung beendet, sondern es bestehen genug Möglichkeiten zur Nachsteuerung bzw. sind noch diverse Entscheidungen in späteren Prozessphasen zu tätigen. Ebenso existieren Optionen, um Parameter der Entscheidungssituation zu beeinflussen. Solche Umstände fördern eine Lösungsstrategie, in der numerische Bewertungen nicht so exakt verwendet werden, wie dies die mathematische Theorie verlangt.[1266] Selbstverständlich werden derartige Routinen dann auch in Situationen angewandt, in denen ausnahmsweise idealtypische Vo-

[1261] Nachdem dieser Punkt aufgrund der Heterogenität der Teilnehmer nicht zu erfüllen war, wurde mit den Fahrgeschäften ein Bereich gewählt, in dem keine der Personen nennenswerte Expertise besitzen sollte, um Verzerrungen in den Ergebnissen aufgrund abweichender Kenntnisstände zu vermeiden.

[1262] Diese Punkte konnten mit der Methode des Experiments nicht abgebildet werden. Aufgrund der später im Absatz genannten Grundintention der Untersuchung bringt dies jedoch keine relevanten Nachteile mit sich.

[1263] Vgl. Weber/Schäffer (2016), S. 238 ff.; Wall (2003), S. 405; Bornemann (1986), S. 33.

[1264] Vgl. Blohm et al. (2012), S. 2; Bieg et al. (2016), S. 31 u. 40 ff.; Adam (1996), S. 9 f.; Hax (1985), S. 9 f.; Adam (2000), S. 1 f.

[1265] Vgl. Rehkugler/Schindel (1990), S. 198 f.; Hölscher (2010), S. 8; Zimmermann (2003), S. 13; Allen/Schuster (2004), S. 227; Hax (1985), S. 9; Adam (2000), S. 1 f.; Lagerkvist (2005), S. 1 ff.; Prastacos (1983), S. 118; Adam (1996), S. 9 ff.;

[1266] Vgl. Huber (2004), S. 127 f.; ter Horst (2009), S. 29 f.; Schulte-Mecklenbeck/Huber (2003), S. 228; Adam (2000), S. 12 f.; Ranyard et al. (2001), S. 152 f.; Zimmermann (2003), S. 14; Williamson et al. (2000), S. 20 f.; Daum et al. (2016), S. 43; Betge (2000), S. 22; Bleis (2012), S. 7.

raussetzungen gegeben sind, was bei Schlussfolgerungen über die Rationalität von Menschen zu berücksichtigen ist.

Desweiteren hat eventuell der technische Kontext einen Einfluss auf die Probandenurteile ausgeübt. Zwar war kein Fachwissen vonnöten oder nur hilfreich, aber alleine die Tatsache, dass dieses Sachgebiet bei manchen Personen eine negative Grundeinstellung auslöst, kann zu Auswirkungen geführt haben.[1267] Dieser Einwand lässt sich aber bei jedem speziellen Kontext anführen,[1268] der unausweichlich ist, um eine Forschungsfrage in eine konkrete Aufgabenstellung zu überführen. Andererseits wurde, wie bereits beschrieben, durch das besondere Feld der Fahrgeschäfte ein Bias durch unterschiedliche Kenntnisstände der Probanden vermieden. Eine komplette Irrelevanz des gewählten Sachgebietes ist folglich fast nicht erreichbar.

Ebenfalls zu erwähnen ist, dass die Ausfallwahrscheinlichkeiten wesentlich höher festgelegt wurden, als es der Realität entspricht, da eine Konstellation mit den tatsächlichen Werten im Tausendstel- bis Zehntausendstel-Prozentbereich dem experimentellen Realismus der gestellten Aufgabe nicht zuträglich gewesen wäre. Bei Zahlen wie 0,0001 % oder 0,00005 % war eine Demotivation der Teilnehmer zu befürchten bzw. sogar eine Konstellation, die nicht ernst genommen worden wäre. Auch wäre aufgrund der diversen Nachkommastellen die Gefahr rechnerischer Fehler stark gestiegen,[1269] was den Nachweis der anvisierten Effekte erschwert hätte. Die deutliche Abweichung von den realen Größen wurde von keiner der über 500 Personen[1270] beanstandet, obwohl zweimal explizit nach Problemen und Anmerkungen in Verbindung mit dem Experiment gefragt wurde. Zudem wurden die stark überhöhten Orientierungszahlen von 1 % bzw. 0,5 % bei den störanfälligen Systemen in mittlere subjektive Ausfallrisiken von bis zu 8,62 % und 5,09 % umgesetzt. Folglich stellten die merklich angehobenen Vorgaben offenbar kein Problem für das Realitätsempfinden der Teilnehmer dar.

Die letzte Limitation basiert einerseits auf dem Phänomen, dass bei absolut größer wirkenden Zahlen, wie 24 %, die gleiche relative Veränderung, etwa eine Halbierung, gravierender emp-

1267 Wie sensibel Menschen auf äußere Bedingungen reagieren, zeigt eine Untersuchung, bei der weibliche Versuchspersonen mathematische Aufgaben signifikant schlechter lösten, nur weil zuvor in der Einführung seitens des Versuchsleiters ausgesagt worden war, dass Frauen geringere arithmetische Fähigkeiten als Männer besitzen, vgl. Krendl et al. (2008), S. 170 ff. Für den Einfluss weiterer Stereotypen auf die Leistungsfähigkeit von Menschen im Falle vorheriger Hervorhebung vgl. auch Steele/Aronson (1995), S. 808 ff.

1268 Vgl. für ein konkretes Beispiel Siegrist/Keller (2011), S. 1050 ff.

1269 Dies belegen nicht zuletzt die Ergebnisse der Aufgaben 7 und 10 des hier eingesetzten Numeracy-Bogens.

1270 Bei dieser Zahl sind die Probanden des Pre-Tests berücksichtigt, die das gleiche Experiment zu lösen hatten.

funden wird als bei kleiner erscheinenden identischen Werten, wie der Dezimalzahl 0,24.[1271] So ist denkbar, dass der Orientierungswert mit 100 von 10.000 entfallenden Fahrten gegenüber 1 % Ausfallrisiko subjektiv höher eingestuft wurde.[1272] In diesem Fall würde die Anpassung nach oben, zur Umsetzung eines erhöhten Ausfallrisikos, bei den relativen Häufigkeiten nicht so stark ausfallen wie bei den Prozentwerten. Eine andere Tendenz, die sich in den Probandenurteilen abzeichnet, ist die Neigung zur Abgabe runder Werte. Hierzu wird bei den kleiner erscheinenden Prozentzahlen mit Nachkommastellen leichter bis zur nächsten ganzen Zahl aufgerundet, während bei den relativen Häufigkeiten eventuell bereits der nächst höhere Zehnerwert ausreicht.[1273]

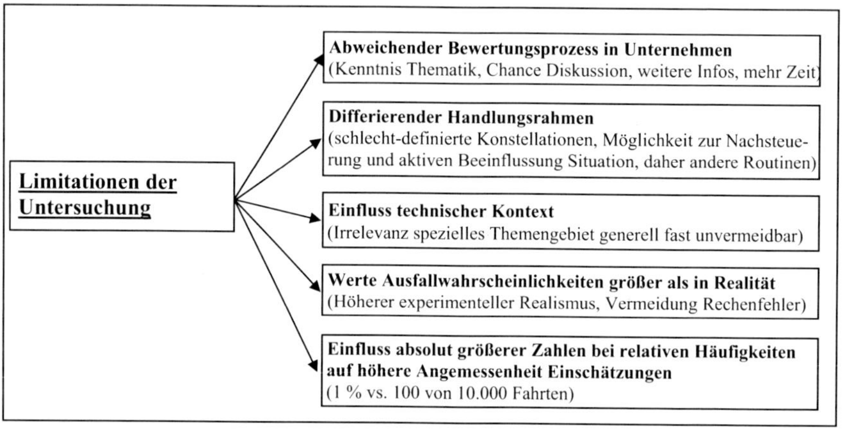

Abbildung 45: Einschränkungen für Erhebungsergebnisse (eigene Darstellung)

Somit hat unter Umständen diese Festlegung der Bezugsbasis zu den sowohl vom absoluten Wert her passenderen, als auch gegenüber Aufspaltungseffekten robusteren Einstufungen im Format der relativen Häufigkeiten ein Stück weit beigetragen. Nachdem die starke positive Wirkung des Wechsels auf relative Häufigkeiten bei anderen Effekten wie Overconfidence

1271 Vgl. Rubaltelli et al. (2005), S. 24.

1272 Die Bezugsgröße 10.000 Fahrten erschien aufgrund der Defektquoten von 0,5 % und 1 % passender als eine Referenzzahl von 100 Fahrten. Mit letzterer wäre es u. a. zu der Angabe gekommen, dass im Mittel 0,5 von 100 Fahrten entfallen, was negativ für den experimentellen Realismus des Cases gewesen wäre. Nachdem eine Prozentzahl meist mit zwei Nachkommastellen angegeben wird, erschienen 10.000 Fahrten zudem auch geeigneter als die Basis 1.000 Fahrten, da 1,00 % und 100 Fahrten sowie 0,50 % und 50 Fahrten besser kompatibel sind.

1273 Nach dieser Logik wird ein subjektiver Ausgangswert von 1,3 % leichter auf 2 % aufgerundet als 130 entfallende Fahrten auf 200. Dort ist das Bedürfnis nach runden Zahlen eventuell bereits bei 150 Fahrten gestillt.

oder Conjunction Fallacy selbst bei Zahlen gleicher Größenordnung so gegeben war,[1274] sollte das Ausmaß dieses Effektes relativ gering sein.

Kurz zusammengefasst erscheinen selbst unter Berücksichtigung der angeführten Einschränkungen die Untersuchungsergebnisse robust und klar genug, um die Notwendigkeit des Einbezugs menschlicher Unzulänglichkeiten bei subjektiven Einschätzungen zu rechtfertigen. Einige der Limitationen erklären zudem v. a. die Ursachen des von normativen Vorgaben abweichenden menschlichen Verhaltens. Dies ändert aber nichts daran, dass die Verzerrungen aufgrund der derzeit vorherrschenden sowie für die Anwendung manch theoretischer Konzepte notwendigen Erwartungen ein großes Problem darstellen. Abbildung 45 enthält wiederum die wichtigsten Punkte des Teilkapitels.

[1274] Vgl. Price (1998), S. 284 ff.; Gigerenzer (1991), S. 89 f.; Tversky/Kahneman (1983), S. 308 f. Grundsätzlich kann es für Sachverhalte, bei denen Menschen zur Überschätzung neigen, aber zumindest nicht schaden eine Darstellung zu wählen, bei der die Zahlen möglichst hoch erscheinen.

10 SCHLUSS

Mit der vorgenommenen Untersuchung sollten das plakative Unpacking Bias gemäß Support Theorie im Kontext einer betrieblichen Investitionsentscheidung nachgewiesen, die Wirksamkeit von Gegenmaßnahmen getestet sowie analysiert werden, ob die Ausprägung bestimmter persönlicher Attribute das Ausmaß der Verzerrung beeinflusst.

Die spezielle Thematik wurde aufgrund der hohen Bedeutung betrieblicher Investitionen für die Gesamtwirtschaft und jedes einzelne Unternehmen,[1275] sowie wegen ihres sachlichen Kontextes, der rationalen Urteilen besonders zuträglich sein sollte,[1276] gewählt. Dabei wurden die in psychologischen Studien bereits aufgezeigten Verzerrungen[1277] deshalb nochmals empirisch untersucht, da sie auf das Gebiet des Accountings, aufgrund dessen spezieller Merkmale, nicht ohne weiteres übertragen werden können. Zu diesen besonderen Attributen zählt neben dessen nüchternem Charakter, dass die vorzunehmenden Festlegungen Teil eines umfassenderen Gesamtprozesses sind, diverse Hilfsmittel zur Bildung adäquater Einschätzungen sowie abweichende äußere Bedingungen für verschiedene Personen vorliegen.[1278] V. a. wurden aber die bisherigen Erhebungen zum Unpacking Bias zu eher unverbindlichen Sachverhalten durchgeführt,[1279] wodurch die Bildung von Meinungen, anstelle belastbarer Urteile begünstigt wird. Nachdem innerhalb der Statistik als zuständiger Fachwissenschaft die Auffassung vorherrscht, dass subjektive Wahrscheinlichkeiten nur Ansichten einer Person, jedoch keine vollwertigen Parameter darstellen, auf die mathematische Gesetze Anwendung finden dürfen,[1280] ist dies ein besonders kritischer Punkt für die Gültigkeit der früheren Ergebnisse.

Die Relevanz von Einschätzungen und Entscheidungen für das Controlling ergibt sich durch dessen Unterstützungsfunktion für die Unternehmensführung,[1281] deren Haupttätigkeit im

---

1275 Vgl. Bleis (2012), S. 4; Pape (2015), S. 3; Adam (2000), S. 4; Schulte (2007), S. V; ter Horst (2009), S. 1; Weber et al. (2006), S. 9; Götze (2014), S. 1.

1276 Vgl. Kamoto (2009), S. 39 ff.; Guiso/Parigi (1999), S. 185 f.; Hayes/Garvin (1982), S. 71; Cyert et al. (1978), S. 712 ff.

1277 Vgl. v. a. Tversky/Koehler (1994), S. 551 ff.; Fox/Rottenstreich (2003), S. 196 f.; Kruger/Evans (2004), S. 588 f.; Rottenstreich/Tversky (1997), S. 410 ff.; Idson et al. (2001), S. 234 ff.; Sloman et al. (2004), S. 576 ff., van Boven/Epley (2003), S. 264 ff.

1278 Vgl. Libby/Luft (1993), S. 427 ff.; Gibbins/Jamal (1993), S. 452; Chong (1996), S. 419 f.

1279 Vgl. Kruger/Evans (2004), S. 588 f.; Fox/Rottenstreich (2003), S. 196 f.; van Boven/Epley (2003), S. 265 ff.; Rottenstreich/Tversky (1997), S. 410 ff.; Tversky/Koehler (1994), S. 554 ff.;

1280 Vgl. von Mises (1972), S. 88 f.; Dürr/Mayer (2017), S. 19; Storm (2007), S. 18; Schira (2016), S. 225; Fisz (1989), S. 2; Oberhofer (1993), S. 20.

1281 Vgl. Weber/Schäffer (2013), S. 9 u. 70; IMA (2008), S. 1; Biel (2014), S. 8; Goretzki et al. (2013), S. 41; Lingnau (2006), S. 18 f.

Treffen von Entscheidungen besteht.[1282] Dabei stellt nicht nur in der zugrunde gelegten Konzeption des Business Partners die Entlastung der Manager eine wesentliche Aufgabe dar, sondern bei nahezu allen gängigen Controlling-Ansätzen.[1283] Entsprechend wurde die Erhebung in diesem für das Controlling äußerst relevanten Gebiet nochmals durchgeführt und um die für das Accounting typischen Hilfsmaßnahmen ergänzt.[1284] Ferner wurde für einen umfassenden Einblick der Einfluss diverser Persönlichkeitsmerkmale auf die prognostizierten Effekte mitanalysiert.

Für die Hypothesen 1a und 1b, in denen das Auftreten des Unpacking Bias vorhergesagt wurde, ergab sich eine zweifelsfreie Bestätigung. Zunächst wirkte sich die grundsätzliche Aufspaltung eines impliziten Szenarios in vier explizite Teilereignisse hochsignifikant auf die Einschätzungen der Probanden aus. Außerdem führte die Untergliederung zweier identischer Sachverhalte in drei bzw. zwei konkrete Vorfälle und damit eine unterschiedliche Anzahl an Subelementen zu Abweichungen. Insgesamt zeigen die Resultate einen merklichen Anstieg in den subjektiven Urteilen durch jede weitere ausgewiesene Unterkategorie. Beim Between-Subjects-Vergleich der Wahrscheinlichkeiten für eine aufgesplittete vs. denen für die kompakte Darstellung der Szenarien war der Zuwachs durch jedes zusätzliche Element sogar nahezu konstant. Ein solcher, teils linearer Zusammenhang bietet einen besonders eingängigen Beleg dafür, wie sehr menschliche Bewertungen von äußeren Umständen abhängen können.

Andererseits kann sich die Situation unter den richtigen Voraussetzungen rapide verbessern, wie die Ergebnisse nach der Umstellung von Prozentwerten auf relative Häufigkeiten, in der Textbeschreibung wie auch als Format für die zu schätzenden Wahrscheinlichkeiten, eindrucksvoll verdeutlichen. Durch die Veränderung ging das ursprüngliche Unpacking Bias aus Hypothese 1a massiv zurück, wie in Hypothese 2 vorhergesagt. Doch nicht nur die Verringerung der Verzerrung auf weniger als ein Zwölftel ihres Ausgangswertes ist als positive Konsequenz festzuhalten. Ebenso wurden die starke Varianz sowie die deutlich zu hohen absoluten Werte wesentlich verringert und auch der Anteil der Probanden mit unverzerrten Urteilen stieg. Da bei den statistischen Tests die individuellen Abweichungen vom Mittelwert durch

[1282] Vgl. Järvenpää (2007), S. 100; Lingnau (2006), S. 16; Goretzki/Messner (2014), S. 9 f.

[1283] Vgl. beispielhaft Weber/Schäffer (2016), S. 43; Scherm/Pietsch (2004b), S. 15; Küpper (1997), S. 19; Lingnau (2006), S. 16 f.; Pietsch/Scherm (2004), S. 932 f.

[1284] Vgl. Libby/Luft (1993), S. 435 f.; Demirer et al. (2006), S. 106 f.; Hogarth (1993), S. 411; Gibbins/Jamal (1993), S. 453 f.

die allgemeine Streuung dividiert werden,[1285] blieb wegen des gleichzeitigen Rückgangs beider Parameter das verbliebene Bias jedoch weiter statistisch signifikant.

Nachdem auch in früheren Untersuchungen, in denen sich der genannte Formatwechsel zur Eindämmung anderer Einschätzungsverzerrungen wie Overconfidence oder Conjunction Fallacy als äußerst wirksam erwies, meist ein Rest-Bias übrigblieb,[1286] wurde zusätzlich eine zweite Maßnahme ergriffen. Durch konkrete Hinweise, in denen darauf aufmerksam gemacht wurde, dass ein Szenario alleine aufgrund der Aufspaltung in seine Teilereignisse nicht wahrscheinlicher werden darf, konnte jedoch keine weitere Verbesserung mehr erreicht werden. Vielmehr nahm der Mittelwert der Abweichung gegenüber dem Niveau nach alleinigem Formatwechsel wieder minimal zu, weshalb die Hypothese 3 klar zu verwerfen war. Allerdings gelangten mehr Probanden durch die Kombination aus relativen Häufigkeiten und Hinweisen zu unverzerrten Urteilen, was jedoch durch die höheren Fehler der übrigen Teilnehmer mehr als kompensiert wurde. Eine Erklärung für dieses Bild bietet eine Informationsbelastungsperspektive, nach der nur ein Teil der Personen die zusätzlichen Passagen sinnvoll verarbeiten konnte, während die übrigen Individuen aufgrund der hohen Datenmenge teils sogar schlechter agierten, als sie es ohne die zweite Hilfestellung getan hätten.[1287]

Zur umfassenden Analyse wurde zudem der Einfluss naheliegender individueller Merkmale wie berufliche Erfahrung, numerische Fähigkeiten, Einstellung zu Wahrscheinlichkeiten und verschiedene soziodemographische Attribute auf die Urteilsverzerrungen untersucht. Dabei konnten keine belastbaren Korrelationen ermittelt werden, was für die Robustheit des Unpacking Bias spricht und zu eindeutigen Wirkungsketten führt.

Dieses Bild bleibt trotz einiger Limitationen, die mit jeder wissenschaftlichen Untersuchung verbunden sind, weitgehend bestehen. Bei einem Teil der Einschränkungen konnte aufgezeigt werden, dass sie keine negativen Auswirkungen auf die Validität der Ergebnisse ausüben. In den anderen Fällen wie bei der Wahl des Themengebiets oder der Zahlendimension der relativen Häufigkeiten waren hingegen gewisse Zugeständnisse unvermeidlich. Hier wurde jeweils auf die Option zurückgegriffen, bei der die geringsten Beeinträchtigungen für die Gültigkeit und Verallgemeinerbarkeit der gewonnenen Erkenntnisse anzunehmen waren.

1285 Vgl. Pospeschill (2006), S. 205; van Emden (2014), S. 59; Bühner/Ziegler (2009), S. 232 ff.; Gaus/Muche (2013), S. 321; Eckstein (2016), S. 124 ff.

1286 Vgl. Price (1998), S. 284 ff.; Tversky/Kahneman (1983), S. 308 f.; Siegrist/Keller (2011), S. 1043, 1046, 1049 u. 1052; Gigerenzer/Hoffrage (1995), S. 692 ff.; Gigerenzer (1991), S. 89 ff.

1287 Vgl. Volnhals (2010), S. 62 f.; von Nitzsch (2014), S. 3 ff.

Bei allen teils durchaus vorhandenen Einschränkungen ist jedoch zu sagen, dass im vorgelegten Case in vielerlei Hinsicht wesentlich günstigere Bedingungen als in der wirtschaftlichen Realität vorlagen. Es handelte sich um eine überschaubare Problemstellung mit klarer Informationslage, die von hierfür sehr gut geeigneten Probanden bearbeitet wurde. Die Teilnehmer der Untersuchungsgruppen 2 und 3 erhielten ferner zusätzliche Unterstützung durch normalerweise besonders effiziente Hilfestellungen zur Stabilisierung subjektiver Wahrscheinlichkeiten. Somit sind die ermittelten Effekte definitiv nicht mehr auf unzureichende Experimentbedingungen zurückzuführen, sondern auf Verhaltenseigenschaften von Menschen.

Wie die Resultate zeigen, darf deren Einschätzungen zur relativen Eintrittshäufigkeit eines Ereignisses selbst bei günstigen Rahmenbedingungen erst einmal nicht vertraut werden. Andererseits kann bereits durch Ergreifung einzelner Maßnahmen ein Niveau erreicht werden, das den Rationalitätsansprüchen der normativen Entscheidungs- und der ökonomischen Theorie sowie der wirtschaftlichen Praxis relativ nahekommt. Insgesamt verfügt der Controller als Mitverantwortlicher für den Bewertungs- und Entscheidungsprozess über eine ganze Palette potentieller Handlungen zur Verbesserung menschlicher Urteile, die angesichts hochkomplexer, schlecht-definierter Sachverhalte und weiterer ungünstiger Faktoren, wie Zeitdruck, in der Realität absolut notwendig ist.[1288] Tendenziell führt jede zusätzliche Aktion zur weiteren Verbesserung der individuellen Festlegungen, wobei stets das Verhältnis aus zu tätigendem Aufwand sowie resultierendem Nutzen zu betrachten ist.

Nachstehend sollen nochmals die wichtigsten erarbeiteten Optionen des Controllings zusammengefasst werden, durch deren Einsatz auch unter schwierigen realen Bedingungen eine Urteilsqualität, wie von der ökonomischen Theorie gefordert, annähernd erreichbar erscheint. Die bedeutendste Handlungsalternative stellt die schon genannte Umstellung der Wahrscheinlichkeiten von Prozentwerten auf relative Häufigkeiten dar, wodurch bereits einige andere Biases eingedämmt werden konnten.[1289] Wegen der momentanen Dominanz des erstgenannten Formats ist dieser Schritt, aufgrund der Veränderungsresistenz von Menschen und Organisationen,[1290] aber schwer zu realisieren. Das Überwinden von Widerständen lohnt sich jedoch, da die stabilisierende Wirkung jener Maßnahme durch Einsatz weiterer Instrumente wie ergänzender Grafiken, Ablaufschemata, unterstützender Formulare, Erläuterungen, Handlungs-

[1288] Vgl. Pape (2015), S. 310 f.; Allen/Schuster (2004), S. 225; Bleis (2012), S. 7; Rehkugler/Schindel (1990), S. 198 f.; Blohm et al. (2012), S. 2; Weber et al. (2006), S. 9; Götze (2014), S. 314 ff.; Adam (2000), S. 12.

[1289] Vgl. Gigerenzer (1991), S. 89 ff.; Tversky/Kahneman (1983), S. 308 f.; Mata et al. (2005), S. 539 f.; Gigerenzer/Hoffrage (1995), S. 693 ff.; Siegrist/Keller (2011), S. 1052 ff.; Price (1998), S. 284 ff.

[1290] Vgl. Blohm et al. (2012), S. 25 ff.; von Nitzsch (2014), S. 24 f.; Edel (2011), S. 1.

anweisungen oder Instruktionen noch ausgebaut werden kann.[1291] Letztere wurden in der durchgeführten Studie ebenfalls verwendet, führten jedoch zu keinen eindeutig positiven Effekten. Allerdings kann sich die Situation unter günstigeren Rahmenbedingungen anders darstellen, so dass auch Hinweise ein wichtiges Mittel zur Verbesserung menschlicher Urteile sein können.

Eine weitere Option besteht in der Vorgabe von Orientierungswerten zur Erleichterung der zu tätigenden Einstufungen. Damit erfolgt zwar eine Beeinflussung der Manager, weil ein Ankerpunkt für die Einschätzungen gesetzt wird. Sofern jener jedoch kompetent abgeleitet wird, ist er besser als eine Größe, die mangels besseren Wissens oder geeigneter anderer Anhaltspunkte relativ willkürlich zur Urteilsbildung herangezogen wird.[1292] Zudem haben die Untersuchungsergebnisse gezeigt, dass Menschen durchaus zu Wahrscheinlichkeiten gelangen, die deutlich von diesen Richtwerten abweichen, sogar wenn diese falsch sind.

Wertvolle Unterstützung bieten ferner neue Methoden und Computerprogramme. Ein noch stärkerer Rückgriff auf deren Potential würde ebenfalls zu einer Situationsverbesserung in der Praxis führen.[1293] Zudem ermöglichen die dortigen permanenten Fortschritte es stärker mit erweiterten, unscharfen Verfahren zu arbeiten. Deren Vorteil liegt darin, dass sie die einer Konstellation innewohnende Unsicherheit von Anfang an angemessen abbilden und nicht wie die präzisen Methoden einen auf Nachkommastellen genauen Wert liefern, der jedoch nicht der tatsächlichen Einstufung der beurteilenden Person entspricht.[1294] Auch der Einbezug zusätzlicher, bislang nur unzureichend berücksichtigter Größen in die bestehenden Verfahren kann sich qualitätserhöhend auswirken. Dies gilt umso mehr, da Menschen mit Wahrscheinlichkeiten, v. a. in der von der normativen Theorie geforderten strengen Form, ungern arbeiten und diese mehrheitlich schlecht beherrschen.[1295] Entsprechend ist die qualifiziertere Handhabung der Unsicherheit mittels besser passender Größen zumindest ergänzend anzustreben.

1291 Vgl. Gigerenzer/Hoffrage (1995), S. 701; Libby/Luft (1993), S. 435.

1292 Vgl. Tversky/Kahneman (1974), S. 1128 ff.; von Nitzsch (2014), S. 22 ff.; Pohl et al. (2000), S. 77 ff.; Zayer/Hirsch (2006), S. 652 f.; Weber/Schäffer (2008), S. 90.

1293 Vgl. Li/Meissner (2011), S. 4946 ff.; Bieg et al. (2016), S. 31 ff.; Göbel (2014), S. 228; Norrman et al. (2006), S. 105 ff.; Pelletier/Wortmann (2009), S. 721 ff.; ter Horst (2009), S. 4 f.; Held et al. (2009), S. S50 ff.; von Nitzsch (2014), S. 155 f.; Adam (2000), S. 15 ff.; Sutardi et al. (1995), S. 559 ff.; Davis/Hall (2003), S. 415 ff.; Libby/Luft (1993), S. 435 ff.; Ulvila et al. (1977), S. 598 f.; Rolfes (2003), S. 5; Blohm et al. (2012), S. 26.

1294 Vgl. Windschitl (2000), S. 196 f.; Tversky/Rottenstreich (2003), S. 199; Windschitl/Wells (1996), S. 345 f.

1295 Vgl. Eisenführ et al. (2010), S. 184, 187 u. 191; Gigerenzer (1991), S. 86 f.; Laux et al. (2012), S. 288; Read/Grushka-Cockayne (2011), S. 23 ff.; Mosler/Schmid (2011), S. 14 u. 38 ff.; Huber (2004), S. 127 ff.; Tilson/Heins (2008), S. 28 u. 30; Gigerenzer/Selten (2002), S. 7 ff.; Glöckner/Herbold (2011), S. 72 f.; Ranyard et al. (2001), S. 152 f.

Außerdem kann ein Controller auf viele der Instrumente zurückgreifen, die für die Konzeption der Rationalitätssicherung zur Verbesserung von Entscheidungen bereits herausgearbeitet wurden. Exemplarisch seien hier nochmals das kritische Hinterfragen von Einschätzungen, die Darstellung eines Sachverhalts aus verschiedenen Blickwinkeln oder die Einrichtung ausreichender Zeitfenster zur Bildung von Einstufungen erwähnt.[1296]

Schließlich können relevante Parameter aktiv günstiger gestaltet oder Handlungsmöglichkeiten zur flexiblen Reaktion auf unerwünschte oder unerwartete Verläufe einer Investitionsentscheidung vorgesehen werden. In beiden Fällen werden Unsicherheit oder deren negative Auswirkungen reduziert, wodurch die schwierige Bestimmung exakter subjektiver Wahrscheinlichkeiten im Vorfeld einer Entscheidung an Bedeutung verliert.[1297]

Neben der geeigneten Anwendung solcher bestehenden Optionen zur Verbesserung von Einschätzungen und Entscheidungen, ist die Entwicklung neuer Aktionen wichtig. Insbesondere auf unbewusst wirkende Maßnahmen, durch die höhere Wirkungen erzielbar sind,[1298] sollten weitere Forschungsanstrengungen verwendet werden, ohne die bewusst zu verarbeitenden Hilfestellungen komplett außer Acht zu lassen. Gerade angesichts der zahlreichen, oft gravierenden Fehlschläge bei realen Projekten sind zusätzliche praxistaugliche Instrumente dringend notwendig, um die teils enormen Lücken zwischen ursprünglichem Anspruch und späterem Verlauf besser zu schließen.

Für das in dieser Arbeit im Mittelpunkt stehende Gebiet der Support Theorie besteht vorrangig folgender weiterer Forschungsbedarf. Zunächst wurde bislang nahezu ausnahmslos auf die mathematisch unzulässige Veränderung subjektiver Urteile durch Aufspaltung einer Beschreibung abgestellt. Nur in einer einzigen Untersuchungsreihe erfolgte auch eine Aussage darüber, ob die Einschätzungen dadurch zutreffender oder ungenauer werden, wobei ersteres der Fall war.[1299] Für die hier durchgeführte Untersuchung wurde mit Hilfe mehrerer, mit dem Experiment genau vertrauter Forscherkollegen, ein objektiver korrekter Wertebereich aufge-

---

[1296] Vgl. Zayer/Hirsch (2006), S. 651 u. 653 f.

[1297] Vgl. Huber (2004), S. 127 ff.; Spinler/Huchzermeier (2004), S. 66 ff.; Göbel (2014), S. 223 f.; Schulte-Mecklenbeck/Huber (2003), S. 228; Li/Meissner (2011), S. 4945; Williamson et al. (2000), S. 20 f.; Braun (2009), S. 15 ff.; Hirth (2012), S. 115; Weber/Schäffer (2016), S. 362 f.; Stark (2000), S. 313 f.

[1298] Siehe die Ergebnisse der hier durchgeführten Studie gemäß den Abschnitten 8.2 und 8.3 sowie die unter Kapitel 9.2.3 geführte Diskussion und Tversky/Kahneman (1983), S. 308 f. vs. S. 299 f.; Anglim (2013), S. 1; ferner Gigerenzer (1991), S. 89 ff.; Mata et al. (2005), S. 539 f. **versus** Bowden (1997), S. 564 ff.; Moss et al. (2011), S. 140 ff.

[1299] Dabei handelte es sich um die Studie, in der die positiven Auswirkungen der gedanklichen Unterteilung einer Tätigkeit vor Planung zentraler Parameter wie Zeitdauer oder Kosten auf die Richtigkeit der getätigten Ansätze betont wurde, vgl. Kruger/Evans (2004), S. 588 ff.

stellt. Bei impliziter Darstellungsform befanden sich die subjektiven Wahrscheinlichkeiten im Prozentformat im Mittel im zulässigen Rahmen, während sie nach Sachverhaltsaufsplittung weit über der Obergrenze lagen.[1300] Nicht nur aufgrund dieser gegensätzlichen Ergebnisse sollte näher erforscht werden, unter welchen Umständen sich die Einstufungen durch eine Aufspaltung verbessern und wann sie sich verschlechtern. Unabhängig davon können die Effekte der Support Theorie stets bewusst eingesetzt werden können, um eigenen Sachverhalten ein höheres Gewicht zu verleihen.[1301]

Bei den Gegenmaßnahmen lag der Schwerpunkt auf dem Einsatz eines Gesamtpakets, durch welches das erwartete Unpacking Bias so weit wie möglich eliminiert wird. Dieses Ziel schien durch die Kombination aus relativen Häufigkeiten als Wahrscheinlichkeitsformat sowie expliziten Hinweisen auf die Einhaltung mathematischer Gesetze am besten erreichbar. Ein unmittelbarer Vergleich der Wirksamkeit beider Maßnahmen stand nicht im Mittelpunkt, auch wenn hierzu bei der Ergebnisinterpretation Gedanken angestellt wurden. Entsprechend sollte dieser Punkt noch genau untersucht werden, indem die Hinweise mit Prozentwerten kombiniert werden und das Bias bei dieser Verknüpfung mit dem für Wahrscheinlichkeiten als relative Häufigkeiten verglichen wird. Nur so kann ein sicheres Urteil über die bessere Wirksamkeit einer der beiden Maßnahmen und das Ausmaß des Unterschieds gefällt werden.

Beim Instrument der Hinweise ist zu erforschen, ob sich diese als eindeutig hilfreich erweisen, wenn die Probanden einer geringeren Belastung ausgesetzt sind.[1302] Ebenso kann die Wirkung der Instruktionen durch grafische Elemente ausgebaut werden,[1303] so dass zumindest bei dieser Kombination eine Verbesserung eintritt. Natürlich können visuelle Hilfen auch isoliert zur Verringerung des Unpacking Bias eingesetzt werden, was ebenfalls noch zu testen ist.

Zur Untermauerung der erhaltenen Resultate kann ferner das entwickelte Experiment mit leichten Veränderungen durchgeführt werden, indem eine neue Thematik, Probanden mit an-

---

1300 Innerhalb der Untersuchungsgruppen 2 und 3, die mit relativen Häufigkeiten arbeiten durften, lagen die Durchschnittswerte unabhängig vom Aufspaltungsgrad jeweils klar innerhalb des aufgestellten Intervalls.

1301 So können durch geschickte Aufgliederung gegenüber Dritten z. B. die Erfolgsaussichten eines favorisierten Projekts günstiger oder eigene Leistungen umfangreicher dargestellt sowie hohe zu verantwortende Kosten besser gerechtfertigt werden, obwohl am objektiven Inhalt nichts verändert wird.

1302 Diese kann u. a. durch weniger Informationen, mehr Zeit zur Verarbeitung der Daten oder Wahl eines vertrauten Gebiets für möglichst alle Teilnehmer erreicht werden; vgl. Volnhals (2010), S. 62 f. u. 75 ff.; Taylor (1975), S. 81; Perkins/Rao (1990), S. 2; Dane (2008), S. 1; Fisher et al. (2003), S. 173; Sah et al. (2010), S. 208.

1303 Vgl. Gigerenzer/Hoffrage (1995), S. 701.

deren Eigenschaften, alternative Zahlenbereiche für die Wahrscheinlichkeiten[1304] oder eine abweichende Skalierung der relativen Häufigkeiten,[1305] gewählt werden. Jede weitere Bestätigung schließt zufällige Effekte sowie ebenfalls denkbare Erklärungsansätze nochmals klarer aus als dies mit einer einzelnen Studie möglich ist.

Schließlich sind weitere Maßnahmen zur Eindämmung des Unpacking Bias zu testen. So könnte auch der Wert des Gegenereignisses explizit ausgewiesen werden,[1306] wodurch zweifelsfrei klar wäre, dass 2 % Ausfallwahrscheinlichkeit gleichbedeutend mit einem Funktionieren des Karussells in 98 % der Fälle sind. Ebenso kann durch ausführlichere Informationen besser verdeutlicht werden, was mit den Ausfallrisiken alles zusammenhängt und so eine noch eindeutigere Bezugsgröße für die zu bildenden Einstufungen geschaffen werden.[1307] Mit beiden Instrumenten würden Ungewissheit und daraus resultierende Sicherheitspolster bei den Wahrscheinlichkeiten reduziert werden. Dies kann zu einer Verzerrungsverringerung führen, da tendenziell ein fixer absoluter Aufschlag bei jeder Schätzung erfolgt, so dass für mehrere Teilszenarien eine höhere Reserve entsteht als bei einem großen Gesamtereignis.[1308]

Eine weitere Frage ist, inwieweit die bei den subjektiven Wahrscheinlichkeiten festgestellten Effekte auf menschliche Einschätzungen im Allgemeinen übertragbar sind. Mehrere Untersuchungen zeigen, dass in anderen Urteilsbereichen die gleichen Mechanismen greifen,[1309] weshalb eine Generalisierung plausibel erscheint. Allerdings sind auch hier weitere Untersuchungen unabdingbar, um zumindest noch ein besseres Wissen über Gültigkeitsbereiche, Grenzen sowie Ausmaß der Effekte in den verschiedenen Teilgebieten zu erlangen.

Für den Controller in der Praxis ist es sinnvoll von einem Mix aus diversen Maßnahmen auszugehen, der ihm zur Vermeidung von Einschätzungsverzerrungen zur Verfügung steht. In einfachen Situationen wird er ohne eine einzige derartige Aktion auskommen, während bei schwierigen Konstellationen die Ergreifung mehrerer Optionen notwendig sein kann. Allerdings existieren alleine aus Aufwands- und Kapazitätsgründen Obergrenzen für die Anzahl

---

1304 Hier bieten sich insbesondere höhere Werte im zweistelligen Prozentbereich, wie 10 %, 20 % oder 30 % an.

1305 Bei den vorgenannten, deutlich größeren Werten wäre etwa eine Umstellung auf z. B. 20 aus 100, anstelle von 2.000 aus 10.000 Fällen nicht nur sinnvoll möglich, sondern sogar die bessere Variante.

1306 Vgl. Shafer (1976), S. 42 ff.; Beierle/Kern-Isberner (2008), S. 419 ff.; Paetzmann (2008), S. 78 f.; Bordley (2003), S. 243 ff.

1307 Vgl. Macchi (2003), S. 169 f.; Zayer/Hirsch (2006), S. 653.

1308 Vgl. Fiedler/Armbruster (1994), S. 635 f.

1309 Vgl. van Boven/Epley (2003), S. 264 ff.; Kruger/Evans (2004), S. 588 ff.; van der Pligt et al. (1987), S. 271 ff.; Idson et al. (2001), S. 234 ff.; Mulford/Dawes (1999), S. 48 ff.; Tversky/Koehler (1994), S. 562; Fox/Rottenstreich (2003), S. 198.

der heranzuziehenden Handlungen. Mit steigender Erfahrung wächst dabei das Gespür des Controllers wie viele und welche Aktionen aus dem zur Verfügung stehenden Repertoire angemessen sind. Je besser er diese Funktion ausfüllen kann, umso erfolgreicher wird das Unternehmen insgesamt agieren.

Nicht unerwähnt bleiben soll, dass selbstverständlich auch genügend Beispiele für erfolgreich durchgeführte Großprojekte existieren, bei denen anspruchsvolle Planwerte eingehalten oder sogar unterboten wurden. Ein prominentes Beispiel stellt der am 01.06.2016 offiziell eröffnete Schweizer Gotthard-Basistunnel dar, der mit 57 Kilometern den bis dato längsten Eisenbahntunnel der Welt bildet. Bei dem 17 Jahre dauernden Bau arbeiteten bis zu 2.400 Menschen in drei Schichten rund um die Uhr, insgesamt wurden 28 Millionen Tonnen Gestein entfernt. Dennoch wurde der Tunnel ein Jahr früher fertig als geplant und die Kosten liefen trotz der enormen Dimension des Vorhabens nicht aus dem Ruder.[1310] Weitere gelungene Vorhaben existieren v. a. in den Bereichen Straßenbau und öffentliche Gebäude, wo Maßnahmen um bis zu ein Viertel unter dem ursprünglichen Kostenrahmen abgeschlossen werden konnten, was bei den größeren Projekten Einsparungen im hohen zweistelligen Millionenbereich bedeutet.[1311]

Diese Beispiele verdeutlichen, dass selbst größte Projekte erfolgreich verlaufen können und somit bei betrieblichen Investitionen die gesamte Palette an Ausgängen von schweren Fehlschlägen über einen planmäßigen Verlauf bis hin zur Übertreffung der Erwartungen möglich ist. Sofern jedoch gute strategische Einschätzungen, eine ordentliche Leitung des operationalen Prozesses, die korrekte Umsetzung der Vorgaben in den unteren Ebenen unter passender Auslegung der verbleibenden Freiheitsgrade gegeben sind, sollte zumindest die weitgehende Einhaltung der anfänglichen Vorgaben verwirklichbar sein. Dabei stellen realistische, ehrliche Ansätze von Anfang an, eine offene Diskussionskultur, gewissenhaftes Arbeiten mit umgehender Adressierung aufkommender Gefahren sowie kompetente Mitarbeiter förderliche Rahmenbedingungen für ein solch gutes Gelingen dar.

Hier kann das Controlling durch positive Gestaltung der Rahmenbedingungen entscheidend mithelfen. Ein wichtiger Bereich besteht in der Schaffung eines idealen Umfelds zur Beherrschung der in der Praxis unvermeidlichen Unsicherheit durch das Management. Mit der bestmöglichen Abdeckung dieses Themengebiets kann das Controlling seinen Beitrag dazu leis-

---

[1310] Vgl. Brogsitter (2016), S. 1 u. 4.
[1311] Vgl. Diekmann (2015), S. 2.

ten, dass Menschen bei ambitionierten Projekten die Ergebnisse erreichen, zu denen sie aufgrund ihres hohen kognitiven Potentials grundsätzlich in der Lage sind.

ANHANG

ANHANGSVERZEICHNIS:

Anhang 1: Beispielhafte experimentelle Aufgabenstellung für Untersuchungsgruppe 1

Ein Schausteller möchte ein neues Fahrgeschäft kaufen. Nach eingehender Analyse und Vorselektion soll die Wahl zwischen zwei Karussells fallen. Während die meisten Positionen im Vorfeld dieser Entscheidung relativ gut kalkuliert werden können, ist bei den Einnahmen durch die Fahrgäste ein bedeutender Unsicherheitsfaktor im Zusammenhang mit Ausfällen aufgrund technischer Defekte gegeben.

Moderne Fahrgeschäfte verfügen über mit Druckluft betriebene (pneumatische) Bestandteile, elektronische Komponenten und hydraulische Elemente, an denen jeweils Störungen auftreten können. Kommt es zu einem solchen Defekt, steht die Attraktion bis zu dessen Behebung still und es gehen Fahrten und damit wichtige Einnahmen verloren. Deshalb ist eine genaue Bestimmung der Wahrscheinlichkeit, dass eine Fahrt in Folge technischer Probleme entfällt, von zentraler Bedeutung, da ansonsten die Gefahr besteht, eine falsche Investitionsentscheidung zu treffen.

Erfahrungsgemäß beträgt bei neuen Karussells ein derartiges Ausfallrisiko im Durchschnitt 2 % und setzt sich aus 0,5 % als Konsequenz aus Pneumatikmängeln, 1 % wegen Problemen an der Elektronik sowie 0,5 % bedingt durch die Hydraulik zusammen. Von weiteren Ausfällen aufgrund anderer Faktoren ist nicht auszugehen.

Nachdem die Risiken je nach Fahrgeschäft z. T. deutlich variieren, ist die korrekte Schätzung jedoch schwierig, weshalb der Schausteller sich von verschiedenen Seiten Rat einholt. Über einen gemeinsamen Bekannten werden auch Sie um Ihr Urteil zu den folgenden beiden Alternativen gebeten, zwischen denen die Entscheidung getroffen werden soll:

Alternative 1 „X-treme Turn":
„X-treme Turn" ist ein modernes Hochfahrgeschäft, das aus einer großen Gondel besteht. Das Karussell stellt eine absolute Neuerung dar, die erst seit kurzem auf dem Markt ist, ermöglicht bislang nie da gewesene Manöver und weist eine äußerst ausgefeilte Technik auf.

Die pneumatischen Bestandteile haben ein normales Ausfallrisiko. Dagegen ist die gesamte Elektrotechnik des „X-treme Turn" noch sehr störanfällig. Das Ausfallrisiko für das Teilsystem Hydraulik liegt wiederum im normalen Bereich.

Alternative 2 „Maximum Acceleration":
„Maximum Acceleration" ist eine Hochgeschwindigkeitsbahn, die ebenfalls eine komplette Innovation bedeutet. Aufgrund mehrerer Wägen und einer kurzen Fahrzeit kann das Karussell besonders viele Personen bewältigen, ist jedoch bereits im normalen Betrieb einer relativ hohen Belastung ausgesetzt.

Das Fahrgeschäft ist deshalb in den drei Teilsystemen Pneumatik, Elektronik und Hydraulik durchgängig sehr störanfällig. Sowohl die Geschwindigkeitsregulierung wie auch die Notbremseinrichtung als die beiden pneumatischen Baugruppen haben eine erhöhte Defektquote. Auch die vier elektronischen Bestandteile Beleuchtung, Elektromotor, Steuerungs- und restliche Karussellelektronik bringen jeweils überdurchschnittliche Ausfallwerte mit sich. Gleiches gilt für Bremse, Haltesystem für die Fahrgäste und Federung als die drei hydraulischen Komponenten.

Wie hoch schätzen Sie, mit einer Genauigkeit von maximal zwei Nachkommastellen, die jeweiligen Ausfallrisiken der beiden Fahrgeschäfte in Prozent ein? (Benutzen Sie dazu bitte die nächste Seite)

Alternative 1 „X-treme Turn":

Ausfallrisiko wegen Pneumatik = %

Ausfallrisiko wegen Elektronik = %

Ausfallrisiko wegen Hydraulik = %

Alternative 2 „Maximum Acceleration":

Pneumatik:

Ausfallrisiko wg. Geschwindigkeitsregulierung = %

Ausfallrisiko wegen Notbremseinrichtung = %

Elektronik:

Ausfallrisiko wegen Beleuchtung = %

Ausfallrisiko wegen Elektromotor = %

Ausfallrisiko wegen Steuerungselektronik = %

Ausfallrisiko wg. restlicher Karusselelektronik = %

Hydraulik:

Ausfallrisiko wegen Bremshydraulik = %

Ausfallrisiko wegen Haltesystem Fahrgäste = %

Ausfallrisiko wegen Federung = %

Anhang 2: Beispielhafte experimentelle Aufgabenstellung für Untersuchungsgruppe 2

Ein Schausteller möchte ein neues Fahrgeschäft kaufen. Nach eingehender Analyse und Vorselektion soll die Wahl zwischen zwei Karussells fallen. Während die meisten Positionen im Vorfeld dieser Entscheidung relativ gut kalkuliert werden können, ist bei den Einnahmen durch die Fahrgäste ein bedeutender Unsicherheitsfaktor im Zusammenhang mit Ausfällen aufgrund technischer Defekte gegeben.

Moderne Fahrgeschäfte verfügen über hydraulische Elemente, mit Druckluft betriebene (pneumatische) Bestandteile und elektronische Komponenten, an denen jeweils Störungen auftreten können. Kommt es zu einem solchen Defekt, steht die Attraktion bis zu dessen Behebung still und es gehen Fahrten und damit wichtige Einnahmen verloren. Deshalb ist eine genaue Bestimmung des Anteils dieser in Folge technischer Probleme entfallenden Fahrten von zentraler Bedeutung, da ansonsten die Gefahr besteht, eine falsche Investitionsentscheidung zu treffen.

Erfahrungsgemäß entfallen bei neuen Karussells im Durchschnitt 200 von 10.000 möglichen Fahrten, die sich aus 50 von 10.000 Fahrten als Konsequenz aus Hydraulikmängeln, 50 von 10.000 Fahrten wegen Problemen an der Pneumatik sowie 100 von 10.000 Fahrten bedingt durch die Elektronik zusammensetzen. Von weiteren Ausfällen aufgrund anderer Faktoren ist nicht auszugehen.

Nachdem diese Ausfallhäufigkeiten je nach Fahrgeschäft z. T. deutlich variieren, ist die korrekte Schätzung jedoch schwierig, weshalb der Schausteller sich von verschiedenen Seiten Rat einholt. Über einen gemeinsamen Bekannten werden auch Sie um Ihr Urteil zu den folgenden beiden Alternativen gebeten, zwischen denen die Entscheidung getroffen werden soll:

Alternative 1 „X-treme Turn“:
„X-treme Turn“ ist ein modernes Hochfahrgeschäft, das aus einer großen Gondel besteht. Das Karussell stellt eine absolute Neuerung dar, die erst seit kurzem auf dem Markt ist, ermöglicht bislang nie da gewesene Manöver und weist eine äußerst ausgefeilte Technik auf.

Die hydraulischen und pneumatischen Bestandteile weisen eine normale Defektquote auf. Allerdings ist die gesamte Elektrotechnik des „X-treme Turn“ noch sehr störanfällig.

Alternative 2 „Maximum Acceleration“:
„Maximum Acceleration“ ist eine Hochgeschwindigkeitsbahn, die ebenfalls eine komplette Innovation bedeutet. Aufgrund mehrerer Wägen und einer kurzen Fahrzeit kann das Karussell besonders viele Personen bewältigen, ist jedoch bereits im normalen Betrieb einer relativ hohen Belastung ausgesetzt.

Das Fahrgeschäft ist deshalb in den drei Teilsystemen Hydraulik, Pneumatik und Elektronik durchgängig sehr störanfällig. Sowohl die Bremse, das Haltesystem für die Fahrgäste wie auch die Federung als die drei hydraulischen Baugruppen haben eine erhöhte Defektquote. Auch die beiden pneumatischen Bestandteile Geschwindigkeitsregulierung und Notbremseinrichtung bringen jeweils überdurchschnittliche Ausfallwerte mit sich. Gleiches gilt für Beleuchtung, Elektromotor, Steuerungs- und restliche Karussellelektronik als die vier elektronischen Komponenten.

Wie hoch schätzen Sie die jeweiligen Ausfallhäufigkeiten der beiden Fahrgeschäfte pro 10.000 möglichen Fahrten ein? (Benutzen Sie dazu bitte die beiden nächsten Seiten)

Alternative 1 „X-treme Turn":

Ausfälle wegen Hydraulik	=	von 10.000 Fahrten
Ausfälle wegen Pneumatik	=	von 10.000 Fahrten
Ausfälle wegen Elektronik	=	von 10.000 Fahrten

Alternative 2 „Maximum Acceleration":

Hydraulik:

Ausfälle wegen Bremshydraulik	=	von 10.000 Fahrten
Ausfälle wegen Haltesystem Fahrgäste	=	von 10.000 Fahrten
Ausfälle wegen Federung	=	von 10.000 Fahrten

Pneumatik:

Ausfälle wegen Geschwindigkeitsregulierung	=	von 10.000 Fahrten
Ausfälle wegen Notbremseinrichtung	=	von 10.000 Fahrten

Elektronik:

Ausfälle wegen Beleuchtung	=	von 10.000 Fahrten
Ausfälle wegen Elektromotor	=	von 10.000 Fahrten
Ausfälle wegen Steuerungselektronik	=	von 10.000 Fahrten
Ausfälle wegen restlicher Karussellelektronik	=	von 10.000 Fahrten

Anhang 3: Beispielhafte experimentelle Aufgabenstellung für Untersuchungsgruppe 3

Ein Schausteller möchte ein neues Fahrgeschäft kaufen. Nach eingehender Analyse und Vorselektion soll die Wahl zwischen zwei Karussells fallen. Während die meisten Positionen im Vorfeld dieser Entscheidung relativ gut kalkuliert werden können, ist bei den Einnahmen durch die Fahrgäste ein bedeutender Unsicherheitsfaktor im Zusammenhang mit Ausfällen aufgrund technischer Defekte gegeben.

Moderne Fahrgeschäfte verfügen über elektronische Komponenten, mit Druckluft betriebene (pneumatische) Bestandteile und hydraulische Elemente an denen jeweils Störungen auftreten können. Kommt es zu einem solchen Defekt, steht die Attraktion bis zu dessen Behebung still und es gehen Fahrten und damit wichtige Einnahmen verloren. Deshalb ist eine genaue Bestimmung des Anteils dieser in Folge technischer Probleme entfallenden Fahrten von zentraler Bedeutung, da ansonsten die Gefahr besteht, eine falsche Investitionsentscheidung zu treffen.

Erfahrungsgemäß entfallen bei neuen Karussells im Durchschnitt 200 von 10.000 möglichen Fahrten, die sich aus 100 von 10.000 Fahrten als Konsequenz aus Elektronikmängeln, 50 von 10.000 Fahrten wegen Problemen an der Pneumatik sowie 50 von 10.000 Fahrten bedingt durch die Hydraulik zusammensetzen. Von weiteren Ausfällen aufgrund anderer Faktoren ist nicht auszugehen.

Nachdem diese Ausfallhäufigkeiten je nach Fahrgeschäft z. T. deutlich variieren, ist die korrekte Schätzung jedoch schwierig, weshalb der Schausteller sich von verschiedenen Seiten Rat einholt. Über einen gemeinsamen Bekannten werden auch Sie um Ihr Urteil zu den folgenden beiden Alternativen gebeten, zwischen denen die Entscheidung getroffen werden soll:

Alternative 1 „Maximum Acceleration":
„Maximum Acceleration" ist eine Hochgeschwindigkeitsbahn, die eine komplette Innovation bedeutet. Aufgrund mehrerer Wägen und einer kurzen Fahrzeit kann das Karussell besonders viele Personen bewältigen, ist jedoch bereits im normalen Betrieb einer relativ hohen Belastung ausgesetzt.

Das Fahrgeschäft ist deshalb in den drei Teilsystemen Elektronik, Pneumatik und Hydraulik durchgängig sehr störanfällig. Sowohl die Beleuchtung, der Elektromotor, wie auch die Steuerungs- und die restliche Karussellelektronik als die vier elektronischen Baugruppen haben eine erhöhte Defektquote. Auch die beiden pneumatischen Bestandteile Geschwindigkeitsregulierung und Notbremseinrichtung bringen jeweils überdurchschnittliche Ausfallwerte mit sich. Gleiches gilt für Bremse, Haltesystem für die Fahrgäste und Federung als die drei hydraulischen Komponenten.

Alternative 2 „X-treme Turn":
„X-treme Turn" ist ein modernes Hochfahrgeschäft, das aus einer großen Gondel besteht. Das Karussell stellt ebenfalls eine absolute Neuerung dar, die erst seit kurzem auf dem Markt ist, ermöglicht bislang nie da gewesene Manöver und weist eine äußerst ausgefeilte Technik auf.

Allerdings ist die gesamte Elektrotechnik des „X-treme Turn" noch sehr störanfällig. Die pneumatischen und hydraulischen Bestandteile weisen normale Ausfallwerte auf.

Wie hoch schätzen Sie die jeweiligen Ausfallhäufigkeiten der beiden Fahrgeschäfte pro 10.000 möglichen Fahrten ein? (Benutzen Sie dazu bitte die beiden nächsten Seiten)

Hinweis: Bitte beachten Sie bei Ihren Schätzungen zu den Ausfällen wegen der Elektronik bei den beiden Karussells, dass Ihre jeweiligen Werte nicht dadurch beeinflusst werden dürfen, ob Sie dieses Teilsystem als Ganzes oder in seine einzelnen Baugruppen aufgesplittet zu beurteilen haben. Gemäß mathematischen Gesetzen gilt:

$$\text{Ausfälle}_{\text{wegen Teilsystem Elektronik}} = \text{Ausfälle}_{\text{wegen Beleuchtung}} + \text{Ausfälle}_{\text{wegen Elektromotor}} + \text{Ausfälle}_{\text{wegen Steuerungselektronik}} + \text{Ausfälle}_{\text{wegen restlicher Karussellelektronik}}$$

Analog darf sich bei Ihren Ausfallschätzungen zu den Teilsystemen Hydraulik und Pneumatik beim Fahrgeschäft 1 „Maximum Acceleration" kein Unterschied alleine dadurch ergeben, dass das eine Teilsystem aus mehr Baugruppen besteht als das andere. Wenn der Zusammenhang

$$\text{Ausfälle}_{\text{wegen Teilsystem Hydraulik}} = \text{Ausfälle}_{\text{wegen Teilsystem Pneumatik}}$$

gegeben ist, dann gilt auch

$$\text{Ausfälle}_{\text{wegen Bremshydraulik}} + \text{Ausfälle}_{\text{wegen Haltesystem}} + \text{Ausfälle}_{\text{wegen Federung}} = \text{Ausfälle}_{\text{wegen Geschwindigkeitsregulierung}} + \text{Ausfälle}_{\text{Notbremseinrichtung}}$$

Alternative 1 „Maximum Acceleration":

Elektronik:

Ausfälle wegen Beleuchtung = **von 10.000 Fahrten**

Ausfälle wegen Elektromotor = **von 10.000 Fahrten**

Ausfälle wegen Steuerungselektronik = **von 10.000 Fahrten**

Ausfälle wegen restlicher Karussellelektronik = **von 10.000 Fahrten**

Pneumatik:

Ausfälle wegen Geschwindigkeitsregulierung = **von 10.000 Fahrten**

Ausfälle wegen Notbremseinrichtung = **von 10.000 Fahrten**

Hydraulik:

Ausfälle wegen Bremshydraulik = **von 10.000 Fahrten**

Ausfälle wegen Haltesystem Fahrgäste = **von 10.000 Fahrten**

Ausfälle wegen Federung = **von 10.000 Fahrten**

Alternative 2 „X-treme Turn":

Ausfälle wegen Elektronik	=	**von 10.000 Fahrten**
Ausfälle wegen Pneumatik	=	**von 10.000 Fahrten**
Ausfälle wegen Hydraulik	=	**von 10.000 Fahrten**

Anhang 4: Beispielhafte experimentelle Aufgabenstellung für Kontrollgruppe 4

Ein Schausteller möchte ein neues Fahrgeschäft kaufen. Nach eingehender Analyse und Vorselektion soll die Wahl zwischen zwei Karussells fallen. Während die meisten Positionen im Vorfeld dieser Entscheidung relativ gut kalkuliert werden können, ist bei den Einnahmen durch die Fahrgäste ein bedeutender Unsicherheitsfaktor im Zusammenhang mit Ausfällen aufgrund technischer Defekte gegeben.

Moderne Fahrgeschäfte verfügen über hydraulische Elemente, mit Druckluft betriebene (pneumatische) Bestandteile und elektronische Komponenten, an denen jeweils Störungen auftreten können. Kommt es zu einem solchen Defekt, steht die Attraktion bis zu dessen Behebung still und es gehen Fahrten und damit wichtige Einnahmen verloren. Deshalb ist eine genaue Bestimmung der Wahrscheinlichkeit, dass eine Fahrt in Folge technischer Probleme entfällt, von zentraler Bedeutung, da ansonsten die Gefahr besteht, eine falsche Investitionsentscheidung zu treffen.

Erfahrungsgemäß beträgt bei neuen Karussells ein derartiges Ausfallrisiko im Durchschnitt 2 % und setzt sich aus 0,5 % als Konsequenz aus Hydraulikmängeln, 0,5 % wegen Problemen an der Pneumatik sowie 1 % bedingt durch die Elektronik zusammen. Von weiteren Ausfällen aufgrund anderer Faktoren ist nicht auszugehen.

Nachdem die Risiken je nach Fahrgeschäft z. T. deutlich variieren, ist die korrekte Schätzung jedoch schwierig, weshalb der Schausteller sich von verschiedenen Seiten Rat einholt. Über einen gemeinsamen Bekannten werden auch Sie um Ihr Urteil zu den folgenden beiden Alternativen gebeten, zwischen denen die Entscheidung getroffen werden soll:

Alternative 1 „X-treme Turn":
„X-treme Turn" ist ein modernes Hochfahrgeschäft, das aus einer großen Gondel besteht. Das Karussell stellt eine absolute Neuerung dar, die erst seit kurzem auf dem Markt ist, ermöglicht bislang nie da gewesene Manöver und weist eine äußerst ausgefeilte Technik auf.

Die hydraulischen und pneumatischen Bestandteile haben ein normales Ausfallrisiko. Allerdings ist die gesamte Elektrotechnik des „X-treme Turn" noch sehr störanfällig. Sowohl die Beleuchtung, der Elektromotor, wie auch die Steuerungs- und die restliche Karussellelektronik als die vier elektronischen Baugruppen weisen eine erhöhte Defektquote auf.

Alternative 2 „Maximum Acceleration":
„Maximum Acceleration" ist eine Hochgeschwindigkeitsbahn, die ebenfalls eine komplette Innovation bedeutet. Aufgrund mehrerer Wägen und einer kurzen Fahrzeit kann das Karussell besonders viele Personen bewältigen, ist jedoch bereits im normalen Betrieb einer relativ hohen Belastung ausgesetzt.

Das Fahrgeschäft ist deshalb in den drei Teilsystemen Hydraulik, Pneumatik und Elektronik durchgängig sehr störanfällig.

Wie hoch schätzen Sie, mit einer Genauigkeit von maximal zwei Nachkommastellen, die jeweiligen Ausfallrisiken der beiden Fahrgeschäfte in Prozent ein? (Benutzen Sie dazu bitte die nächste Seite)

Alternative 1 „X-treme Turn":

Ausfallrisiko wegen Hydraulik	=	%
Ausfallrisiko wegen Pneumatik	=	%

Elektronik:

Ausfallrisiko wegen Beleuchtung	=	%
Ausfallrisiko wegen Elektromotor	=	%
Ausfallrisiko wegen Steuerungselektronik	=	%
Ausfallrisiko wg. restlicher Karussellelektronik	=	%

Alternative 2 „Maximum Acceleration":

Ausfallrisiko wegen Hydraulik	=	%
Ausfallrisiko wegen Pneumatik	=	%
Ausfallrisiko wegen Elektronik	=	%

Anhang 5: Beispielhafte experimentelle Aufgabenstellung für Kontrollgruppe 5

Ein Schausteller möchte ein neues Fahrgeschäft kaufen. Nach eingehender Analyse und Vorselektion soll die Wahl zwischen zwei Karussells fallen. Während die meisten Positionen im Vorfeld dieser Entscheidung relativ gut kalkuliert werden können, ist bei den Einnahmen durch die Fahrgäste ein bedeutender Unsicherheitsfaktor im Zusammenhang mit Ausfällen aufgrund technischer Defekte gegeben.

Moderne Fahrgeschäfte verfügen über elektronische Komponenten, mit Druckluft betriebene (pneumatische) Bestandteile und hydraulische Elemente an denen jeweils Störungen auftreten können. Kommt es zu einem solchen Defekt, steht die Attraktion bis zu dessen Behebung still und es gehen Fahrten und damit wichtige Einnahmen verloren. Deshalb ist eine genaue Bestimmung des Anteils dieser in Folge technischer Probleme entfallenden Fahrten von zentraler Bedeutung, da ansonsten die Gefahr besteht, eine falsche Investitionsentscheidung zu treffen.

Erfahrungsgemäß entfallen bei neuen Karussells im Durchschnitt 200 von 10.000 möglichen Fahrten, die sich aus 100 von 10.000 Fahrten als Konsequenz aus Elektronikmängeln, 50 von 10.000 Fahrten wegen Problemen an der Pneumatik sowie 50 von 10.000 Fahrten bedingt durch die Hydraulik zusammensetzen. Von weiteren Ausfällen aufgrund anderer Faktoren ist nicht auszugehen.

Nachdem diese Ausfallhäufigkeiten je nach Fahrgeschäft z. T. deutlich variieren, ist die korrekte Schätzung jedoch schwierig, weshalb der Schausteller sich von verschiedenen Seiten Rat einholt. Über einen gemeinsamen Bekannten werden auch Sie um Ihr Urteil zu den folgenden beiden Alternativen gebeten, zwischen denen die Entscheidung getroffen werden soll:

Alternative 1 „Maximum Acceleration":

„Maximum Acceleration" ist eine Hochgeschwindigkeitsbahn, die eine komplette Innovation bedeutet. Aufgrund mehrerer Wägen und einer kurzen Fahrzeit kann das Karussell besonders viele Personen bewältigen, ist jedoch bereits im normalen Betrieb einer relativ hohen Belastung ausgesetzt.

Das Fahrgeschäft ist deshalb in den drei Teilsystemen Elektronik, Pneumatik und Hydraulik durchgängig sehr störanfällig.

Alternative 2 „X-treme Turn":

„X-treme Turn" ist ein modernes Hochfahrgeschäft, das aus einer großen Gondel besteht. Das Karussell stellt ebenfalls eine absolute Neuerung dar, die erst seit kurzem auf dem Markt ist, ermöglicht bislang nie da gewesene Manöver und weist eine äußerst ausgefeilte Technik auf.

Allerdings ist die gesamte Elektrotechnik des „X-treme Turn" noch sehr störanfällig. Sowohl die Beleuchtung, der Elektromotor, wie auch die Steuerungs- und die restliche Karussellelektronik als die vier elektronischen Baugruppen haben eine erhöhte Defektquote. Die pneumatischen und hydraulischen Bestandteile weisen normale Ausfawerte auf.

Wie hoch schätzen Sie die jeweiligen Ausfallhäufigkeiten der beiden Fahrgeschäfte pro 10.000 möglichen Fahrten ein? (Benutzen Sie dazu bitte die nächste Seite)

Alternative 1 „Maximum Acceleration“:

Ausfälle wegen Elektronik	=	von 10.000 Fahrten
Ausfälle wegen Pneumatik	=	von 10.000 Fahrten
Ausfälle wegen Hydraulik	=	von 10.000 Fahrten

Alternative 2 „X-treme Turn“:

Elektronik:

Ausfälle wegen Beleuchtung	=	von 10.000 Fahrten
Ausfälle wegen Elektromotor	=	von 10.000 Fahrten
Ausfälle wegen Steuerungselektronik	=	von 10.000 Fahrten
Ausfälle wegen restlicher Karussellelektronik	=	von 10.000 Fahrten
Ausfälle wegen Pneumatik	=	von 10.000 Fahrten
Ausfälle wegen Hydraulik	=	von 10.000 Fahrten

Anhang 6: Beispielhafte experimentelle Aufgabenstellung für Kontrollgruppe 6

Ein Schausteller möchte ein neues Fahrgeschäft kaufen. Nach eingehender Analyse und Vorselektion soll die Wahl zwischen zwei Karussells fallen. Während die meisten Positionen im Vorfeld dieser Entscheidung relativ gut kalkuliert werden können, ist bei den Einnahmen durch die Fahrgäste ein bedeutender Unsicherheitsfaktor im Zusammenhang mit Ausfällen aufgrund technischer Defekte gegeben.

Moderne Fahrgeschäfte verfügen über mit Druckluft betriebene (pneumatische) Bestandteile, elektronische Komponenten und hydraulische Elemente, an denen jeweils Störungen auftreten können. Kommt es zu einem solchen Defekt, steht die Attraktion bis zu dessen Behebung still und es gehen Fahrten und damit wichtige Einnahmen verloren. Deshalb ist eine genaue Bestimmung des Anteils dieser in Folge technischer Probleme entfallenden Fahrten von zentraler Bedeutung, da ansonsten die Gefahr besteht, eine falsche Investitionsentscheidung zu treffen.

Erfahrungsgemäß entfallen bei neuen Karussells im Durchschnitt 200 von 10.000 möglichen Fahrten, die sich aus 50 von 10.000 Fahrten als Konsequenz aus Pneumatikmängeln, 100 von 10.000 Fahrten wegen Problemen an der Elektronik sowie 50 von 10.000 Fahrten bedingt durch die Hydraulik zusammensetzen. Von weiteren Ausfällen aufgrund anderer Faktoren ist nicht auszugehen.

Nachdem diese Ausfallhäufigkeiten je nach Fahrgeschäft z. T. deutlich variieren, ist die korrekte Schätzung jedoch schwierig, weshalb der Schausteller sich von verschiedenen Seiten Rat einholt. Über einen gemeinsamen Bekannten werden auch Sie um Ihr Urteil zu den folgenden beiden Alternativen gebeten, zwischen denen die Entscheidung getroffen werden soll:

Alternative 1 „X-treme Turn":
„X-treme Turn" ist ein modernes Hochfahrgeschäft, das aus einer großen Gondel besteht. Das Karussell stellt eine absolute Neuerung dar, die erst seit kurzem auf dem Markt ist, ermöglicht bislang nie da gewesene Manöver und weist eine äußerst ausgefeilte Technik auf.

Die pneumatischen Bestandteile haben eine normale Defektquote. Dagegen ist die gesamte Elektrotechnik des „X-treme Turn" noch sehr störanfällig. Sowohl die Beleuchtung, der Elektromotor, wie auch die Steuerungs- und die restliche Karussellelektronik als die vier elektronischen Baugruppen weisen erhöhte Ausfallwerte auf. Die Ausfälle für das Teilsystem Hydraulik liegen wiederum im normalen Bereich.

Alternative 2 „Maximum Acceleration":
„Maximum Acceleration" ist eine Hochgeschwindigkeitsbahn, die ebenfalls eine komplette Innovation bedeutet. Aufgrund mehrerer Wägen und einer kurzen Fahrzeit kann das Karussell besonders viele Personen bewältigen, ist jedoch bereits im normalen Betrieb einer relativ hohen Belastung ausgesetzt.

Das Fahrgeschäft ist deshalb in den drei Teilsystemen Pneumatik, Elektronik und Hydraulik durchgängig sehr störanfällig.

Wie hoch schätzen Sie die jeweiligen Ausfallhäufigkeiten der beiden Fahrgeschäfte pro 10.000 möglichen Fahrten ein? (Benutzen Sie dazu bitte die nächste Seite)

Hinweis: Bitte beachten Sie bei Ihren Schätzungen zu den Ausfällen wegen der Elektronik bei den beiden Karussells, dass Ihre jeweiligen Werte nicht dadurch beeinflusst werden dürfen, ob Sie dieses Teilsystem als Ganzes oder in seine einzelnen Baugruppen aufgesplittet zu beurteilen haben. Gemäß mathematischen Gesetzen gilt:

$$\text{Ausfälle}_{\text{wegen Teilsystem Elektronik}} = \text{Ausfälle}_{\text{wegen Beleuchtung}} + \text{Ausfälle}_{\text{wegen Elektromotor}} + \text{Ausfälle}_{\text{wegen Steuerungselektronik}} + \text{Ausfälle}_{\text{wegen restlicher Karussellelektronik}}$$

Alternative 1 „X-treme Turn":

Ausfälle wegen Pneumatik = von 10.000 Fahrten

Elektronik:

Ausfälle wegen Beleuchtung = von 10.000 Fahrten

Ausfälle wegen Elektromotor = von 10.000 Fahrten

Ausfälle wegen Steuerungselektronik = von 10.000 Fahrten

Ausfälle wegen restlicher Karussellelektronik = von 10.000 Fahrten

Ausfälle wegen Hydraulik = von 10.000 Fahrten

Alternative 2 „Maximum Acceleration":

Ausfälle wegen Pneumatik = von 10.000 Fahrten

Ausfälle wegen Elektronik = von 10.000 Fahrten

Ausfälle wegen Hydraulik = von 10.000 Fahrten

Anhang 7: Testbogen zu den numerischen Fähigkeiten der Probanden

Ausfallrisiken

1. Welche der nachstehenden relativen Häufigkeiten stellt das größte Ausfallrisiko dar?

O 1 aus 100 O 1 aus 1.000 O 1 aus 10

2. Welche der nachstehenden Prozentzahlen stellt das größte Ausfallrisiko dar?

O 1 % O 10 % O 5 %

3. Wenn das Risiko eines sehr zuverlässigen Fahrgeschäftes A, in 10 Jahren einmal auszufallen, 1 % beträgt und das eines anderen Fahrgeschäftes B doppelt so hoch ist wie das von A, wie hoch ist das Ausfallrisiko von B?

_______ %

4. Wenn das Risiko eines sehr zuverlässigen Fahrgeschäftes A, in 10 Jahren einmal auszufallen, 1 aus 100 beträgt und das eines anderen Fahrgeschäftes B doppelt so hoch ist wie das von A, wie hoch ist das Ausfallrisiko von B?

_______ aus 100

5. Sofern ein Ausfallrisiko 10 % beträgt, wie viele von 100 bzw. von 1.000 Fahrgeschäften sollten dann jeweils ausfallen?

Von 100 Fahrgeschäften = _______________ Fahrgeschäfte

Von 1.000 Fahrgeschäften = _______________ Fahrgeschäfte

6. Wenn ein Ausfallrisiko von 20 aus 100 gegeben ist, ist das das Gleiche wie ein Ausfallrisiko von

_______ %

7. Das Risiko, dass die Fahrt eines Karussells aufgrund einer konkreten Komponente ausfällt, beträgt 0,0005. Wie viele von 10.000 Fahrten sollten bei dem genannten Risiko ausfallen?

_______ Fahrten

Wahrscheinlichkeiten

8. Stellen Sie sich vor, ein fairer, sechsseitiger Würfel wird 1.000 Mal geworfen. Wie oft von diesen 1.000 Mal wird der Würfel nach Ihrer Meinung eine gerade Zahl (2, 4 oder 6) anzeigen?

__________ von 1.000 Mal

9. In einer Sonderziehung der Bayerischen Staatslotterie beträgt die Chance einen Geldpreis von € 10,- zu gewinnen 1 %. Was ist Ihr Tipp, wie viele Personen den Geldpreis von € 10,- gewinnen würden, wenn 1.000 Leute jeweils ein Los dieser Sonderziehung kaufen?

__________ von 1.000 Personen

10. Bei einer anderen Sonderziehung liegt die Chance, ein hochwertiges Fahrrad zu gewinnen, bei 1 aus 1.000. Wieviel Prozent der Lose dieser Sonderziehung gewinnen ein Fahrrad?

__________ %

Anhang 8: Zusatzfragebogen für Untersuchungsgruppen 1 und 2

1. Soziodemographische Angaben:

a) Alter: _______ Jahre

b) Geschlecht: O Männlich O Weiblich

c) **Höchste** abgeschlossene Ausbildung:

O Kein Schulabschluss

O Qualifizierender Hauptschulabschluss oder gleichwertig

O Realschulabschluss oder gleichwertig

O Allgemeine Hochschulreife, FOS-, BOS-Abschluss oder gleichwertig

O Fachwirt oder gleichwertig

O Hochschulabschluss (Universität oder FH) oder gleichwertig

O Höherer zusätzlicher Titel zum Hochschulabschluss, z. B. Doktorgrad, Steuerberater, Sachverständiger, Notar

d) In welchem fachlichen Gebiet liegt Ihr Ausbildungsschwerpunkt?

O Technik

O Wirtschaft

O Mathematik / Statistik

O Verhaltensbereich

O Recht

O Pädagogik / Soziales

O Anderer Bereich: ____

e) Berufserfahrung: _______ Jahre

Sofern Sie über Berufserfahrung verfügen, waren Sie im Rahmen Ihrer bisherigen Tätigkeiten schon für das Treffen von Investitionsentscheidungen zuständig?

O Ja, sehr häufig.

O Ja, bereits einige Male.

O Ja, jedoch nur in einzelnen Ausnahmefällen.

O Nein, noch nicht.

Anmerkung zu Frage e): ____

____

2. Experiment:

a) Welche Probleme hatten Sie bei der Bewältigung der Experimentsaufgabe?

1. ______________________________

2. ______________________________

3. ______________________________

4. ______________________________

5. ______________________________

b) Welche generellen Anmerkungen haben Sie zur Experimentsaufgabe?

1. ______________________________

2. ______________________________

3. ______________________________

4. ______________________________

5. ______________________________

c) Wie zufrieden sind Sie mit Ihren Schätzungen für die Ausfallhäufigkeiten?

Vollkommen zufrieden

Absolut unzufrieden

1	2	3	4	5	6	7
O	O	O	O	O	O	O

d) Wenn Sie sich 100 Aufgabenstellungen wie diese hier vorstellen, für die Sie vergleichbare Schätzungen durchführen müssten, in wie vielen dieser Fälle würden Sie nach Ihrer Meinung richtig liegen?

In ________ der 100 Fälle

e) Auf welche Größen haben sich Ihre Schätzungen für die Ausfällhäufigkeiten beim Karussell 1 „Maximum Acceleration“ bezogen?

O Auf komplette Teilsysteme.

O Auf einzelne Baugruppen der Teilsysteme.

O Sowohl auf komplette Teilsysteme wie auf einzelne Baugruppen der Teilsysteme.

f) Auf welche Größen haben sich Ihre Schätzungen für die Ausfällhäufigkeiten beim Karussell 2 „X-treme Turn“ bezogen?

O Auf komplette Teilsysteme.

O Auf einzelne Baugruppen der Teilsysteme.

O Sowohl auf komplette Teilsysteme wie auf einzelne Baugruppen der Teilsysteme.

g) Bei welchem der beiden Fahrgeschäfte waren die Beschreibungen zu den Ausfallhäufigkeiten ausführlicher?

O Karussell 1 „Maximum Acceleration“.

O Karussell 2 „X-treme Turn“.

O Bei beiden Karussells in etwa gleich.

h) Bei welchem der beiden Fahrgeschäfte waren die Beschreibungen zu den Ausfallhäufigkeiten konkreter?

O Karussell 1 „Maximum Acceleration“.

O Karussell 2 „X-treme Turn“.

O Bei beiden Karussells in etwa gleich.

i) Hätten Sie insgesamt mit mehr oder mit weniger Baugruppen als Komponenten des Teilsystems Elektronik beim Fahrgeschäft 1 „Maximum Acceleration“ gerechnet, verglichen mit der im Experiment aufgeführten Anzahl?

O Mit mehr Baugruppen.

O Mit weniger Baugruppen.

O In etwa mit der im Experiment ausgewiesenen Anzahl von Baugruppen.

j) Hätten Sie insgesamt mit mehr oder mit weniger Baugruppen als Komponenten des Teilsystems Pneumatik beim Fahrgeschäft 1 „Maximum Acceleration" gerechnet, verglichen mit der im Experiment aufgeführten Anzahl?

O Mit mehr Baugruppen.

O Mit weniger Baugruppen.

O In etwa mit der im Experiment ausgewiesenen Anzahl von Baugruppen.

k) Fallen Ihnen spontan Einzelbestandteile ein, aus denen die hydraulische Baugruppe „Bremshydraulik" beim Fahrgeschäft 1 „Maximum Acceleration" wiederum bestehen könnte?

O Ja. O Nein.

Wenn Ja, nennen Sie bitte kurz diese Komponenten: ____________________________

____

____

l) Fallen Ihnen spontan Einzelbestandteile ein, aus denen die pneumatische Baugruppe „Geschwindigkeitsregulierung" beim Fahrgeschäft 1 „Maximum Acceleration" wiederum bestehen könnte?

O Ja. O Nein.

Wenn Ja, nennen Sie bitte kurz diese Komponenten: ____________________________

____

____

m) Stellen Sie sich vor, sie müssten die jeweiligen Wahrscheinlichkeiten dafür schätzen, dass ein in Deutschland zugelassenes Auto von einem konkreten Hersteller (z. B. VW, Toyota, Renault) stammt. Als Unterstützung erhalten Sie zu jedem Unternehmen einige Informationen wie etwa zur Popularität der Marke, die Anzahl der eigenen Autohäuser in Deutschland, die Qualität der Fahrzeuge usw. Wie sehr können Sie den **nachstehenden Aussagen** im Hinblick auf Ihre voraussichtliche Vorgehensweise bei der Bestimmung dieser Wahrscheinlichkeiten **zustimmen?**

Meine Schätzungen bilde ich, indem ich zunächst die Gesamtwahrscheinlichkeit von 100 % durch die Anzahl der angegebenen Hersteller teile. Den daraus resultierenden Wert (z. B. 5 % bei 20 Herstellern) lege ich meinen einzelnen Schätzungen zugrunde, passe diesen aber gemäß den erhaltenen Informationen und meinem eigenen Wissen für jede Automarke noch nach oben oder unten an:

Stimme voll und ganz zu						Stimme gar nicht zu
1	2	3	4	5	6	7
O	O	O	O	O	O	O

Je weniger ich den erhaltenen Informationen Glauben schenke und je weniger ich auch sonst über die Thematik weiß, umso stärker gleiche ich meine Wahrscheinlichkeitsschätzungen für die einzelnen Hersteller aneinander an:

Stimme voll und ganz zu						Stimme gar nicht zu
1	2	3	4	5	6	7
O	O	O	O	O	O	O

Ein aufgelisteter Hersteller steht nicht ohne Grund da und besitzt daher eine gewisse Bedeutung:

Stimme voll und ganz zu						Stimme gar nicht zu
1	2	3	4	5	6	7
O	O	O	O	O	O	O

3. Wahrscheinlichkeiten

a) Wie sehr stimmen Sie den nachstehenden Aussagen jeweils zu?

Wenn ich bei einer wichtigen geschäftlichen Entscheidung zur Handhabung der Unsicherheit numerische Wahrscheinlichkeiten schätzen und diese für meine Entscheidungsfindung verwenden soll, so tue ich dies gerne.

Stimme voll und ganz zu						Stimme gar nicht zu
1	2	3	4	5	6	7
O	O	O	O	O	O	O

Bei einer derartigen wichtigen Entscheidung verlasse ich mich lieber auf meine Intuition und Erfahrung als mit Wahrscheinlichkeiten zu arbeiten.

Stimme voll und ganz zu						Stimme gar nicht zu
1	2	3	4	5	6	7
O	O	O	O	O	O	O

Die Schätzung genauer numerischer Wahrscheinlichkeiten stellt für mich normalerweise keine Schwierigkeit dar.

Stimme voll und ganz zu						Stimme gar nicht zu
1	2	3	4	5	6	7
O	O	O	O	O	O	O

b) Wenn eine Person die Wahrscheinlichkeit für ein Ereignis schätzen muss und Sie wüssten, dass der richtige Wert genau 30 % ist, bis zu welchem Punkt würden Sie von einer korrekten Schätzung dieser Person sprechen?

O Nur, wenn exakt 30 % angegeben werden.

O Wenn sich die Schätzung zwischen 27,5 % und 32,5 % befindet.

O Wenn die Schätzung zwischen 25 % und 35 % liegt.

O Wenn sich die Schätzung zwischen 20 % und 40 % bewegt.

O Wenn die Schätzung zwischen 15 % und 45 % liegt.

Anmerkung zu Frage b): ____________________

____

4. Zusatzfragebogen

a) Haben Sie einzelne Fragen in diesem Fragebogen nicht verstanden und wenn ja, welche?

b) Welche Anmerkungen haben Sie sonst zu diesem Fragebogen?

Anhang 9: Zusatzfragebogen für Kontrollgruppen 4 und 5

1. Soziodemographische Angaben:

a) Alter: _______ Jahre

b) Geschlecht: O Männlich O Weiblich

c) **Höchste** abgeschlossene Ausbildung:

O Kein Schulabschluss

O Qualifizierender Hauptschulabschluss oder gleichwertig

O Realschulabschluss oder gleichwertig

O Allgemeine Hochschulreife, FOS-, BOS-Abschluss oder gleichwertig

O Fachwirt oder gleichwertig

O Hochschulabschluss (Universität oder FH) oder gleichwertig

O Höherer zusätzlicher Titel zum Hochschulabschluss, z. B. Doktorgrad, Steuerberater, Sachverständiger, Notar

d) In welchem fachlichen Gebiet liegt Ihr Ausbildungsschwerpunkt?

O Technik

O Wirtschaft

O Mathematik / Statistik

O Verhaltensbereich

O Recht

O Pädagogik / Soziales

O Anderer Bereich: ______________________________

e) Berufserfahrung: _______ Jahre

Sofern Sie über Berufserfahrung verfügen, waren Sie im Rahmen Ihrer bisherigen Tätigkeiten schon für das Treffen von Investitionsentscheidungen zuständig?

O Ja, sehr häufig.

O Ja, bereits einige Male.

O Ja, jedoch nur in einzelnen Ausnahmefällen.

O Nein, noch nicht.

Anmerkung zu Frage e): ____

____

2. Experiment:

a) Welche Probleme hatten Sie bei der Bewältigung der Experimentsaufgabe?

1. ______________________________

2. ______________________________

3. ______________________________

4. ______________________________

5. ______________________________

b) Welche generellen Anmerkungen haben Sie zur Experimentsaufgabe?

1. ______________________________

2. ______________________________

3. ______________________________

4. ______________________________

5. ______________________________

c) Wie zufrieden sind Sie mit Ihren Schätzungen für die Ausfallhäufigkeiten?

Vollkommen zufrieden						Absolut unzufrieden
1	2	3	4	5	6	7
O	O	O	O	O	O	O

d) Wenn Sie sich 100 Aufgabenstellungen wie diese hier vorstellen, für die Sie vergleichbare Schätzungen durchführen müssten, in wie vielen dieser Fälle würden Sie nach Ihrer Meinung richtig liegen?

In ________ der 100 Fälle

e) Auf welche Größen haben sich Ihre Wahrscheinlichkeitsschätzungen zu Fahrtausfällen beim Karussell 1 „X-treme Turn“ bezogen?

O Auf komplette Teilsysteme.

O Auf einzelne Baugruppen der Teilsysteme.

O Sowohl auf komplette Teilsysteme wie auf einzelne Baugruppen der Teilsysteme.

f) Auf welche Größen haben sich Ihre Wahrscheinlichkeitsschätzungen zu Fahrtausfällen beim Karussell 2 „Maximum Acceleration“ bezogen?

O Auf komplette Teilsysteme.

O Auf einzelne Baugruppen der Teilsysteme.

O Sowohl auf komplette Teilsysteme wie auf einzelne Baugruppen der Teilsysteme.

g) Bei welchem der beiden Fahrgeschäfte waren die Beschreibungen zu den Ausfallrisiken ausführlicher?

O Karussell 1 „X-treme Turn“.

O Karussell 2 „Maximum Acceleration“.

O Bei beiden Karussells in etwa gleich.

h) Bei welchem der beiden Fahrgeschäfte waren die Beschreibungen zu den Ausfallrisiken konkreter?

O Karussell 1 „X-treme Turn“.

O Karussell 2 „Maximum Acceleration“.

O Bei beiden Karussells in etwa gleich.

i) Hätten Sie insgesamt mit mehr oder mit weniger Baugruppen als Komponenten des Teilsystems Elektronik beim Fahrgeschäft 1 „X-treme Turn“ gerechnet, verglichen mit der im Experiment aufgeführten Anzahl?

O Mit mehr Baugruppen.

O Mit weniger Baugruppen.

O In etwa mit der im Experiment ausgewiesenen Anzahl von Baugruppen.

j) Fallen Ihnen spontan Einzelbestandteile ein, aus denen die elektronische Baugruppe „Elektromotor" beim Fahrgeschäft 1 „X-treme Turn" wiederum bestehen könnte?

O Ja. O Nein.

Wenn Ja, nennen Sie bitte kurz diese Komponenten: ____________________

____

____

k) Fallen Ihnen spontan Einzelbestandteile ein, aus denen die elektronische Baugruppe „restliche Karusselelektronik" beim Fahrgeschäft 1 „X-treme Turn"wiederum bestehen könnte?

O Ja. O Nein.

Wenn Ja, nennen Sie bitte kurz diese Komponenten: ____________________

____

____

l) Stellen Sie sich vor, sie müssten die jeweiligen Wahrscheinlichkeiten dafür schätzen, dass ein in Deutschland zugelassenes Auto von einem konkreten Hersteller (z. B. VW, Toyota, Renault) stammt. Als Unterstützung erhalten Sie zu jedem Unternehmen einige Informationen wie etwa zur Popularität der Marke, die Anzahl der eigenen Autohäuser in Deutschland, die Qualität der Fahrzeuge usw. Wie sehr können Sie den **nachstehenden Aussagen** im Hinblick auf Ihre voraussichtliche Vorgehensweise bei der Bestimmung dieser Wahrscheinlichkeiten **zustimmen?**

Meine Schätzungen bilde ich, indem ich zunächst die Gesamtwahrscheinlichkeit von 100 % durch die Anzahl der angegebenen Hersteller teile. Den daraus resultierenden Wert (z. B. 5 % bei 20 Herstellern) lege ich meinen einzelnen Schätzungen zugrunde, passe diesen aber gemäß den erhaltenen Informationen und meinem eigenen Wissen für jede Automarke noch nach oben oder unten an:

Stimme voll und ganz zu						Stimme gar nicht zu
1	2	3	4	5	6	7
O	O	O	O	O	O	O

Je weniger ich den erhaltenen Informationen Glauben schenke und je weniger ich auch sonst über die Thematik weiß, umso stärker gleiche ich meine Wahrscheinlichkeitsschätzungen für die einzelnen Hersteller aneinander an:

Stimme voll und ganz zu						Stimme gar nicht zu
1	2	3	4	5	6	7
O	O	O	O	O	O	O

Ein aufgelisteter Hersteller steht nicht ohne Grund da und besitzt daher eine gewisse Bedeutung:

Stimme voll und ganz zu						Stimme gar nicht zu
1	2	3	4	5	6	7
O	O	O	O	O	O	O

3. Wahrscheinlichkeiten

a) Wie sehr stimmen Sie den nachstehenden Aussagen jeweils zu?

Wenn ich bei einer wichtigen geschäftlichen Entscheidung zur Handhabung der Unsicherheit numerische Wahrscheinlichkeiten schätzen und diese für meine Entscheidungsfindung verwenden soll, so tue ich dies gerne.

Stimme voll und ganz zu						Stimme gar nicht zu
1	2	3	4	5	6	7
O	O	O	O	O	O	O

Bei einer derartigen wichtigen Entscheidung verlasse ich mich lieber auf meine Intuition und Erfahrung als mit Wahrscheinlichkeiten zu arbeiten.

Stimme voll und ganz zu						Stimme gar nicht zu
1	2	3	4	5	6	7
O	O	O	O	O	O	O

Die Schätzung genauer numerischer Wahrscheinlichkeiten stellt für mich normalerweise keine Schwierigkeit dar.

Stimme voll und ganz zu						Stimme gar nicht zu
1	2	3	4	5	6	7
O	O	O	O	O	O	O

b) Wenn eine Person die Wahrscheinlichkeit für ein Ereignis schätzen muss und Sie wüssten, dass der richtige Wert genau 30 % ist, bis zu welchem Punkt würden Sie von einer korrekten Schätzung dieser Person sprechen?

O Nur, wenn exakt 30 % angegeben werden.

O Wenn sich die Schätzung zwischen 27,5 % und 32,5 % befindet.

O Wenn die Schätzung zwischen 25 % und 35 % liegt.

O Wenn sich die Schätzung zwischen 20 % und 40 % bewegt.

O Wenn die Schätzung zwischen 15 % und 45 % liegt.

Anmerkung zu Frage b): ____________________

____

4. Zusatzfragebogen

a) Haben Sie einzelne Fragen in diesem Fragebogen nicht verstanden und wenn ja, welche?

b) Welche Anmerkungen haben Sie sonst zu diesem Fragebogen?

Anhang 10: Zusatzfragebogen für Untersuchungsgruppe 3

1. Soziodemographische Angaben:

a) Alter: _______ Jahre

b) Geschlecht: O Männlich O Weiblich

c) **Höchste** abgeschlossene Ausbildung:

O Kein Schulabschluss

O Qualifizierender Hauptschulabschluss oder gleichwertig

O Realschulabschluss oder gleichwertig

O Allgemeine Hochschulreife, FOS-, BOS-Abschluss oder gleichwertig

O Fachwirt oder gleichwertig

O Hochschulabschluss (Universität oder FH) oder gleichwertig

O Höherer zusätzlicher Titel zum Hochschulabschluss, z. B. Doktorgrad, Steuerberater, Sachverständiger, Notar

d) In welchem fachlichen Gebiet liegt Ihr Ausbildungsschwerpunkt?

O Technik

O Wirtschaft

O Mathematik / Statistik

O Verhaltensbereich

O Recht

O Pädagogik / Soziales

O Anderer Bereich: ____

e) Berufserfahrung: _______ Jahre

Sofern Sie über Berufserfahrung verfügen, waren Sie im Rahmen Ihrer bisherigen Tätigkeiten schon für das Treffen von Investitionsentscheidungen zuständig?

O Ja, sehr häufig.

O Ja, bereits einige Male.

O Ja, jedoch nur in einzelnen Ausnahmefällen.

O Nein, noch nicht.

Anmerkung zu Frage e): ____

____

2. Experiment:

a) Welche Probleme hatten Sie bei der Bewältigung der Experimentsaufgabe?

1. ______________________________

2. ______________________________

3. ______________________________

4. ______________________________

5. ______________________________

b) Welche generellen Anmerkungen haben Sie zur Experimentsaufgabe?

1. ______________________________

2. ______________________________

3. ______________________________

4. ______________________________

5. ______________________________

c) Wie zufrieden sind Sie mit Ihren Schätzungen für die Ausfallhäufigkeiten?

Vollkommen zufrieden						Absolut unzufrieden
1	2	3	4	5	6	7
O	O	O	O	O	O	O

d) Wenn Sie sich 100 Aufgabenstellungen wie diese hier vorstellen, für die Sie vergleichbare Schätzungen durchführen müssten, in wie vielen dieser Fälle würden Sie nach Ihrer Meinung richtig liegen?

In _________ der 100 Fälle

e) Auf welche Größen haben sich Ihre Schätzungen für die Ausfällhäufigkeiten beim Karussell 1 „Maximum Acceleration“ bezogen?

O Auf komplette Teilsysteme.

O Auf einzelne Baugruppen der Teilsysteme.

O Sowohl auf komplette Teilsysteme wie auf einzelne Baugruppen der Teilsysteme.

f) Auf welche Größen haben sich Ihre Schätzungen für die Ausfällhäufigkeiten beim Karussell 2 „X-treme Turn“ bezogen?

O Auf komplette Teilsysteme.

O Auf einzelne Baugruppen der Teilsysteme.

O Sowohl auf komplette Teilsysteme wie auf einzelne Baugruppen der Teilsysteme.

g) Bei welchem der beiden Fahrgeschäfte waren die Beschreibungen zu den Ausfallhäufigkeiten ausführlicher?

O Karussell 1 „Maximum Acceleration“.

O Karussell 2 „X-treme Turn“.

O Bei beiden Karussells in etwa gleich.

h) Bei welchem der beiden Fahrgeschäfte waren die Beschreibungen zu den Ausfallhäufigkeiten konkreter?

O Karussell 1 „Maximum Acceleration“.

O Karussell 2 „X-treme Turn“.

O Bei beiden Karussells in etwa gleich.

i) Hätten Sie insgesamt mit mehr oder mit weniger Baugruppen als Komponenten des Teilsystems Elektronik beim Fahrgeschäft 1 „Maximum Acceleration“ gerechnet, verglichen mit der im Experiment aufgeführten Anzahl?

O Mit mehr Baugruppen.

O Mit weniger Baugruppen.

O In etwa mit der im Experiment ausgewiesenen Anzahl von Baugruppen.

j) Hätten Sie insgesamt mit mehr oder mit weniger Baugruppen als Komponenten des Teilsystems Pneumatik beim Fahrgeschäft 1 „Maximum Acceleration" gerechnet, verglichen mit der im Experiment aufgeführten Anzahl?

O Mit mehr Baugruppen.

O Mit weniger Baugruppen.

O In etwa mit der im Experiment ausgewiesenen Anzahl von Baugruppen.

k) Fallen Ihnen spontan Einzelbestandteile ein, aus denen die hydraulische Baugruppe „Bremshydraulik" beim Fahrgeschäft 1 „Maximum Acceleration" wiederum bestehen könnte?

O Ja. O Nein.

Wenn Ja, nennen Sie bitte kurz diese Komponenten: ______________________

____

____

l) Fallen Ihnen spontan Einzelbestandteile ein, aus denen die pneumatische Baugruppe „Geschwindigkeitsregulierung" beim Fahrgeschäft 1 „Maximum Acceleration" wiederum bestehen könnte?

O Ja. O Nein.

Wenn Ja, nennen Sie bitte kurz diese Komponenten: ______________________

____

____

m) Können Sie nachstehend die zentralen Inhalte der beiden Hinweise am Ende der experimentellen Aufgabenstellung wiedergeben?

____

____

____

n) Geben Sie kurz an, ob und inwieweit Ihnen diese Hinweise weitergeholfen haben!

---

o) Stellen Sie sich vor, sie müssten die jeweiligen Wahrscheinlichkeiten dafür schätzen, dass ein in Deutschland zugelassenes Auto von einem konkreten Hersteller (z. B. VW, Toyota, Renault) stammt. Als Unterstützung erhalten Sie zu jedem Unternehmen einige Informationen wie etwa zur Popularität der Marke, die Anzahl der eigenen Autohäuser in Deutschland, die Qualität der Fahrzeuge usw. Wie sehr können Sie den **nachstehenden Aussagen** im Hinblick auf Ihre voraussichtliche Vorgehensweise bei der Bestimmung dieser Wahrscheinlichkeiten **zustimmen?**

Meine Schätzungen bilde ich, indem ich zunächst die Gesamtwahrscheinlichkeit von 100 % durch die Anzahl der angegebenen Hersteller teile. Den daraus resultierenden Wert (z. B. 5 % bei 20 Herstellern) lege ich meinen einzelnen Schätzungen zugrunde, passe diesen aber gemäß den erhaltenen Informationen und meinem eigenen Wissen für jede Automarke noch nach oben oder unten an:

Stimme voll und ganz zu						Stimme gar nicht zu
1	2	3	4	5	6	7
O	O	O	O	O	O	O

Je weniger ich den erhaltenen Informationen Glauben schenke und je weniger ich auch sonst über die Thematik weiß, umso stärker gleiche ich meine Wahrscheinlichkeitsschätzungen für die einzelnen Hersteller aneinander an:

Stimme voll und ganz zu						Stimme gar nicht zu
1	2	3	4	5	6	7
O	O	O	O	O	O	O

Ein aufgelisteter Hersteller steht nicht ohne Grund da und besitzt daher eine gewisse Bedeutung:

Stimme voll und ganz zu						Stimme gar nicht zu
1	2	3	4	5	6	7
O	O	O	O	O	O	O

3. Wahrscheinlichkeiten

a) Wie sehr stimmen Sie den nachstehenden Aussagen jeweils zu?

Wenn ich bei einer wichtigen geschäftlichen Entscheidung zur Handhabung der Unsicherheit numerische Wahrscheinlichkeiten schätzen und diese für meine Entscheidungsfindung verwenden soll, so tue ich dies gerne.

Stimme voll und ganz zu						Stimme gar nicht zu
1	2	3	4	5	6	7
O	O	O	O	O	O	O

Bei einer derartigen wichtigen Entscheidung verlasse ich mich lieber auf meine Intuition und Erfahrung als mit Wahrscheinlichkeiten zu arbeiten.

Stimme voll und ganz zu						Stimme gar nicht zu
1	2	3	4	5	6	7
O	O	O	O	O	O	O

Die Schätzung genauer numerischer Wahrscheinlichkeiten stellt für mich normalerweise keine Schwierigkeit dar.

Stimme voll und ganz zu						Stimme gar nicht zu
1	2	3	4	5	6	7
O	O	O	O	O	O	O

b) Wenn eine Person die Wahrscheinlichkeit für ein Ereignis schätzen muss und Sie wüssten, dass der richtige Wert genau 30 % ist, bis zu welchem Punkt würden Sie von einer korrekten Schätzung dieser Person sprechen?

O Nur, wenn exakt 30 % angegeben werden.

O Wenn sich die Schätzung zwischen 27,5 % und 32,5 % befindet.

O Wenn die Schätzung zwischen 25 % und 35 % liegt.

O Wenn sich die Schätzung zwischen 20 % und 40 % bewegt.

O Wenn die Schätzung zwischen 15 % und 45 % liegt.

Anmerkung zu Frage b): ____________________________________

____

4. Zusatzfragebogen

a) Haben Sie einzelne Fragen in diesem Fragebogen nicht verstanden und wenn ja, welche?

b) Welche Anmerkungen haben Sie sonst zu diesem Fragebogen?

Anhang 11: Zusatzfragebogen für Kontrollgruppe 6

1. Soziodemographische Angaben:

a) Alter: _______ Jahre

b) Geschlecht: O Männlich O Weiblich

c) **Höchste** abgeschlossene Ausbildung:

O Kein Schulabschluss

O Qualifizierender Hauptschulabschluss oder gleichwertig

O Realschulabschluss oder gleichwertig

O Allgemeine Hochschulreife, FOS-, BOS-Abschluss oder gleichwertig

O Fachwirt oder gleichwertig

O Hochschulabschluss (Universität oder FH) oder gleichwertig

O Höherer zusätzlicher Titel zum Hochschulabschluss, z. B. Doktorgrad, Steuerberater, Sachverständiger, Notar

d) In welchem fachlichen Gebiet liegt Ihr Ausbildungsschwerpunkt?

O Technik

O Wirtschaft

O Mathematik / Statistik

O Verhaltensbereich

O Recht

O Pädagogik / Soziales

O Anderer Bereich: ______________________________

e) Berufserfahrung: _______ Jahre

Sofern Sie über Berufserfahrung verfügen, waren Sie im Rahmen Ihrer bisherigen Tätigkeiten schon für das Treffen von Investitionsentscheidungen zuständig?

O Ja, sehr häufig.

O Ja, bereits einige Male.

O Ja, jedoch nur in einzelnen Ausnahmefällen.

O Nein, noch nicht.

Anmerkung zu Frage e): ____

____

2. Experiment:

a) Welche Probleme hatten Sie bei der Bewältigung der Experimentsaufgabe?

1. ____________________

2. ____________________

3. ____________________

4. ____________________

5. ____________________

b) Welche generellen Anmerkungen haben Sie zur Experimentsaufgabe?

1. ____________________

2. ____________________

3. ____________________

4. ____________________

5. ____________________

c) Wie zufrieden sind Sie mit Ihren Schätzungen für die Ausfallhäufigkeiten?

Vollkommen zufrieden

Absolut unzufrieden

1	2	3	4	5	6	7
O	O	O	O	O	O	O

d) Wenn Sie sich 100 Aufgabenstellungen wie diese hier vorstellen, für die Sie vergleichbare Schätzungen durchführen müssten, in wie vielen dieser Fälle würden Sie nach Ihrer Meinung richtig liegen?

In _________ der 100 Fälle

e) Auf welche Größen haben sich Ihre Wahrscheinlichkeitsschätzungen zu Fahrtausfällen beim Karussell 1 „X-treme Turn“ bezogen?

O Auf komplette Teilsysteme.

O Auf einzelne Baugruppen der Teilsysteme.

O Sowohl auf komplette Teilsysteme wie auf einzelne Baugruppen der Teilsysteme.

f) Auf welche Größen haben sich Ihre Wahrscheinlichkeitsschätzungen zu Fahrtausfällen beim Karussell 2 „Maximum Acceleration“ bezogen?

O Auf komplette Teilsysteme.

O Auf einzelne Baugruppen der Teilsysteme.

O Sowohl auf komplette Teilsysteme wie auf einzelne Baugruppen der Teilsysteme.

g) Bei welchem der beiden Fahrgeschäfte waren die Beschreibungen zu den Ausfallrisiken ausführlicher?

O Karussell 1 „X-treme Turn“.

O Karussell 2 „Maximum Acceleration“.

O Bei beiden Karussells in etwa gleich.

h) Bei welchem der beiden Fahrgeschäfte waren die Beschreibungen zu den Ausfallrisiken konkreter?

O Karussell 1 „X-treme Turn“.

O Karussell 2 „Maximum Acceleration“.

O Bei beiden Karussells in etwa gleich.

i) Hätten Sie insgesamt mit mehr oder mit weniger Baugruppen als Komponenten des Teilsystems Elektronik beim Fahrgeschäft 1 „X-treme Turn“ gerechnet, verglichen mit der im Experiment aufgeführten Anzahl?

O Mit mehr Baugruppen.

O Mit weniger Baugruppen.

O In etwa mit der im Experiment ausgewiesenen Anzahl von Baugruppen.

j) Fallen Ihnen spontan Einzelbestandteile ein, aus denen die elektronische Baugruppe „Elektromotor“ beim Fahrgeschäft 1 „X-treme Turn“ wiederum bestehen könnte?

O Ja. O Nein.

Wenn Ja, nennen Sie bitte kurz diese Komponenten: ______________________

k) Fallen Ihnen spontan Einzelbestandteile ein, aus denen die elektronische Baugruppe „restliche Karussellelektronik“ beim Fahrgeschäft 1 „X-treme Turn“wiederum bestehen könnte?

O Ja. O Nein.

Wenn Ja, nennen Sie bitte kurz diese Komponenten: ______________________

l) Können Sie nachstehend den zentralen Inhalt des Hinweises am Ende der experimentellen Aufgabenstellung wiedergeben?

m) Geben Sie kurz an, ob und inwieweit Ihnen dieser Hinweis weitergeholfen hat!

n) Stellen Sie sich vor, sie müssten die jeweiligen Wahrscheinlichkeiten dafür schätzen, dass ein in Deutschland zugelassenes Auto von einem konkreten Hersteller (z. B. VW, Toyota, Renault) stammt. Als Unterstützung erhalten Sie zu jedem Unternehmen einige Informationen wie etwa zur Popularität der Marke, die Anzahl der eigenen Autohäuser in Deutschland, die Qualität der Fahrzeuge usw. Wie sehr können Sie den **nachstehenden Aussagen** im Hinblick auf Ihre voraussichtliche Vorgehensweise bei der Bestimmung dieser Wahrscheinlichkeiten **zustimmen?**

Meine Schätzungen bilde ich, indem ich zunächst die Gesamtwahrscheinlichkeit von 100 % durch die Anzahl der angegebenen Hersteller teile. Den daraus resultierenden Wert (z. B. 5 % bei 20 Herstellern) lege ich meinen einzelnen Schätzungen zugrunde, passe diesen aber gemäß den erhaltenen Informationen und meinem eigenen Wissen für jede Automarke noch nach oben oder unten an:

Stimme voll und ganz zu						Stimme gar nicht zu
1	2	3	4	5	6	7
O	O	O	O	O	O	O

Je weniger ich den erhaltenen Informationen Glauben schenke und je weniger ich auch sonst über die Thematik weiß, umso stärker gleiche ich meine Wahrscheinlichkeitsschätzungen für die einzelnen Hersteller aneinander an:

Stimme voll und ganz zu						Stimme gar nicht zu
1	2	3	4	5	6	7
O	O	O	O	O	O	O

Ein aufgelisteter Hersteller steht nicht ohne Grund da und besitzt daher eine gewisse Bedeutung:

Stimme voll und ganz zu						Stimme gar nicht zu
1	2	3	4	5	6	7
O	O	O	O	O	O	O

3. Wahrscheinlichkeiten

a) Wie sehr stimmen Sie den nachstehenden Aussagen jeweils zu?

Wenn ich bei einer wichtigen geschäftlichen Entscheidung zur Handhabung der Unsicherheit numerische Wahrscheinlichkeiten schätzen und diese für meine Entscheidungsfindung verwenden soll, so tue ich dies gerne.

Stimme voll und ganz zu						Stimme gar nicht zu
1	2	3	4	5	6	7
O	O	O	O	O	O	O

Bei einer derartigen wichtigen Entscheidung verlasse ich mich lieber auf meine Intuition und Erfahrung als mit Wahrscheinlichkeiten zu arbeiten.

Stimme voll und ganz zu						Stimme gar nicht zu
1	2	3	4	5	6	7
O	O	O	O	O	O	O

Die Schätzung genauer numerischer Wahrscheinlichkeiten stellt für mich normalerweise keine Schwierigkeit dar.

Stimme voll und ganz zu						Stimme gar nicht zu
1	2	3	4	5	6	7
O	O	O	O	O	O	O

b) Wenn eine Person die Wahrscheinlichkeit für ein Ereignis schätzen muss und Sie wüssten, dass der richtige Wert genau 30 % ist, bis zu welchem Punkt würden Sie von einer korrekten Schätzung dieser Person sprechen?

O Nur, wenn exakt 30 % angegeben werden.

O Wenn sich die Schätzung zwischen 27,5 % und 32,5 % befindet.

O Wenn die Schätzung zwischen 25 % und 35 % liegt.

O Wenn sich die Schätzung zwischen 20 % und 40 % bewegt.

O Wenn die Schätzung zwischen 15 % und 45 % liegt.

Anmerkung zu Frage b): ______________________________

____

4. Zusatzfragebogen

a) Haben Sie einzelne Fragen in diesem Fragebogen nicht verstanden und wenn ja, welche?

b) Welche Anmerkungen haben Sie sonst zu diesem Fragebogen?

LITERATURVERZEICHNIS

Adam, D. (1996): Planung und Entscheidung – Modelle – Ziele – Methoden, 4. Auflage, Wiesbaden.

Adam, D. (2000): Investitionscontrolling, 3. Auflage, München.

Adornetto, C./In-Albon, T./Schneider, S. (2008): Diagnostik im Kindes- und Jugendalter anhand strukturierter Interviews: Anwendung und Durchführung des Kinder-DIPS, in: Klinische Diagnostik und Evaluation, Vol. 1, Nr. 4, S. 363–377.

Alderfer, C. P./Bierman, H. (1970): Choices with Risk: Beyond the Mean and Variance, in: The Journal of Business, Vol. 43, Nr. 3, S. 341-353.

Allen, S. J./Schuster, E. W. (2004): Controlling the Risk for an Agricultural Harvest, in: Manufacturing & Service Operations Management, Vol. 6, Nr. 3, S. 225-236.

Ancker, J. S./Kaufman, D. (2007): Rethinking Health Numeracy: A Multidisciplinary Literature Review, in: Journal of the American Medical Informatics Association, Vol. 14, Nr. 6, S. 713-721.

Anderson, J. R./Reder, L. M./Lebiere, C. (1996): Working Memory: Activation Limitations on Retrieval, in: Cognitive Psychology, Vol. 30, Nr. 3, S 221-256.

Anglim, J. (2013): Why don't people read instructions? Abgerufen am 27.05.2014 auf http://cogsci.stackexchange.com/questions/4831/why-dont-people-read-instructions.

Anonymus (2006): Employers pay for poor skills, in: Business Franchise, November 2006, S. 7.

Anonymus (2007): Controllingforschung im Labor – Methode und Ergebnisse, S. 1-31.

Anonymus (2009): Intouch: Literacy and Numeracy Assistance Rewarded, in: New Zealand Management, Vol. 56, Nr. 4, S. 8.

Anonymus (2010): The fear of all sums, in: Economist, Vol. 395, Nr. 8682, S. 84.

Anonymus (2011): Skills training boosts busines, in: New Zealand Management, Vol. 58, Nr. 3, S. 4.

Anonymus (2016): Flughafen Berlin (BER) Kosten. Kostenübersicht zum neuen Berliner Airport. Abgerufen am 04.08.2016 auf https://www.flughafen-berlin-kosten.de/img/kosten-entwicklung-ber.png.

Appenzeller, G. (2017): BER-Eröffnung – Flughafenchef will Starttermin nicht vor Weihnachten nennen. Abgerufen am 26.09.2017 auf http://www.tagesspiegel.de/berlin/ber-eroeffnung-flughafenchef-will-starttermin-nicht-vor-weihnachten-nennen/20256396.html.

Armel, K. C./Rangel, A. (2008): The Impact of Computation Time and Experience on Decision Values, in: American Economic Review: Papers & Proceedings, Vol. 98, Nr. 2, S. 163-168.

Arnold, V./Collier, P. A./Leech, S. A./Sutton, S. G. (2000): The effect of experience and complexity on order and recency bias in decision making by professional accountants, in: Accounting & Finance, Vol. 40, Nr. 2, S. 109-134.

Ashton, R. H. (1982): Discussion of An Assessment of Laboratory Experiments in Accounting, in: Journal of Accounting Research, Vol. 20, Supplement: Studies on Current Research Methodologies in Accounting: A Critical Evaluation, S. 102-107.

Atkinson, A. A./Balakrishnan, R./Booth, P./Cote, J. M./Groot, T./Malmi, T./Roberts, H./Uliana, E./Wu, A. (1997): New Directions in Management Accounting Research, in: Journal of Management Accounting Research, Vol. 9, Nr. 1, S. 79-108.

Ayton, P. (1997): How to Be Incoherent *and* Seductive: Bookmakers' Odds and Support Theory, in: Organizational Behavior and Human Decision Processes, Vol. 72, Nr. 1, S. 99-115.

Backhouse, R. E. (2006): Book Review – The Experiment in the History of Economics (Fontaine, P./Leonard, R.), in: The Economic Journal, Vol. 116, Nr. 512, S. F331-332.

Baddeley, A. (2000): The episodic buffer: a new component of working memory?, in: Trends in Cognitive Sciences, Vol. 4, Nr. 11, S. 417-423.

Baldvinsdottir, G./Burns, J./Norreklit, H./Scapens, R. W. (2009): The image of accountants: from bean counters to extreme accountants, in: Accounting, Auditing & Accountability Journal, Vol. 22, Nr. 6, S. 858-882.

Ballensiefen, B./Küpper, K. (2002): Investitionsrechnung: Eine praktische Einführung, 1. Auflage, Münster.

Bamberg, G./Coenenberg, A. G./Krapp, M. (2008): Betriebswirtschaftliche Entscheidungslehre, 14. Auflage, München.

Bamberg, G./Coenenberg, A. G./Krapp, M. (2012): Betriebswirtschaftliche Entscheidungslehre, 15. Auflage, München.

Banks, J./Oldfield, Z. (2007): Understanding Pensions: Cognitive Function, Numerical Ability and Retirement Saving, in: Fiscal Studies, Vol. 28, Nr. 2, S. 143-170.

Bar-Hillel, M./Neter, E. (1993): How Alike Is It Versus How Likely Is It: A Disjunction Fallacy in Probability Judgments, in: Journal of Personality and Social Psychology, Vol. 65, Nr. 6, S. 1119-1131.

Bardsley, N. (2000): Control Without Deception: Individual Behaviour in Free-Riding Experiments Revisited, in: Experimental Economics, Vol. 3, Nr. 3, S.215-240.

Baron, J. (1999): What's the Problem?: A Commentary on "Rationality for Economists?", in: Journal of Risk and Uncertainty, Vol. 19, Nr. 1-3, S. 109-110.

Barron, G./Erev, I. (2003): Small Feedback-based Decisions and Their Limited Correspondence to Description-based Decisions, in: Journal of Behavioral Decision Making, Vol. 16, Nr. 3, S. 215-233.

Barron, G./Yechiam, E. (2009): The coexistence of overestimation and underweighting of rare events and the contingent recency effect, in: Judgment and Decision Making, Vol. 4, Nr. 6, S. 447-460.

Battenfeld, D. (2005): Delegation oder Zentralisation von Entscheidungskompetenzen – Erkenntnisfortschritte durch neue Verhaltensannahmen in der entscheidungstheoretischen Forschung?, Lohmar – Köln.

Bauer, H. (2002): Wahrscheinlichkeitstheorie, 5. Auflage, Berlin, New York, USA.

Bawden, D. (2001): Information overload, in: Library & Information Briefings, Vol. 92, S. 1-15.

Bazerman, M. H. (1986): Judgment in managerial decision making, New York, USA.

Beeger, B. (2014): Flughafen BER: Eine Chronik des Scheiterns. Abgerufen am 26.09.2017 auf http://www.faz.net/aktuell/wirtschaft/flughafen-ber-eine-chronik-des-scheiterns-13087506.html.

Behr, G./Fickert, R./Gantenbein, P./Spremann, K. (2002): Accounting, Controlling und Finanzen, München.

Beierle, C./Kern-Isberner, G. (2008): Methoden wissensbasierter Systeme – Grundlagen, Algorithmen, Anwendungen, 4. Auflage, Wiesbaden.

Beißel, J./Steinke, K.-H./Wirth, M. (2004): Investitions- und Projektcontrolling im Lufthansa Konzern, in: ZfCM – Zeitschrift für Controlling und Management, Vol. 48, Sonderheft 1, S. 58-64.

Bellmann, R. E., & Zadeh, L. A. (1970): Decision-making in a fuzzy environment, in: Management Science, Vol. 17, Nr. 4, S. B-141-B-164.

Ben-Horim, M. (1990): Stochastic Dominance and Truncated Sample Data, in: The Journal of Financial Research, Vol. 13, Nr. 2, S. 105-116.

Berens, W./Segbers, K./Siemes, A./Beckermann, W. (2004): Investitionscontrolling in der öffentlichen Verwaltung: Das Praxisbeispiel Airportpark am internationalen Flughafen Münster-Osnabrück in Greven, in: ZfCM – Zeitschrift für Controlling und Management, Vol. 48, Sonderheft 1, S. 16-23.

Berndt, R./Cansier, A. (2007): Produktion und Absatz, 2. Auflage, Berlin et al.

Betge, P. (2000): Investitionsplanung: Methoden – Modelle – Anwendungen, 4. Auflage, München.

Bhaduri, S. N. (2008): Investment and Capital Market Imperfections: Some Evidence from a Developing Economy, India, in: Review of Pacific Basin Financial Markets and Policies, Vol. 11, Nr. 3, S. 411-428.

Bieg, H./Kußmaul, H./Waschbusch, G. (2016): Investition, 3. Auflage, München.

Biel, A. (2014): Vom Erbsenzähler zum Business Partner – und wie geht es weiter? Interview mit Jürgen Weber und Utz Schäffer, in: Controller Magazin, Vol. 39, Nr. 3, S. 5-11.

Biethahn, J./Lackner, A./Range, M. (2004): Optimierung und Simulation, 1. Auflage, München.

Binmore, K. (1999): Why Experiment in Economics, in: The Economic Journal, Vol. 109, Nr. 453, S. F16-F24.

Blankenhorn, D. (2002): Estimate customer lifetime value using campaign results, in: B to B, Vol. 87, Nr. 4, S. 20.

Bleis, C. (2012): Grundlagen Investition und Finanzierung, 3. Auflage, München.

Bless, H./Wänke, M./Bohner, G./Fellhauer, R. F./Schwarz, N. (1994): Need for Cognition: Eine Skala zur Erfassung von Engagement und Freude bei Denksportaufgaben, in: Zeitschrift für Sozialpsychologie, Vol. 25, Nr. 2, S. 147-154.

Blohm, H./Lüder, K./Schaefer, C. (2012): Investition – Schwachstellenanalyse des Investitionsbereichs und Investitionsrechnung, 10. Auflage, München.

Bolle, F. (1990): High Reward Experiments without High Expenditure for the Experimenter, in: Journal of Economic Psychology, Vol. 11, Nr. 2, S. 157-167.

Bones, I. (2009): Entscheidung und Rationalität – Anwendungen und Kritik der Rational Choice Theorie, Norderstedt.

Bonetti, S. (1998): Experimental economics and deception, in: Journal of Economic Psychology, Vol. 19, Nr. 3, S. 377-395.

Bonner, S. E. (1999): Judgment and decision-making research in accounting, in: Accounting Horizons, Vol. 13, Nr. 4, S. 385-398.

Bordley, R. F. (2003): Reformulating decision theory using fuzzy set theory and Shafer's theory of evidence, in: Fuzzy Sets and Systems, Vol. 139, Nr. 2, S. 243-266.

Borgida, E./Brekke, N. (1981): The Base Rate Fallacy in Attribution and Prediction, in: Harvey, J. H./Ickes, W./Kidd, R. F. (Hrsg.): New Directions in Attribution Research, New Jersey, USA, S. 63-95.

Bornemann, H. (1986): Controlling heute, 2. Auflage, Wiesbaden.

Bosch, K. (2012): Statistik für Nichtstatistiker – Zufall und Wahrscheinlichkeit, 6. Auflage, München.

Bowden, E. M. (1997): The Effect of Reportable and Unreportable Hints on Anagram Solution and the Aha! Experience, in: Consciousness and Cognition, Vol. 6, Nr. 4, S. 545-573.

Braun, T. (2009): Investition und Finanzierung – Konzeptionelle Grundlagen für eine entscheidungsorientierte Ausbildung, Berlin, Heidelberg.

Bredenkamp, J. (1969): Experiment und Feldexperiment, in: Graumann, C. F. (Hrsg.): Sozialpsychologie, 1. Halbband: Theorien und Methoden. 7. Band des Handbuchs der Psychologie, Göttingen, S. 332-374.

Brenner, L. A. (2003): A random support model of the calibration of subjective probabilities, in: Organizational Behavior and Human Decision Processes, Vol. 90, Nr. 1, S. 87-110.

Brenner, L. A./Griffin, D./Koehler, D. J. (2005): Modeling patterns of probability calibration with random support theory: Diagnosing case-based judgment, in: Organizational Behavior and Human Decision Processes, Vol. 97, Nr. 1, S. 64-81.

Brenner, L. A./Koehler, D. J. (1999): Subjective Probability of Disjunctive Hypotheses: Local-Weight Models for Decomposition of Evidential Support, in: Cognitive Psychology, Vol. 38, Nr. 1, S. 16-47.

Brenner, L. A./Rottenstreich, Y./Sood, S. (1999): Comparison, Grouping and Preference, in: Psychological Science, Vol. 10, Nr. 3, S. 225-229.

Bretzke, W.-R. (1980): Der Problembezug von Entscheidungsmodellen, Tübingen.

Brogsitter, R. (2016): Eröffnung des Gotthard-Basistunnels – 57 Kilometer durch den Berg. Abgerufen am 10.01.2017 auf http://www.br.de/nachrichten/gotthard-basistunnel-eroeffnung100.html.

Bronner, R./Witte, E./Wossidlo, P. R. (1972): Betriebswirtschaftliche Experimente zum Informationsverhalten in Entscheidungsprozessen, in: Witte, E. (Hrsg.): Das Informationsverhalten in Entscheidungsprozessen, Tübingen, S. 165-205.

Bronner, R./Wossidlo, P. R. (1988): Experimente zum Informationsverhalten, in: Witte, E./Hauschildt, J./Grün, O. (Hrsg.): Innovative Entscheidungsprozesse, Tübingen, S. 241-267.

Brosius, H.-B./Koschel, F./Haas, A. (2009): Methoden der empirischen Kommunikationsforschung, 5. Auflage, Wiesbaden.

Bruine de Bruin, W./Fischbeck, P. S./Stiber, N. A./Fischhoff, B. (2002): What Number is "Fifty-Fifty"?: Redistributing Excessive 50% Responses in Elicited Probabilities, in: Risk Analysis, Vol. 22, Nr. 4, S. 713-723.

Budescu, D. V. (1999): Commentary on "The Effects of Financial Incentives in Experiments: A Review and Capital-Labor-Production Framework", in: Journal of Risk and Uncertainty, Vol. 19, Nr. 1-3, S. 43-45.

Bühl, A. (2008): SPSS 16 – Einführung in die moderne Datenanalyse, 11. Auflage, München.

Bühner, M./Ziegler, M. (2009): Statstik für Psychologen und Sozialwissenschaftler, München.

Bull, H. P./Mehde, V. (2009): Allgemeines Verwaltungsrecht mit Verwaltungslehre, 8. Auflage, Heidelberg et al.

Burns, J./Warren, L./Oliveira, J. (2014): Business Partnering: Is It All That Good?, in: Controlling & Management Review, Vol. 58, Nr. 2, S. 36-41.

Cahan, A./Gilon, D./Manor, O./Paltiel, O. (2003): Probabilistic reasoning and clinical decision-making: do doctors overestimate diagnostic probabilities, in: QJM: An International Journal of Medicine, Vol. 96, Nr. 10, S. 763-769.

Callahan, C. M./Gabriel, E. A./Sainty, B. J. (2006): A Review and Classification of Experimental Economics Research in Accounting, in: Journal of Accounting Literature, Vol. 25, Nr. 1, S. 59-126.

Calvillo, D. P./Penaloza, A. (2009): Are complex decisions better left to the unconscious? Further failed replications of the deliberation-without-attention effect, in: Judgment and Decision Making, Vol. 4, Nr. 6, S. 509-517

Camerer, C. F./Hogarth, R. M. (1999): The Effects of Financial Incentives in Experiments: A Review and Capital-Labor-Production Framework, in: Journal of Risk and Uncertainty, Vol. 19, Nr. 1-3, S. 7-42.

Camilleri, A. R./Newell, B. R. (2009): The role of representation in experience-based choice, in: Judgment and Decision Making, Vol. 4, Nr. 7, S. 518-529.

Camphausen, B./Vollmer, T./Jandt, J./Levin, F./Eichler, B. (2008): Grundlagen der Betriebswirtschaftslehre, München.

Carlin, B. I./Robinson, D. T. (2009): Fear and Loathing in Las Vegas: Evidence from Blackjack Tables, in: Judgment and Decision Making, Vol. 4, Nr. 5, S. 385-396.

Carrington, L. (2007): The Skills Equation, in: People Management, 23. August 2007, S. 24-28.

Cerroni, S./Notaro, S./Douglass, S. W. (2012): Eliciting and estimating valid subjective probabilities: An experimental investigation of the exchangeability method, in: Journal of Economic Behavior & Organization, Vol. 84, Nr. 1, S. 201-215.

Chan, S./Elbel, B. (2012): Low Cognitive Ability And Poor Skill With Numbers May Prevent Many From Enrolling In Medicare Supplemental Coverage, in: Health Affairs, Vol. 31, Nr. 8, S. 1847-1854.

Chapman, G. B./Liu, J. (2009): Numeracy, frequency, and Bayesian reasoning, in: Judgment and Decision Making, Vol. 4, Nr. 1, S. 34-40.

Chen, A. N. K./Edgington, T. M. (2005): Assessing Value in Organizational Knowledge Creation: Considerations for Knowledge Workers, in: MIS Quarterly, Vol. 29, Nr. 2, S. 279-309.

Chen, G./Kim, K. A./Nofsinger, J. R./Rui, O. M. (2007): Trading performance, disposition effect, overconfidence, representativeness bias, and experience of emerging market investors, in: Journal of Behavioral Decision Making, Vol. 20, Nr. 4, S. 425-451.

Chesney, D./Obrecht, N. (2012): Statistical judgments are influenced by the implied likelihood that samples represent the same population, in: Memory & Cognition, Vol. 40, Nr. 3, S. 420-433.

Chiang, Y.-M./Hirshleifer, D./Yiming, Q./Sherman, A. E. (2011): Do Investors Learn form Experience? Evidence from Frequent IPO Investors, in: Review of Financial Studies, Vol. 24, Nr. 5, S. 1560-1589.

Chong, V. K. (1996): Management accounting systems, task uncertainty and managerial performance, in: Accounting, Organizations and Society, Vol. 21, Nr. 5, S. 415-421.

Choo, F./Trotman, K. T. (1991): The Relationship between Knowledge Structure and Judgments for Experienced and Inexperienced Auditors, in: The Accounting Review, Vol. 66, Nr. 3, S. 464-485.

Christensen, L. (1988): Deception in Psychological Research – When is its Use Justified?, in: Personality and Social Psychology Bulletin, Vol. 14, Nr. 4, S. 664-675.

Chung, J./Monroe, G. S. (2000): The effects of experience and task difficulty on accuracy and confidence assessments of auditors, in: Accounting and Finance, Vol. 40, Nr. 2, S. 135-152.

Cohen, G./Kudryavtsev, A. (2012): Investor Rationality and Financial Decisions, in: Journal of Behavioral Finance, Vol. 13, Nr. 1, S. 11-16.

Cokely, E. T./Feltz, A. (2009a): Reply – Adaptive variation in judgment and philosophical intuition, in: Consciousness and Cognition, Vol. 18, Nr. 1, S. 356-358.

Cokely, E. T./Feltz, A. (2009b): Individual differences, judgment biases, and theory-of-mind: Deconstructing the intentional action side effect asymmetry, in: Journal of Research in Personality, Vol. 43, Nr. 1, S. 18-24.

Cokely, E. T./Kelley, C. M. (2009): Cognitive abilities and superior decision making under risk: A protocol analysis and process model evaluation, in: Judgment and Decision Making, Vol. 4, Nr. 1, S. 20-33.

Collins, E. C./Percy, E. J./Smith, E. R./Kruschke, J. K. (2011): Integrating Advice and Experience: Learning and Decision Making With Social and Nonsocial Cues, in: Journal of Personality & Social Psychology, Vol. 100, Nr. 6, S. 967-982.

Conrad, M. (2015): 2,1 % weniger Ehescheidungen im Jahr 2014. Abgerufen am 15.06.2016 auf https://www.destatis.de/DE/PresseService/Presse/Pressemitteilungen/2015/07/PD15_266126631.html.

Costeniuc, M./Schnetzer, M./Taschini, L. (2008): Entry and Exit Decision Problem with Implementation Delay, in: Journal of Applied Probability, Vol. 45, Nr. 4, S. 1039-1059.

Cummins, J. D./Mahul, O. (2003): Optimal Insurance With Divergent Beliefs About Insurer Total Default Risk, Vol. 27, Nr. 2, S. 121-138.

Cyert, R. M./DeGroot, M. H./Holt, C. A. (1978): Sequential investment decisions with Bayesian learning, in: Management Science, Vol. 24, Nr. 7, S. 712-718.

Dane, E. (2008): Examining Experience and its Role in Dynamic versus Static Decision-Making Effectiveness among Professionals, in: Academy of Management Proceedings, Vol. 2008, Nr. 1, S. 1-6.

Daston, L. (1988): Classical Probability in the Enlightenment, New Jersey, USA.

Daum, A./Petzold, J./Pletke, M. (2016): BWL für Juristen – Eine praxisnahe Einführung in die betriebswirtschaftlichen Grundlagen, 3. Auflage, Wiesbaden.

Davis, J. P./Hall, J. W. (2003): A software-supported process for assembling evidence and handling uncertainty in decision-making, in: Decision Support Systems, Vol. 35, Nr. 3, S. 415-433.

De Finetti, B. (1989): Probabilism, in: Erkenntnis, Vol. 31, Nr. 2, S. 169-223 (Original bereits 1931 veröffentlicht).

De Vany, A. (2004): Hollywood Economics – How extreme uncertainty shapes the film industry, London, Großbritannien.

Demirer, R./Mau, R. R./Shenoy, C. (2006): Bayesian Networks: A Decision Tool to Improve Portfolio Risk Analysis, in: Journal of Applied Finance, Vol. 16, Nr. 2, S. 106-119.

Demmer, A./Weinmiller, S./Pieroth, G. (2004): Investitionsrechnung bei Procter & Gamble – Value Finders at Work, in: ZfCM – Zeitschrift für Controlling und Management, Vol. 48, Sonderheft 1, S. 6-14.

Di Mauro, C./Maffioletti, A. (1996): An experimental investigation of the impact of ambiguity on the valuation of self-insurance and self-protection, in: Journal of Risk and Uncertainty, Vol. 13, Nr. 1, S. 53-71.

Dickert, S./Kleber, J./Peters, E./Slovic, P. (2011): Numeracy as a precursor to pro-social behavior: The impact of numeracy and presentation format on the cognitive mechanisms underlying donation decisions, in: Judgment and Decision Making, Vol. 6, Nr. 7, S. 638-650.

Dieckmann, N. F./Peters, E./Gregory, R./Tusler, M. (2012): Making sense of uncertainty: advantages and disadvantages of providing an evaluative structure, in: Journal of Risk Research, Vol. 15, Nr. 7, S. 717-735.

Dieckmann, N. F./Slovic, P./Peters, E. M. (2009): The Use of Narrative Evidence and Explicit Likelihood by Decisionmakers Varying in Numeracy, in: Risk Analysis, Vol. 29, Nr. 10, S. 1473-1488.

Diekmann, F. (2014): Eurotunnel bis Space Park: Die größten Flops der Wirtschaft. Abgerufen am 03.05.2016 auf http://www.spiegel.de/wirtschaft/unternehmen/missmanagement-die-groessten-flops-privater-grossprojekte-a-942245.html.

Diekmann, F. (2015): Exklusiv-Studie: Deutschlands Albtraum-Projekte. Abgerufen am 02.06.2016 auf http://www.spiegel.de/wirtschaft/soziales/grossprojekte-in-deutschland-die-top-und-flop-ten-a-1033977.html.

Diekmann, F./Kröger, M./Reimann, A. (2013): Desaster bei öffentlichen Großprojekten: Wie die Politik die Bürger täuscht. Abgerufen am 24.05.2016 auf http://www.spiegel.de/politik/deutschland/grossprojekte-der-politik-warum-ber-s21-und-co-so-teuer-werden-a-876311. html.

Dinkelbach, W./Kleine, A. (1996): Elemente einer betriebswirtschaftlichen Entscheidungslehre, Berlin et al.

Dipboye, R. L./Flanagan, M. F. (1979): Research settings in industrial and organizational psychology. Are findings in the field more generalizable than in the laboratory?, in: American Psychologist, Vol. 34, Nr. 2, S. 141-150.

Döbeli, B./Vanini, P. (2010): Stated and revealed investment decisions concerning retail structured products, in: Journal of Banking & Finance, Vol. 34, Nr. 6, S. 1400-1411.

Dörenbach, W. (1982): Bounded Rationality, Frankfurt a. M.

Dohrenbusch, R. (2009): Symptom- und Beschwerdevalidierung chronifizierter Schmerzen in sozialmedizinischer Begutachtung, in: Der Schmerz, Vol. 23, Nr. 3, S. 241-250.

Dominowski, R. L./Jenrick, R. (1972): Effects of hints and interpolated activity on solution of an insight problem, in: Psychonomic Science, Vol. 26, Nr. 6, S. 335-338.

Drews, H./Friedrichsen, M. (2008): Projektkalkulation: Vorsicht Bias!, in: Controller Magazin, Vol. 33, Nr. 2, S. 42-45.

Du, N./Budescu, D. V. (2005): The Effects of Imprecise Probabilities and Outcomes in Evaluating Investment Options, in: Management Science, Vol. 51, Nr. 12, S. 1791-1803.

Dube-Rioux, L./Russo, J. E. (1988): An availability bias in professional judgment, in: Journal of Behavioral Decision Making, Vol. 1, Nr. 4, S. 223-237.

Duckworth, J. K./Zervos, M. (2000): An Investment Model with Entry and Exit Decisions, in: Journal of Applied Probability, Vol. 37, Nr. 2, S. 547-559.

Duckworth, K./Zervos, M. (2001): A Model for Investment Decisions with Switching Costs, in: The Annals of Applied Probability, Vol. 11, Nr. 1, S. 239-260.

Dürr, W./Mayer, H. (2017): Wahrscheinlichkeitsrechnung und Schließende Statistik, 8. Auflage, München.

Durand-Lasserve, O./Pierru, A./Smeers, Y. (2010): Uncertain long-run emissions targets, CO_2 price and global energy transition: A general equilibrium approach, in: Energy Policy, Vol. 38, Nr. 9, S. 5108-5122.

East, R. (1992): The Effect of Experience on the Decision Making of Expert and Novice Buyers, in: Journal of Marketing Management, Vol. 8, Nr. 2, S. 167-176.

Eckel, C. (1999): Commentary on "The Effects of Financial Incentives in Experiments: A Review and Capital-Labor-Production Framework", in: Journal of Risk and Uncertainty, Vol. 19, Nr. 1-3, S. 47-48.

Eckstein, P. P. (2016): Angewandte Statistik mit SPSS, 8. Auflage, Wiesbaden.

Edel, F. (2011): Wandel und Veränderungsresistenz von Verwaltungskulturen, Lohmar-Köln.

Ehalt, H. C. (2007): Vorwort, in: Reinhard, W./Stagl, J. (Hrsg.): Menschen und Märkte. Studien zur historischen Wirtschaftsanthropologie, Wien, S. IX-XIV.

Eichler, A./Vogel, M. (2011): Leitfaden Stochastik – Für Studierende und Ausübende des Lehramts, 1. Auflage, Wiesbaden.

Eichler, K. (2008): Allgemeine Theorien des Lernens mit Neuen Medien, Chemnitz.

Eisenführ, F./Weber, M. (2003): Rationales Entscheiden, 4. Auflage, Berlin et al.

Eisenführ, F./Weber, M./Langer, T. (2010): Rationales Entscheiden, 5. Auflage, Berlin, Heidelberg.

Elias, N. (1972): The Effects of Human Asset Statements on the Investment Decision: An Experiment, in: Journal of Accounting Research, Vol. 10, Empirical Research in Accounting: Selected Studies 1972, S. 215-233.

Ellermeier, W./Bösche, W. (2010): Experimentelle Versuchspläne, in: Holling, H./Schmitz, B. (Hrsg.): Handbuch Statistik, Methoden und Evaluation, Göttingen, S. 37-48.

Elliott, W. B./Hodge, F. D./Kennedy, J. J./Pronk, M. (2007): Are M.B.A. Students a Good Proxy for Nonprofessional Investors?, in: The Accounting Review, Vol. 82, Nr. 1, S. 139-168.

Erev, I./Wallsten, T. S./Budescu, D. V. (1994): Simultaneous Over- and Underconfidence: The Role of Error in Judgment Processes, in: Psychological Review, Vol. 101, Nr. 3, S. 519-527.

Eschweiler, M./Evanschitzky, H./Woisetschläger, D. (2007a): Ein Leitfaden zur Anwendung varianzanalytisch ausgerichteter Laborexperimente, in: WiSt – Wirtschaftswissenschaftliches Studium, Vol. 36, Nr. 12, S. 546-554.

Eschweiler, M./Evanschitzky, H./Woisetschläger, D. (2007b): Laborexperimente in der Marketingwissenschaft – Bestandsaufnahme und Leitfaden bei varianzanalytischen Auswertungen, Arbeitspapier Nr. 45 / 2007, Münster.

Ettenson, R./Wagner, J. (1986): Retail Buyers‘ Saleability Judgments: A Comparison of Information Use Across Three Levels of Experience, in: Journal of Retailing, Vol. 62, Nr. 1, S. 41-63.

Fagerlin, A./Zikmund-Fisher, B. J./Ubel, P. A./Jankovic, A./Derry, H. A./Smith, D. M. (2007): Measuring Numeracy without a Math Test: Development of the Subjective Numeracy Scale, in: Medical Decision Making, Vol. 27, Nr. 5, S. 672-680.

Feltz, A./Cokely, E. T. (2009): Do judgments about freedom and responsibility depend on who you are? Personality differences in intuitions about compatibilism and incompatibilism, in: Consciousness and Cognition, Vol. 18, Nr. 1, S. 342-350.

Fiedler, K. (2010): How to study cognitive decision algorithms: The case of the priority heuristic, in: Judgment and Decision Making, Vol. 5, Nr. 1, S. 21-32.

Fiedler, K./Armbruster, T. (1994): Two Halfs May Be More Than One Whole: Category-Split Effects on Frequency Illusions, in: Journal of Personality and Social Psychology, Vol. 66, Nr. 4, S. 633-645.

Fiedler, K./Unkelbach, C. (2011): Lottery Attractiveness and Presentation Mode of Probability and Value Information, in: Journal of Behavioral Decision Making, Vol. 24, Nr. 1, S. 99-115.

Fischer, K. (2004): Aspekte einer empirisch fundierten betriebswirtschaftlichen Entscheidungslehre, Wiesbaden.

Fischhoff, B./Slovic, P./Lichtenstein, S. (1978): Fault Trees: Sensitivity of Estimated Failure Probabilities to Problem Representation, in: Journal of Experimental Psychology: Human Perception and Performance, Vol. 4, Nr. 2, S. 330-344.

Fisher, C. W./Chengalur-Smith, I./Ballou, D. P. (2003): The Impact of Experience and Time on the Use of Data Quality Information in Decision Making, in: Information Systems Research, Vol. 14, Nr. 2, S. 170-188.

Fisz, M. (1989): Wahrscheinlichkeitsrechnung und mathematische Statistik, Berlin.

Fleßa, S. (2010): Planen und Entscheiden in Beruf und Alltag, München.

Flyvbjerg, B. (2008): Curbing Optimism Bias and Strategic Misrepresentation in Planning: Reference Class Forecasting in Practice, in: European Planning Studies, Vol. 16, No. 1, S. 3-21.

Ford, D. L./Huber, G. P./Gustafson, D. H. (1972): Predicting Job Choices with Models That Contain Subjective Probability Judgments: An Empirical Comparison of Five Models, in: Organizational Behavior & Human Performance, Vol. 7, Nr. 3, S. 397-416.

Fox, C. R. (1999): Strength of Evidence, Judged Probability, and Choice Under Uncertainty, in: Cognitive Psychology, Vol. 38, Nr. 1, S. 167-189.

Fox, C. R./Clemen, R. T. (2005): Subjective Probability Assessment in Decision Analysis: Partition Dependence and Bias Toward the Ignorance Prior, in: Management Science, Vol. 51, Nr. 9, S. 1417-1432.

Fox, C. R./Hadar, L. (2006): "Decisions from experience" = sampling error + prospect theory: Reconsidering Hertwig, Barron, Weber & Erev (2004), in: Judgment and Decision Making, Vol. 1, Nr. 2, S. 159-161.

Fox, C. R./Rottenstreich, Y. (2003): Partition Priming in Judgment und Uncertainty, in: Psychological Science, Vol. 14, Nr. 3, S. 195-200.

Fox, C. R./See, K. E. (2003): Belief and Preference in Decision Under Uncertainty, in: Hardman, D./Macchi, L. (Hrsg.): Thinking: Psychological Perspectives on Reasoning, Judgment and Decision Making, Chichester, Großbritannien, S. 273-314.

Fox, C. R./Tversky, A. (1998): A Belief-Based Account of Decision Under Uncertainty, in: Management Science, Vol. 44, Nr. 7, S. 879-895.

Fox, C. R./Weber, M. (2002): Ambiguity Aversion, Comparative Ignorance and Decision Context, in: Organizational Behavior and Human Decision Processes, Vol. 88, Nr. 1, S. 476-498.

Frederickson, J. R./Peffer, S. A./Pratt, J. (1999): Performance Evaluation Judgments: Effects of Prior Experience under Different Performance Evaluation Schemes and Feedback Frequencies, in: Journal of Accounting Research, Vol. 37, Nr. 1, S. 151-165.

Frey, B. (1990): Entscheidungsanomalien: Die Sicht der Ökonomie, in: Psychologische Rundschau, Vol. 41, Nr. 2, S. 67-83.

Fry, F. L. (1975): Incorporating Expectancy Theory into Social Investment Decisions, in: Academy of Management Proceedings (1975), Nr. 1, S. 333-335.

Gächter, S. (2005): Ist Rache wirklich süß? Die Bedeutung der Gefühle für die Wirtschaftswissenschaften. Abgerufen am 16.01.2007 auf http://www.wznrw.de/neuro2005.

Gäfgen, G. (1968): Theorie der wirtschaftlichen Entscheidung – Untersuchungen zur Logik und Bedeutung rationalen Handelns, 2. Auflage, Tübingen.

Galesic, M./Garcia-Retamero, R. (2010): Statistical Numeracy for Health – A Cross-cultural Comparison With Probabilistic National Samples, in: Archives of Internal Medicine, Vol. 170, Nr. 5, S. 462-468.

Galesic, M./Garcia-Retamero, R./Gigerenzer, G. (2009): Using Icon Arrays to Communicate Medical Risks: Overcoming Low Numeracy, in: Health Psychology, Vol. 28, Nr. 2, S. 210-216.

Garcia-Retamero, R./Galesic, M. (2009): Communicating Treatment Risk Reduction to People With Low Numeracy Skills: A Cross-Cultural Comparison, in: American Journal of Public Health, Vol. 99, Nr. 12, S. 2196-2202.

Gaus, W./Muche, R. (2014): Medizinische Statistik – Angewandte Biometrie für Ärzte und Gesundheitsberufe, Stuttgart.

Gebhardt, A. (2006): Entscheidung zum Outsourcing von Logistikleistungen – Rationalitätsanforderungen und Realität in mittelständischen Unternehmen, Wiesbaden.

Gendall, P./Hoek, J./Brennan, M. (1998): The tea bag experiment: more evidence on incentives in mail surveys, in: Journal of the Market Research Society, Vol. 40, Nr. 4, S. 347-351.

Gibbins, M./Jamal, K. (1993): Problem-Centred Research and Knowledge-Based Theory in the Professional Accounting Setting, in: Accounting, Organizations and Society, Vol. 18, Nr. 5, S. 451-466.

Gigerenzer, G. (1991): How to Make Cognitive Illusions Disappear: Beyond "Heuristics and Biases", in: European Review of Social Psychology, Vol. 2, Nr. 1, S. 83-115.

Gigerenzer, G. (2008): Why Heuristics Work, in: Perspectives on Psychological Science, Vol. 3, Nr. 1, S. 20-29.

Gigerenzer, G. (2009): Bounded Rationality, in: Sander, D./Scherer, K. R. (Hrsg.): The Oxford Companion to Emotion and the Affective Sciences, New York, USA, S. 79-80.

Gigerenzer, G./Brighton, H. (2009): Homo Heuristicus: Why Biased Minds Make Better Inferences, in: Topics in Cognitive Science, Vol. 1, Nr. 1, S. 107–143.

Gigerenzer, G./Gaissmaier, W./Kurz-Milcke, E./Schwartz, L. M./Woloshin, S. (2007): Helping Doctors and Patients Make Sense of Health Statistics, in: Psychological Science in the Public Interest, Vol. 8, Nr. 2, S. 53-96.

Gigerenzer, G./Hertwig, R./van den Broek, E./Fasolo, B./Katsikopoulos, K. V. (2005): "A 30% Chance of Rain Tomorrow": How Does the Public Understand Probabilistic Weather Forecasts?, in: Risk Analysis, Vol. 25, Nr. 3, S. 623-629.

Gigerenzer, G./Hoffrage, U. (1995): How to Improve Bayesian Reasoning Without Instruction: Frequency Formats, in: Psychological Review, Vol. 102, Nr. 4, S. 684–704.

Gigerenzer, G./Hoffrage, U. (2007): The role of representation in Bayesian reasoning: Correcting common misconceptions, in: Behavioral and Brain Sciences, Vol. 30, Nr. 3, S. 264-267.

Gigerenzer, G./Selten, R. (2002): Rethinking Rationality, in: Gigerenzer, G./Selten, R. (Hrsg.): Bounded Rationality – The Adaptive Toolbox, Cambridge, USA, London, England, S. 1-12.

Gigerenzer, G./Todd, P.M./ABC Research Group (1999): Simple Heuristics That Make Us Smart, New York, USA.

Gillis, M. T./Hettler, P. L. (2007): Hypothetical and Real Incentives in the Ultimatum Game and Andreoni's Public Goods Game: An Experimental Study, in: Eastern Economic Journal, Vol. 33, Nr. 4, S. 491-510.

Glöckner, A./Betsch, T./Schindler, N. (2010): Coherence shifts in probabilistic inference tasks, in: Journal of Behavioral Decision Making, Vol. 23, Nr. 5, S. 439–462.

Glöckner, A./Herbold, A.-K. (2011): An Eye-tracking Study on Information Processing in Risky Decisions: Evidence for Compensatory Strategies Based on Automatic Processes, in: Journal of Behavioral Decision Making, Vol. 24, Nr. 1, S. 71-98.

Göbel, E. (2014): Entscheidungen in Unternehmen, Konstanz.

Goeree, M. S./Hinloopen, J. (2008): Cooperation in the Classroom: Experimenting with R&D Cooperatives, in: The Journal of Economic Education, Vol. 39, Nr. 4, S. 357-373.

Göritz, A. S. (2004): The impact of material incentives on response quantity, response quality, sample composition, survey outcome, and cost in online access panels, in: International Journal of Market Research, Vol. 46, Nr. 3, S. 327-345.

Götze, U. (2008): Investitionsrechnung – Modelle und Analysen zur Beurteilung von Investitionsvorhaben, 7. Auflage, Berlin, Heidelberg.

Goldstein, D. G. (1998): Inference from Ignorance: The Recognition Heuristic, in: Gernsbacher, M. A./Derry, S. J. (Hrsg.): Proceedings of the Twentieth Annual Conference of the Cognitive Science Society, New Jersey, USA, S. 407-411.

Gollier, C./Treich, N. (2003): Decision-Making Under Scientific Uncertainty: The Economics of the Precautionary Principle, in: The Journal of Risk and Uncertainty, Vol. 27, Nr. 1, S. 77-103.

Goretzki, L./Messner, M. (2014): Business Partnering in der Praxis etablieren, in: Controlling & Management Review, Vol. 58, Nr. 2, S. 8-15.

Goretzki, L./Strauss, E./Weber, J. (2013): An institutional perspective on the changes in management accountants professional role, in: Management Accounting Research, Vol. 24, Nr. 1, S. 41-63.

Goyder, J. (1994): An experiment with cash incentives on a personal interview survey, in: Journal of the Market Research Society, Vol. 36, Nr. 4, S. 360-366.

Grammenos, C. T./Nomikos, N. K./Papapostolou, N. C. (2008): Estimating the probability of default for shipping high yield bond issues, in: Transportation Research Part E: Logistics and Transportation Review, Vol. 44, Nr. 6, S. 1123-1138.

Greitemeyer, T./Schulz-Hardt, S./Brodbeck, F. C./Frey, D. (2006): Information Sampling and Group Decision Making: The Effects of an Advocacy Decision Procedure and Task Experience, in: Journal of Experimental Psychology: Applied, Vol. 12, Nr. 1, S. 31-42.

Griebel, J. (2008): Internationales Investitionsrecht – Lehrbuch für Studium und Praxis, München.

Griffin, D./Tversky, A. (2004): The Weighting of Evidence and the Determinants of Confidence, in: Tversky, A./Shafir, E. (Hrsg.): Preference, Belief, and Similarity – Selected Writings, Cambridge, USA, S. 275-299.

Grisé, M./Gallupe, R. B. (2000): Information Overload: Addressing the Productivity Paradox in Face-to-Face Electronic Meetings, in: Journal of Management Information Systems, Vol. 16, Nr. 3, S. 157-185.

Grob, H. L. (2006): Einführung in die Investitionsrechnung, 5. Auflage, München.

Groves, R. M./Couper, M. P./Presser, S./Singer, E./Tourangeau, R./Piani Acosta, G./Nelson, L. (2006): Experiments in Producing Nonresponse Bias, in: Public Opinion Quarterly, Vol. 70, Nr. 5, Special Issue 2006, S. 720-736.

Guala, F./Mittone, L. (2005): Experiments in economics: External validity and the robustness of phenomena, in: Journal of Economic Methodology, Vol. 12, Nr. 4, S. 495-515.

Günther, H. O./Tempelmeier, H. (2005): Produktion und Logistik, 6. Auflage, Berlin et al.

Guiso, L./Parigi, G. (1999): Investment and demand uncertainty, in: The Quarterly Journal of Economics, Vol. 114, Nr. 1, S. 185-227.

Guo, P./Tanaka, H. (2010): Decision Support – Decision making with interval probabilities, in: European Journal of Operational Research, Vol. 203, Nr. 2, S. 444–454.

Gupta, S./Sharma, M. (2011): Investigating the role of social influence and self-experience in the investment decision of a casual investor, in: International Journal of Financial Services Management, Vol. 5, Nr. 2, S. 139-158.

Gutenberg, E. (1990): Einführung in die Betriebswirtschaftslehre, 1. Auflage von 1958, unveränderter Nachdruck, Wiesbaden.

Hadar, L./Fox, C. R. (2009): Information asymmetry in decision from description versus decision from experience, in: Judgment and Decision Making, Vol. 4, Nr. 4, S. 317-325.

Haider, H./Frensch, P. A. (1996): The Role of Information Reduction in Skill Acquisition, in: Cognitive Psychology, Vol. 30, Nr. 3, S. 304-337.

Hagenloch, T. (2009): Grundzüge der Entscheidungslehre, Norderstedt.

Hahn, D. (1987): Controlling: Stand und Entwicklungstendenzen unter besonderer Berücksichtigung des CIM-Konzeptes, in: Scheer, A. W. (Hrsg.): Rechnungswesen und EDV, 8. Saarbrücker Arbeitstagung, Heidelberg, S. 3-39.

Hally, S. (1994): Counting on numeracy, in: Canadian Banker, Vol. 101, Nr. 4, S. 5.

Halpern, D. F./Blackman, S./Salzman, B. (1989): Using Statistical Risk Information to Assess Oral Contraceptive Safety, in: Applied Cognitive Psychology, Vol. 3, Nr. 3, S. 251-260.

Hamilton, R. E./Wright, W. F. (1982): Internal Control Judgments and Effects of Experience: Replications and Extensions, in: Journal of Accounting Research, Vol. 20, Nr. 2, Part II, S. 756-765.

Hammelstein, P./Roth, M. (2002): Hoffnung – Grundzüge und Perspektiven eines vernachlässigten Konzeptes, in: Zeitschrift für Differentielle und Diagnostische Psychologie, Vol. 23, Nr. 2. S. 191-203.

Hansson, P./Juslin, P./Winman, A. (2008): The Role of Short-Term Memory Capacity and Task Experience for Overconfidence in Judgment Under Uncertainty, in: Journal of Experimental Psychology. Learning, Memory & Cognition, Vol. 34, Nr. 5, S. 1027-1042.

Hardman, D. (2009): Judgment and Decision Making, Chichester, Großbritannien.

Hartung, J./Elpelt, B./Klösener, K.-H. (2009): Statistik – Lehr- und Handbuch der angewandten Statistik, 15. Auflage, München.

Haug, S. (1998): Anomalien in der Entscheidungstheorie. Empirische Evidenz und Konsequenzen, in: Druwe, U./Kunz, V. (Hrsg.): Anomalien in Handlungs- und Entscheidungstheorien, Opladen, S. 126-160.

Hax, H. (1985): Investitionstheorie, 5. Auflage, Würzburg.

Hayes, R. H./Garvin, D. A. (1982): Managing as if tomorrow mattered, in: Harvard Business Review, Vol. 60, Nr. 3, S. 71-79.

Hecker, A. (2004): Das Experiment in der Erziehungswissenschaft. Die Notwendigkeit der Kontrolle von Fehlerquellen unter der besonderen Berücksichtigung des Versuchsleitereffektes, Trier.

Heigl, A. (1989): Controlling – Interne Revision, 2. Auflage, Stuttgart.

Heinen, E. (1985): Einführung in die Betriebswirtschaftslehre, 9. Auflage, Wiesbaden.

Heiner, R. A. (1985): Experimental Economics: Comment, in: The American Economic Review, Vol. 75, Nr. 1, S. 260-263.

Held, H./Kriegler, E./Lessmann, K./Edenhofer, O. (2009): Efficient climate policies under technology and climate uncertainty, in: Energy Economics, Vol. 31, Supplement 1, S. S50-S61.

Hendricks, J. A. (1976): The Impact of Human Resource Accounting Information on Stock Investment Decisions: An Empirical Study, in: The Accounting Review, Vol. 51, Nr. 2, S. 292-305.

Hernon, P. (2000): Editorial, Experimental Research – Some Random Thoughts, in: The Journal of Academic Librarianship, Vol. 26, Nr. 6, S. 383-384.

Hertwig, R./Barron, G./Weber, E. U./Erev, I. (2004): Decisions From Experience and the Effect of Rare Events in Risky Choice, in: Psychological Science, Vol. 15, Nr. 8, S. 534-539.

Hertwig, R./Ortmann, A. (2008): Deception in Experiments: Revisiting the Arguments in Its Defense, in: Ethics & Behavior, Vol. 18, Nr. 1, S. 59-92.

Hespos, R. F./Strassmann, P. A. (1965): Stochastic Decision Trees for the Analysis of Investment Decisions, in: Management Science, Vol. 11, Nr. 10, S. B244-B259.

Hess, R./Visschers, V. H. M./Siegrist, M./Keller, C. (2011): How do people perceive graphical risk communication? The role of subjective numeracy, in: Journal of Risk Research, Vol. 14, Nr. 1, S. 47-61.

Hichert, R. (2008): Managementberichte verständlich gestalten. Abgerufen am 13.10.2016 auf http://www.lucanet.com/fileadmin/uploads/bilder/download/archiv/Whitepaper_LN_Managementberichte_verstaendlich_gestalten.pdf.

Hirth, H. (2012): Grundzüge der Finanzierung und Investition, 3. Auflage, München.

Hölscher, R. (2010): Investition, Finanzierung und Steuern, München.

Hoffman, V. B./Patton, J. M. (1997): Accountability, the Dilution Effect, and Conservatism in Auditors' Fraud Judgments, in: Journal of Accounting Research, Vol. 35, Nr. 2, S. 227-237.

Hoffmann, F. (1972): Merkmale der Führungsorganisation amerikanischer Unternehmen: Auszüge aus den Ergebnissen einer Forschungsreise 1970, 2. Teil, in: Zeitschrift Führung + Organisation, Vol. 41, Nr. 2, S. 85-89.

Hoffmann, L./Kalverkämper, H./Wiegand, H. E. (1998): Fachsprachen: ein internationales Handbuch zur Fachsprachenforschung und Terminologiewissenschaft, Berlin.

Hogarth, R. M. (1993): Accounting for Decisions and Decisions for Accounting, in: Accounting, Organizations and Society, Vol. 18, Nr. 5, S. 407-424.

Holm, C./Rikhardsson, P. (2008): Experienced and Novice Investors: Does Environmental Information Influence Investment Allocation Decisions?, in: European Accounting Review, Vol. 17, Nr. 3, S. 537-557.

Hora, S. C. (2007): Eliciting Probabilities from Experts, in: Ward, E./Miles, R. F./von Winterfeldt, D. (Hrsg.): Advances in Decision Analysis – From Foundations to Applications, New York, USA, S. 129-153.

Horváth, P. (1996): Controlling, 6. Auflage, München.

Houghton, K. A./Robinson, P. (1987): Experimental Research in Auditing: Field vs. Laboratory Settings, in: Accounting and Business Research, Vol. 18, Nr. 69, S. 37-41.

Huber, O. (2004): Entscheiden unter Risiko: Aktive Risko-Entscheidung, in: Psychologische Rundschau, Vol. 55, Nr. 3, S. 127-134.

Hüttner, M./Heuer, K. R. (2004): Betriebswirtschaftslehre, 3. Auflage, München.

Huff, R. A./Prybutok, V. R. (2008): Information Systems Project Management Decision Making: The Influence of Experience and Risk Propensity, in: Project Management Journal, Vol. 39, Nr. 2, S. 34-47.

Huhmann, B. A./McQuitty, S. (2009): A model of consumer financial numeracy, in: International Journal of Bank Marketing, Vol. 27, Nr. 4, S. 270-293.

Huisman, K. J. M./Kort, P. M. (2004): Strategic technology adoption taking into account future technological improvements: A real options approach, in: European Journal of Operational Research, Vol. 159, Nr. 3, S. 705-728.

Hutchinson, J. W./Alba, J. W./Eisenstein, E. M. (2010): Heuristics and Biases in Data-Based Decision Making: Effects of Experience, Training, and Graphical Data Displays, in: Journal of Marketing Research, Vol. 47, Nr. 4, S. 627-642.

Hutzschenreuter, T. (2009): Allgemeine Betriebswirtschaftslehre – Grundlagen mit zahlreichen Praxisbeispielen, 3. Auflage, Wiesbaden.

Idson, C. L./Krantz, D. H./Osherson, D./Bonini, N. (2001): The Relation Between Probability and Evidence Judgment: An Extension of Support Theory, in: The Journal of Risk and Uncertainty, Vol. 22, Nr. 3, S. 227-249.

IMA – Institute of Management Accountants (2008): Definition of Management Accounting, New Jersey, USA.

Isik, M. (2006): Implications of alternative stochastic processes for investment in agricultural technologies, in: Applied Economics Letters, Vol. 13, Nr. 1, S. 21-27.

Ittner, C. D./Larcker, D. F. (2002): Empirical managerial accounting research: are we just describing management consulting practice?, in: The European Accounting Review, Vol. 11, Nr. 4, S. 787-794.

Jackson, S. B. (2008): The Effect of Firms' Depreciation Method Choice on Managers' Capital Investment Decisions, in: The Accounting Review, Vol. 83, Nr. 2, S. 351-376.

Järvenpää, M. (2007): Making Business Partners: A Case Study on how Management Accounting Culture was Changed, in: European Accounting Review, Vol. 16, Nr. 1, S. 99-142.

Jayne, V. (2010): A Workbase to Build on, in: New Zealand Management, Vol. 57, Nr. 3, S. 18-19.

Jermias, J. (2001): Cognitive dissonance and resistance to change: the influence of commitment confirmation and feedback on judgment usefulness of accounting systems, in: Accounting, Organizations and Society, Vol. 26, Nr. 2, S. 141-160.

Jeske, K.-J./Werner, U. (2008): Impacts on decision making of executives: Probabilities versus outcomes, in: Journal of Neuroscience, Psychology, and Economics, Vol. 1, Nr. 1, S. 49-65.

Jessup, R. K./Bishara, A. J./Busemeyer, J. R. (2008): Feedback Produces Divergence From Prospect Theory in Descriptive Choice, in: Psychological Science, Vol. 19, Nr. 10, S. 1015-1022.

Johnson, E. J./Hershey, J./Meszaros, J./Kunreuther, H. (1993): Framing, Probability Distortions, and Insurance Decisions, in: Journal of Risk and Uncertainty, Vol. 7, Nr. 1, S. 35-51.

Josa-Fombellida, R./Rincón-Zapatero, J. P. (2006): Optimal investment decisions with a liability: The case of defined benefit pension plans, in: Insurance: Mathematics and Economics, Vol. 39, Nr. 1, S. 81-98.

Joy, O. M./Barron, F. H. (1974): Abstract–Behavioral Risk Constraints in Capital Budgeting, in: Journal of Financial and Quantitative Analysis, Vol. 9, Nr. 5, S. 763.

Jung, H. (2006): Allgemeine Betriebswirtschaftslehre, 10. Auflage, München.

Kädtler, J. (2014): Finanzmarktöffentlichkeit und Finanzmarktrationalität – Zu den Bestandsbedingungen einer Form bedingter Rationalität in der Krise, in: Langenohl, A./Wetzel, D. J. (Hrsg.): Finanzmarktpublika - Moralität, Krisen und Teilhabe in der ökonomischen Moderne, Wiesbaden, S. 173-195.

Kahle, E. (2001): Betriebliche Entscheidungen – Lehrbuch zur Einführung in die betriebswirtschaftliche Entscheidungstheorie, 6. Auflage, München.

Kahneman D. (2011): Beware the 'inside view'. Abgerufen am 22.11.2016 auf http://www.mckinsey.com/business-functions/strategy-and-corporate-finance/our-insights /daniel-kahneman-beware-the-inside-view, S. 115-117.

Kahneman, D./Klein, G. (2010): When can you trust your gut?, in: McKinsey Quarterly, Vol. 47, Nr. 2, S. 58-67.

Kahneman, D./Tversky, A. (1972): Subjective probability: A judgment of representativeness, in: Cognitive Psychology, Vol. 3, Nr. 3, S. 430-454.

Kahneman, D./Tversky, A. (1973): On the psychology of prediction, in: Psychological Review, Vol. 80, Nr. 4, S. 237-251.

Kahneman, D./Tversky, A. (1979): Prospect Theory: An Analysis of Decision under Risk, in: Econometrica, Vol. 47, Nr. 2, S. 263-292.

Kalemli-Ozcan, S. (2008): The uncertain lifetime and the timing of human capital investment, in: Journal of Population Economics, Vol. 21, Nr. 3, S. 557-572.

Kamoto, S. (2009): Strategic Investment Decisions under Uncertainty, Tacit Collusion and Product Differentiation, in: International Journal of the Economics of Business, Vol. 16, Nr. 1, S. 39-54.

Kaplan, R. S. (1986): The Role for Empirical Research in Management Accounting, in: Accounting, Organizations and Society, Vol. 11, Nr. 4-5, S. 429-452.

Kaplan, S./Barish, N. N. (1967): Decision-Making Allowing for Uncertainty of Future Investment Opportunities, in: Management Science, Vol. 13, Nr. 10, S. B-569-B577.

Keenan, D. C./Snow, A. (2002): Greater Downside Risk Aversion, in: The Journal of Risk and Uncertainty, Vol. 24, Nr. 3, S. 267-277.

Keller, L. R./Kophazi, K. M. (2009): From the Editors, in: Decision Analysis, Vol. 6, Nr. 2, S. 53-56.

Kemp, B. (1996): Numeracy and managers: A preliminary investigation, in: Journal of Applied Management Studies, Vol. 5, Nr. 1, S. 63-75.

Kennedy, J. (1995): Debiasing the Curse of Knowledge in Audit Judgment, in: The Accounting Review, Vol. 70, Nr. 2, S. 249-273.

Kerlinger, F. N. (1973): Foundations of Behavioral Research, 2. Auflage, London, Großbritannien.

Kesting, P. (2003): Handlungsalternativen – Eine Untersuchung über die Gestalt und Gestaltung ökonomischer Entscheidungsprobleme, Marburg.

Kida, T./Moreno, K. K./Smith, J. F. (2010): Investment Decision Making: Do Experienced Decision Makers Fall Prey to the Paradox of Choice?, in: The Journal of Behavioral Finance, Vol. 11, Nr. 1, S. 21-30.

Kirsch, W. (1998): Die Handhabung von Entscheidungsproblemen – Einführung in die Theorie der Entscheidungsprozesse, 5. Auflage, München.

Klaczynski, P. A. (2014): Heuristics and biases: interactions among numeracy, ability, and reflectiveness predict normative responding, in: Frontiers in psychology, Vol. 5, Artikel 665, S. 1-13.

Klos, A./Weber, E. U./Weber, M. (2005): Investment decisions and time horizon: Risk perception and risk behavior in repeated gambles, in: Management Science, Vol. 51, Nr. 12, S. 1777-1790.

Kornitzky, J. (2017): Kosten – BERtrug. Abgerufen am 26.09.2017 auf www.bertrug.de/Kosten.

Knill, A./Minnick, K./Nejadmalayeri, A. (2012): Experience, information asymmetry, and rational forecast bias, in: Review of Quantitative Finance & Accounting, Vol. 39, Nr. 2, S. 241-272.

Knosola, R. (1991): Objektivierung des Bewertungsprozesses beim Konstruieren, in: Konstruktion – Zeitschrift für Produktentwicklung und Ingenieur-Werkstoffe, Vol. 43, Nr. 10, S. 344-352.

Knospe, H. (2012): Zehn Jahre Eingangstest Mathematik an Fachhochschulen in Nordrhein-Westfalen, Beitrag zu 10. Workshop „Mathematik in ingenieurwissenschaftlichen Studiengängen", S. 19-24. Abgerufen am 29.12.2016 auf http://www.nt.th-koeln.de/fachgebiete/mathe/knospe/Proceedings-2012-Eingangstest.pdf.

Koch, K. R. (2000): Einführung in die Bayes-Statistik, Berlin et al.

Koehler, D. J. (1994): Hypothesis Generation and Confidence in Judgment, in: Journal of Experimental Psychology: Learning, Memory and Cognition, Vol. 20, Nr. 2, S. 461-469.

Köhler, W./Schachtel, G./Voleske, P. (1996): Biostatistik – Einführung in die Biometrie für Biologen und Agrarwissenschaftler, 2. Auflage, Berlin, Heidelberg.

Kong, D./Tiong, R. L. K./Cheah, C. Y. J./Permana, A./Ehrlich, M. (2008): Assessment of Credit Risk in Project Finance, in: Journal of Construction Engineering and Management, Vol. 134, Nr. 11, S. 876-884.

Korndörfer, W. (2003): Allgemeine Betriebswirtschaftslehre – Aufbau – Ablauf – Führung – Leitung, 13. Auflage, Wiesbaden.

Koubek, N. (2010): Jenseits und Diesseits der Betriebswirtschaftslehre – Institutionen – Unternehmenstheorien – Globale Strukturen, Wiesbaden.

Kowalski, S. (2011): Zinsstrukturmodelle: Ein empirischer Vergleich, Hamburg.

Kramer, D./Keilus, M. (2007): Investitionskontrolle in Abhängigkeit von Planungsmethodik und Investitionszyklus, in: ZfCM – Zeitschrift für Controlling und Management, Vol. 51, Nr. 4, S. 276-288.

Krendl, A. C./Richeson, J. A./Kelley, W. M./Heatherton, T. F. (2008): The Negative Consequences of Threat – A Functional Magnetic Resonance Imaging Investigation of the Neural Mechanisms Underlying Women's Underperformance in Math, in: Psychological Science, Vol. 19, Nr. 2, S. 168-175.

Kroeber-Riel, W./Esch, F.-R. (2015): Strategie und Technik der Werbung – Verhaltens- und neurowissenschaftliche Erkenntnisse, 8. Auflage, Stuttgart.

Krüger, W. (1979): Controlling: Gegenstandsbereich, Wirkungsweise und Funktionen im Rahmen der Unternehmenspolitik, in: Betriebswirtschaftliche Forschung und Praxis, Vol. 31, Nr. 2, S.158-169.

Kruger, J./Evans, M. (2004): If you don't want to be late, enumerate: Unpacking reduces the planning fallacy, in: Journal of Experimental Social Psychology, Vol. 40, Nr. 5, S. 586-598.

Krumpal, I./Rauhut, H./Böhr, D./Naumann, E. (2008): Wie wahrscheinlich ist ‚wahrscheinlich'?, in: Methoden – Daten – Analysen, Vol. 2, Nr. 1, S. 3-27.

Kruschwitz, L. (2014): Investitionsrechnung, 14. Auflage, München.

Kruschwitz, L./Husmann, S. (2012): Finanzierung und Investition, 7. Auflage, München.

Kruschwitz, L./Löffler, A. (1999): Die statische Amortisationsrechnung ist besser als ihr Ruf!, in: OR-Spectrum, Vol. 21, Nr. 1, S. 287-303.

Krychowski, C./Quélin, B. V. (2010): Real Options and Strategic Investment Decisions: Can They Be of Use to Scholars?, in: Academy of Management Perspectives, Vol. 24, Nr. 2, S. 65-78.

Küpper, H. U. (1997): Controlling: Konzeption, Aufgaben und Instrumente, 2. Auflage, Stuttgart.

Kunreuther, H. C. (1983): The Problem, in: Kunreuther, H. C./Linnerooth, J./Lathrop, J./Atz, H./Macgill, S./Mandl, C./Schwarz, M./Thompson, M. (Hrsg.): Risk Analysis and Decision Processes: The Siting of Liquefied Energy Gas Facilities in Four Countries, New York, USA.

Kunze, C. (2004): Wie japanische Unternehmen Wissen generieren, Hamburg.

Kwasniewski, N. (2013): Schwarzbuch 2013: Steuerzahlerbund prangert Verschwendung bei Großbauten an. Abgerufen am 02.06.2016 auf http://www.spiegel.de/wirtschaft /service/bund-der-steuerzahler-schwarzbuch-2013-offenbart-verschwendung-a-928354.html.

Lagerkvist, J. C. (2005): Agricultural policy uncertainty and farm level adjustments – the case of direct payments and incentives for farmland investment, in: European Review of Agricultural Economics, Vol. 32, Nr. 1, S. 1-23.

Lambert, C./Sponem, S. (2012): Roles, Authority and Involvement oft he Management Accounting Function: A Multiple Case-study Perspective, in: European Accounting Review, Vol. 21, Nr. 3, S. 565-589.

Landman, J./Manis, M. (1983): Social Cognition: Some Historical and Theoretical Perspectives, in: Advances in Experimental Social Psychology, Vol. 16, Nr. 1, S. 49-123.

Langenohl, A. (2012): Mathematische und professionelle Rationalität an Finanzmärkten, in: Engels, A./Knoll, L. (Hrsg.): Wirtschaftliche Rationalität – Soziologische Perspektiven, Wiesbaden, S. 109-128.

Langer, T. (2007): Experimentelle Forschung, in: Köhler, R./Küpper, H.-U./Pfingsten, A. (Hrsg.): Handwörterbuch der Betriebswirtschaft, 6. Auflage, Stuttgart, Sp. 421-430.

Laux, H. (1971): Flexible Investitionsplanung – Einführung in die Theorie der sequentiellen Entscheidungen bei Unsicherheit, Opladen.

Laux, H./Gillenkirch, R. M./Schenk-Mathes, H. Y. (2012): Entscheidungstheorie, 8. Auflage, Berlin, Heidelberg.

Laux, H./Schabel, M. M. (2009): Subjektive Investitionsbewertung, Marktbewertung und Risikoteilung – Grenzpreise aus Sicht börsennotierter Unternehmen und individueller Investoren im Vergleich, Berlin, Heidelberg.

Leaver, R. H./Thomas, T. R. (1977): Versuchsauswertung – Darstellung und Auswertung experimenteller Ergebnisse in Naturwissenschaft und Technik, 1. Auflage, Braunschweig.

Lee, J. (2007): Repetition and financial incentives in economics experiments, in: Journal of Economic Surveys, Vol. 21, Nr. 3, S. 628-681.

Leibert, T./Archer, J./Munson, J./York, G. (2006): An Exploratory Study of Client Perceptions of Internet Counseling and the Therapeutic Alliance, in: Journal of Mental Health Counseling, Vol. 28, Nr. 1, S. 69-83.

Legrenzi, P./Girotto, V./Legrenzi, M. S./Johnson-Laird, P. N. (2003): Possibilities and Probabilities, in: Hardman, D./Macchi, L. (Hrsg.): Thinking: Psychological Perspectives on Reasoning, Judgment and Decision Making, Chichester, Großbritannien, S. 146-164.

Lehmann, C. M./Norman, C. S. (2006): The Effects of Experience on Complex Problem Representation and Judgment In Auditing: An Experimental Investigation, in: Behavioral Research in Accounting, Vol. 18, Nr. 1, S. 65-83.

Lejarraga, J./Lejarraga, T./Gaston-Breton, C. (2011): Let me handle this, I've done it before: Experience and self-involvement in superstitious learning, in: Academy of Management Proceedings, Vol. 2011, Nr. 1, S. 1-6.

Li, H./Meissner, J. (2011): Capacitated dynamic lot sizing with capacity acquisition, in: International Journal of Production Research, Vol. 49, Nr. 16, S. 4945-4963.

Libby, R. (1995): The role of knowledge and memory in audit judgments, in: Ashton, R. H./Ashton, A. H. (Hrsg.): Judgement and decision-making research in accounting and auditing, New York, USA, S. 176-206.

Libby, R./Luft, J. (1993): Determinants of Judgment Performance in Accounting Settings: Ability, Knowledge, Motivation, and Environement, in: Accounting, Organizations and Society, Vol. 18, Nr. 5, S. 425-450.

Liberali, J. M./Reyna, V. F./Furlan, S./Stein, L. M./Pardo, S. T. (2012): Individual Differences in Numeracy and Cognitive Reflection, with Implications for Biases and Fallacies in Probability Judgment, in: Journal of Behavioral Decision Making, Vol. 25, Nr. 4, S. 361–381.

Light, E. (2002): Return on investment, in: NZBusiness, November 2002, S. 18-20.

Linder, S. (2004): Wie (un)zuverlässig sind Investitionsplanungen?, in: ZfCM – Zeitschrift für Controlling und Management, Vol. 48, Sonderheft 1, S. 47-57.

Lindstädt, H. (2004): Entscheidungskalküle jenseits des subjektiven Erwartungsnutzens - Ein Plädoyer für die Verwendung unterer und oberer Wahrscheinlichkeiten. In: Zeitschrift für betriebswirtschaftliche Forschung, Vol. 56, Nr. 6, S. 495-519.

Lingnau, V. (2006): Controlling – Ein kognitionsorientierter Ansatz, 2. Auflage, Kaiserslautern.

Link, J. (1982): Die methodologischen, informationswirtschaftlichen und führungspolitischen Aspekte des Controlling, in: Zeitschrift für Betriebswirtschaft, Vol. 52, Nr. 3, S. 261-280.

Link, J. (2004): Präzisierung und Ergänzung der Koordinationsorientierung: Der kontributionsorientierte Ansatz, in: Scherm, E./Pietsch, G. (Hrsg.): Controlling – Theorien und Konzeptionen, München, S. 409-431.

Lipkus, I. M./Samsa, G./Rimer, B. K. (2001): General Performance on a Numeracy Scale among Highly Educated Samples, in: Medical Decision Making, Vol. 21, Nr. 1, S. 37-44.

Lipshitz, R./Strauss, O. (1997): Coping with Uncertainty: A Naturalistic Decision-Making Analysis, in: Organizational Behavior and Human Decision Processes, Vol. 69, Nr. 2, S. 149-163.

Locke, E. A. (1986): Generalizing from laboratory to field: Ecological validity or abstraction of essential elements, in: Locke, E. A. (Hrsg.): Generalizing from laboratory to field settings, Lexington, USA, S. 3-9.

Löhner, M./Hennig, C./Jacoby, A./Kebbel, G. (2005): Führung neu denken, Frankfurt a. M.

Lüdtke, A. (2005): Kognitive Analyse Formaler Sicherheitskritischer Steuerungssysteme auf Basis eines integrierten Mensch-Maschine-Modells. Abgerufen am 13.10.2016 auf https://www.researchgate.net/profile/Andreas_Luedtke/publication/220695519_Kognitive_Analyse_Formaler_Sicherheitskritischer_Steuerungssysteme_auf_Basis_eines_integriert en _Mensch-Maschine-Modells/links/0046352175803e097e000000.pdf.

Lüdtke, A./Möbus, C. (2005): A Case Study for Using a Cognitive Model of Learned Carelessness in Cognitive Engineering, in: Proceedings of the 11th International Conference of Human-Computer Interaction (HCI International'05), New Jersey, USA. Abgerufen am 12.07.2016 auf http://oops.uni-oldenburg.de/1946/1/Luedtke_Moebus_crv.pdf

Luft, J./Shields, M. D. (2002): Zimmerman's contentious conjectures: describing the present and prescribing the future of empirical management accounting research, in: The European Accounting Review, Vol. 11, Nr. 4, S. 795-803.

Luhmann, N. (2006): Organisation und Entscheidung, 2. Auflage, Wiesbaden.

Lutz, H./Wendt, W. (2007): Taschenbuch der Regelungstechnik, 7. Auflage, Frankfurt am Main.

Macchi, L. (2003): The Partitive Conditional Probability, in: Hardman, D./Macchi, L. (Hrsg.): Thinking: Psychological Perspectives on Reasoning, Judgment and Decision Making, Chichester, Großbritannien, S. 165-188.

Macchi, L./Osherson, D./Krantz, D. H. (1999): Superadditive Probability Judgment, in: Psychological Review, Vol. 106, Nr. 1, S. 210-214.

Machina, M. J. (1999): A Challenge To The "Econoclasts" A Commentary on "Rationality for Economists?", in: Journal of Risk and Uncertainty, Vol. 19, Nr. 1-3, S. 107-108.

Machol, R. E./Lerner, E. M. (1969): Risk, Ruin and Investment Analysis, in: Journal of Financial and Quantitative Analysis, Vol. 4, Nr. 4, S.473-492.

Maines, L. A./Salamon, G. L./Sprinkle, G. B. (2006): An Information Economic Perspective on Experimental Research in Accounting, in: Behavioral Research in Accounting, Vol. 18, Nr. 1, S. 85-102.

Mann, R. (1973): Die Praxis des Controlling – Instrumente, Einführung, Konflikte, München.

Manski, C. F. (1999): Analysis of Choice Expectations in Incomplete Scenarios, in: Journal of Risk and Uncertainty, Vol. 19, Nr. 1-3, S. 49-66.

Manz, K./Dahmen, A./Hoffmann, L. (1993): Entscheidungstheorie, München.

Margola, D./Rosnati, R. (2003): Die schwierige Vereinbarung von Familie und Beruf: Eine italienische Studie, in: Zeitschrift für Familienforschung, Vol. 15, Nr. 3, S. 220-237.

Mata, J./Dieckmann, A./Gigerenzer, G. (2005): Verständliche Risikokommunikation, leicht gemacht – Oder: Wie man verwirrende Wahrscheinlichkeitsangaben vermeidet, in: Zeitschrift für Allgemeinmedizin, Vol. 81, Nr. 12, S. 537-541.

Matschke, M. J./Hering, T./Klingelhöfer, H. E. (2002): Finanzanalyse und Finanzplanung, München.

McFadden, D. (1999): Rationality for Economists, in: Journal of Risk and Uncertainty, Vol. 19, Nr. 1-3, S. 73-105.

McKenzie, C. R. M. (1997): Underweighting Alternatives and Overconfidence, in: Organizational Behavior and Human Decision Processes, Vol. 71, Nr. 2, S. 141-160.

Mehle, T./Gettys, C. F./Manning, C./Baca, S./Fisher, S. (1981): The availability explanation of excessive plausibility assessment, in: Acta Psychologica, Vol. 49, Nr. 2, S. 127-140.

Mensch, G. (2002): Investition: Investitionsrechnung in der Planung und Beurteilung von Investitionen, München.

Mensch, G. (2008): Finanz-Controlling. Finanzplanung und -kontrolle, Controlling zur finanziellen Unternehmensführung, 2. Auflage, München.

Messier, W. F. (1983): The Effect of Experience and Firm Type on Materiality/Disclosure Judgments, in: Journal of Accounting Research, Vol. 21, Nr. 2, S. 611-618.

Metzner, T. (2015): Flughafen in Berlin – EU begrenzt BER-Kosten auf 6,5 Milliarden Euro. Abgerufen am 26.09.2017 auf http://www.tagesspiegel.de/berlin/flughafen-in-berlin-eu-begrenzt-ber-kosten-auf-6-5-milliarden-euro/12728266.html

Meyer, G./Häfeli, J./Mörsen, C./Fiebig, M. (2010): Die Einschätzung des Gefährdungspotentials von Glücksspielen – Ergebnisse einer Delphi-Studie und empirischen Validierung der Beurteilungsmerkmale, in: Sucht, Vol. 56, Nr. 6, S. 405-414.

Meyer, J.-A. (2003): Die Fallstudie in der betriebswirtschaftlichen Forschung und Lehre, in: WiSt - Wirtschaftswissenschaftliches Studium, Vol. 32, Nr. 8, S. 475-480.

Mia, L./Chenhall, R. H. (1994): The usefulness of management accounting systems, functional differentiation and managerial effectiveness, in: Accounting, Organizations and Society, Vol. 19, Nr. 1, S. 1-13.

Miao, J. (2005): Optimal Capital Structure and Industry Dynamics, in: The Journal of Finance, Vol. 60, Nr. 6, S. 2621-2659.

Michels-Kim, N. (2014): Management accountants are valuable as business partners because they have the big picture, with an understanding of how value is created, in: Controlling & Management Review, Vol. 58, Nr. 2, S. 31.

Milord, J. T./Perry, R. P. (1977): A Methodological Study of Overloadx, in: The Journal of General Psychology, Vol. 97, Nr. 1, S. 131-137.

Mintzberg, H. (1973): The Nature of Managerial Work, New York, USA.

Monahan, G. E. (2000): Management decision making: spreadsheet modeling, analysis, and application, Cambridge, Großbritannien.

Moosbrugger, H./Reiß, S. (2010a): Einfaktorielle Varianzanalyse, in: Holling, H./Schmitz, B. (Hrsg.): Handbuch Statistik, Methoden und Evaluation, Göttingen, S. 420-438.

Moosbrugger, H./Reiß, S. (2010b): Mehrfaktorielle Varianzanalyse und Varianzanalyse mit Messwiederholung, in: Holling, H./Schmitz, B. (Hrsg.): Handbuch Statistik, Methoden und Evaluation, Göttingen, S. 439-457.

Morsanyi, K./Handley, S. J. (2008): How smart do you need to be to get it wrong? The role of cognitive capacity in the development of heuristic-based judgment, in: Journal of Experimental Child Psychology, Vol. 99, Nr. 1, S. 18-36.

Mosler, K./Schmid, F. (2011): Wahrscheinlichkeitsrechnung und schließende Statistik, 4. Auflage, Berlin, Heidelberg.

Moss, J./Kotovsky, K./Cagan, J. (2011): The Effect of Incidental Hints When Problems Are Suspended Before, During, or After an Impasse, in: Journal of Experimental Psychology: Learning, Memory, and Cognition, Vol. 37, Nr. 1, S. 140-148.

Müller, W. (1974): Die Koordination von Informationsbedarf und Informationsbeschaffung als zentrale Aufgabe des Controlling, in: Zeitschrift für betriebswirtschaftliche Forschung, Vol. 26, S. 683-693.

Müller, W. G./Ponce de Leon, A. C. M. (1996): Optimal Design of an Experiment in Economics, in: The Economic Journal, Vol. 106, Nr. 434, S. 122-127.

Müntnich, M./Wießner, F. (2002): Soziale Experimente und Modellversuche: Ein Beitrag zur Evaluation von Neuansätzen in der Arbeitsmarktpolitik, in: Kleinhenz, G. (Hrsg.): IAB-Kompendium Arbeitsmarkt- und Berufsforschung. Beiträge zur Arbeitsmarkt- und Berufsforschung, BeitrAB 250, S. 415-427.

Mukherji, A. (1996): The Handbook of Experimental Economics: A Review Essay, in: Behavioral Research in Accounting, Vol. 8, Nr. 1, S. 217-231.

Mulhern, G./Wylie, J. (2004): Changing levels of numeracy and other core mathematical skills among psychology undergraduates between 1992 and 2002, in: British Journal of Psychology, Vol. 95, Nr. 3, S. 355-370.

Mulford, M./Dawes, R. M. (1999): Subadditivity in Memory for Personal Events, in: Psychological Science, Vol. 10, Nr. 1, S. 47-51.

Nair, S. K. (1995): Modeling Strategic Investment Decisions Under Sequential Technological Change, in: Management Science, Vol. 41, Nr. 2, S. 282-297.

Natrop, J. (2015): Angewandte Deskriptive Statistik, Berlin, München, Boston, USA.

Naylor, T. H. (1972): Experimental Economics Revisited, in: Journal of Political Economy, Vol. 80, Nr. 2, S. 347-352.

Neill, H. R./Cummings, R. G./Ganderton, P. T./Harrison, G. W./McGuckin, T. (1994): Hypothetical Surveys and Real Economic Commitments, in: Land Economics, Vol. 70, Nr. 2, S. 145-154.

Netessine, S./Dobson, G./Shumsky, R. A. (2001): Flexible Service Capacity: Optimal Investment and the Impact of Demand Correlation, in: Manufacturing & Service Operations Management, Vol. 3, Nr. 1, S. 5-6.

Neuheuser, G. H. (2009): Physik durch Theoriebildung verstehen – eine problemorientierte Einführung in die klassische und moderne Physik, Norderstedt.

Neumann, K./Morlock, M. (2004): Operations Research, 2. Auflage, München, Wien.

Nilson, D. (1985): Conclusion: Natural Hazard Political Contexts and Adoption Strategies, in: Review of Policy Research, Vol. 4, Nr. 4, S. 734-738.

Nisbett, R. E./Ross, L. (1980): Human Inference: Strategies and Shortcomings of Social Judgment, New Jersey, USA.

Nitzan, S./Paroush, J. (1980): Investment in Human Capital and Social Self Protection under Uncertainty, in: International Economic Review, Vol. 21, Nr. 3, S. 547-557.

Norrman, J./Starzec, P./Angerud, P./Lindgren, A. (2006): Decision analysis for limiting leaching of metals from mine waste along a road, in: Transportation Research Part D: Transport and Environment, Vol. 11, Nr. 2, S. 97-114.

O'Donnell, E./Schultz, J. J. (2005): The Halo Effect in Business Risk Audits: Can Strategic Risk Assessment Bias Auditor Judgment about Accounting Details?, in: The Accounting Review, Vol. 80, Nr. 3, S. 921-939.

Oberhofer, W. (1993): Wahrscheinlichkeitstheorie, 3. Auflage, München, Wien.

Obermaier, R./Müller, F. (2008): Management accounting research in the lab – method and applications, in: Zeitschrift für Planung und Unternehmenssteuerung, Vol. 19, Nr. 3, S. 325-351.

Obermaier, R./Saliger, E. (2013): Betriebswirtschaftliche Entscheidungstheorie – Einführung in die Logik individueller und kollektiver Entscheidungen, 6. Auflage, München.

Ojala, M. (2009): Business Numeracy, in: Online, Vol. 33, Nr. 4, S. 44-46.

Olson, C. L. (1976): Some Apparent Violations of the Representativeness Heuristic in Human Judgment, in: Journal of Experimental Psychology: Human Perception and Performance, Vol. 2, Nr. 4, S. 599-608.

Ortner, G. (1996): Experimentelle Ökonomie – Double Auction Markets. Abgerufen am 05.06.2007 auf http://www.imw.tuwien.ac.at/apsm/quality.

Ortner, T. (2015): Multivariate statistische Analyse von Gesundheitsdaten österreichischer Sozialversicherungsträger, Wiesbaden.

Oshikawa, S. (1968): The Theory of Cognitive Dissonance and Experimental Research, in: Journal of Marketing Research, Vol. 5, Nr. 4, S. 429-430.

Otal, R./Hjartarson, T. (2010): Sustainment Actions Take a New Direction, in: Transmission & Distribution World, Vol. 62, Nr. 10, S. 26-34.

Ott, N. (2001): Unsicherheit, Unschärfe und rationales Entscheiden – Die Anwendung von Fuzzy-Methoden in der Entscheidungstheorie, Heidelberg.

Overton, L. (2009): Building basic business skills, in: e-learning age, July/August 2009, S. 21-22.

Paetzmann, K. (2008): Corporate Governance – Strategische Marktrisiken, Controlling, Überwachung, Heidelberg.

Pape, U. (2015): Grundlagen der Finanzierung und Investition, 3. Auflage, Berlin et al.

Parasuraman, R./Manzey, D. H. (2010): Complacency and Bias in Human Use of Automation: An Attentional Integration, in: Human Factors: The Journal of the Human Factors and Ergonomics Society, Vol. 52, Nr. 3, S. 381-410.

Patalano, A. L./Seifert, C. M. (1994): Memory for impasses during problem solving, in: Memory & Cognition, Vol. 22, Nr. 2, S. 234-242.

Paul, J. (2007): Einführung in die allgemeine Betriebswirtschaftslehre, Wiesbaden.

Pauli, C. (2009): Entwicklung einer Entscheidungshilfe zur Beurteilung der PPP-Eignung kommunaler Bauvorhaben, Kassel.

Paulos, J. A. (1988): Innumeracy, London, Großbritannien.

Paulsson, G. (2012): The Role of Management Accountants in New Public Management, in: Financial Accountability & Management, Vol. 28, Nr. 4, S. 378-394.

Pechtl, H. (2003): Der decoy-Effekt: ein Phänomen der kontextbeeinflußten Präferenzbildung, Aachen.

Peeta, S./Sibel, S. F./Gunnec, D./Viswanath, K. (2010): Pre-disaster investment decisions for strengthening a highway network, in: Computers & Operations Research, Vol. 37, Nr. 10, S. 1708-1719.

Pelletier, C./Wortmann, J. C. (2009): A risk analysis for gas transport network planning expansion under regulatory uncertainty in Western Europe, in: Energy Policy, Vol. 37, Nr. 2, S. 721-732.

Perkins, W. S./Rao, R. C. (1990): The Role of Experience in Information Use and Decision Making by Marketing Managers, in: Journal of Marketing Research, Vol. 27, Nr. 1, S. 1-10.

Peters, E./Baker, D. P./Dieckmann, N. F./Leon, J./Collins, J. (2010): Explaining the Effect of Education on Health: A Field Study in Ghana, in: Psychological Science, Vol. 21, Nr. 10, S. 1369-1376.

Peters, E./Dieckmann, N. F./Dixon, A./Hibbard, J. H./Mertz, C. K. (2007): Less Is More in Presenting Quality Information to Customers, in: Medical Care Research and Review, Vol. 64, Nr. 2, S. 169-190.

Peters, E./Hibbard, J./Slovic, P./Dieckmann, N. (2007): Numeracy Skill And The Communication, Comprehension, And Use Of Risk-Benefit Information, in: Health Affairs, Vol. 26, Nr. 3, S. 741-748.

Peters, E./Slovic, P./Västfjäll, D./Mertz, C. K. (2008): Intuitive numbers guide decisions, in: Judgment and Decision Making, Vol. 3, Nr. 8, S. 619-635.

Peters, E./Västfjäll, D./Slovic, P./Mertz, C. K./Mazzocco, K./Dickert, S. (2006): Numeracy and Decision Making, in: Psychological Science, Vol. 17, Nr. 5, S. 407-413.

Peters, S./Brühl, R./Stelling, J. N. (2005): Betriebswirtschaftslehre, 12. Auflage, München.

Peterson, D. K./Pitz, G. F. (1988): Confidence, Uncertainty, and the Use of Information, in: Journal of Experimental Psychology: Learning, Memory, and Cognition, Vol. 14, Nr. 1, S. 85-92.

Picot, A. (1975): Experimentelle Organisationsforschung, Wiesbaden.

Picot, A. (1980): Organisationsexperimente, in: Grochla, E. (Hrsg.): Handwörterbuch der Organisation, 2. Auflage, Stuttgart, Sp. 1481-1494.

Pietsch, G./Scherm, E. (2004): Entwicklungstendenzen und Zukunftsperspektiven der Controllingforschung, in: Scherm, E./Pietsch, G. (Hrsg.): Controlling – Theorien und Konzeptionen, München, S. 923-934.

Plumpe, W. (2007): Die Geburt des „Homo Oeconomicus“. Historische Überlegungen zur Entstehung und Bedeutung des Handlungsmodells der modernen Wirtschaft, in: Reinhard, W./Stagl, J. (Hrsg.): Menschen und Märkte. Studien zur historischen Wirtschaftsanthropologie, Wien, S. 319-352.

Pohl, R./Hardt, O./Eisenhauer, M. (2000): SARA — Ein kognitives Prozeßmodell zur Erklärung von Ankereffekt und Rückschaufehler, in: Kognitionswissenschaft, Vol. 9, Nr. 2, S. 77-92.

Pompian, M. M. (2006): Behavioral Finance and Wealth Management, Abgerufen am 31.12.2016 auf: https://books.google.de/books?id=mC2q9tIJcCoC&pg=PT179&dq= inside+view+bias&hl=de&sa=X&ved=0ahUKEwjltY7akZ7RAhWHlCwKHf5oAVEQ6AEI HTAA#v=onepage&q=inside%20view%20bias&f=false.

Popper, K. R. (2002): Logik der Forschung, 10. Auflage, Tübingen.

Porak, V. (2005): Was ist Experimentelle Ökonomie? St. Gallen, Schweiz.

Porter, T. M. (1986): The Rise of Statistical Thinking 1820-1900, New Jersey, USA.

Pospeschill, M. (2006): Statistische Methoden – Strukturen, Grundlagen, Anwendungen in Psychologie und Sozialwissenschaften, 1. Auflage, München.

Prastacos, G. P. (1983): Optimal Sequential Investment Decisions under Conditions of Uncertainty, in: Management Science, Vol. 29, Nr. 1, S. 118-134.

Prezza, M./Amici, M./Roberti, T./Tedeschi, G. (2001): Sense of community referred to the whole town: Its relations with neighboring, loneliness, life satisfaction, and area of residence, in: Journal of Community Psychology, Vol. 29, Nr. 1, S. 29-52.

Price, P. C. (1998): Effects of a Relative-Frequency Elicitation Question on Likelihood Judgment Accuracy: The Case of External Correspondence, in: Organizational Behavior and Human Decision Processes, Vol. 76, Nr. 3, S. 277-297.

Pritsch, G./Weber, J. (2004): Die Bedeutung des Realoptionsansatzes aus Controllingsicht, in: ZfCM – Zeitschrift für Controlling und Management, Vol. 48, Sonderheft 1, S. 72-85.

Quiggin, J. (2002): Risk and Self-Protection: A State-Contingent View, in: Journal of Risk and Uncertainty, Vol. 25, Nr. 2, S. 133-145.

Quinn, M. (2014): The Elusive Business Partner Controller, in: Controlling & Management Review, Vol. 58, Nr. 2, S. 22-27.

Radler, B. T./Ryff, C. D. (2010): Who Participates? Longitudinal Retention in the MIDUS National Study of Health and Well-Being, in: Journal of Aging and Health, Vol. 22, Nr. 3, S. 307-331.

Rakow, T./Newell, B. R. (2011): Degrees of Uncertainty: An Overview and Framework for Future Research on Experience-Based Choice, in: Journal of Behavioral Decision Making, Vol. 23, Nr. 1, S. 1-14.

Ranyard, R./Hinkley, L./Williamson, J. (2001): Risk management in consumers' credit decision making, in: Zeitschrift für Sozialpsychologie, Vol. 32, Nr. 3, S. 152-161.

Rau, T. (2004): Planung, Statistik und Entscheidung – Betriebswirtschaftliche Instrumente für die Kommunalverwaltung, München.

Raufaste, E./da Silva Neves, R./Mariné, C. (2003): Testing the descriptive validity of Possibility Theory in human judgments of uncertainty, in: Artificial Intelligence, Vol. 148, Nr. 1-2, S. 197-218.

Read, D./Grushka-Cockayne, Y. (2011): The Similarity Heuristic, in: Journal of Behavioral Decision Making, Vol. 24, Nr. 1, S. 23-46.

Recke, G./Strüve, H. (2014): Stochastische Simulationen - ein Instrument zur Unterstützung der betriebswirtschaftlichen Analyse von Maßnahmen zur Verbesserung des Tierwohls. Abgerufen am 27.06.2016 auf https://www.semanticscholar.org/paper/Stochastische-Simulationen-ein-Instrument-zur-Recke-Str%C3%BCve/51c93c77e0f06f5e5858d6f6be7805240edc1d52/pdf.

Rees, L. (2010): Equity Return Performance from a Prediction Model of Meeting or Missing Analysts' Forecasts, in: Journal of Investing, Vol. 19, Nr. 1, S. 52-66.

Regehr, G. (1992): Perceptual Manifestations of an Analytic Structure: The Priority of Holistic Individuation. Abgerufen am 07.12.2016 auf https://www.researchgate.net/profile/Glenn_Regehr/publication/14758289_Perceptual_Manifestations_of_an_Analytic_Structure_The_Priority_of_Holistic_Individuation/links/54466b8f0cf2f14fb80f3a72.pdf.

Rehkugler, H./Schindel, V. (1990): Entscheidungstheorie – Erklärung und Gestaltung betrieblicher Entscheidungen, 5. Auflage, München.

Reips, U. D. (2004): Internet-Forschung in der Entwicklungspsychologie. Abgerufen am 18.11.2016 auf http://www.uni-konstanz.de/iscience/reips/pubs/papers/chapters/17_Reips_Handb_Entwicklungspsychologie.pdf, S. 455-475.

Remus, W./O'Connor, M./Griggs, K. (1998): The impact of incentives on the accuracy of subjects in judgmental forecasting experiments, in: International Journal of Forecasting, Vol. 14, Nr. 4, S. 515-522.

Renn, O./Klinke, A. (2003): Risikoabschätzung und -bewertung – Ein neues Konzept zum Umgang mit Komplexität, Unsicherheit und Ambiguität, in: Beaufort, J./Gumpert, E./Vogt, M. (Hrsg.): Fortschritt und Risiko – Zur Dialektik der Verantwortung in (post-)modernen Gesellschaften, Dettelbach, S. 21-51.

Reyna, V. F./Brainerd, C. J. (2008): Numeracy, ratio bias, and denominator neglect in judgments of risk and probability, in: Learning and Individual Differences, Vol. 18, Nr. 1, S. 89-107.

Reyna, V. F./Dieckmann, N. R./Nelson, W. L./Han, P. K. (2009): How Numeracy Influences Risk Comprehension and Medical Decision Making, in: Psychological Bulletin, Vol. 135, Nr. 6, S. 943-973.

Rice, T. R./Borison, A. B. (1981): Probabilistic Cost Estimating for the Great Plains Coal Gasification Plant, in: Interfaces, Vol. 11, Nr. 2, S. 62-69.

Richter, T./Naumann, J./Groeben, N. (2001): Das Inventar zur Computerbildung (INCOBI): Ein Instrument zur Erfassung von Computer Literacy und computerbezogenen

Einstellungen bei Studierenden der Geistes- und Sozialwissenschaften, in: Psychologie in Erziehung und Unterricht, Vol. 48, Nr. 1, S. 1-13.

Ridout, H. (2010): Reading between the lines, in: Manufacturers' Monthly, July 2010, S. 6.

Riesenhuber, M. (2006): Die Fehlentscheidung – Ursache und Eskalation, Wiesbaden.

Robinson, L. B./Hastie, R. (1985): Revision of Beliefs When a Hypothesis Is Eliminated From Consideration, in: Journal of Experimental Psychology: Human Perception and Performance, Vol. 11, Nr. 4, S. 443-456.

Robinson, P. (1998): Literacy, Numeracy and Economic Performance, in: New Political Economy, Vol. 3, Nr. 1, S. 143-149.

Robinson van Wallendael, L./Hastie, R. (1990): Tracing the footsteps of Sherlock Holmes: Cognitive representations of hypothesis testing, in: Memory & Cognition, Vol. 18, Nr. 3, S. 240-250.

Rogers, W. A./Lamson, N./Rousseau, G. K. (2000): Warning Research: An Integrative Perspective, in: Human Factors: The Journal of the Human Factors and Ergonomics Society, Vol. 42, Nr. 1, S. 102-139.

Rolfes, B. (2003): Moderne Investitionsrechnung – Einführung in die klassische Investitionstheorie und Grundlagen marktorientierter Investitionsentscheidungen, 3. Auflage, München.

Rommelfanger, H. J./Eickemeier, S. H. (2002): Entscheidungstheorie – Klassische Konzepte und Fuzzy-Erweiterungen, Berlin et al.

Ronay, R./von Hippel, W. (2010): Power, testosterone, and risk-taking, in: Journal of Behavioral Decision Making, Vol. 23, Nr. 5, S. 473-482.

Rondé, J. (2009): Möglichkeiten der Rationalitätssicherung durch das Controlling im betrieblichen Investitionsentscheidungsprozess – Theoretische Analyse und praktische Erkenntnisse in Kooperation mit der Linde AG, Diplomarbeit, München.

Rose, J. M. (2007): Attention to Evidence of Aggressive Financial Reporting and Intentional Misstatement Judgments: Effects of Experience and Trust, in: Behavioral Research in Accounting, Vol. 19, Nr. 1, S. 215-229.

Rose, J. M./Rose, A. M./McKay, B. (2007): Measurement of knowledge structures acquired through instruction, experience, and decision aid use, in: International Journal of Accounting Information Systems, Vol. 8, Nr. 2, S. 117-137.

Rosenzweig, M. R./Wolpin, K. I. (2000): Natural "Natural Experiments" in Economics, in: Journal of Economic Literature, Vol. 38, Nr. 4, S. 827-874.

Roth, A. E. (1988): Laboratory Experimentation in Economics: A Methodological Overview, in: The Economic Journal, Vol. 98, Nr. 393, S. 974-1031.

Rothermund, K. (2003): Automatic vigilance for task-related information: Perseverance after failure and inhibition after success, in: Memory & Cognition, Vol. 31, Nr. 3, S. 343-352.

Rottenstreich, Y./Brenner, L. A./Sood, S. (1999): Similarity between Hypotheses and Evidence, in: Cognitive Psychology, Vol. 38, Nr. 1, S. 110-128.

Rottenstreich, Y./Kivetz, R. (2006): On decision making without likelihood judgment, in: Organizational Behavior and Human Decision Processes, Vol. 101, Nr. 1, S. 74-88.

Rottenstreich, Y./Tversky A. (1997): Unpacking, Repacking, and Anchoring: Advances in Support Theory, in: Psychological Review, Vol. 104, Nr. 2, S. 406-415.

Rubaltelli, E./Rubichi, S./Savadori, L./Tedeschi, M./Ferretti, R. (2005): Numerical Information Format and Investment Decisions: Implications for the Disposition Effect and the Status Quo Bias, in: The Journal of Behavioral Finance, Vol. 6, Nr. 1, S. 19-26.

Rubinstein, A. (1998): Modeling Bounded Rationality, Palatino, USA.

Rudolf, M./Müller, J. (2012): Multivariate Verfahren, 2. Auflage, Göttingen et al.

Rudzio, K. (1999): Verflixte Psyche. Abgerufen am 28.04.2011 auf http://www.zeit.de/1999/41/199941.anlegerfehler_.xml.

Runkler, T. A. (2010): Data Mining – Methoden und Algorithmen intelligenter Datenanalyse, 1. Auflage, Wiesbaden.

Saccomanno, F. F./Park, P. Y.-J./Fu, L. (2007): Estimating countermeasures effects for reducing collisions at highway-railway grade crossings, in: Accident Analysis & Prevention, Vol. 39, Nr. 2, S. 406-416.

Sah, V. (2011): Asset acquisition criteria: A process tracing investigation into real estate investment decision making, in: Journal of Property Investment & Finance, Vol. 29, Nr. 1, S. 7-18.

Sah, V./Gallimore, P./Clements, J. S. (2010): Experience and real estate investment decision-making: a process-tracing investigation, in: Journal of Property Research, Vol. 27, Nr. 3, S. 207-219.

Saliger, E. (2003): Betriebswirtschaftliche Entscheidungstheorie – Einführung in die Logik individueller und kollektiver Entscheidungen, 5. Auflage, München.

Sandberg, P./Söderström, M. (2003): Industrial energy efficiency: the need for investment decision support from a manager perspective, in: Energy Policy, Vol. 31, Nr. 15, S. 1623-1634.

Sarris, V./Reiß, S. (2005): Kurzer Leitfaden der Experimentalpsychologie, München et al.

Schaumann, S. (2008): Fuzzy Logik – Ein kurzer Überblick, Norderstedt.

Scherm, E./Pietsch, G. (2004a): Vorwort, in: Scherm, E./Pietsch, G. (Hrsg.): Controlling – Theorien und Konzeptionen, München, S. V-VI.

Scherm, E./Pietsch, G. (2004b): Theorie und Konzeption in der Controllingforschung, in: Scherm, E./Pietsch, G. (Hrsg.): Controlling – Theorien und Konzeptionen, München, S. 3-19.

Scheule, R. M. (2009): Gut entscheiden: eine Werterwartungstheorie theologischer Ethik, Freiburg, Schweiz.

Schick, A. G./Gordon, L. A./Haka, S. (1990): Information Overload: A temporal approach, in: Accounting, Organizations and Society, Vol. 15, Nr. 3, S. 199-220.

Schiemenz, B./Schönert, O. (2005): Entscheidung und Produktion, 3. Auflage, München.

Schierenbeck, H. (2003): Grundzüge der Betriebswirtschaftslehre, 16. Auflage, München.

Schira, J. (2016): Statistische Methoden der VWL und BWL – Theorie und Praxis, 5. Auflage, Hallbergmoos.

Schjaer-Jacobsen, H. (2014): Modelling economic project uncertainty: Beware of best practice, in: Pre-prints of the 18th International Working Seminar on Production Economics, Vol. 4, pp. 225-236, Innsbruck, Österreich, 25.-29. Februar 2014. Abgerufen am 22.11.2016 auf https://www.researchgate.net/profile/Hans_SchjaerJacobsen/publication/260887124_Modeling_economic_project_uncertainty_Beware_of_best_practice/links/54704a330cf24af340c09ba4.pdf.

Schlicksupp, H. (2004): Ideenfindung – Innovation, Kreativität und Ideenfindung, 6. Auflage, Würzburg.

Schmidt, K. D. (2009): Maß und Wahrscheinlichkeit, Berlin, Heidelberg.

Schmidt, T. (1995): Rationale Entscheidungstheorie und reale Personen – Eine kritische Einführung in die formale Theorie individueller Entscheidungen, Marburg.

Schmidt-Sudhoff, U. (1967): Unternehmerziele und unternehmerisches Zielsystem, Wiesbaden.

Schnell, R./Hill, P./Esser, E. (2008): Methoden der empirischen Sozialforschung, 8. Auflage, München.

Scholl, A. (2001): Robuste Planung und Optimierung: Grundlagen - Konzepte und Methoden - Experimentelle Untersuchungen, Heidelberg.

Schrauth, M./Riessen, R./ Schmidt-Degenhard, T./Wirtz, H.-P./Jünger, J./Häring, H.-U./Claussen, C. D./Zipfel, S. (2005): Praktische Prüfungen sind machbar, in: GMS Zeitschrift für Medizinische Ausbildung, Vol. 22, Nr. 2, S. 2005-2022.

Schraw, G./Dennison, R. S. (1994): Assessing Metacognitive Awareness, in: Contemporary Educational Psychology, Vol. 19, Nr. 4, S. 460-475.

Schürger, K. (1998): Wahrscheinlichkeitstheorie, München.

Schulte, G. (2007): Investition – Investitionscontrolling und Investitionsrechnung, 2. Auflage, München.

Schulte-Mecklenbeck, M./Huber, O. (2003): Information search in the laboratory and on the Web: With or without an experimenter, in: Behavior Research Methods, Instruments, & Computers, Vol. 35, Nr. 2, S. 227-235.

Schulz, A. K.-D. (1999): Experimental research method in a management accounting context, in: Accounting and Finance, Vol. 39, Nr. 1, S. 29-51.

Scott, A. (2007): 150 employers join skills drive, in: People Management, 28. Juni 2007, S. 12.

Sellmaier, S. (2000): Langfristiges Entscheiden – Eine Grundlagenuntersuchung zur Entscheidungstheorie, München.

Shah, J. Y./Kruglanski, A. W. (2002): Priming against your will: How accessible alternatives affect goal pursuit, in: Journal of Experimental Social Psychology, Vol. 38, Nr. 4, S. 368-383.

Shafer, G. (1976): A Mathematical Theory of Evidence, New Jersey, USA.

Shapira, Z. (1995): Risk taking: a managerial perspective, New York, USA.

Sherman, S. J./Judd, C. M./Park, B. (1989): Social Cognition, in: Annual Review of Psychology, Vol. 40, S.281-326.

Shon, J./Young, S. M. (2011): Determinants of Analysts‘ Dropped Coverage Decision: The Role of Analyst Incentives, Experience, and Accounting Fundamentals, in: Journal of Business Finance & Accounting, Vol. 38, Nr. 7/8, S. 861-886.

Sieben, G./Schildbach, T. (1990): Betriebswirtschaftliche Entscheidungstheorie, 3. Auflage, Düsseldorf.

Siegrist, M./Keller, C. (2011): Natural frequencies and Bayesian reasoning: the impact of formal education and problem context, in: Journal of Risk Research, Vol. 14, Nr. 9, S. 1039-1055.

Siegwart, H. (1986): Controlling-Konzepte und Controller-Funktionen in der Schweiz, in: Mayer, E./von Landsberg, G./Thiede, W. (Hrsg.): Controlling-Konzepte im internationalen Vergleich, Freiburg, S. 105-131.

Sigall, H./Mills, J. (1998): Measures of Independent Variables and Mediators Are Useful in Social Psychology Experiments: But Are They Necessary?, in: Personality and Social Psychology Review; Vol. 2, Nr. 3, S. 218-226.

Singer, E./van Hoewyk, J./Maher, M. P. (2000): Experiments with Incentives in Telephone Surveys, in: Public Opinion Quarterly, Vol. 64, Nr. 2, S. 171-188.

Sloman, S./Rottenstreich, Y./Wisniewski, E./Hadjichristidis, C./Fox, C. R. (2004): Typical Versus Atypical Unpacking and Superadditive Probability Judgment, in: Journal of Experimental Psychology: Learning, Memory, and Cognition, Vol. 30, Nr. 3, S. 573-582.

Smith, J. P./McArdle, J. J./Willis, R. (2010): Financial Decision Making and Cognition in a Family Context, in: The Economic Journal, Vol. 120, Nr. 548, S. F363-F380.

Smith, V. L. (1989): Theory, Experiment and Economics, in: Journal of Economic Perspectives, Vol. 3, Nr. 1, S. 151-169.

Sorger, G. (2000): Entscheidungstheorie bei Unsicherheit – Grundlagen und Anwendungen, Stuttgart.

Sortino, F. A./van der Meer, R. (1991): Downside Risk – Capturing what's at stake in investment situations, in: The Journal of Portfolio Management, Vol. 17, Nr. 4, S. 27-31.

Spinler, S./Huchzermeier, A. (2004): Realoptionen: Eine marktbasierte Bewertungsmethodik für dynamische Investitionsentscheidungen unter Unsicherheit, in: ZfCM – Zeitschrift für Controlling und Management, Vol. 48, Sonderheft 1, S. 66-71.

Spires, E. E. (1991): Auditors' Evaluation of Test-of-Control Strength, in: The Accounting Review, Vol. 66, Nr. 2, S. 259-276.

Spoerhase, C. (2007): Eine verpasste Chance (Review of: Elena Esposito, Die Fiktion der wahrscheinlichen Realität, Frankfurt, 2007). Abgerufen am 08.10.2016 auf http://www.jltonline.de./index.php/reviews/article/view/21/170.

Spohn, W. (2001): Vier Begründungsbegriffe, in: Grundmann, T. (Hrsg.): Challenges to Traditional Epistemology, Paderborn, S. 33-52.

Spreckelsen, C./Spitzer, K. (2005): Entscheidungsunterstützung und Wissensbasen in der Medizin, in: Lehmann, T. (Hrsg.): Handbuch der medizinischen Informatik, 2. Auflage, München, Wien, S. 483-548.

Sprinkle, G. B. (2003): Perspectives on experimental research in managerial accounting, in: Accounting, Organizations and Society, Vol. 28, Nr. 2-3, S. 287-318.

Spyros, M./Reschke, H./Reschke, H./Wheelwright, S. C. (1980): Prognosetechniken für Manager, Wiesbaden.

Srinivas, P./Sibel Salman, F./Gunnec, D./Kannan, V. (2010): Pre-disaster investment decisions for strengthening a highway network, in: Computers & Operations Research, Vol. 37, Nr. 10, S. 1708-1719.

Stanovich, K. E./West, R. F. (1998): Individual Differences in Rational Thought, in: Journal of Experimental Psychology: General, Vol. 127, Nr. 2, S. 161-188.

Stark, A. W. (2000): Real Options, (Dis)Investment Decision Making and Accounting Measures of Performance, in: Journal of Business Finance & Accounting, Vol. 27, Nr. 3 & 4, S. 313-331.

Statista (2016): Anzahl der Privatinsolvenzen in Deutschland von 2000 bis 2015. Abgerufen am 15.06.2016 auf http://de.statista.com/statistik/daten/studie/150565/umfrage/privatinsolvenzen-in-deutschland-seit-2000/.

Statistisches Bundesamt (2016): Volkswirtschaftliche Gesamtrechnungen. Abgerufen am 15.06.2016 auf https://www.destatis.de/DE/Publikationen/Thematisch/VolkswirtschaftlicheGesamtrechnungen/Inlandsprodukt/InvestitionenPDF_5811108.pdf?blob=publication File.

Steele, C. M./Aronson, J. (1995): Stereotype Threat and the Intellectual Test Performance of African Americans, in: Journal of Personality and Social Psychology, Vol. 69, Nr. 5, S. 797-811.

Stölzle, W./Placzek, T. S. (2004): Anforderungen an das reflexionsorientierte Controlling aus Sicht des Supply Chain Management, in: Scherm, E./Pietsch, G. (Hrsg.): Controlling – Theorien und Konzeptionen, München, S. 611-632.

Stolz, P. (1981): Experimente in der Ökonomie und wirtschaftshistorische Erfahrung, in: Kyklos, Vol. 34, Nr. 1, S. 72-94.

Storm, R. (2007): Wahrscheinlichkeitsrechnung, mathematische Statistik und statistische Qualitätskontrolle, 12. Auflage, München.

Street, D. L. (1995): Controlling extraneous variables in experimental research: a research note, in: Accounting Education, Vol. 4, Nr. 2, S. 169-188.

Sugden, R. (2005): Experiment, theory, world: A symposium on the role of experiments in economics, in: Journal of Economic Methodology, Vol. 12, Nr. 2, S. 177-184.

Sunstein, C. R. (2003): Terrorism and Probability Neglect, in: Journal of Risk and Uncertainty, Vol. 26, Nr. 2, S. 121-136.

Suppes, P. (1974): The Measurement of Belief (with Discussion), in: Journal of the Royal Statistical Society, Vol. 36, Nr. 1, S. 160-191.

Sutardi/Bector, C. R./Goulter, I. (1995): Multiobjective water resources investment planning under budgetary uncertainty and fuzzy environment, in: European Journal of Operational Research, Vol. 82, Nr. 3, S. 556-591.

Swamy, P. A. V. B./Barth, J. R. (1988): An Application of Operational-Subjective Statistical Methods to Rational Expectations: Comment, in: Journal of Business & Economic Statistics, Vol. 6, Nr. 4, S. 473-474.

Swieringa, R. J./Weick, K. E. (1982): An Assessment of Laboratory Experiments in Accounting, in: Journal of Accounting Research, Vol. 20, Supplement: Studies on Current Research Methodologies in Accounting: A Critical Evaluation, S. 56-101.

Taylor, R. N. (1975): Age and Experience as Determinants of Managerial Information Processing and Decision Making Performance, in: Academy of Management Journal, Vol. 18, Nr. 1, S. 74-81.

Teigen, K. H. (1983a): Studies in subjective probability III: The unimportance of alternatives, in: Scandinavian Journal of Psychology, Vol. 24, Nr. 1, S. 97-105.

Teigen, K. H. (1983b): Studies in subjective probability IV: Probabilities, confidence and luck, in: Scandinavian Journal of Psychology, Vol. 24, Nr. 1, S. 175-191.

Teigen, K. H. (1983c): Studies in subjective probability II: Dilemmas of chance, in: Scandinavian Journal of Psychology, Vol. 24, Nr. 1, S. 27-33.

Teigen, K. H./Brun, W. (2003): Verbal Expressions of Uncertainty and Probability, in: Hardman, D./Macchi, L. (Hrsg.): Thinking: Psychological Perspectives on Reasoning, Judgment and Decision Making, Chichester, Großbritannien, S. 125-144.

Ter Horst, K. W. (2009): Investition, 2. Auflage, Stuttgart.

Thomas, M./Morwitz, V. G. (2009): The Ease-of-Computation Effect: The Interplay of Metacognitive Experiences and Naive Theories in Judgments of Price Differences, in: Journal of Marketing Research, Vol. 46, Nr. 1, S. 81-91.

Thornton, P./Houser, C. (2005): Using mobile phones in English education in Japan, in: Journal of Computer Assisted Learning, Vol. 21, Nr. 3, S. 217-228.

Tiede, M./Voß, W. (2000): Schließen mit Statistik – Verstehen, München.

Tilson, W./Heins, J. (2008): Discovering Value – Improving Your Odds, in: Kiplinger's Personal Finance, Vol. 62, Nr. 11, S. 28-30.

Tisdell, C. A. (1996): Bounded Rationality and Economic Evolution, Cornwall, Großbritannien.

Todd, P. M./Gigerenzer, G. (2000): Précis of *Simple heuristics that make us smart,* in: Behavioral and Brain Sciences, Vol. 23, Nr. 5, S. 723-741.

Töpfer, A. (2005): Betriebswirtschaftslehre – Anwendungs- und prozessorientierte Grundlagen, Berlin et al.

Trewin, J. (1988): The Need and Opportunity for Field-Based Research in Accounting Information Systems, in: Journal of Information Systems, Vol. 2, Nr. 2, S. 104-118.

Tröger, T. (1999): Bounded Rationality and Contracts, Bonn.

Tropp, J. (2004): Markenmanagement – Der Brand Management Navigator – Markenführung im Kommunikationszeitalter, Wiesbaden.

Trouwain, M. (2002): Inferenzregel-basierte Steuerung der Ablauflogik von Geschäftsprozessen, Norderstedt.

Tschirk, W. (2014): Statistik: Klassisch oder Bayes – Zwei Wege im Vergleich, Wien, Österreich.

Tsekrekos, A. E. (2001): Investment under economic and implementation uncertainty, in: R&D Management, Vol. 31, Nr. 2, S. 127-135.

Tversky, A./Kahneman, D. (1974): Judgment under Uncertainty: Heuristics and Biases, in: Science, New Series, Vol. 185, Nr. 4157, S. 1124-1131.

Tversky, A./Kahneman, D. (1983): Extensional Versus Intuitive Reasoning: The Conjunction Fallacy in Probability Judgment, in: Psychological Review, Vol. 90, Nr. 4, S. 293-315.

Tversky, A./Kahneman, D. (1986): Rational Choice and the Framing of Decisions, in: Journal of Business, Vol. 59, Nr. 4, Teil 2, S. S251-S278.

Tversky, A./Kahneman, D. (1992): Advances in Prospect Theory: Cumulative Representation of Uncertainty, in: Journal of Risk and Uncertainty, Vol. 5, Nr. 4, S. 297-323.

Tversky, A./Koehler, D. J. (1994): Support theory: A Nonextensional Representation of Subjective Probability, in: Psychological Review, Vol. 101, Nr. 4, S. 547-567.

Ulvila, J. W./Brown, R. V./Packard, K. S. (1977): A Case in On-Line Decision Analysis for Product Planning, in: Decision Sciences, Vol. 8, Nr. 3, S. 598-615.

Van Boven, L./Epley, N. (2003): The unpacking effect in evaluative judgments: When the whole is *less* than the sum of its parts, in: Journal of Experimental Psychology, Vol. 39, Nr. 3, S. 263-269.

Van der Pligt, J./Eiser, R./Spears, R. (1987): Comparative judgments and preferences: The influence of the number of response alternatives, in: British Journal of Social Psychology, Vol. 26, Nr. 4, S. 269-280.

Van Emden, H. F. (2014): Statistik ohne Albträume: Eine Einführung für Biowissenschaftler, Weinheim.

Van Zyl, J. (2006): Investment mistake reversed – Barloworld has saddled a wild horse this time, in: Finweek, Ausgabe 14.09.2006, S. 60.

Vicki, J. (2010): A Workbase TO BUILD ON, in: New Zealand Management, Vol. 57, Nr. 3, S. 18-19.

Vogt, D. (2008): Wie trifft man eine „gute" Entscheidung – Erklärungen aus der Sicht verschiedener Ansätze, Norderstedt.

Volnhals, M. (2010): Information Overload und Controlling – Analyse kognitiver Restriktionen bei der Wahrnehmung von Berichtsinformationen, Hamburg.

Von der Schulenburg, J. M. (2005): Versicherungsökonomik – Ein Leitfaden für Studium und Praxis, Karlsruhe.

Von Lüde, R. (2012): Rationalität und Anlageverhalten auf Finanzmärkten, in: Engels, A./Knoll, L. (Hrsg.): Wirtschaftliche Rationalität – Soziologische Perspektiven, Wiesbaden, S. 129-162.

Von Mises, R. (1972): Wahrscheinlichkeit – Statistik und Wahrheit, 4. Auflage, Wien.

Von Nitzsch, R. (2002): Entscheidungslehre – Wie Menschen entscheiden und wie sie entscheiden sollten, 1. Auflage, Stuttgart.

Von Nitzsch, R. (2014): Entscheidungslehre – Wie Menschen entscheiden und wie sie entscheiden sollten, 7. Auflage, Aachen.

Wall, F. (2003): Nutzen und Disnutzen von Management Support Systemen für dezentrale Manager, in: Controlling, Vol. 15, Nr. 7-8, S. 405-412.

Wallacher, J. (2008): Ökonomie und Kultur – Eine komplexe Beziehung, in: Wallacher, J./Scharpenseel, K./Kiefer, M. (Hrsg.): Kultur und Ökonomie – Globales Wirtschaften im Spannungsfeld kultureller Vielfalt, Stuttgart, S. 1-14.

Wallsten, T. S./Budescu, D. V./Zwick, R. (1993): Comparing the Calibration and Coherence of Numerical and Verbal Probability Judgments, in: Management Science, Vol. 39, Nr. 2, S. 176-190.

Walster E./Berscheid, E./Abrahams, D./Aronson, V. (1967): Effectiveness of debriefing following deception experiments, in: Journal of of Personality and Social Psychology, Vol. 6, Nr. 4, S. 371-380.

Ward, E./Miles, R. F./von Winterfeldt, D. (2007): Introduction, in: Ward, E./Miles, R. F./von Winterfeldt, D. (Hrsg.): Advances in Decision Analysis – From Foundations to Applications, New York, USA, S. 1-12.

Warriner, K./Goyder, J./Gjertsen, H./Hohner, P./McSpurren, K. (1996): Charities, no; Lotteries, no; Cash, yes – Main effects and interactions in a Canadian incentives experiment, in: Public Opinion Quarterly, Vol. 60, Nr. 4, S. 542-562.

Webb, N. (1984): Levels of adult numeracy, in: Journal of the Market Research Society, Vol. 26, Nr. 2, S. 129-139.

Weber, E. U. (1999): Commentary on "Analysis of Choice Expectations in Incomplete Scenarios", in: Journal of Risk and Uncertainty, Vol. 19, Nr. 1-3, S. 71-72.

Weber, J./Hirsch, B./Linder, S./Zayer, E. (2003): Verhaltensorientiertes Controlling – Der Mensch im Mittelpunkt, Vallendar.

Weber, J./Linder, S./Spillecke, D. (2002): Stand der Planung und Kontrolle betrieblicher Investitionen, in: krp – Kostenrechnungspraxis, Vol. 46, Nr. 5, S. 291-297.

Weber, J./Meyer, M./Birl, H./Knollmann, R./Schlüter, H./Sieber, C. (2006): Investitionscontrolling in deutschen Großunternehmen, Weinheim.

Weber, J./Schäffer, U. (2008): Einführung in das Controlling, 12. Auflage, Stuttgart.

Weber, J./Schäffer, U. (2016): Einführung in das Controlling, 15. Auflage, Stuttgart.

Weber, J./Schäffer, U. (2013): Vom Erbsenzähler zum Business Partner – Und wie geht es weiter? Weinheim.

Weber, M. P./Veit, G. (2004): Performance orientiertes Investitionsrechnungsverfahren bei DaimlerChrysler, in: ZfCM – Zeitschrift für Controlling und Management, Vol. 48, Sonderheft 1, S. 24-31.

Wehner, B. (2002): Experimentelle Wirtschaftsforschung oder verstehende Ökonomie – Zum Methodenstreit um den Homo Oeconomicus. Abgerufen am 05.11.2016 auf: http://www.reformforum-neopolis.de/files/homo_oeconomicus_und_experimentelle_wirtschaftforschung.pdf.

Weiber, R./Mühlhaus, D. (2010): Strukturgleichungsmodellierung: Eine anwendungsorientierte Einführung in die Kausalanalyse mit Hilfe von AMOS, SmartPLS und SPSS, Berlin et al.

Weichselberger, K. (2001): Elementare Grundbegriffe einer allgemeineren Wahrscheinlichkeitsrechnung I – Intervallwahrscheinlichkeit als umfassendes Konzept, Heidelberg.

Weick, K. E. (1967): Organizations in the laboratory, in: Vroom, V. H. (Hrsg.): Methods of organizational research, Pittsburg, USA, S. 1-56.

Weinstein, N. D. (1984): Why it won't happen to me: Perceptions of risk factors and susceptibility, in: Health Psychology, Vol. 3, Nr. 5, S. 431-457.

Weißenberger, B. E./Hirsch, B. (2013): Auch Irrationales kann rational sein, in: Frankfurter Allgemeine Zeitung, Vol. 65, 18. März 2013, S. 18.

Wells, A. (1999): International Numeracy Survey, in: Management Services, Vol. 43, Nr. 8, S. 14-16.

Wendt, D. (1966): Versuche zur Erfassung eines subjektiven Verläßlichkeitsniveaus, in: Zeitschrift für Psychologie, Vol. 172, Nr. 1-2, S. 40-81.

Willems, B./Morbee, J. (2010): Market completeness: How options affect hedging and investments in the electricity sector, in: Energy Economics, Vol. 32, Nr. 4, S. 786-795.

Williamson, J./Ranyard, R./Cuthbert, L. (2000): Risk management in everyday insurance decisions: evidence from a process tracing study, in: Risk, Decision and Policy, Vol. 5, Nr. 1, S. 19-38.

Windschitl, P. D. (2000): The Binary Additivity of Subjective Probability Does not Indicate the Binary Complementarity of Perceived Certainty, in: Organizational Behavior and Human Decision Processes, Vol. 81, Nr. 2, S. 195-225.

Windschitl, P. D./Wells, G. L. (1996): Measuring Psychological Uncertainty: Verbal Versus Numeric Methods, in: Journal of Experimental Psychology: Applied, Vol. 2, Nr. 4, S. 343-364.

Winman, A./Hansson, P./Juslin, P. (2004): Subjective Probability Intervals: How to Reduce Overconfidence by Interval Evaluation, in: Journal of Experimental Psychology: Learning, Memory, and Cognition, Vol. 30, Nr. 6, S. 1167-1175.

Wirtz, M./Farin, E./Bengel, J./Jäckel, W. H./Hämmerer, D./Gerdes, N. (2005): IRES-24 Patientenfragebogen – Entwicklung der Kurzform eines Assessmentinstrumentes in der Rehabilitation mittels der Mixed-Rasch-Analyse, in Diagnostica, Vol. 51, Nr. 2, S. 75-87.

Witte, H. (2007): Allgemeine Betriebswirtschaftslehre – Lebensphasen des Unternehmens und betriebliche Funktionen, 2. Auflage, München.

Wöhe, G./Döring, U./Brösel G. (2016): Einführung in die Allgemeine Betriebswirtschaftslehre, 26. Auflage, München.

Wolfe, C. R./Reyna, V. F. (2010): Semantic coherence and fallacies in estimating joint probabilities, in: Journal of Behavioral Decision Making, Vol. 23, Nr. 2, S. 203-223.

Wright, A. J./Whitwell, S. C. L./Takeichi, C./Hankins, M./Marteau, T. M. (2009): The impact of numeracy on reactions to different graphic risk presentation formats: An experimental analogue study, in: British journal of health psychology, Vol. 14, Nr. 1, S. 107-125.

Wright, N./Deacon, N. (2010): Attributes of 'Experienced' Board Members, in: New Zealand Journal of Applied Business Research, Vol. 8, Nr. 1, S. 1-14.

Yager, R. R./Kreinovich, V. (1999): Decision making under interval probabilities, in: International Journal of Approximate Reasoning, Vol. 22, Nr. 3, S. 195-215.

Yamagishi, K. (1997): When a 12.86% Mortality is More Dangerous than 24.14%: Implications for Risk Communication, in: Applied Cognitive Psychology, Vol. 11, Nr. 6, S. 495-506.

Yamagishi, K. (2002): Proximity, Compatibility, and Noncomplementarity in Subjective Probability, in: Organizational Behavior and Human Decision Processes, Vol. 87, Nr. 1, S. 136-155.

Yechiam, E./Druyan, M./Ert, E. (2008): Observing others' behavior and risk taking in decisions from experience, in: Judgment and Decision Making, Vol. 3, Nr. 7, S. 493-500.

Zadeh, L. A. (1978): Fuzzy sets as a basis for a theory of possibility, in: Fuzzy Sets & Systems, Vol. 1, Nr. 1, S. 3-28.

Zayer, E./Hirsch, B. (2006): Fehlentscheidungen bei Investitionsprojekten – Fehlerquellen und Gegenmaßnahmen, in: Controlling, Vol. 18, Nr. 12, S. 647-657.

Zimmer, A. C. (1983): Verbal vs. Numerical Processing of Subjective Probabilities, in: Scholz, R. W. (Hrsg.): Decision Making under Uncertainty, Amsterdam, Niederlande, S. 159-182.

Zimmerman, J. L. (2001): Conjectures regarding empirical managerial accounting research, in: Journal of Accounting and Economics, Vol. 32, Nr. 1-3, S. 411-427.

Zimmermann, E. (1972): Das Experiment in den Sozialwissenschaften, Wiesbaden.

Zimmermann, G. (2003): Investitionsrechnung – Fallorientierte Einführung, 2. Auflage, München.

Zimmermann, J./Stark, C./Rieck, J. (2006): Projektplanung: Modelle, Methoden, Management, Berlin et al.

CONTROLLING

Herausgegeben von Prof. Dr. Volker Lingnau, Kaiserslautern, Prof. Dr. Albrecht Becker, Innsbruck, Prof. Dr. Rolf Brühl, Berlin, und Prof. Dr. Bernhard Hirsch, München

Band 22
Robert Huber
Nachhaltigkeitsorientierte Anreizsysteme – Eine empirische Analyse zu Gestaltung und Verhaltenswirkungen
Lohmar – Köln 2014 • 232 S. • € 56,- (D) • ISBN 978-3-8441-0339-7

Band 23
Michael Hanzlick
Management Control Systems and Cross-Cultural Research – Empirical Evidence on Performance Measurement, Performance Evaluation and Rewards in a Cross-Cultural Comparison
Lohmar – Köln 2015 • 304 S. • € 59,- (D) • ISBN 978-3-8441-0380-9

Band 24
Ulrich Koffler
Studentische Surrogation in der laborexperimentellen Controllingforschung
Lohmar – Köln 2016 • 464 S. • € 82,- (D) • ISBN 978-3-8441-0467-7

Band 25
Alexandra Feykes
Innovationen als Objekte des unternehmenswert-orientierten Controllings – Modellbasierte Risikoanalyse auf der Projekt- und Portfolio-Ebene
Lohmar – Köln 2017 • 572 S. • € 94,- (D) • ISBN 978-3-8441-0498-1

Band 26
Andreas Christoph Scherm
Rationalitätssicherung bei betrieblichen Investitionsentscheidungen – Experimentelle Erkenntnisse zur Support Theorie und Konsequenzen für Controller
Siegburg – Köln 2018 • 368 S. • € 72,- (D) • ISBN 978-3-8441-0550-6

JOSEF EUL VERLAG